KB155027

새로 쓰는

건강기능식품 길잡이

새로 쓰는

건강기능식품 길잡이

김미경 | 권오란 | 김지연 | 전향숙 | 김우선 | 김주희 | 정세원 | 백주은 | 곽진숙

교문사

머리말

2004년 〈건강기능식품에 관한 법률〉이 시행된 이래로 근 10년간 건강기능식품 산업과 관련 과학은 꾸준히 발전되어왔습니다. 과학적·객관적으로 그 기능성이 충분히 인정된 식품 또는 성분을 건강기능식품으로 인정하는 법률적 체계에 따라 2014년 12월 현재 식약처장이 고시한 원료 또는 성분은 88종, 식약처장이 별도로 인정한 개별인정형 원료 또는 성분이 243종으로 괄목할 만한 성장이 이루어졌습니다.

특히 질병 치료에 중점을 둔 질병 관리보다 건강 증진에 중점을 둔 전 주기적 건강 관리가 새롭게 조명되면서 기능성 식품에 대한 사회적 요구가 커지고 있어 건강기능식품 시장 규모가 지속적으로 증가할 것으로 예상되고 있습니다. 따라서 건강기능식품의 과학화를 위한 지속적 제도 정비, 과학 기술 수준의 증대, 산업계의 투자 노력에 따른 시장 성장이 이루어지는 지금, 이에 부합하는 새로운 건강기능식품 지침서 마련이 필요하다는 요구가 있었습니다.

지난 2008년 6월에 발간된 《건강기능식품》은 첫 출간 이후 '2009 대한민국 학술원 우수학술도서'에 선정되었으며, 2010년 개정판을 발간한 이래로 현재까지 학계와 산업계에서 건강기능식품에 대한 기본적인 이해를 높이는 데 널리 사용되었습니다. 금번에는 〈건강기능식품에 관한 법률〉 시행 이후 그간 축적된 전문성과 관련 정보를 보다 체계적으로 정리하여 신간을 발간하게 되었습니다. 이 신간에는 관련 법규 및 국내외 시장 동향에 대한 최신 정보뿐만 아니라 기능성 원료의 과학적 평가에 대한 심도 깊은 내용을 다루고 있어, 건강기능식품에 대한 총체적인 이해에 깊이를 더해줄 것으로 기대됩니다.

마지막으로 바쁘신 와중에 귀중한 원고를 써주신 여러 저자분께 감사의 마음을 전합니다. 또한 출간에 기꺼이 동참하여 격려를 아끼지 않으셨던 교문사 사장님 이하 편집부 여러분께 감사의 말씀을 드립니다.

2016년 8월

㈜바이오푸드씨알오 대표, 이화여자대학교 명예교수

김미경

차 례

CHAPTER 3 건강기능식품의 표시 및 광고

CHAPTER 4 원료 표준화 및 제조 관리

CHAPTER 5 안전성 평가

CHAPTER 6 기능성 평가

CHAPTER 1

건강기능식품의 이해

CHAPTER 1

건강기능식품의 이해

1. 건강기능식품의 정의

'건강기능식품'이란 "인체에 유용한 기능성을 가진 원료나 성분을 사용하여 제조(가공을 포함한다.)한 식품(건강기능식품에 관한 법률 제3조 제1호)"으로, '기능성'은 "인체의 구조 및 기능에 대해 영양소를 조절하거나 생리학적 작용 등과 같은 보건 용도에 유용한 효과를 얻는 것(동법 동조 제2호)"이라고 법적으로 정의되어 있다.

건강기능식품과 유사한 개념으로 사용되는 용어로는 식이보충제(dietary supplements), 기능성식품(functional food), 약효식품(nutraceuticals) 등이 있다.

2. 건강기능식품에 관한 법률

1) 제정 배경

과거 우리나라는 '건강식품'을 '식품위생법'에 의해 건강보조식품, 특수영양식품, 인삼 제품류로 분류해 관리했다. 이 때문에 해당 식품을 제조·가공하기 위해 사용할 수 있는 원료는 《식품공전》 및 《식품첨가물공전》에 등재된 것에 국한되었고, 많은 시간과 비용을 투자해 신소재 기능성식품을 개발하더라도, 이것이 '식품위생법'상 신설품목 및 사용할 수 있는 식품 원료로 등재되기까지 평균 2~3년 주기로 이루어

알아두기 **건강기능식품과 유사한 개념 용어**

식이보충제(dietary supplements) 미국에서 1990년 영양표시 및 교육법(Nutrition Labeling and Education Act, NLEA)과 1994년 식이보충제 건강교육법(Dietary Supplement Health and Education Act, DSHEA)을 근거로 식품에 건강강조표시(health claim)가 가능해지면서 용어를 사용하기 시작했다. '식이보충제'는 "식품 원료 중 한 가지 이상을 함유하면서 식사를 보충하는 식품"으로 정의되며, '식품 원료'란 "비타민, 미네랄, 허브 등 식물성분, 아미노산, 식사를 보충하기 위해 사용되는 물질과 이들의 대사물, 구성 성분, 추출물, 농축물 혹은 혼합물"을 포함한다.

기능성식품(functional food) 미 연방과학아카데미의 식품영양위원회(The Food and Nutrition Board of the National Academy of Sciences)는 '기능성식품'을 "함유된 전통적인 영양소의 기능 외에 건강상 이익을 제공할 수 있는 식품 또는 식품성분"으로 정의한 바 있다. 또는 "가공 방식에 관계없이 특수한 건강상의 효과를 위해서 조성되거나 소비되는 식품"으로 정의하기도 한다.

약효식품(nutraceuticals) 'Nutrient'와 'pharmaceutical'의 합성어로 1989년에 미국약효식품협회(American Nutraceutical Association)가 제안한 개념이며, '잠재적으로 질병 예방적이고, 건강 증진적인 특성을 갖는 기능성식품'으로, 의약품 형태와 일반 식품 형태를 모두 포함하는 용어라고 정의하고 있다. 즉, 식이보충제, 기능성식품 및 기타 건강 증진 제품을 모두 포괄하는 상업적 용어라고 할 수 있다.

지는 《식품공전》의 개정을 기다려야 했다. 또한, 기능성을 과학적으로 평가하는 기준 및 시스템이 없어 기능성 표시·광고가 제한적이라는 한계가 있었다.

이처럼 제도적으로는 신소재의 시장 진입에 어려움이 있었기 때문에 진입이 비교적 용이한 유사 식품군으로 건강식품이 확대되었고, 그 결과 과학적 근거가 뒷받침되지 않은 무분별한 허위·과대 광고와 부작용 사례 보고로 소비자들이 건강식품을 불신하게 되었다. 따라서 불건전한 건강식품으로부터 소비자를 보호하고 건강식품 산업을 건전하게 육성하기 위한 제도적 정비가 시급한 과제로 대두되었다. 또한 건강식품을 안전성 및 기능성에 대한 과학적 평가 및 운영 관리 시스템 없이 일반 식품과 동일하게 안전 문제 위주로 관리해왔기 때문에, 외국의 건강식품과 동등한 경쟁 여건을 확보하기 어려웠다.

이러한 상황을 개선하고 건강식품의 특성에 부합하는 적절한 관리 및 건강식품산업의 경쟁력을 높히기 위해 미국의 '식이보충제 건강교육법(DSHEA: Dietary Supplement Health and Education Act)'을 모범으로 한 '건강기능식품에 관한 법률'이 2002년 8월 26일 제정·공포되어 2004년 1월부터 시행되고 있다.

2) 입법 목적

'건강기능식품에 관한 법률'은 건강기능식품의 안전성 확보 및 품질 향상과 건전한 유통·판매를 도모함으로써 국민의 건강 증진과 소비자 보호에 이바지함을 목적으로 한다(법 제1조). 이는 "식품의 안전으로 인한 위생상의 위해를 방지하고 식품영양의 질적 향상을 도모함으로써 국민보건의 증진에 이바지함"을 목적으로 하는 '식품위생법'과 비교하면 국민 건강 증진, 소비자 보호 및 식품 품질 향상에서 나아가 건강기능식품산업을 건전하게 육성하고자 하는 목적까지 그 개념이 확대되었다고 할 수 있다.

(1) 보건정책적 목적

국가의 보다 엄격한 감독·관리를 가능하게 하여 건강기능식품의 안전성을 제고하고 건강기능식품 개발을 위한 연구·개발을 활성화하여, 안전하면서도 양질의 건강기능식품 제조 및 소비를 촉진함으로써 국민의 건강을 증진시키고 의료비 부담을 절감하고자 한다.

(2) 경제정책적 목적

건강기능식품 품목을 정비해 공전을 규격화하고, 중·장기적으로는 과학적으로 안전성과 기능성이 규명된 식품 및 성분을 점차 건강기능식품으로 확대할 수 있도록 함으로써 관련 업계의 천연자원물을 포함한 신소재 기능성식품에 대한 연구·개발 촉진을 제도적으로 뒷받침하고자 한다.

(3) 법정책적 측면

건강기능식품이, '식품위생법'에 의해 관리되는 일반 식품과 '약사법'에 의해 관리되는 의약품과 차별화될 수 있도록 별도의 법 체계를 마련하여 식품·의약품 관련법 체계를 보다 합리적으로 정비하는 것이 목적이다. 또한 건강기능식품의 기능성 표시·광고를 원칙적으로 허용해 소비자의 알권리를 확보하고, 기능성 표시·광고 심의제를 채택해 허위·과대표시·광고를 금지함으로써 건전한 유통 질서를 확립하고자 한다.

건강기능식품 법률

제1장	[총칙] 목적, 책무, 정의
제2장	[영업] 종류, 시설 기준, 허가, 신고, 교육 등
제3장	기준·규격, 원료 인정, 재평가, 표시, 광고, 공전
제4장	[검사] 출입·검사·수거, 자가품질검사
제5장	[GMP]
제6장	[금지] 위해, 기준·규격, 위반, 표시 기준 위반, 유사 표시
제7장	[심의위원회] 심의위원회, 단체 설립
제8장	[행정제재] 시정명령, 폐기처분, 시설개수명령, 영업허가 취소 등
제9장	[보칙] 타 법률 관계, 국고보조, 포상금, 권한위임, 수수료
제10장	[벌칙] 벌칙, 양벌규정, 과태료, 특례

하위 법령

시행령	품질 관리인, 심의위원회 운영, 과징금 산정 기준, 과태료 등
시행규칙	시설 기준, 품목제조신고, 수입신고, 영업자준수사항, 교육, 허위 · 과대 표시 · 광고 범위, 수거량, 자가품질검사 기준, GMP 기준, 행정처분 기준, 과징금 부과, 제외대상, 수수료 과태료 부과 기준
고시	• 건강기능식품공전 • 건강기능식품의 기능성 원료 및 기준 규격 인정에 관한 규정 • 건강기능식품 표시 및 광고 심의 기준 • 건강기능식품의 표시 기준 • GMP 제조 기준 • 수입건강식품검사에 관한 규정 • 건강기능식품 위해사실 보고기관 지정에 관한 규정 • 부정불량식품 및 건강기능식품 등의 신고포상금 지급에 관한 규정 • 식품, 식품첨가물, 축산물 및 건강기능식품의 유통기한 설정 기준 • 식품 및 건강기능식품 이력추적 관리 기준 • 의약품제조시설의 건강기능식품 제조시설 이용 기준 • 건강기능식품 위해사실 보고기관 지정에 관한 규정

그림 1-1 건강기능식품의 법률·시행령·시행규칙·고시

3) '건강기능식품에 관한 법률'의 개정

초기 '건강기능식품에 관한 법률'의 제정 당시 보충제 유형으로 유통되던 건강보조식품, 영양 보충용 식품, 인삼 및 홍삼 제품이 건강기능식품으로 편입되면서 이를 중심으로 건강기능식품이 자리 잡기 시작했다. 즉, 일상 식사에서 부족하기 쉬운 영양소나 성분을 보충하기 위한 식품으로부터 시작되었기 때문에 '정제, 캡슐, 분말, 과립, 액상, 환 등'의 제형 제한이 있었다. 반면 제외국에서는 기능성식품의 관리가 국가 보건정책에서 매우 중요함을 인식해 일반 식품의 형태와 의약품 형태를 모두 포괄하는 법적·제도적 장치를 강구함에 따라 법률의 제정 당시부터 '식품 형태를 지닌 기능성식품을 어떻게 관리할 것인가' 하는 문제가 자연스러운 이슈로 대두되었다. 영양 보충용 식품과 건강보조식품 시장에 배타적으로 부여된 '식품과 건강'에 대한 표시의 권한을 식품산업 전반으로 확대하기 위해서는 모든 형태의 기능성식품을 일원화해 관리하는 것이 효율적이다. 또 '식품과 건강'에 대한 표시는 일상적으로 섭취하는 식품의 건강적 이점을 국민에게 알리는 정책적 배려로 사용되어야 하고, 산업계 입장에서는 제형의 제한으로 기능성식품이 건강기능식품 진입에 어려움을 겪고 있어, 2008년 법률 제3조의 정의를 개정해 건강기능식품의 정의를 통상의 식품 형태를 포함한 모든 기능성식품으로 확대하게 되었다. 즉, 기존의 원료를 기능성을 가진 다른 원료로 대체한 식품, 또는 기능성 원료를 첨가해 강화된 식품을 건강기능식품으로 개발할 수 있게 된 것이다.

최근 건강기능식품에 관한 연구가 급증하면서 기존에 인정된 기능성 원료의 안전성 및 기능성에 대한 재평가의 필요성이 대두되고 있다. 세계 각 선진국에서도 과학

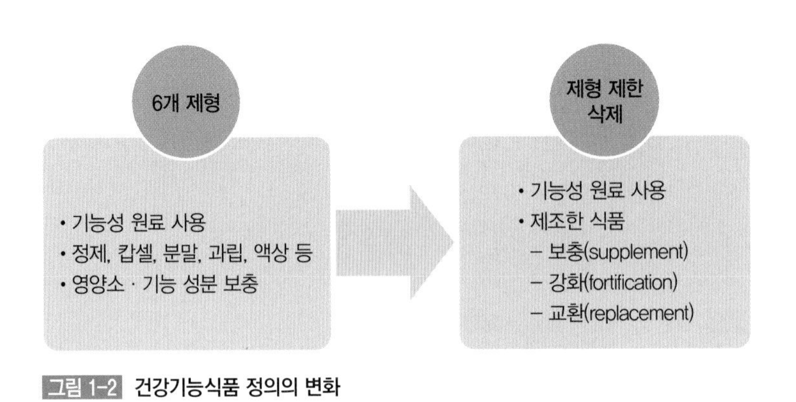

그림 1-2 건강기능식품 정의의 변화

발전에 따라 새로운 연구 결과를 반영한 재평가의 필요성을 인식하여, 미국 식품의약국(FDA: Food and Drug Administration) 및 국제식품규격위원회(Codex)에서 관련 가이드라인에 기 평가된 기능성 표시에 대한 재평가 필요성을 언급하였다. 이에 따라, 2015년 법률 제15조에서 기 고시되거나 인정된 사항을 재평가해 그 결과에 따라 고시하거나 인정한 사항을 변경 또는 취소할 수 있음을 새로이 명시하게 되었다.

3. 건강기능식품 기능성 원료

건강기능식품과 일반 식품의 가장 큰 차이는 인체에 유용한 기능성을 가진 원료나 성분, 즉 기능성 원료를 사용했는지 여부이다. 이를 위해 과학적 자료에 근거해 안전성과 기능성을 평가한 후 기능성 원료로 인정하도록 하고 있고(건강기능식품에 관한 법률 제15조), 기능성 원료는 식품의약품안전처장이 기준과 규격을 정해 《건강기능식품공전》에 고시하는 '고시형 건강기능식품'과 기준·규격, 안전성, 기능성에 관한 근거 자료를 확보한 영업자에게 개별인정하는 '개별인정형 건강기능식품'의 두 가지로 관리되고 있다.

고시형 원료의 경우, 새로운 기능성 원료가 시장에 진입하기 위해서는 공전 개정이 필요하므로 빠른 품목 확대를 기대하기 어렵다. 실제로 2005년에 식품의약품안전처는 녹차추출물 등 다섯 개 품목의 기능성 원료를 확대 고시했는데, 이를 위해 무려 3년이 소요되었다. 그러나 일단 고시된 후에는 누구나 별도의 인정 절차 없이 신고만으로 제품을 제조 또는 수입할 수 있게 된다. 따라서 해당 기능성 원료를 사용한 다양한 제품이 시장에 도입될 수 있으며, 제품 간 경쟁으로 인한 품질 향상도 기대할 수 있다. 법적으로 고시된 원료는 소비자의 신뢰도 및 인지도 확보가 가능하여, 특별한 마케팅 전략이 필요하지 않을 수도 있다.

개별인정형 원료는 영업자가 안전성과 기능성 인정에 필요한 과학적 근거 자료를 확보해 인정을 요청하게 되는데, 이 경우 식품의약품안전처장은 신청일로부터 120일 이내(기 인정받은 원료의 기능성 추가의 경우 60일)에 평가를 마쳐야 하며, 규정 개정의 절차를 거치지 않고 해당 영업자에게 즉시 인정서를 발급할 수 있다. 이 방법의 가장 큰 장점은 과학의 발전 속도에 맞추어 품목을 빠르게 확대할 수 있다는 것이다. 2004년 법률 제정 이후 약 10년간 개별인정받은 원료 또는 성분이 약 250여 건으로 확대된 것이 이를 뒷받침한다. 과학적 근거를 확보해 개별인정을 받는 것은 쉽지 않으므로, 그 대가로 시장 선점 권한을 부여하는 것은 연구 개발을 독려한다는 면에서 상당한 의미가 있다. 그러나 이 방법은 인정서를 발급받은 영업자에 한해 제조 또는 수입하도록 권한을 제한하고 있어 개별 기업의 역량에 따라 제품의 품질 향상과 시장 진입 및 확대가 가능하며, 이것이 잘 이루어지지 않으면 어렵게 인정된 기능성 원료가 제품화되지 못하고 머물러 있을 수도 있다.

개별인정된 원료의 품목 확대를 위해 기능성 원료로 인정받은 후 품목제조신고 또는 수입신고한 날로부터 3년이 경과했거나 3개 이상의 영업자가 인정받은 후 품목제조신고 또는 수입신고한 경우, 또는 3년이 경과하지 않은 기능성 원료에 대해 동일한 기능성 내용으로 인정받은 영업자의 3분의 2가 등재를 요청하는 경우 《건강기능식품공전》에 등재될 수 있다. 다만, 당해 영업자가 요청할 경우에는 타당성을 검토하여 기능성 원료 인정 후 품목제조신고 또는 수입신고한 날로부터 5년까지 유예할 수 있다.

1) 건강기능식품공전

'건강기능식품에 관한 법률' 제14조 제1항의 규정에 의해 식품의약품안전처장이 품목별로 제조·사용 및 보존 등에 관한 기준 및 규격을 고시하는 건강기능식품을 고시형 건강기능식품이라 부르며, 이 내용은 《건강기능식품공전》에 수록되어 있다. 《건강기능식품공전》은 '건강기능식품에 관한 법률'에 따르며, 이 공전에서 기준 및 규격을 정하고 있는 품목에 대해서는 별도의 인정 절차 없이 품목제조신고 또는 수입신고해 판매할 수 있다. 공전에 등재된 원료는 안전성 및 기능성 평가를 거쳐 기준 및 규격이 설정되므로, 소비자에게 안전하면서도 양질의 건강기능식품을 제공하는 기반이 된다. 또한 기능성 원료별로 상세한 제조기준·규격 및 일일섭취량을 정해 이를 만족할 경우 해당 원료가 다양한 제품에 적용될 수 있으며, 이 공전에서 제공하는 기준 및 규격은 건강기능식품 관리를 위한 원칙이 될 수 있다.

《건강기능식품공전》에 수록되어 있는 원료는 크게 영양소와 기능성 원료로 구분되며, 현재 등재되어 있는 고시형 건강기능식품은 표 1-1과 같다.

표 1-1 고시형 건강기능식품 현황(2015년 12월 기준)

구분	기능성을 가진 원료 또는 성분
영양소 (28종)	• 비타민 및 무기질(또는 미네랄) 25종: 비타민 A, 베타카로텐, 비타민 D, 비타민 E, 비타민 K, 비타민 B_1, 비타민 B_2, 나이아신, 판토텐산, 비타민 B_6, 엽산, 비타민 B_{12}, 바이오틴, 비타민 C, 칼슘, 마그네슘, 철, 아연, 구리, 셀레늄(또는 셀렌), 아이오딘, 망간, 몰리브덴, 칼륨, 크롬 • 필수지방산 • 단백질 • 식이섬유
기능성 원료 (60종)	• 인삼, 홍삼, 엽록소 함유식물, 클로렐라, 스피루리나, 녹차추출물, 알로에전잎, 프로폴리스 추출물, 코엔자임Q10, 대두아이소플라본, 구아바잎 추출물, 바나바잎 추출물, 은행잎 추출물, 밀크시슬(카르두스 마리아누스) 추출물, 달맞이꽃종자 추출물, 오메가-3 지방산 함유 유지, 감마리놀렌산 함유 유지, 레시틴, 스쿠알렌, 식물스테롤/식물스테롤에스터, 알콕시글리세롤 함유 상어간유, 옥타코사놀 함유 유지, 매실 추출물, 공액리놀레산, 가르시니아캄보지아 추출물, 루테인, 헤마토코쿠스 추출물, 쏘팔메토 열매 추출물, 포스파티딜세린, 글루코사민, N-아세틸글루코사민, 뮤코다당·단백, 알로에겔, 영지버섯 자실체 추출물, 키토산/키토올리고당, 프럭토올리고당, 프로바이오틱스, 홍국, 대두단백, 테아닌, 엠에스엠(Methyl sulfonylmethane, MSM), 폴리감마글루탐산, 마늘, 히알루론산, 홍경천 추출물, 빌베리 추출물 • 식이섬유(14종): 구아검/구아검가수분해물, 글루코만난(곤약, 곤약만난), 귀리식이섬유, 난소화성말토덱스트린, 대두식이섬유, 목이버섯식이섬유, 밀식이섬유, 보리식이섬유, 아라비아검(아카시아검), 옥수수겨식이섬유, 이눌린/치커리추출물, 차전자피식이섬유, 폴리덱스트로스, 호로파종자식이섬유

2) 개별인정형 건강기능식품

건강기능식품의 개별인정은 안전성·기능성에 대한 과학적 평가에 의해 개별 원료별로 인정하는 것으로 '건강기능식품 기능성 원료 및 기준·규격 인정에 관한 규정'에 의한 검토를 거쳐 인정받을 수 있다(건강기능식품에 관한 법률 제15조 2항). 해당 규정은 건강기능식품 기능성 원료 및 기준·규격의 인정에 필요한 인정 기준, 인정 절차, 제출 자료의 범위 및 요건, 평가 원칙 등에 관한 사항을 정함으로써 인정 업무에 적정을 기함을 목적으로 한다.

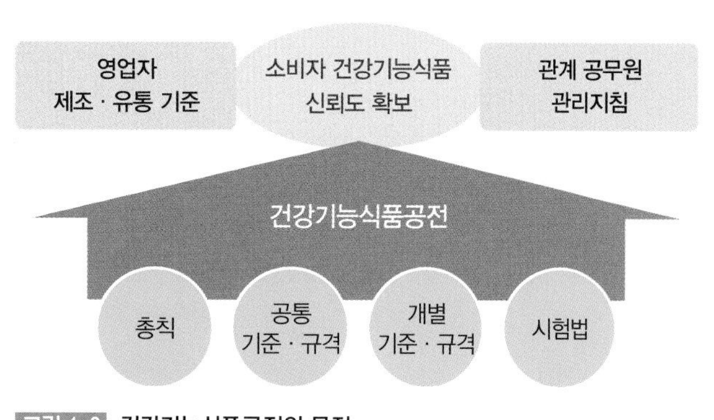

그림 1-3 건강기능식품공전의 목적

건강기능식품 기능성 원료 인정을 위해 식품의약품안전처에 제출해야 하는 자료의 범위는 해당 규정 제3장 12조에, 각 자료의 내용 및 요건은 동 규정 14조에 제시

표 1-2 개별인정형 건강기능식품 현황(2015년 12월 기준)

번호	기능성		기능성 원료
1	간 건강	간 건강에 도움	도라지추출물, 밀크시슬추출물, 발효울금, 복분자추출물(분말), 브로콜리스프라우트분말, 표고버섯균사체추출물(분말), 표고버섯균사체
		알코올성 손상으로부터 간 보호에 도움	유산균 발효 다시마추출물, 헛개나무과병추출물
2	갱년기 남성 건강	갱년기 남성의 건강에 도움	MR-10민들레등복합추출물, 마카 젤라틴화 분말, 옻나무 추출분말
3	갱년기 여성 건강	갱년기 여성의 건강에 도움	백수오 등 복합추출물, 석류 추출/농축물, 홍삼(홍삼농축액), 회화나무열매추출물, 석류농축액
4	과민피부 상태 개선	면역과민반응에 의한 피부상태 개선에 도움	*L. sakei* Probio 65, 감마리놀렌산 함유 유지, 과채유래유산균(*L.plantarum* CJLP133), 프로바이오틱스ATP
5	관절·뼈 건강	관절 건강에 도움	CMO함유FAC(Fatty acid Complex), Dimethylsulfonylmethane(MSM), N-아세틸글루코사민, 가시오갈피 등 복합추출물, 강황추출물, 글루코사민, 닭가슴연골분말, 로즈힙분말, 보스웰리아 추출물, 비즈왁스알코올, 전칠삼추출물 등 복합물, 지방산복합물, 차조기등복합추출물, 초록입홍합추출오일, 호프추출물, 황금추출물등 복합물, 까마귀쪽나무열매 주정추출물
		뼈 건강에 도움	가시오가피숙지황 복합추출물, 대두아이소플라본, 흑효모배양액분말, 유단백추출물
6	기억력 개선	기억력 개선에 도움	구기자추출물, 녹차추출물/테아닌복합물, 당귀등추출복합물, 비파엽추출물, 오메가-3 지방산 함유 유지, 원지추출분말, 은행잎추출물, 인삼가시오갈피 등 혼합추출물, 테아닌등복합추출물, 피브로인 효소가수분해물, 홍삼(홍삼농축액)
7	긴장 완화	스트레스로 인한 긴장 완화에 도움	L-테아닌, 아쉬아간다 추출물, 유단백가수분해물, 돌외잎추출물
8	눈 건강	눈의 피로도 개선에 도움	빌베리추출물, 헤마토코쿠스추출물
		눈 건강에 도움	들쭉열매추출물, 루테인/지아잔틴복합추출물, 루테인복합물, 루테인지아잔틴복합추출물20%, 마리골드추출물(루테인에스터), 지아잔틴추출물, 오메가-3 지방산 함유 유지
9	면역기능 개선	면역력 증진에 도움	L-글루타민, 게르마늄효모, 금사상황버섯, 당귀혼합추출물, 동충하초 주정추출물, 스피루리나, 클로렐라, 청국장균배양정제물(폴리감마글루탐산칼륨), 표고버섯균사체, 효모베타글루칸, 인삼다당체추출물
		과민면역반응 완화에 도움	*Enterococcus faecalis* 가열처리건조분말, 구아바잎추출물등복합물, 다래추출물, 소엽추출물, 피카오프레토 분말 등 복합물, 합성 PLAG
10	배뇨기능 개선	방광에 의한 배뇨기능 개선에 도움	호박씨추출물 등 복합물

(계속)

번호	기능성		기능성 원료
11	위 건강, 소화기능	헬리코박터균 증식 억제 및 위 건강에 도움	감초추출물
		위 불편감 개선에 도움	매스틱검
		위 점막을 보호해 위 건강에 도움	비즈왁스알코올
		담즙 분비를 촉진해 지방 소화에 도움	아티초크추출물
12	요로 건강	요로 건강에 도움	크랜베리추출물, 파크랜 크랜베리추출분말
13	운동수행 능력	운동능력 향상에 도움	마카 젤라틴화 분말, 크레아틴, 헛개나무과병추출분말
		지구력 증진에 도움	동충하초 발효 추출물
14	인지능력 향상	인지능력 개선에 도움	*Lactobacillus Helveticus* 발효물, 도라지추출물(DRJ-AD), 참당귀뿌리추출물, 참당귀추출분말, 포스파티딜세린, 천마 등 복합추출물(HX106)
15	장 건강	장내 유익균 증식 및 유해균 억제에 도움	갈락토올리고당, 구아검가수분해물, 대두올리고당, 라피노스, 락추로스 파우더, 밀전분유래 난소화성말토덱스트린, 이소말토올리고당, 자일로올리고당, 커피만노올리고당분말, 프럭토올리고당
		면역을 조절해 장 건강에 도움	프로바이오틱스(VSL#3)
		배변 활동 원활에 도움	대두올리고당, 라피노스, 목이버섯, 무화과페이스트, 분말한천, 이소말토올리고당, 자일로올리고당, 커피만노올리고당, 프럭토올리고당
16	전립선 건강	전립선 건강 유지에 도움	쏘팔메토열매추출물, 쏘팔메토열매추출물 등 복합물
17	체지방 감소	체지방 감소에 도움	*Lactobacillus gasseri* BNR17, L-카르니틴타르트레이트, 가르시니아캄보지아껍질추출물, 공액리놀렌산(유리지방산), 공액리놀렌산(트리글리세라이드), 그린마떼추출물, 그린커피빈추출물, 깻잎추출물, 녹차추출물, 대두배아추출물등복합물, 돌외잎주정추출분말, 락토페린(우유정제단백질), 레몬 밤 추출물 혼합분말, 마테열수추출물, 미역 등 복합추출물(잔티젠), 발효식초석류복합물, 보이차추출물, 서목태(쥐눈이콩) 펩타이드 복합물, 식물성유지 디글리세라이드, 와일드망고 종자추출물, 중쇄지방산(MCFA)함유 유지, 콜레우스포스콜리추출물, 키토산, 키토올리고당, 핑거루트추출분말, 히비스커스등복합추출물, 풋사과 추출 폴리페놀(Applephenon)
18	치아 건강	충치 발생 위험 감소에 도움	자일리톨
19	칼슘 흡수 촉진	칼슘 흡수에 도움	폴리감마글루탐산, 프럭토올리고당

(계속)

번호	기능성		기능성 원료
20	혈중 콜레스테롤 개선	혈중 콜레스테롤 개선에 도움	녹차추출물, 대나무잎추출물, 보리베타글루칸추출물, 보이차추출물, 사탕수수왁스알코올, 스피루리나, 식물스탄올에스터, 씨폴리놀 감태주정추출물, 아마인, 알로에복합추출물, 알로에추출물, 양파추출액, 적포도발효농축액, 클로렐라, 홍국쌀
21	피로 개선	피로 개선에 도움	발효생성아미노산복합물, 헛개나무과병추출물, 홍경천추출물
22	피부 건강	자외선에 의한 피부손상 피부 건강을 유지하는 데 도움	소나무껍질추출물등복합물, 포스파티딜세린, 핑거루트추출분말, 홍삼·사상자·산수유복합추출물, 프로바이오틱스 HY7714
		피부 보습에 도움	AP콜라겐 효소분해 펩타이드, Collactive 콜라겐펩타이드, N-아세틸글루코사민, 곤약감자추출물, 민들레 등 복합추출물, 쌀겨추출물, 옥수수배아추출물, 저분자콜라겐펩타이드, 지초추출분말, 포스파티딜세린, 히알루론산, 콩·보리 발효복합물, 밀배유추출물, 핑거루트추출분말
23	항산화	항산화에 도움	녹차추출물, 대나무잎추출물, 메론추출물, 복분자추출물(분말), 비즈왁스알코올, 유비퀴놀, 코엔자임Q10, 토마토추출물, 포도종자추출물, 프랑스해안송껍질추출물, 홍삼(홍삼농축액)
24	혈당 조절	식후혈당 상승 억제에 도움	L-arabinose, nopal추출물, 계피추출분말, 구아바잎추출물, 난소화성말토덱스트린, 동결건조누에분말, 마주정추출물, 바나바잎추출물, 상엽추출물, 서목태(쥐눈이콩) 펩타이드 복합물, 솔잎증류농축액, 실크단백질 효소가수분해물, 알부민, 인삼가수분해 농축액, 잔나비걸상버섯균사체(인정취소), 지각상엽추출혼합물, 콩발효추출물, 타가토스, 탈지달맞이꽃종자추출물, 피니톨, 홍경천등복합추출물, 히드록시프로필메틸셀룰로오스
25	혈압 조절	높은 혈압 감소에 도움	L-글루타민산유래GABA함유분말, 가쯔오부시올리고펩타이드, 나토균배양분말, 서목태(쥐눈이콩) 펩타이드 복합물, 연어 펩타이드, 올리브잎추출물, 정어리펩타이드, 카제인가수분해물, 코엔자임Q10, 포도씨효소분해추출분말, 해태올리고펩티드
26	혈중중성지방 개선	혈중중성지방 개선에 도움	DHA농축유지, 글로빈 가수분해물, 난소화성말토덱스트린, 대나무잎추출물, 식물성유지 디글리세라이드, 정어리정제어유, 정제오징어유
27	혈행 개선	혈행 개선에 도움	DHA농축유지, 나토균배양분말, 나토배양물, 메론추출물, 은행잎추출물, 정어리정제어유, 정제오징어유, 카카오분말, 프랑스해안송껍질추출물, 홍삼, L-아르기닌
28	정자 운동성 개선에 도움		마카젤라틴화분말
29	월경 전 변화에 의한 불편한 상태 개선		감마리놀렌산 함유 유지
30	유산균 증식을 통한 여성 질 건강에 도움		UREX 프로바이오틱스
31	어린이 키 성장에 도움		황기추출물등복합물(HT042)
32	수면의 질 개선에 도움		감태추출물

: 고시된 원료로 전환된 원료

되어 있다. 건강기능식품 인정을 위한 자료는 '3) 일반 식품 유형으로 적용하고자 하는 경우(25쪽)'에서 자세히 다루기로 한다.

식품의약품안전처장은 제출된 자료를 아래 평가 원칙에 따라 평가해 기능성을 인정하고 있다. 따라서, 건강기능식품의 개발 단계부터 이를 충분히 고려하여 진행해야 한다.

건강기능식품 기능성 원료 인정 제출 자료

- 제출 자료 전체의 총괄 요약본
- 기원, 개발 경위, 국내·외 인정 및 사용 현황 등에 관한 자료
  - 원료의 개발경위, 원재료의 기원, 학명, 원산지, 사용 부위, 국내·외 및 국제기구의 인정·허가 상황, 사용 기준·규격, 식품으로 사용 시 사용 용도, 유통량, 제조회사, 섭취 실태 등에 관한 자료
- 제조 방법에 관한 자료
  - 구체적인 제조 방법, 제조 공정에서 사용된 용매, 효소, 미생물 등의 사항, 주요 제조 단계에 따른 기능(또는 지표)성분의 함량 변화와 수율
- 원료의 특성에 관한 자료
  - 원료를 특징 지울 수 있는 성상, 물성 등에 관한 자료, 기능성분(또는 지표성분) 관련한 표준화 확인 자료
- 기능성분(또는 지표성분)에 대한 규격 및 시험 방법에 관한 자료 및 시험성적서
  - 원료의 표준화를 확인하기 위한 기능성분(또는 지표성분) 규격, 해당 성분의 시험 방법 및 타당성에 대한 자료와 식품의약품안전처장이 지정 또는 인정한 국내·외 검사기관의 시험성적서
- 유해물질에 대한 규격 및 시험 방법에 관한 자료
  - 원재료 또는 제조 과정 중에서 오염 또는 잔류의 가능성이 있는 유해물질로부터 안전성을 확보하기 위한 항목 규격과 시험 방법 및 식품의약품안전처장이 지정 또는 인정한 국내·외 검사기관의 시험성적서
- 안전성에 관한 자료
  - 제안한 방법에 따라 섭취했을 때 당해 원료가 인체에 위해가 없음을 확인할 수 있는 과학적 자료
  - 섭취 근거 자료, 해당 기능성분 또는 관련 물질에 대한 안전성 정보 자료, 섭취량 평가 자료, 영양 평가 자료, 생물학적 유용성(bioavailability) 자료, 인체시험 자료(중재시험, 역학 조사 등), 독성시험 자료

(계속)

- 기능성 내용에 관한 자료
  - 당해 원료의 섭취로 얻어지는 보건 용도에 유용한 효과 및 기전을 작성하며 인체적용시험, 동물시험, 시험관시험, 총설(review), 메타분석(meta-analysis), 전통적 사용 근거 자료 등의 자료 제출
- 섭취량, 섭취 시 주의사항 및 그 설정에 관한 자료
  - 안전성 및 기능성 자료를 근거로 원료의 안전성이 보장되고 기능성이 나타나는 일일섭취량 또는 그 범위, 섭취 방법 및 주의사항에 관한 자료
- 의약품과 같거나 유사하지 않음을 확인하는 자료
  - '건강기능식품에 사용할 수 없는 원료 등에 관한 규정'에 따라 의약품과 같거나 유사하지 않음을 확인한 자료

- 원료의 기원, 학명, 원산지, 사용 부위와 복합 원료인 경우 각 원재료 정보가 구체적으로 잘 기재되었는지 여부 평가
- 원료의 제조 과정에 사용된 용매, 효소 등이 해당 기준 및 규격에 적합하게 사용되었는지 여부 평가
- 기능성분(또는 지표성분)에 대한 함량, 규격 및 시험 방법 적절성, 식품의약품안전처장이 지정 또는 인정한 국내외 검사기관 결과의 적합성, 제조 단계별 기능성분(또는 지표성분)의 함량 변화가 잘 분석되었는지 여부 평가
- 유해물질에 대한 규격이 안전성을 확보할 수 있는지 여부, 식품의약품안전처장이 지정 또는 인정한 국내·외 검사기관의 시험 결과가 적합한지 여부 평가
- 기원, 개발 경위, 국내·외 인정 및 사용 현황, 제조 방법, 원료의 특성, 전통적 사용, 섭취량 평가 결과, 영양 평가 결과, 생물학적 유용성 결과, 인체적용시험 결과, 독성시험 결과 등 제출된 모든 자료를

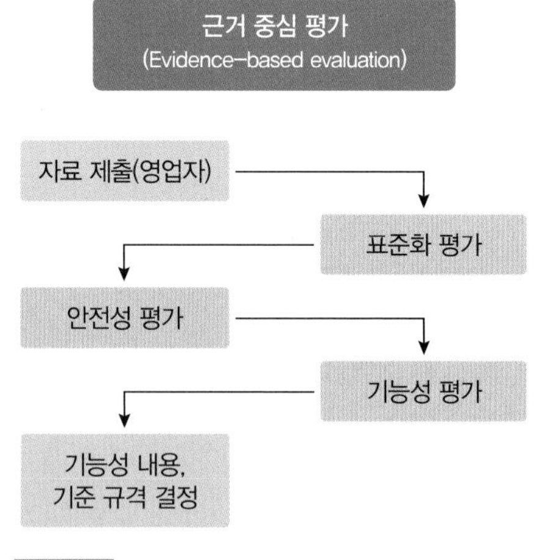

그림 1-4 식품의약품안전처 평가 원칙

종합적으로 검토한 결과 제안된 섭취량 및 섭취 방법에서 안전성이 확보되었는지 여부 평가

- 기능성 자료에 대해 연구의 유형과 수준에 따라 개별적으로 평가한 후, 총체적인 근거 자료의 양, 일관성, 관련성을 고려해 종합적으로 평가

3) 일반 식품 유형으로 적용하고자 하는 경우

앞서 언급한 것처럼, 2008년 3월 이후 제형의 제한이 삭제되면서 두부, 식용유, 시리얼과 같은 일반 식품의 형태도 건강기능식품으로 인정받을 수 있게 되었다.

기능성 원료 또는 성분을 사용해 일반 식품 형태의 건강기능식품을 제조할 때는 '건강기능식품 기능성 원료 및 기준·규격 인정에 관한 규정'의 제4장 '건강기능식품 인정'에 의한 검토를 통해 별도로 인정을 받아야 한다. 또한 일반 식품으로 제조하고자 할 때는 《식품공전》에서 어느 유형에 해당하는지를 우선적으로 명시해야 한다. 이미 고시형 또는 개별인정형으로 인정받은 기능성 원료를 사용할 경우 식품 유형만 추가로 인정받으면 되고, 인정받지 않은 새로운 기능성 원료를 일반 식품 형태로 인정받고자 할 경우 기능성 원료와 식품 유형 인정 신청을 동시에 진행할 수 있다. 특히 다이아실글리세라이드나 대체 감미료 등처럼 보충의 목적이 아닌 일반 식품을 대체하는 식품의 경우에는 적용하고자 하는 식품과 동시에 인정받아야 한다.

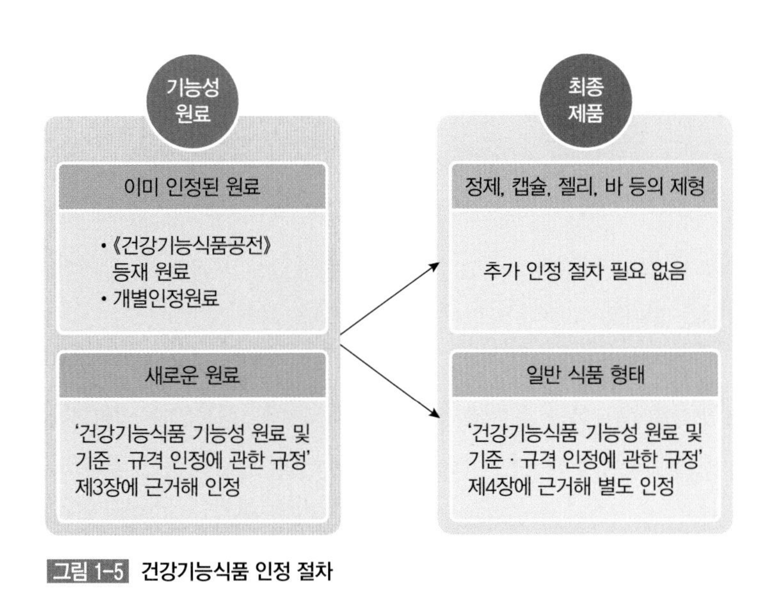

그림 1-5 건강기능식품 인정 절차

건강기능식품 인정 제출 자료

• 제출 자료 전체의 총괄 요약본
• 식품의 유형에 관한 자료
  – '식품의 기준 및 규격', '축산물의 가공 기준 및 성분규격' 등에서 정한 유형에 적합함을 증명하는 자료
• 배합원료의 명칭 및 함량에 관한 자료
  – 원료명 및 배합 비율에 대한 자료
• 제조 방법에 관한 자료
• 기준 및 규격에 관한 자료
  – 기능성분(또는 지표성분) 및 유해물질 규격, 해당 성분의 시험 방법 및 타당성에 대한 자료
  – 기능성 원료에 적용된 규격 외에, '식품의 기준 및 규격', '축산물의 가공 기준 및 성분규격' 등에 따른 유형별 기준 및 규격에 적합함을 확인할 수 있는 자료
  – 식품의약품안전처장이 지정 또는 인정한 국내외 검사기관의 시험성적서
• 안전성에 관한 자료
  – 기능성 원료의 섭취량이 상한섭취량, 일일섭취허용량(ADI: acceptable daily intake) 등을 넘지 않는 등 안전성을 확보할 수 있는 양인지를 입증할 수 있는 자료
• 기능성 내용에 관한 자료
  – 인체적용시험 등 과학적인 방법으로 입증할 수 있는 자료
• 영양성분에 관한 자료
  – 열량, 지방, 포화지방, 트랜스지방, 콜레스테롤, 당류 및 나트륨의 함량에 대한 식품의약품안전처장이 지정 또는 인정한 국내·외 검사기관의 시험 결과와 분석 자료

식품 유형에 대한 인정을 위해 식품의약품안전처에 제출해야 하는 자료의 범위는 해당 규정 제4장 17조에, 각 자료의 내용 및 요건은 동 규정 19조에 제시되어 있다.

일반 식품 형태로 제조하는 경우 식품 유형의 특성을 고려해 각 분야에서 아래와 같은 사항들을 추가로 고려해야 한다.

• 기준·규격에서는 식품 유형에 적용된 후에도 기능성분(또는 지표성분)이 확인 및 분석 가능해야 한다. 또한 기능성 원료에서 필요로 하는 규격 이외에는 모두 《식품공전》 및 《축산물의 가공 기준 및 성분규격》에서 식품별로 정하는 기준·규격에 적합하게 설정하는 것을 기본 원칙으로 한다.

- 안전성은 특히 노출량 평가가 중요한 요소이다. 일반 식품 형태의 건강기능식품은 다양한 식품 형태에 기능성 원료가 적용될 수 있으므로, 여러 식품 유형에서 중복 섭취할 수 있는 경우를 고려한 안전성 평가가 필요하다. 따라서 제조하고자 하는 식품 섭취로 인해 노출되는 기능성 원료의 양이 안전성을 확보할 수 있는 수준인지 입증해야 하고, 노출되는 기능성 원료의 양은 일반 식품으로부터의 섭취, 다른 보충제로부터의 섭취 등 모든 급원을 고려해 산출해야 한다. 예를 들어 기능성 원료인 라이코펜을 일반 식품 형태의 건강기능식품으로 개발하는 경우, 주요 식품 급원인 토마토로부터의 라이코펜 섭취량, 토마토케첩으로부터 섭취하게 되는 양, 보충제로부터의 섭취량을 합산하고 개발하고자 하는 해당 건강기능식품으로 라이코펜을 추가로 더 섭취해도 라이코펜의 일일섭취허용량 또는 상한섭취량을 상회하지 않는지를 평가하게 된다. 총 노출량을 평가할 때, 섭취 식품의 빈도수와 어떤 독성종말점(toxicological endpoint)을 근거로 상한섭취량을 정했는지 등이 매우 중요한 요소로 작용할 수 있다.
- 기능성의 경우, 부형제 등의 단순한 배합만으로 이루어진 보충제 형태의 제형과는 다르게 다양하고 복잡한 식품 매트릭스를 고려한 평가가 이루어져야 할 것이다. 즉, 유지류, 음료류 등 여러 원료가 복합적으로 배합되어 있는 식품 유형의 매트릭스에서 표시하고자 하는 기능성이 확인되는지, 제안 섭취량에 영향은 없는지에 대한 근거 확보가 필요하다. 이를 위해 식품의약품안전처는 일반 식품 형태의 건강기능식품 기준·규격 인정을 위한 기능성 제출 자료 범위에 대한 가이드와 원료 특성을 고려한 사례를 안내하고 있다. 먼저 루테인, 유산균, 코엔자임큐텐 등과 같이 기능성분으로 관리되는 원료를 사용한 경우 최종 제품에서의 기능성분 함량 확인 자료로 기능성을 입증할 수 있다. 인삼, 홍삼 등과 같이 지표성분으로 관리되는 원료를 사용하고자 한다면 최종 제품에서의 기능성 원료의 흡수가 동일함을 확인할 수 있는 자료만으로 기능성이 확보되었음을 설명할 수 있다. 또 동일한 식품이 아니더라도 스프레드, 마가린, 드레싱, 버터 등 유사한 매트릭스, 유사한 제조 공정으로 제조된 식품으로 실험된 인체적용시험 자료가 있는 경우 기능성 입증 자료로 활용할 수 있다. 이외에도 제조 공정 및 건강기능식품 제조에 사용된 기타 원료가 영향을 줄 수 있다면 최종 제품에서 기능성 확인이 요구된다.

표 1-3 식품별 영양성분 함량 기준

구분 / 영양성분	'식품의 기준 및 규격', '축산물의 가공 기준 및 성분규격'에 따른 식품 유형		
	㉮ 일반 식품(축산식품 포함)* (식용유지류/드레싱류 제외)	㉯ 식용유지류	㉰ 드레싱류
① 총 지방	10.0g 이하		
② 포화지방	3.0g 이하	20.0g 이하	3.0g 이하
③ 트랜스지방	0.2g 이하	2.0g 이하	0.2g 이하
④ 당류	15.0g 이하		
⑤ 나트륨	400.0mg 이하		

* 해당 식품의 1회 제공 기준량을 기준 단위로 한다. 다만, 1회 제공 기준량이 30g 이하이면 50g(mL)으로 하고, 1회 제공 기준량이 없는 경우와 식용유지류 중 트랜스지방의 경우는 100g(mL)으로 한다.

특히 일반 식품 형태의 건강기능식품에서는 영양소 기준이 중요한 요소로 간주된다. 최근, 미국, 유럽연합, 호주·뉴질랜드에서는 기능성 표시를 한 식품이 오히려 건강상 위해를 주는 것을 방지하기 위해, 기능성 표시의 적용을 위한 영양소 기준을 설정해 과도하게 섭취 시 유해한 영향을 줄 수 있는 영양소(포화지방, 나트륨, 당 등)의 함량이 높은 식품은 기능성 표시를 사용할 수 없도록 하고 있다. 우리나라에서도 '건강기능식품 기능성 원료 및 기준·규격 인정에 관한 규정'에 총 지방, 포화지방, 트랜스지방, 당류 및 나트륨에 대한 함량 기준을 정하고 있고, 식품 유형별로 각 영양성분의 함량 기준에 적합해야 함을 원칙으로 하고 있다.

CHAPTER 2

건강기능식품 시장 현황

CHAPTER 2

건강기능식품 시장 현황

1. 국내 건강기능식품 시장 현황

1) 건강기능식품산업 분류 및 성장

국내 바이오산업의 생산 규모는 7조 5,238억(2013)이며, 이 중 바이오식품산업 생산 규모는 3조 211억 원으로 '바이오의약산업'에 이어 두 번째로 큰 비중을 차지한다(그림 2-1). 건강기능식품을 비롯해 아미노산, 식품첨가물, 발효식품 등이 이에 속한다.

국내 건강기능식품 시장은 1990년대 도입기를 거쳐 2004년 '건강기능식품에 관한 법률' 시행 등 2002~2005년 성장기를 거쳐 2008년 《건강기능식품공전》 개정 등 성숙기를 지나 현재의 완숙기에 접어든 것으로 진단된다(그림 2-2). 건강기능식품 생산실적(식품의약품안전처) 자료에 의하면, 최근(2012년 이후) 경제 성장 둔화와 더불어 성장률 3~5%, 국내 총 생산액(GDP) 대비 0.1%의 저성장 기조를 보이고 있으나, 국내 건강기능식품 시장은 연평균 13.1%(2007~2013), 2011년까지 전년 대비 두 자릿수 이상의 성장률을 보였다(그림 2-3). 유통 구조의 다각화, 식품 대기업, 제약회사 등 시장 참여 업체의 다양화, 일반 식품 유형으로의 제형 확대, 웰빙, 건강 지향 문화 확산 및 고령화에 따른 자기 건강 관리에 관한 관심 증가 등 긍정적인 요인이 많기 때문에 건강기능식품 시장은 지속적으로 성장하고 대중화될 것이다(그림 2-4).

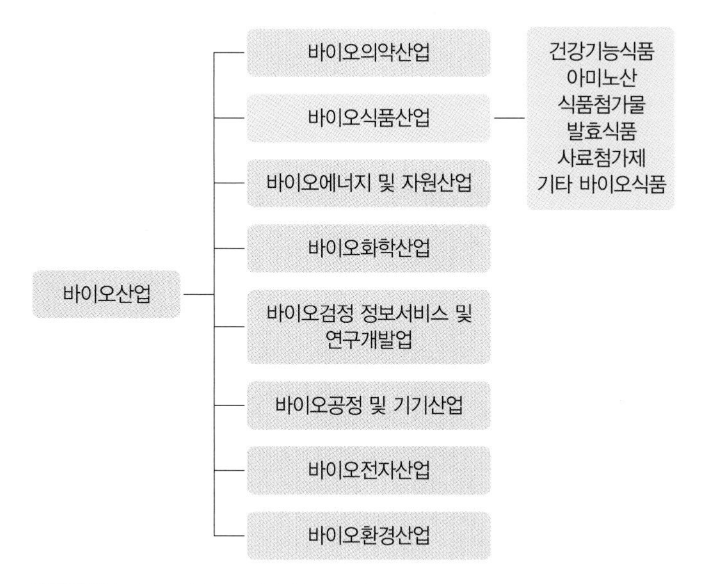

그림 2-1 **바이오산업 중 건강기능식품의 위치**

자료: 산업통상자원부 한국바이오협회(2015). 2013년 기준 국내 바이오산업 실태 조사 보고서.

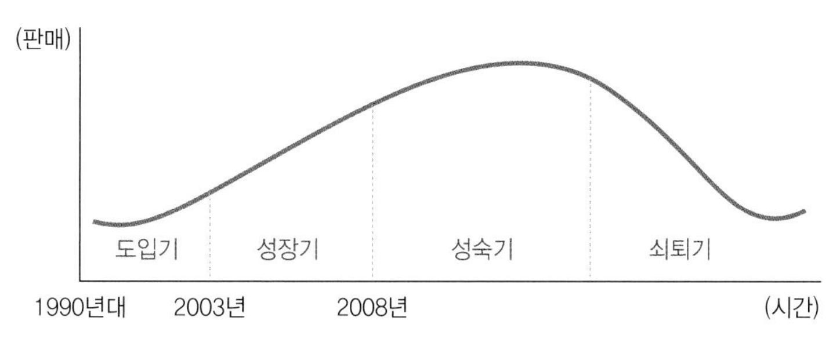

그림 2-2 **건강기능식품의 시장 성장 단계**

자료: Vernon, R(1966). PLC: Product Life Cycle. 재구성.

2) 건강기능식품 생산 추이

식품의약품안전처에서 발표한 2013년 건강기능식품 생산실적 통계 자료에 의하면 건강기능식품 제조업·수입업 및 판매업에 해당하는 업체는 총 9만 6,199개소로 2012년에 비해 10% 증가했다. 그중 건강기능식품 제조업이 449개소, 수입업이 3,139개소, 판매업이 9만 2,611개소로 건강기능식품 제조업이 전체 업소(9만 6,199개소)의 0.5% 수준인 반면, 수입업은 3.3%, 판매업은 96.2%로 제조보다는 수입을 통한 판매 및 유통에 많이 의존하고 있는 상황이다(표 2-1).

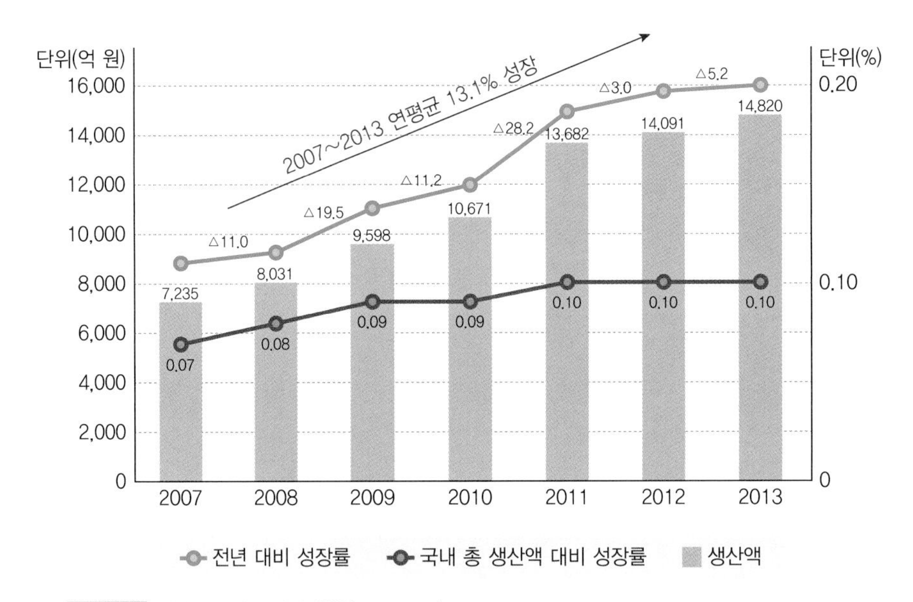

그림 2-3 건강기능식품 시장 현황(2007~2013)

자료: 건강기능식품 생산실적, 식품의약품안전처(2014). 재구성.

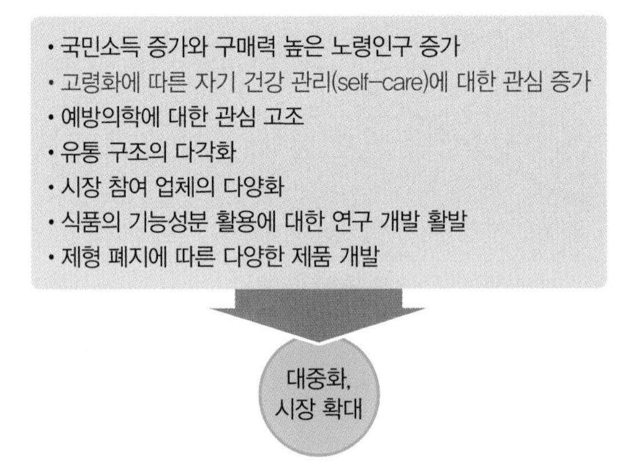

그림 2-4 건강기능식품 시장 기회 요인

2013년 건강기능식품 총 생산액은 1조 4,820억 원으로 2012년의 1조 4,091억 원보다 5% 증가했다. 이 중 홍삼 제품은 건강기능식품 시장에서 5년 연속 생산액 1위로 집계되었고 개별인정형, 비타민 및 무기질, 프로바이오틱스, 알로에 제품이 뒤를 이었다. 5,869억 원으로 발표된 홍삼 제품은 전체 생산액의 39.6%로 가장 점유율이 높았으며, 개별인정형 건강기능식품은 2,324억 원으로 전체 생산액의 15.7%, 전

표 2-1 국내 건강기능식품 업체 현황(2008~2013)

연도	계	건강기능식품 제조업			수입업	건강기능식품 판매업		
		소계	전문	벤처		소계	일반	유통전문
2008	58,570	356	328	28	2,395	55,819	54,538	1,218
2009	63,458	385	349	36	2,528	60,545	59,234	1,311
2010	75,449	397	361	36	2,818	72,234	70,753	1,481
2011	83,377	424	386	38	2,772	80,181	78,591	1,590
2012	87,343	435	396	39	2,926	83,982	82,246	1,736
2013	96,199	449	407	42	3,139	92,611	90,687	1,924
2013/2012 (%)	10.1	3.2	2.8	7.7	7.3	10.3	10.3	10.8

자료: 건강기능식품 생산실적, 식품의약품안전처(2014).

표 2-2 연도·품목별 총 생산액 현황(2009~2013)

구분		총 생산액(억 원)					점유율	2013/2012 증감률(%)
		2009	2010	2011	2012	2013	2013	
계		9,598	10,671	13,682	14,091	14,820	100	5.2
1	홍삼	4,995	5,817	7,191	6,484	5,869	39.6	▽9.5
2	개별인정형	799	1,129	1,435	1,807	2,324	15.7	28.6
3	비타민·무기질	761	991	1,561	1,646	1,747	11.8	6.1
4	프로바이오틱스	254	317	405	518	804	5.4	55.2
5	알로에	648	584	692	687	628	4.2	▽8.6
누계(5품목)		7,457	8,838	11,284	11,142	11,372	76.7	2.1
		(78%)	(83%)	(82%)	(79%)	(77%)		
6	가르시니아캄보지아 추출물	-	208	207	440	541	3.7	23.0
7	오메가-3지방산 함유유지	334	348	509	497	490	3.3	▽1.4
8	인삼	364	341	381	450	466	3.1	3.6
9	밀크시슬(카르두스마리아누스)추출물	-	-	-	-	308	2.1	128.1
10	감마리놀렌산 함유유지	108	93	224	152	186	1.2	22.4
누계(10품목)		8,263	9,828	12,743	12,816	13,363	90.2	4.3
		(86%)	(92%)	(92%)	(90%)	(90%)		
11	기타 품목	1,335	843	939	1,275	1,457	9.8	14.3

자료: 건강기능식품 생산실적, 식품의약품안전처(2014).

년 대비 성장률 28.6%로 안정적인 성장 추세를 보였다. 하지만 여전히 상위 10개 품목의 생산액이 총 생산액의 약 90% 수준으로 전체 생산액의 대부분을 차지했다. 생산실적이 가장 두드러지게 늘어난 품목은 전년 대비 55.2% 성장한 프로바이오틱스이다(표 2-2).

최근 4년간(2011~2014) 건강기능식품 제조품목 현황을 보면, 비타민 및 무기질 제품(29.3%), 홍삼 제품(14.7%), 프로바이오틱스 제품(8.4%), 개별인정 제품(8.0%), 오메가-3 지방산 함유 유지 제품(5.0%)순으로 제조품목 수가 많았다(표 2-3).

표 2-3 건강기능식품 제조품목 현황(2011~2014)

	제품군	총계	2011	2012	2013	2014
1	비타민 및 무기질	15,877	3,171	3,768	4,217	4,721
2	식이섬유(보충용)	377	106	111	98	62
3	단백질	540	51	81	164	244
4	필수지방산	70	10	16	18	26
5	인삼	1,236	267	303	326	340
6	홍삼	7,939	1,635	1,913	2,164	2,227
7	엽록소 함유 식물	146	35	34	38	39
8	클로렐라/스피루리나	627	143	148	149	187
9	녹차추출물	409	55	84	126	144
10	알로에	863	173	217	219	254
11	프로폴리스추출물	1,456	322	332	377	425
12	코엔자임Q10	522	58	119	157	188
13	대두아이소플라본	202	31	52	58	61
14	구아바잎추출물	16	–	–	9	7
15	바나바잎추출물	71	–	–	34	37
16	은행잎추출물	231	–	–	100	131
17	밀크시슬추출물	427	–	–	180	247
18	달맞이꽃종자추출물	30	–	–	13	17

(계속)

제품군		총계	2011	2012	2013	2014
19	오메가-3 지방산 함유 유지	2,724	556	604	743	821
20	감마리놀렌산 함유 유지	889	198	218	228	245
21	레시틴 제품	463	116	115	114	118
22	스쿠알렌	81	19	22	18	22
23	식물스테롤/식물스테롤에스터	12	1	6	3	2
24	알콕시글리세롤 함유 상어간유	43	10	11	10	12
25	옥타코사놀 함유 유지	357	71	82	91	113
26	매실추출물	69	17	17	17	18
27	공액리놀렌산	662	162	165	160	175
28	가르니시아캄보지아추출물	2,610	407	531	757	915
29	루테인	748	100	159	213	276
30	헤마토코쿠스추출물	87	12	22	28	25
31	쏘팔메토열매추출물	584	81	140	173	190
32	포스파티딜세린	28	–	–	11	17
33	글루코사민	1,455	374	380	352	349
34	N-아세틸글루코사민	500	82	115	148	155
35	뮤코다당·단백	61	17	14	15	15
36	식이섬유	1,542	314	347	370	511
37	영지버섯자실체추출물	41	–	–	22	19
38	키토산/키토올리고당	657	151	156	156	194
39	프럭토올리고당	152	37	40	35	40
40	프로바이오틱스	4,548	830	943	1,153	1,622
41	홍국제품	75	17	16	21	21
42	대두단백	8	1	2	2	3
43	테아닌	53	–	–	22	31
44	엠에스엠	367	–	–	154	213
45	개별인정제품	4,309	1,146	1,192	818	1,153
총 제조품목 수		54,164	10,776	12,475	14,281	16,632

자료: 식품의약품통계연보, 식품의약품안전처(2011~2014).

3) 소비자 분석

건강기능식품 제품 개발의 첫 단계는 시장 현황을 파악하는 것이다. 아무리 잘 만든 제품이라도 소비자의 선택을 받지 못한다면 오히려 손실만 불러올 뿐이다. 제품 개발 시 시장 동향을 파악하는 목적은 개발하려는 상품의 성공 확률을 높이고 실패 확률을 줄이기 위함이다. 특히, 시장 트렌드와 소비자의 요구 파악은 제품 개발을 위한 의사 결정에서 가장 필요한 부분이기도 하다. 어떤 제품이든 개발 시 소비자의 요구가 무엇인지 알아보는 것은 중요하며, 트렌드 분석은 제품을 연구·개발하고 시장에 출시하기 위한 적절한 타이밍을 찾기 위해 필요하다(표 2-4). 건강기능

표 2-4 미래 사회 10대 트렌드의 종류와 의미

트렌드	내용	비즈니스 개발 시 소비자를 위해 고려해야 할 지향 가치
고령화	장수, 노령인구 증가	건강, 안심
바이오기술의 진보·실용화	난치·노인성 질환 원천 기술, 예방·맞춤 기술	건강, 안심
개인과 국가의 체계적인 건강 관리 강화	건강 증진 프로그램의 개발, 바이오첨단지식 융합기술 기반 질병 관리 체계 확대, 첨단 건강 관리 서비스 구축	건강, 안심
소비자 가치 추구의 다양화	웰빙, 안전, 건강, 감성, 젊음, 환경 중심 소비	즐거움, 소통
INBEC 기술 융합 가속	Information+Nano+Bio+Environment+Culture, IT 기술의 사회 인프라화	편리, 소통
바이오 경제의 확대	생명과학, 건강기술의 산업화	건강, 안심
질병 구조의 변화	퇴행성, 서구형 질환 등	건강, 안심
기술·제품·서비스 융합 확대	첨단지식·산업기술·서비스의 융·복합 가속, 건강 관리, 치료 등을 목표로 식품·의약품·화장품·의료기기·영양 관리·뷰티·피트니스·의료·여가·레저 등의 융합 영역 확대	편리, 즐거움
복지정책 확대	고령인구지원, U-헬스, 보험, 금융 지원 등	나눔, 안심
맞춤형 시장 확대	소비자행동, 가치체계, 선호도 및 솔루션에 적합한 제품·서비스 수요 확대, 예방적, 맞춤형 기술 구축	편리, 건강

자료: 한국보건산업진흥원, 웰니스 항노화 식품산업 비즈니스 모델 개발 및 제도화(2014).

식품의 제품 개발은 크게 두 가지 형태로, 소재 중심의 접근 방법과 기능성 중심의 접근 방법이 있으며, 소비자 조사 역시 이러한 관점에서 이루어진다.

(1) 소비자 수요도 조사

소비자를 대상으로 한 건강기능식품의 수요도 조사는 관련 기관에서 유사한 조사 항목으로 매년 실시된다. 최근 실시된 조사는 2014년 한국건강기능식품협회가 서울 및 5대 광역시의 20~69세 성인 남녀 약 1,500명을 대상으로 실시한 '국내 건강기능식품 소비자 실태 조사'이다. 다음은 조사 내용 일부를 요약한 것으로 해마다 내용의 차이가 다소 있으나 매년 유사한 경향이 나타난다.

① 평소 건강 관리에 대한 관심도

전체 응답자의 약 96%가 인생에서 본인과 가족의 건강이 가장 중요하다고 대답했으며, 절반 정도는 가족 건강, 건강 관련 지식 및 식품에 관심을 가지고 있다고 응답해 건강에 대한 관심 수준이 매우 높은 것으로 나타났다. 응답자 중 30~40대는 자녀의 건강이나 성장에 관한 관심이 높았고, 50~60대는 건강 관련 지식이나 몸에 좋은 건강기능식품, 음식, 약에 대한 관심이 높았다. 여성들은 몸에 좋은 음식이나 건강기능식품, 건강 관련 식품 등의 섭취로 건강을 관리하는 비중이 높았던 반면, 남성들은 운동을 통해 관리하는 비중이 높았다. 또한 고소득(월 400만 원 이상) 집단은 중산층 이하(월 399만 원 이하) 집단보다 건강 관리를 위해 노력한다고 응답한 비율이 높았다. 이러한 결과는 최근 고령화 등으로 '건강한 수명과 삶의 질 향상'에 대한 소비자 관심도가 높아졌기 때문에 나타난 것으로 판단된다.

② 염려되는 건강 문제 및 관리 방법

응답자들이 평소 염려하는 건강 문제인 면역력 증진, 전반적 건강 증진, 갱년기 건강, 콜레스테롤 개선 등은 '건강기능식품 섭취'를 통해 관리하지만 피로 회복, 스트레스, 피부 건강은 건강기능식품 섭취보다 휴식을 통해 해결하고, 눈 건강과 간 건강에 대해서는 크게 노력하고 있는 점이 없다고 응답한 비율이 높았다. 즉, 소비자들은 면역력과 전반적인 활력 증진을 위해서 건강기능식품을 섭취하거나 휴식으로 관리하고, 특정 질병의 사전 예방을 위해서는 약을 복용하거나 병원을 찾아 관

알아두기	건강 관련 문제에 대한 소비자들의 주요 대처법

- 피로 회복, 스트레스, 피부 건강 → 충분한 휴식
- 면역력 증진, 전반적 건강 증진, 갱년기 건강, 콜레스테롤 개선 → 건강기능식품 섭취
- 관절 건강, 뼈 건강, 체지방 감소 → 민간요법
- 영양 보충, 혈행 개선, 전립선 건강 → 건강기능식품 섭취
- 혈당 조절, 알레르기 → 약 복용
- 숙면 → 충분한 휴식
- 구강 건강 → 정기적인 병원 검진(또는 크게 노력하는 점이 없다는 응답 비율도 높았음)

리하는 방법을 택하고 있다.

③ 건강기능식품 구입 시 중요 고려 요인

건강기능식품 구입자 중 약 80%는 구매 시 제품의 효능을 최우선으로 고려한다고 했다. 그다음으로는 '잘 알려진 건강기능식품 브랜드', '입소문이 난 제품 구입' 순으로 응답 비율이 높았다. 저렴하게 구입할 수 있을 때 한꺼번에 구입하거나, 저렴한 제품을 여러 개 산다고 응답한 비율은 낮았다.

④ 평소 주요 건강 관리 방법

조사 결과, 응답자들은 좋은 음식 섭취(73.7%), 운동(53.5%), 건강기능식품 섭취(49.1%), 건강에 좋은 양약 및 한약 섭취(42.8%) 순으로 건강 관리를 위해 노력하고 있었다. 건강에 관한 관심 정도와 마찬가지로 연령이 높을수록 건강 관리를 위해 노력한다고 응답하는 비율이 높아졌다. 특히, 50대는 건강을 위해 몸에 좋은 건강기능식품을 섭취하려고 노력하며, 60대는 항상 운동하려 하거나 건강 관련 기기 및 가정용 의료 기기 등을 사용하려고 한다는 응답률이 상대적으로 높았다.

⑤ 건강기능식품에 대한 만족도

건강기능식품의 섭취 편의성, 원료, 효능 등을 고려한 전반적인 만족도는 대개 85% 이상으로 만족 수준이 높았다. 특히, 프로바이오틱스(유산균, 93.2%), 백수오 등 복합추출물(90.6%), 홍삼(90.3%)에 대한 만족도가 높았으며 프로바이오틱스와 칼슘의 재구매 의향이 높았다.

⑥ 건강기능식품 구입 시 기대하는 효능

건강기능식품을 통해 개선하고 싶은 건강 문제는 면역력 증진(45.3%), 피로 회복(42.6%)이었으며, 그다음으로 전반적인 건강 증진(25.2%), 영양 보충(22.5%) 순으로 나타났다. 하지만 소비자들의 가치 추구가 다양해지면서 요구하는 기능성이 점차 세분화·전문화되고 있기에 기능성뿐만 아니라 편리성 등 다양한 요구에 대응할 수 있는 전략이 요구된다(표 2-5).

표 2-5 건강기능식품을 통해 개선하고 싶은 건강 문제

(1+2+3순위)	Total	성별		연령				
		남성	여성	20대	30대	40대	50대	60대
(Base)	(1,127)	(504)	(623)	(153)	(265)	(297)	(272)	(140)
면역력 증진	45.3	44.8	45.6	42.5	49.8	48.5	44.9	33.6
피로 회복	42.6	42.3	42.9	49.7	44.9	45.1	41.2	27.9
전반적 건강 증진	25.2	27.2	23.6	15.0	24.5	26.3	27.6	30.7
영양 보충	22.5	24.0	21.3	29.4	27.9	17.8	19.5	20.7
스트레스	15.9	20.0	12.5	28.8	18.1	18.5	8.8	5.7
간 건강	12.1	21.8	4.2	6.5	12.5	17.5	11.4	7.1
관절 건강	11.6	7.9	14.6	2.0	5.3	8.4	16.5	31.4
갱년기 건강	11.5	3.0	18.5	0.7	1.5	16.8	21.0	12.9
눈 건강	11.2	12.5	10.1	9.2	7.5	10.1	14.3	16.4
뼈 건강	10.9	6.0	14.9	6.5	9.4	9.8	12.5	17.9
혈행 개선	10.6	11.7	9.8	3.9	7.9	8.8	13.6	21.4
콜레스테롤 개선	9.2	10.1	8.5	5.9	11.7	8.1	8.5	12.1
체지방 감소	7.8	5.4	9.8	13.1	10.6	8.8	4.4	12.1
체질 개선	7.6	7.3	7.9	11.8	10.6	7.7	5.1	2.1
피부 건강	7.6	2.6	11.7	24.8	10.6	3.7	3.3	-
장 건강	6.7	6.9	6.6	9.8	4.9	8.4	6.6	3.6
기억력	6.6	7.3	5.9	5.9	4.9	6.7	6.3	10.7
항산화	5.2	4.2	6.1	4.6	7.5	4.7	3.7	5.7

(계속)

(1+2+3순위)	Total	성별		연령				
		남성	여성	20대	30대	40대	50대	60대
지구력 증진	4.6	5.6	3.9	5.9	7.5	3.0	3.3	3.6
혈압 조절	4.5	6.9	2.6	0.7	2.3	3.0	7.0	11.4
배변 활동	2.9	1.6	4.0	5.2	4.5	2.0	1.8	1.4
혈당 조절	2.8	4.6	1.4	-	0.8	2.7	3.7	8.6
전립선 건강	2.7	5.8	0.2	-	0.8	3.0	4.8	4.3
숙면	1.9	1.0	2.6	3.3	1.5	1.3	2.2	1.4
알레르기	1.8	1.8	1.8	2.6	2.6	1.3	1.8	-
성장	1.1	0.4	1.6	0.7	2.3	1.3	0.4	-
구강 건강	1.0	1.0	1.0	1.3	0.8	0.7	0.4	2.9
기타	2.6	2.2	2.9	3.9	2.3	2.7	2.2	2.1

: Total 대비 3%p 이상 차이가 나는 배너의 데이터는 강조 표시

자료: 한국건강기능식품협회(2014). 건강기능식품시장 현황 및 소비자 실태 조사.

(2) 웰빙 트렌드의 확장 추이

2000년대 초에 나타난 인간과 자연의 건강을 중요시하는 웰빙 트렌드는 환경, 후손, 미래를 중요시하는 로하스(LOHAS)의 개념으로 확대되었다. 사회 구조의 다변화, 인구 고령화 등에 따른 삶의 질 향상과 건강한 수명 연장에 관련된 가치 추구는 육체적·정신적·사회적 건강을 포괄한 균형 잡힌 삶을 의미하는 '웰니스(Wellness)'로 확장되었다.

산업적으로는 다양한 웨어러블 디바이스의 발전, 스마트폰 앱(app)과 건강 관리 서비스의 연결, 바이오(의료) 기술 혁신에 의한 줄기세포, 장수 유전자, 뇌과학 분야의 발전, 기술 간 융·복합, IT 기술의 접목, 대체의학의 발전 등이 건강하게 오래 살면서 삶의 질을 향상시키고자 하는 인간의 욕망을 뒷받침하고 있으며, 이러한 추세는 앞으로도 지속될 것으로 예측된다.

머지않은 미래에는 단순한 웰빙 개념이 아닌 소비자 개개인의 특성에 맞는 즉, 지금의 성별·세대별 또는 연령대별 세분화를 뛰어넘어 개개인의 유전적 특성이나 체질, 질환 등을 고려한 맞춤형 건강기능식품이 현실화될 것으로 전망된다(그림 2-5).

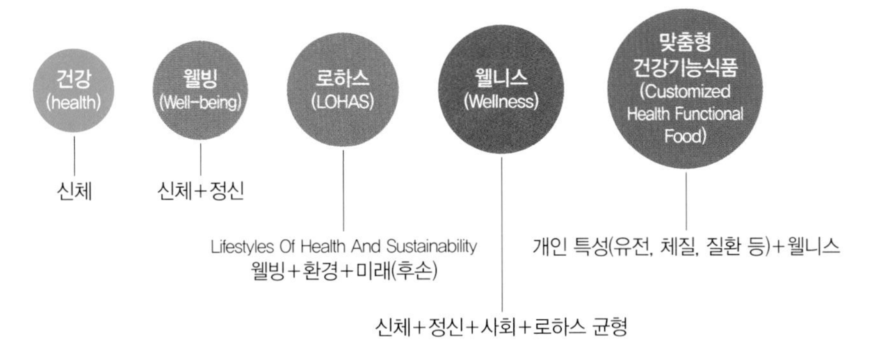

그림 2-5 **웰빙 트렌드의 확장 추이**

보건의료의 패러다임 역시 치료를 넘어선 예방 중심의 일생 건강 관리로 변화하면서, 의약품이 아닌 건강기능식품의 잠재 역할이 질병의 치료 영역에서 예방 영역으로 확장될 것이다.

2015년에 커내디언(Canadean) 사가 세계 48개국에 있는 식품, 소프트드링크, 주류, 퍼스널케어 용품 카테고리의 소비자 5만 2,000명을 대상으로 실시한 조사 결과에 따르면 세계 소비자들의 관심사는 '외모 관리', '체중 감량(다이어트)', '생활습관 개선 및 장기적인 건강 문제(심장, 암) 예방', '정신건강(스트레스, 피로, 수면) 해소'의 네 가지 영역이었다.

'외모'에 대한 관심은 더 나은 외모를 가진 사람이 인생에서 더 많은 기회를 갖는다는 믿음이 만들어낸 현상일 것이며, 매력에 대해 사회가 편협한 시각을 보인다고 생각하면서도 자신의 외모에 불만족을 느끼는 비율이 높고 이를 해결하고자 한다는 점을 드러낸다. 이러한 현상은 비만 증가와 직접적인 연관이 있으며, 경쟁사회 속에서 이러한 수요는 지속될 것으로 예상된다. 실제 소비자의 절반 정도가 체중 감량 또는 유지를 위해 다이어트를 하고 나름의 노력(식사량 줄이기, 조리법 연구, 해로운 음식 피하기 등)을 하고 있지만, 성분 표시에 대한 이해가 완전하지 못한 소비자들은 무분별한 소비를 절제하기 어렵고, 건강한 식습관에 대한 다양한 정보는 오히려 모순과 혼란을 가중시키고 있다. 따라서 외모, 비만 관리와 관련된 기능성분이나 포만감을 유지시키는 원료의 사용, 지방·탄수화물·염분·칼로리 감소, 맛과 건강 문제 관리를 고려한 배합, 명확하고 알기 쉬운 표시 등 입체적인 접근을 통해 소비자의 요구(외모와 비만 관리)에 초점을 맞춘 의미 있는 제품 개발 시도가 필요하다.

소비자들의 염려는 생활습관으로 인한 일상의 건강 문제에서 심장 건강, 암과 같은 장기적인 건강 문제와 혼재되어 있으며 스트레스, 피로, 수면 관련 문제를 가진 사람들이 뚜렷이 증가하면서 정신 건강(행복)에 대한 관심과 이를 중요시하는 경향이 강해지고 있다. 따라서 당·염·지방 함량 줄이기, 항산화, 피부 보습, 영양 공급에 도움을 주는 성분, 휴식을 돕는 성분, 편안함 및 정신적 건강과 관련된 식물 향 등을 사용해 건강과 맛, 휴식과 원기 회복을 도와줄 수 있는 제품 개발, 효과적인 정보 전달, 포장 방법(휴대용 포장 등) 개선 등 성공적인 비즈니스를 위해 소비자가 추구하는 가치(트렌드)를 고려한 다차원적 연구와 도전이 무엇보다 요구된다.

2. 국외 건강기능식품 시장 현황

세계적으로 건강기능식품 시장(Global Nutrition Industry)은 연평균(2003~2012년) 7.6% 이상의 성장률을 보이고 있다. 규모는 2012년 기준 약 3,467억 달러이며, 2020년에는 약 6,394억 달러에 달할 것으로 추정되는 성장 잠재력이 풍부한 시장이다(그림 2-6). 이 중 세계 식이보충제 시장(Global Dietary Supplements Industry)의 국가별 비중은 2012년을 기준으로 미국(34%) > 서유럽(17%) > 동유럽·러시아(12%) > 일본(11%) > 캐나다(9%) > 중국(7%) 순으로 추정된다(그림 2-7).

미국, 서유럽, 일본 시장을 제외한 국가 중에서 가장 급성장하고 있는 곳은 중국이다. 아시아·태평양, 중남미, 동유럽, 중동, 아프리카는 소비자의 소득 증대, 건강기능식품에 대한 투자 확대, 1인당 건강기능식품 소비량 증가 등에 힘입어 2012년까지 다른 지역을 앞서는 성장세를 보였다.

1) 미국

(1) 건강기능식품의 정의와 표시

미국에서는 건강기능식품을 법적으로 정의하고 있지는 않다. 한국의 건강기능식품과 유사한 용어인 식이보충제(Dietary Supplement)도 기본적으로는 다양한 범주의 식품(일반 식품, 식이보충제, 환자용 식품, 특수용도 식품 식품첨가물)에 포함되어

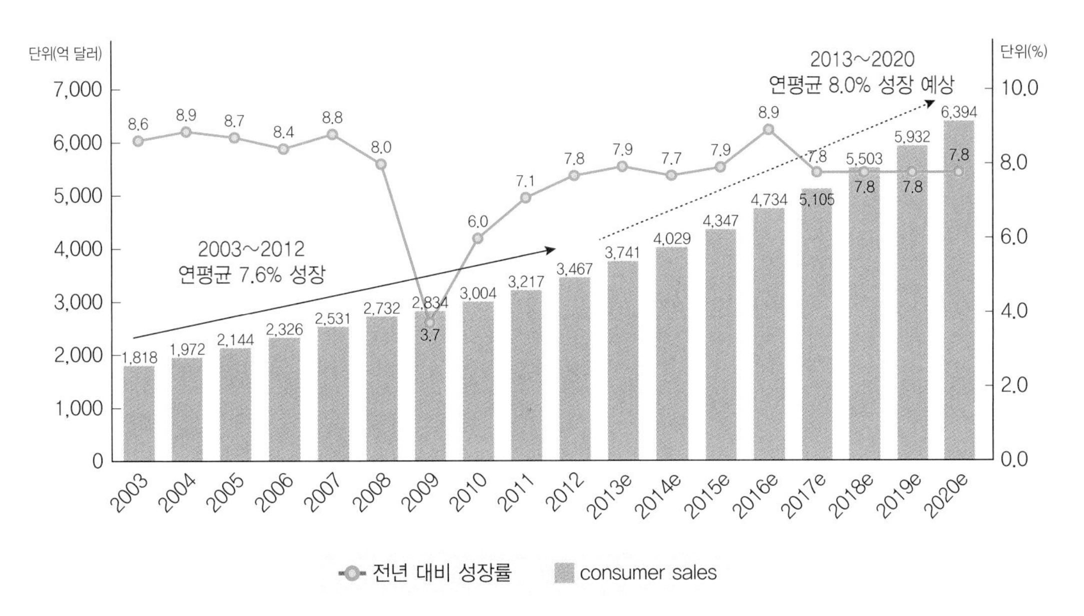

그림 2-6 **세계 건강기능식품 시장 현황**

자료: Nutrition Business Journal(2014). Global Supplement & Nutrition Industry Report.

있어 연방 식품의약품화장품법(FFDCA: Federal Food, Drug, and Cosmetic Act, 1938)에 의해 관리된다. 다만 성분, 제조, 안전, 표시 등은 이들 식품의 특성에 따라 관련 법과 기준에서 별도로 규정한다.

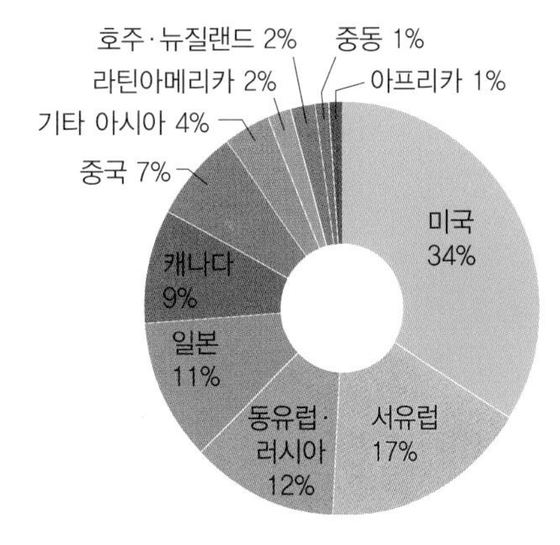

그림 2-7 **국가별 식이보충제 시장의 규모(2012)**

자료: Nutrition Business Journal(2014). Global Supplement & Nutrition Industry Report.

① 정의

식이보충제(Dietary Supplement)에 대한 정의는 1994년 제정된 식이보충제 건강 및 교육법(DSHEA: The Dietary Supplement Health and Education Act)에서 이루어졌다. 식이보충제란 '한 가지 이상의 식이성분(Dietary Ingredients)을 함유해 식이를 보조하는 제품'을 의미하며, 식이성분에는 비타민, 미네랄, 아미노산, 허브 또는 기타 식물성분, 식사(diet)를 보충하기 위한 물질, 농축물, 대사산물, 추출물 또는 이들의 혼합물이 포함된다(그림 2-8). 이러한 식이성분은 기존 식이성분(Old Dietary Ingredient)과 새

> **알아두기 식이성분**
>
> **기존 식이성분(Old Dietary Ingredient)** 1994년 10월 15일 이전, 미국 시장에 판매된 식이성분으로 FDA가 위험하다고 공표하지 않은 일반적으로 안전하다고 간주되는 성분이며, FDA 신고 면제 대상이다.
>
> **새로운 식이성분(New Dietary Ingredient)** 1994년 10월 15일 이전, 미국 시장에 소개되지 않은 식이 성분으로 FDA 신고 대상이다.

로운 식이성분(New Dietary Ingredient)으로 구분된다. 또한 캡슐, 정제, 분말, 액상 등의 형태로 제조할 수 있다.

② 표시

국제식품규격위원회(CODEX: International Food Standards)에서는 각 국가의 상황에 따라 식품 라벨에 사용될 수 있는 표시(claim)로 영양강조표시(Nutrition Claims)와 건강강조표시(Health Claims)를 허용하고 있다. 이러한 건강강조표시에는 영양소 기능강조표시(Nutrient Function Claims), 질병발생 위험감소 기능강조표시(Reduction of Disease Risk Claim), 기타 기능강조표시(Other Function Claim)가 있다.

이러한 원칙에 따라 미국에서는 1990년 영양표시교육법(NLEA: Nutrition Labeling & Education Act)에서 영양소 함량강조표시(Nutrient Content Claims, 일반 식품과 식이보충제)와 건강강조표시(일반 식품)를 할 수 있는 법적 기반을 마련했다. 이에 따라 미국 식품의약국(FDA: Food and Drug Adminstration)은 과학적 근거 자료가 상당수준 확보되어 상당한 과학적 합의(SSA: Significant Scientific Agreement) 기준을 충족하는 경우에만 식품의 질병발생 위험감소 기능강조표시(일반 식품)를 인정하고 있다(12가지). 이후 1997년 식품의약품행정현대화법(FDAMA: FDA Modernization Act)

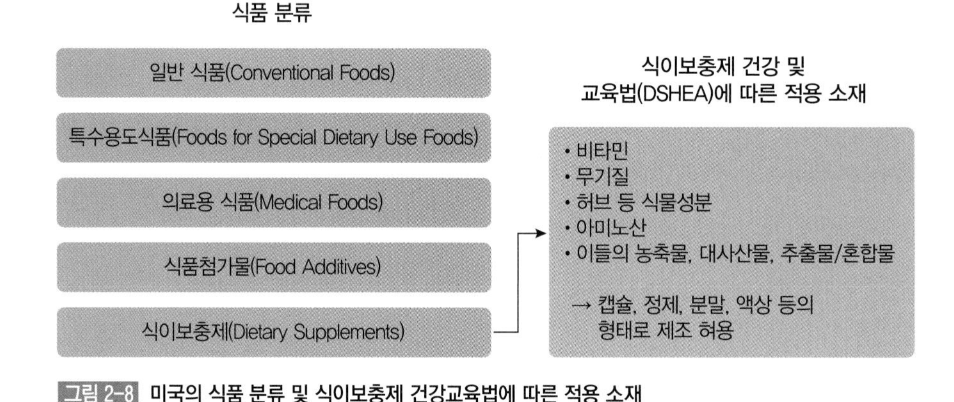

그림 2-8 미국의 식품 분류 및 식이보충제 건강교육법에 따른 적용 소재

에서는 질병발생 위험감소 기능강조표시 절차를 간소화(이의 표명 기간 단축)하고, 권위 있는 자료에 의한 질병발생 위험감소 기능강조표시(일반 식품) 두 가지를 추가적으로 인정했다. 2003년 '영양증진을 위한 소비자건강정보 발의(Consumer Health Information for Better Nutrition Initiative)'에 의해 SSA 기준을 만족시키지 않은 경우에도 과학적 근거 수준에 따라 네 가지(높음, 중간, 낮음, 매우 낮음)로 구분해 조건부 질병발생 위험감소 기능강조표시(Qualified Health Claims)를 인정하고 있다. 단, 청원을 통해 승인을 받아야 한다.

인정된 질병발생 위험감소 기능강조표시는 일반 식품과 식이보충제에 모두 적용할 수 있으나, 인정한 소재를 사용할 수 있는 제품의 요건도 함께 제시하여 무분별하게 사용되지 않도록 조치하고 있다.

한편, 식이보충제에 대해서는 별도로 1994년 식이보충제 건강 및 교육법(DSHEA: The Dietary Supplement Health and Education Act)에 따라 질병발생 위험감소 기능강조표시가 아닌 기타 기능강조표시(Other Function Claim)로 식이보충제가 신체의 구조 또는 기능에 영향을 줄 수 있다는 것을 나타내는 '구조/기능강조표시(Structure/Function Claims)'가 가능하며, 이 경우 영업자는 과학적 근거 자료를 갖춘 후 판매 30일 전, 미 식품의약국(FDA)에 통보해야 한다.

알아두기 건강강조표시

NLEA에 따라 인정된 12가지 건강강조표시(일반 식품과 식이보충제 모두에 적용)

- 칼슘과 골다공증
- 식이지방과 암
- 나트륨과 고혈압
- 포화지방산, 콜레스테롤과 관상심장질환
- 섬유소 함유 곡류, 과채류와 암
- 섬유소(특히, 수용성 섬유소) 함유 과채류 및 곡류와 관상심장질환
- 과채류와 암
- 엽산과 신경관 결손
- 당알코올과 충치
- 식품에서 유래된 수용성 섬유소와 관상심장질환
- 대두단백과 심장 관상심장질환
- 식물성스테롤/스탄올에스터와 관상심장질환

(계속)

FDAMA에 따라 인정된 두 가지 건강강조표시(일반 식품에만 적용)

- 곡류가 많은 제품과 심혈관질환
- 칼륨이 많은 식사와 고혈압 등

'영양 증진을 위한 소비자 건강정보 발의'에 따라 인정된 16가지 제한적 건강강조표시(Qualified Health Claim, 일반 식품, 식이보충제에 모두 적용)

- 암 관련
  - 토마토·토마토소스와 전립선암, 난소암, 위암, 췌장암
  - 칼슘과 대장암
  - 녹차와 암
  - 셀레늄과 암
  - 항산화 비타민과 암
- 심혈관 관련
  - 견과류와 심장질환
  - 호두와 심장질환
  - 오메가-3 지방산과 관상심장질환
  - 비타민 B군과 혈관질환
  - 올리브유의 단일불포화지방산과 관상심장질환
  - 유채종자유(카놀라유)의 불포화지방산과 관상심장질환
  - 콩기름과 심장질환
- 인지 기능 관련
  - 포스파티딜세린과 인지장애 및 치매
- 당뇨병 관련
  - 크롬과 당뇨병
- 고혈압 관련
  - 칼슘과 고혈압 및 임신성 고혈압과 임신중독증
- 선천성 신경관 결함(neural tube birth defect) 관련
  - 0.8mg 엽산과 선천성 신경관 결함

③ 안전

미국 시장에서 판매되는 식이보충제를 제조·포장·유통하는 업체라면 회사에 보고된 모든 부작용 사례를 발생일 14일 내에 미국 식품의약국에 제출해야 한다. 이 중 심각성이 낮은 부작용 사례 기록 역시 유지해야 하며, FDA가 요청하면 이를 제공해야 한다. 대부분의 식이보충제와 그 성분에 대한 안전 문제는 2011년 식품안전현대화법(FSMA: Food Safety Modernization Act)의 적용을 받는다. 이 법은 발생 후 문제에 대응하는 것보다는 문제가 발생하기 전에 예방하는 데 초점을 맞추고 있으

알아두기 구조·기능강조표시

금지되는 구조·기능강조표시	• 콜레스테롤을 낮춤 • 관절염증과 통증을 줄임 • 변비 완화 • 폐경 후 여성의 골절을 예방 • 항생제 복용 시 정상적인 장내 균총의 유지를 도움
허용되는 구조·기능강조표시	• 정상 범위에 있는 콜레스테롤 수준을 유지 • 연질과 관절 기능 지원을 도움 • 규칙적인 배변 유지를 도움 • 폐경 후 여성의 뼈 건강을 도움 • 건강한 장내 균총의 유지를 도움

며, 문제가 발생할 경우 해당 문제에 더욱 잘 대응하고 억제할 수 있도록 만들어진 새로운 집행 권한(강제 리콜)을 갖는다.

④ 제조·표준

식이보충제의 품질보장 및 식이보충제 제조 관련 사항 기록 문서(MMR: Master Manufacturing Record)에 의한 제품 포장과 라벨 부착이 이루어지도록 식이보충제를 제조, 포장, 라벨 부착, 보관하는 자는 우수관리제조기준(cGMP: current Good Manufacturing Practice)을 수립하고 준수해야 한다. 또한 식이보충제에 사용될 식이성분 제조업체는 식품에 대한 우수제조관리기준(21CFR part 111)에 따라야 한다. 이 규정은 제조업자들이 식이성분 및 이 성분을 사용한 최종 식이보충제의 성분, 순도, 품질, 강도(농도) 및 구성을 보장하도록 요구한다.

(2) 건강기능식품의 시장 규모

미국 건강식품 시장(U.S. Nutrition Industry)은 매년 6% 이상 성장하고 있다. 시장 규모는 2012년 기준 약 1,374억 달러로, 2020년에는 1,781억 달러를 넘어설 것으로 보인다. 이 중에서도 천연 및 유기농식품(Natural & Organic Foods)의 규모가 479억 달러(35%)로 가장 높은 점유율을 차지하고 있으며, 기능성식품(Functional Foods)은 439억 달러(32%), 식이보충제(Dietary Supplement)는 325억 달러(24%)로 추산된다.

(3) 주요 시장 동향

미국의 식이보충제(U.S. Dietary Supplements) 시장 규모는 약 325억 달러로, 세계 국가 중 가장 큰 비중(34%)을 차지하고 있다. 세부 품목별 매출 현황을 보면, 비타민제가 106억 달러(33%)로 가장 높고, 특수·기타보충제가 62억 달러(19%), 허브·식물제제가 56억 달러(17%), 스포츠 영양제가 40억 달러(12%), 식사대체제가 34억 달러(11%), 미네랄제가 24억 달러(8%)의 순으로 높았다. 비타민제는 점유율이 축소되고 있으나 특수보충제(프로바이오틱스), 스포츠 영양제, 식사대체제의 성장률은 높아지고 있어 향후 비중이 급격히 확대될 것으로 예상된다(표 2-6).

(4) 주요 소비 트렌드

- 건강기능식품 품목의 다양화

표 2-6 연도별 미국 식이보충제 품목별 매출 현황 및 성장률

(단위: 억 달러)

구분		2009	2010	2011	2012	2013(e)	2014(e)	2015(e)	2020(e)
비타민제	매출액	91	96	100	106	113	119	126	163
	성장률	7.1%	4.8%	4.3%	6.6%	5.8%	5.7%	5.6%	5.2%
허브·식물제제	매출액	50	50	52	56	60	64	68	92
	성장률	4.9%	0.2%	2.1%	8.5%	6.7%	6.6%	6.4%	6.4%
스포츠 영양제	매출액	29	32	35	40	44	49	53	77
	성장률	5.5%	9.2%	7.2%	15.9%	11.0%	10.2%	9.2%	6.9%
미네랄제	매출액	22	22	23	24	25	26	28	36
	성장률	5.4%	3.7%	2.3%	5.4%	4.3%	4.9%	5.2%	5.0%
식사대체제	매출액	27	28	28	36	41	47	53	86
	성장률	3.1%	3.6%	3.4%	27.7%	14.1%	13.2%	12.4%	9.5%
특수·기타 보충제	매출액	49	52	55	62	66	71	77	114
	성장률	7.5%	5.7%	5.4%	12.0%	7.4%	7.6%	8.2%	7.9%
총계	매출액	269	281	292	325	350	376	404	568
	성장률	6.0%	4.4%	4.2%	11.0%	7.7%	7.6%	7.5%	6.8%

자료: Nutrition Business Journal(2014). Global Supplement & Nutrition Industry Report.

- 라이프스타일을 향상시킬 수 있는 기능성식품 소비
- 스포츠 시장과의 연계
- 어린이 건강시장 규모 확대
- 성별, 연령 및 인종에 따른 기능성식품의 차별화
- 체중 조절 식품, 포만감 지속, 식욕 저하 제품의 성장
- 자연식품에 대한 선호

2) 일본

(1) 건강기능식품의 정의와 표시

① 정의

일본의 건강기능식품과 유사한 용어로는 보건기능식품(保健機能食品)이 있다. 보건기능식품은 또다시 특정보건용식품(特定保健用食品)과 영양기능식품(榮養機能食品)으로 구분된다. 기능성식품(Physiologically Functional Food)은 식품이 갖는 기능영양성(1차), 기호성(2차), 생체조절성(3차) 중 3차 기능을 강조하는 용어로 생체방어, 신체 리듬 조절 등의 기능이 생체에서 충분히 발현될 수 있도록 설계되어 있고, 일상적으로 섭취가 가능하게끔 가공된 식품을 말하는 것이다. 이는 1984~1986년 일본 문부성 특정 연구 사업의 하나인 '식품 기능의 계통적 해석과 전개'에서 처음 거론되었다. 이후 1991년 영양개선법(보건후생성)에 따라 특정보건용식품(FoSHU: Food for Specified Health Use)이라는 법적 용어가 만들어진 후, 2001년 4월에 건강증진법 제정에 따른 보건기능식품제도 도입과 영양개선법 폐지로 보건기능식품(Health Functional Foods) 내로 편입되었다. 건강증진법에서는 '특정보건용식품'을 신체의 생리적 기능이나 생물학적 활동에 관여하는 특정보건기능을 가진 성분을 섭취함으로써 건강 유지·증진에 도움이 되는 식품이라고 정의했으며, 국가 승인에 따라 효과 및 효능 표시를 하게끔 했다. 또한 신체의 건전한 성장, 발달 및 건강 유지에 필요한 영양성분의 보급·보완을 목적으로 하는 식품인 '영양기능식품(FNFC: Food with Nutrient Function Claims)'도 2001년 4월 보건기능식품제도 도입에 따라 보건기능식품에 편입되었다. 따라서 특정보건용식품과 영양기능식품의 법

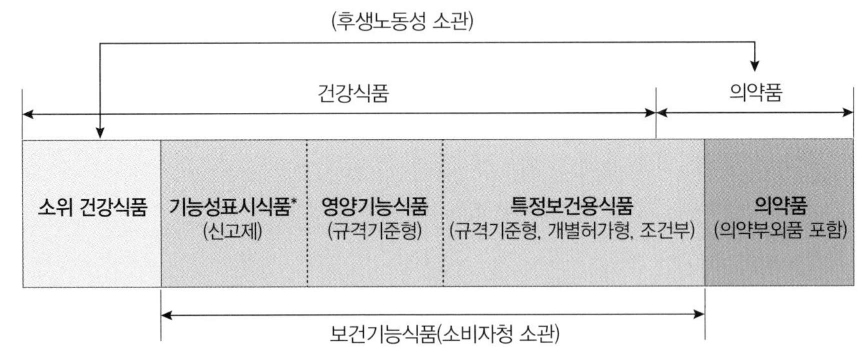

그림 2-9 **일본의 의약품 및 식품 구분**
자료: 일본 후생노동성, 내각부 홈페이지.

적근거는 건강증진법과 식품위생법에 기초한다. 2015년 4월, 일본 정부는 시장 활성화와 소비자의 선택 확대를 위하여 일반식품(신선식품 포함)에 대해 사업자 책임 하에 과학적 근거에 따른 기능성을 표시할 수 있는 '기능성표시식품제도'를 보건기능식품 내에 신설하였다. '기능성표시식품'이란 '질병에 걸리지 않은 자(미성년자, 임산부, 임신 계획 중인 자 및 수유자 제외)에 대해 기능성 관여성분에 의해 건강 유지 및 증진에 기여하는 특정보건 목적(질병위험 감소에 관한 것 제외)이 기대되는 바를 과학적 근거에 의해 용기포장에 표시하는 식품'이라고 정의되었으며, 판매 개시일 60일 전까지 안전성 및 기능성 근거에 관한 정보 등을 소비자청에 신고하면 된다. 기능성식품제도는 식품위생법과 JAS법에 기초한다(그림 2-9).

② 표시

1971년 4월 6일 정식으로 고시(notification)해 성분, 표시, 용도, 제형으로 식품과 의약품을 구분했다. 그러나 1993년 '특정보건용식품' 제도의 도입으로 영업자가 입증 자료를 제출해 국가로부터 사전에 인정받은 식품에 대해서는 기능성을 표시·광고할 수 있게 되었다(표 2-7). 시행 초기에는 일반 식품의 형태로만 한정했으나, 2000년에 국제무역의 문제로 미국에서 제출한 의견을 고려해 2001년부터는 정제 등 식이보충제의 형태도 특정보건용식품으로 인정하고 있다. 영양기능식품인의 경우에는 학계에서 널리 인정하고 있는 성분에 대해 기능성 내용을 국가가 사전에 정해 고시

표 2-7 특정보건용식품으로서 허가 실적이 있는 용도나 관여 성분

보건 용도	관여 성분의 예
정장작용	올리고당, 유산균, 식이섬유, 기타(낫토균 등)
콜레스테롤 상승 억제	대두단백질, 키토산, 인지질 결합 대두 펩타이드, 저분자화알긴산나트륨, 식물스테롤, 식물스테롤에스터, 식물스탄올에스터, 브로콜리·양배추 추출 천연아미노산, 차 카테킨
중성지방·체지방 축적 억제	글로빈단백분해물, 중쇄지방산, 차 카테킨, EPA, DHA, 우롱차 중합 폴리페놀, 난소화성덱스트린, 케르세틴 배당체
혈압 상승 억제	펩타이드류, 두충엽 배당류, 아미노산류
혈당치 상승 억제	난소화성덱스트린, 폴리페놀, 소맥알부민, 대두추출물, L-아라비노스
미네랄의 흡수 촉진	CPP, CCM, 아미노산류, 햄철
뼈 건강 유지	대두 아이소플라본, 유염기성 단백질(MBP), 비타민 K_2, 폴리글루타민산, 칼슘
충치 발생 억제	녹차 폴리페놀, 자일리톨. CPP-ACP, 인산화올리고당 칼슘

자료: (재)일본건강·영양식품협회 홈페이지(2015). 발췌 재구성.

하고, 사용 기준에 적합한 모든 제품에 표시를 허용하고 있다(표 2-8). 이와 같이 일본에서 기능성표시가 가능한 식품은 국가가 개별적으로 허가한 특정보건용식품과 국가의 규격 기준에 적합한 영양기능식품으로 한정되어 있었으나, 2015년 4월 기능성표시식품제도가 도입되면서 특별용도식품, 특정보건용식품, 영양기능식품, 알코올 함유 음료, 나트륨·당분 등 과잉 섭취로 이어지는 식품을 제외한 일반식품(신선식품 포함)도 사업자의 책임 아래 식품위생법과 JAS법에서 정한 기준에 따라 기능성과 안전성에 관한 자료를 준비하여 제출하면 기능성표시를 할 수 있도록 그 범위가 확대되었다(그림 2-10).

표 2-8 영양기능식품의 기준이 있는 영양소

분류	영양소
비타민류	나이아신, 판토텐산, 바이오틴, 비타민 A, 비타민 B_1, 비타민 B_2, 비타민 B_6, 비타민 B_{12}, 비타민 C, 비타민 D, 비타민 E, 비타민 K, 엽산
미네랄류	아연, 칼륨, 칼슘, 철, 동, 마그네슘
기타	n-3계 지방산

자료: 일본식품표시 기준(2015).

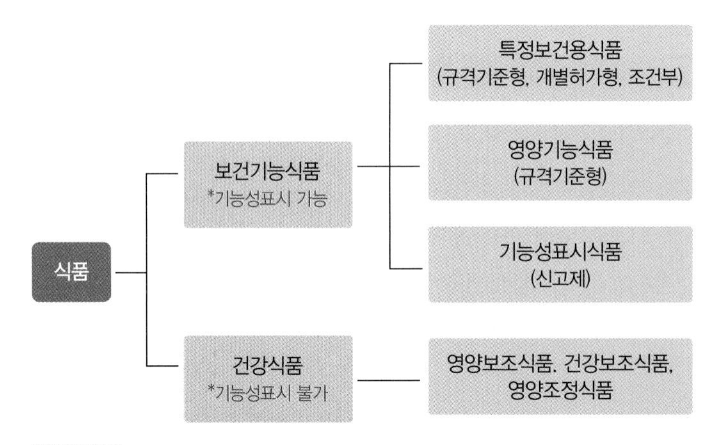

그림 2-10 일본의 식품 분류

- 특정보건용식품 소비자청이 개별 허가하는 식품
  - 규격 기준형: 과학적 근거(허가 실적이 충분히 있는 등)가 축적되어 있고, 소비자위원회의 개별심사 없이 사무국이 규격 기준에 따라 심사해 허가
  - 개별허가형(질병위험 감소표시): 관련 성분의 질병위험 감소효과가 의학적·영양학적으로 확립되어 있을 경우, 질병위험 감소표시 허가
  - 조건부: 일반적인 특정보건용식품의 요구 수준에 도달하지 못했으나, 특정 효과가 일부 확인되는 식품에 대해 과학적 근거가 한정적임을 표시하는 조건으로 허가
- 영양기능식품 하루에 필요한 영양성분(비타민, 미네랄)의 규격 기준이 있는 식품
- 기능성표시식품 사업자의 책임 하에 과학적 근거에 따른 기능성을 표시하는 식품
- 특별용도식품 유아, 임산부, 수유부, 병자 등 의학·영양학적으로 배려가 필요한 대상자의 발육이나 건강복지·회복에 적합한 '특별용도의 표지가 허가된 식품
- 건강보조식품 일본건강·영양식품협회가 지정한 기준을 만족시키는 식품. 2015년 기준 65종류의 건강보조식품 기준이 있고, 협회회원만 취득 가능
- 영양조정식품 기업이 정한 명칭으로 약사법 위반이 아닌 범위 내에서 사용하

고 있으나, 명확한 기준은 없는 식품

(2) 건강기능식품의 시장 규모

일본의 건강식품 시장(Nutrition Industry)은 매년 5% 수준으로 성장하고 있다. 시장 규모는 2012년을 기준으로 약 462억 달러이며, 2020년에는 약 700억 달러를 넘어설 것으로 전망된다. 이 중 기능성식품(Functional Foods)이 223억 달러(48%)로 가장 높은 점유율을 차지하고 있으며, 식이보충제(Dietary Supplement)가 106억 달러(23%), 천연 및 유기농식품(Natural & Organic Foods)이 92억 달러(9%)로 추산된다.

(3) 주요 시장 동향

① 제품군별

일본 식이보충제 시장은 약 462억 달러로 세계 4위(11%)를 차지하고 있다. 세부 품목별 매출 현황을 보면, 비타민제가 41억 달러(39%)로 가장 크고, 스포츠·식사대체·특수보충제가 39억 달러(37%), 허브·식물제제가 26억 달러(24%)이나, 성장률은 3개 품목이 모두 1% 이하로 저조하여 앞으로도 지속적인 저성장이 예측된다. 이에 일본 정부는 2015년에 시장 활성화를 위한 대책으로 국가가 아닌 기업 등이 스스로 과학적 근거를 평가하며 취지와 기능을 표시(질병발생 위험감소 기능강조표시 제외)할 수 있는 제도인 '기능성식품표시제도'를 도입했으나, 이 제도가 건강식품 시장 규모에 미치는 영향은 2016년 후반 이후에 나타날 것으로 기대된다(표 2-9).

② 보건 용도별

일본 건강식품 시장은 성장률이 저조하지만, 전체 규모가 꾸준히 증가하고 있으며, 특정보건용식품(Food for Specified Health Use)의 허가 품목 수도 2015년을 기준으로 1,210개 품목으로 지속적인 상승세를 보이고 있다. 이 중에서도 정장 관련 제품, 체지방이나 중성지방 관련 제품 및 치아나 잇몸 관련 제품의 비중이 높으며, 특히 체지방·중성지방 관련 제품 및 혈당 관련 제품의 규모가 급성장하고 있다(표 2-10).

표 2-9 연도별 일본 식이보충제 품목별 매출 현황 및 성장률

(단위: 억 달러)

구분		2009	2010	2011	2012	2013(e)	2014(e)
비타민·미네랄제	매출액	40	40	41	41	41	41
	성장률	-0.2%	0.7%	0.9%	-0.3%	0.6%	0.6%
허브·식물제제	매출액	27	27	28	26	25	25
	성장률	-0.3%	0.3%	0.7%	-5.7%	-2.6%	-2.1%
스포츠·식사대체 특수·기타 보충제	매출액	37	37	38	39	40	41
	성장률	0.1%	1.1%	1.5%	3.2%	3.0%	3.2%
총계	매출액	104	105	106	106	106	107
	성장률	-0.1%	0.7%	1.1%	-0.5%	0.7%	0.9%

자료: Nutrition Business Journal(2014). Global Supplement & Nutrition Industry Report.

표 2-10 연도별 일본 특정보건용식품 용도별 시장 규모 및 구성비

(단위: 억 엔)

보건 용도	2011			2012			2013		
	시장 규모	전년 대비	비중	시장 규모	전년 대비	비중	시장 규모	전년 대비	비중
정장	1,703	98.6%	55.2%	1,775	104.2%	53.0%	1,776	99.5%	49.9%
미네랄·뼈	100	80.0%	3.2%	98	97.8%	2.9%	99	101.2%	2.8%
치아·잇몸	310	89.1%	10.1%	295	95.0%	8.8%	297	100.8%	8.4%
콜레스테롤	148	95.5%	4.8%	144	97.3%	4.3%	144	100.0%	4.1%
혈압	148	105.7%	4.8%	158	106.8%	4.7%	157	99.4%	4.4%
혈당	144	87.8%	4.7%	131	91.0%	3.9%	162	123.7%	4.6%
체지방·중성지방	531	94.8%	17.2%	749	141.1%	22.4%	912	121.8%	25.8%
총계	3,084	95.8%	100%	3,349	108.6%	100%	3,537	105.6%	100%

자료: 야노경제연구소(2015). 일본 건강식품의 시장 실태와 전망.

(4) 주요 소비 트렌드

① 소재별

건강 이미지와 녹즙, 관절과 글루코사민, 간 기능과 오르니틴 등 소비자에게 인지도가 높은 소재, 효과를 상기하기 쉬운 소재, 효과를 실감하기 쉬운 소재 관련 시장이 확대되고 있다. 또한 오메가-3 지방산 섭취에 대한 인식 고조로 DHA·EPA가 두뇌 음식, 생활 습관병 예방 소재로 확장되고 있다. 식물발효추출물(효소)은 안정적으로 시장에 정착했다.

② 기능별

- 기초 영양 높은 가격으로 인해 전반적인 약세이나 멀티 비타민은 상승세이다.
- 건강의 유지나 증진, 자양·강장 녹즙 중심으로 시장이 확대되고 있다.
- 간 건강 꾸준한 수요 유지, 의약품, 의약품 브랜드의 청량음료 제품 등장, 간 분해물의 인기가 높고 '간 기능'의 대표 격인 울금은 약세이다.
- 정장(장 건강) '장내 환경'이라는 용어 보급으로 장 건강에 대한 관심이 높아지고 있으며, 유산균을 중심으로 상승세를 보이고 있다.
- 미용, 안티에이징 40~50대 여성을 중심으로 한 수요가 있으며 최근에는 남성의 안티에이징 의식이 높아지면서 전체적인 상승세이다. 콜라겐, 태반 추출물 시장이 급증했다.
- 다이어트 스무디, 효소의 인기가 상승했다.
- 눈 건강 블루베리의 수요는 견고하며, 젊은 층부터 고령 층까지 폭넓은 수요가 존재한다.
- 뇌 건강 DHA·EPA의 수요가 상승하고 은행나무 잎은 감소했다.
- 관절 건강 고령자의 수요로 인해 글루코사민을 중심으로 시장이 확대되었다.
- 면역·활력 약세를 보이고 있다.

일본은 1930년대부터 건강기능식품 시장이 형성되는 등 소비자의 인지도 및 구매 욕구가 강하다. 최근에는 라이프스타일 및 웰니스(Wellness) 제품에 대한 관심 증가로 체중 조절, 신진 대사, 스트레스 및 미용 제품 등 새로운 기능성 시장의 출현과 성장이 예상되고 있다.

③ 제형별

일본의 건강, 식품, 미용 관련 업계 정보를 제공하는 〈건강미디어.com〉의 조사에 따르면, 2012년에 출시된 기능성식품 신제품 282개 품목의 제형을 분석한 결과, '음료' 형태가 107개 품목으로 그 수가 가장 많은 것으로 보고되었다. 2013년에도 콜라겐, 태반추출물, 히알루론산 등 3대 미용 소재를 이용한 음료가 인기를 얻었으며, 효소(식물발효엑기스) 다이어트 붐 또한 음료 제품 증가에 기여하는 등 당분간 음료의 인기가 계속될 전망이다.

3) 중국

(1) 건강기능식품의 정의와 표시

① 정의

중국에서는 건강기능식품을 1996년 제정한 위생부 '보건식품등록관리방법'에 따라 '보건식품'이라고 한다. 2005년 위생부 권한을 위임받은 국가식품의약품감독관리국(SFDA: State Food and Drug Administration)은 보건식품 관리 방법을 폐지하고 '보건식품등록관리방법'을 제정 시행했다. 이에 따라 '보건식품'은 "특정한 보건 기능이 있거나 비타민, 무기질 보충을 목적으로 하는 식품으로 특정한 사람들이 식용하기에 적합하고 신체 기능을 조절해주며, 질병 치료를 목적으로 하지 않고, 급성·아급성 또는 만성적으로 어떤 위해를 가하지 않는 식품"이라고 규정되었다. 보건식품의 한 종류인 영양보충제는 '영양보충제 보고 심의 규정'에 의거하여 "식품과 영양의 공급 부족을 보충하고 만성퇴행성질환의 발생 위험을 감소시키기 위해 부족한 비타민이나 무기질을 공급하는 것을 목적으로 하며, 열량을 공급하지 않는다."라고 규정되었다.

② 표시

2003년에 시행된 중화인민공화국 보건식품검사와 기술규범검사에 따라 보건식품의 기능 표시가 27종으로 분류되었다가 2013년에 18종으로 축소 조정되었다(표 2-11). 명칭도 우리나라와 유사하게 "○○○에 도움을 줌"으로 수정되었는데, 기존 27종의 기능에서 성장 발육 개선, 방사선 피해 보조 보호, 혈압 감소 보조, 피부 유분 개선 기능 등 네 개 기능을 폐지하고 장내 균 조절, 변비 개선, 소화 촉진, 위 점막 손상 보

표 2-11 중국 보건식품의 새로운 기능식품 분류 18종

	기존 명칭	명칭 변경
1	면역력 증강	면역력 증강에 도움을 줌
2	혈중 지질 감소 기능	혈중 지방 함량 감소에 도움을 줌
3	혈당 감소 기능	혈당 감소에 도움을 줌
4	수면(睡眠) 개선 기능	수면 개선에 도움을 줌
5	항산화 기능	항산화 기능
6	체력 피로 회복 기능	운동 피로 완화에 도움을 줌
7	다이어트 기능	체지방 감소에 도움을 줌
8	골밀도 증가 기능	골밀도 증가에 도움을 줌
9	영양성 빈혈 개선	영양성 빈혈 개선에 도움을 줌
10	기억력 개선 보조 기능	기억력 증강에 도움을 줌
11	인후 해열 상쾌 기능	인후 해열 기능
12	산소 결핍 인내력 향상 기능	산소 결핍 인내력 향상에 도움을 줌
13	화학적 간(肝) 손상 보호 기능	알코올성 간(肝) 손상 감소에 도움을 줌
14	납 배출 촉진 기능	납 배출에 도움을 줌
15	유량 분비 촉진 기능	비유 촉진에 도움을 줌
16	눈 피로 완화 기능	눈 피로 완화에 도움을 줌
17~20	장내 균 조절, 변비 개선, 소화 촉진, 위 점막 손상 보호 기능 등 4개 기능을 통합	위장 기능 개선에 도움을 줌
21~23	여드름 제거, 기미 제거, 피부 수분 개선 기능 등 3개 기능을 통합	안면 피부 건강에 도움을 줌
24	생장발육개선	취소(균형 잡힌 식사의 중요성, 청소년 발육의 요소가 많음 등)
25	방사선 피해 보조 보호 기능	취소(평가 방법 및 기능성 불확실)
26	혈압 강하 보조	취소(고혈압은 심혈관 질병의 중요한 요소로 혈압 강하 기능은 위험성이 크고, 소비자 오용 시 위해성이 높음)
27	피부 유분 개선	취소(과학성 부족, 기능성 불확실)

자료: 주중 대한민국 대사관 법률정보 홈페이지(2013); 식품의약품안전처·중앙대(2013). FTA 발효·체결(예정) 국가에 대한 기준·규격 비교 조사.

호 기능 등 네 개 기능을 통합하여 "위장 기능 개선에 도움을 줌"으로 수정했다. 또한 여드름 제거, 기미 제거, 피부 수분 개선 기능 등 세 개 기능을 통합해 "안면 피부 건강에 도움을 줌"으로 기능성 명칭을 변경했다. 단, 제형에 대한 제한은 없다.

중국에서 생산하는 보건식품과 해외 수입제품 인·허가 취득은 여러 가지 면에서 차이가 있으므로 중국 내 사정을 잘 아는 대행사를 통해 서류 제출 및 등록을 진행하는 등의 대처 방안도 고려해야 한다. 중국으로 수출하는 제품은 중국이 인정한 검사기관에 검체를 제출하여 안전성시험, 독성·기능성시험(동물시험, 인체적용시험), 이화학적 검사 등을 받아야 한다.

(2) 건강기능식품의 시장 규모

중국 건강식품 시장(Nutrition Industry)은 매년 10% 이상 성장하고 있다. 시장 규모는 2012년 기준 약 194억 달러로, 2020년에는 약 500억 달러를 넘어설 것으로 전망된다. 이 중 식이보충제(Dietary Supplement)가 119억 달러(61%)로 가장 높은 점유율을 차지하며, 천연·유기농·퍼스널케어·가정용 제품(Natural & Organic Personal Care & Household Products)이 37억 달러(19%), 기능성식품(Functional Foods)이 24억 달러(13%), 천연 및 유기농식품(Natural & Organic Foods)이 13억 달러(7%)로 추산된다.

(3) 주요 시장 동향

① 제품군별

중국 식이보충제 시장은 약 119억 달러로 세계 6위의 비중(7%)을 차지하고 있다. 2012년 세부 품목별 매출 현황을 보면 허브·식물제제가 51억 달러(42%)로 가장 크고, 비타민·미네랄제가 48억 달러(41%), 스포츠·한방·식사대체·특수보충제가 20억 달러(17%)이다. 성장률은 3개 품목 모두 6.5% 이상으로 높으며, 향후 비타민·미네랄제 시장이 빠르게 성장하여 허브·식물제제 시장을 넘어설 것으로 예상된다(표 2-12).

② 보건 기능 및 업체 특성별

현재 중국의 보건식품 생산 기업은 3,000여 곳이며 그중 80% 정도가 중소기업이

표 2-12 연도별 중국 식이보충제 품목별 매출 현황 및 성장률

(단위: 억 달러)

구분		2009	2010	2011	2012	2013(e)	2014(e)
비타민·미네랄제	매출액	34	37	41	48	54	61
	성장률	6.5%	10.5%	11.0%	15.5%	13.5%	13.1%
허브·식물제제	매출액	38	42	47	51	56	61
	성장률	6.5%	9.8%	11.0%	9.2%	9.6%	9.2%
스포츠·한방·식사대체 특수보충제	매출액	14	16	18	20	23	25
	성장률	10.0%	12.0%	14.0%	10.0%	11.2%	11.0%
총계	매출액	86	95	106	119	133	147
	성장률	7.1%	10.4%	11.5%	11.8%	11.2%	11.1%

자료: Nutrition Business Journal(2014). Global Supplement & Nutrition Industry Report.

다. 중국 시장에서 판매되는 보건기능별 건강기능식품은 면역력 강화(13%), 혈액 지질 조절(12%)과 피로 회복(10%) 등이 주를 이룬다(그림 2-11). 건강기능식품 생산 기업의 지역별 분포를 보면 절반 이상이 베이징, 광둥성, 강소성, 산둥성, 상하이에 소재하고 있다(그림 2-12).

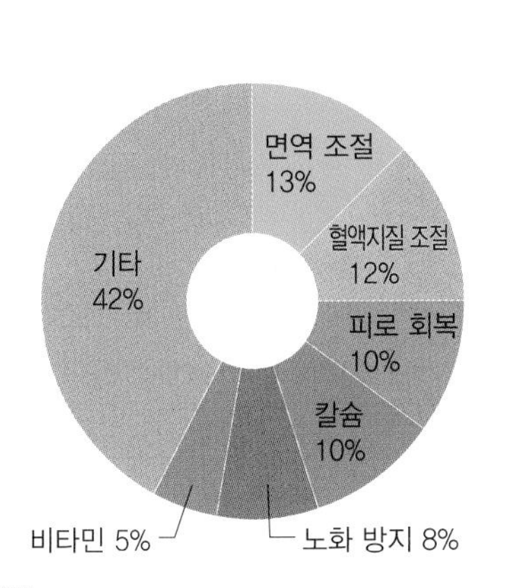

그림 2-11 중국 보건식품의 보건 기능별 매출액 비율

자료: 일본 야노경제연구소(2012). 중국 건강식품시장의 현상과 전망. 발췌 재구성.

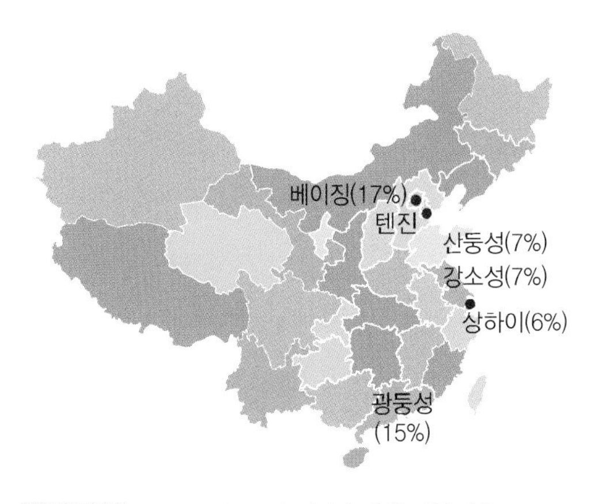

그림 2-12 중국 보건식품의 지역별 생산 기업 비율

자료: 일본 야노경제연구소(2012). 중국 건강식품시장의 현상과 전망. 발췌 재구성.

(4) 주요 소비 트렌드

중국 건강기능식품 시장의 경우, 다국적 기업이 최대 기업으로 성장하면서 자국 기업을 보호하기 위한 규정의 폐쇄성 등이 시장 진입의 장애 요소가 되어왔다. 그러나 최근 중국 정부는 보건식품 관련 규정을 개선하고자 각국의 정책 동향 및 중국 정부 법 개정 방향 등에 대한 다각적인 검토를 진행 중이고, 건강기능식품의 품질 및 가격의 양극화, 유통채널의 다양화 등 긍정적인 변화를 모색하고 있다. 중국 시장 진입이 매력적인 이유는 국민 생활 수준의 현저한 향상과 고령화에 따른 건강에 대한 관심 고조, 다양한 수요 계층, 사회적 유행 조류 등을 들 수 있으며, 수입된 보건식품에 대한 품질 기대감으로 수입제품을 선호하는 경향이 높다는 점이다. 그러나 보건식품의 효능을 식품이 아닌 약으로 기대하는 경향도 크기 때문에 중국에 보건식품을 수출하려는 업체들에게는 제품에 대한 기능성 차별화가 요구된다.

4) 유럽

(1) 건강기능식품의 정의와 표시

① 정의

유럽에서는 1995년 기능성 식품과학의 기본 개념을 중립적 입장에서 과학적으로 연구·입증하고 상호 협력하기 위해 독일, 영국, 네덜란드, 프랑스, 스페인, 벨기에 6개국이 참여한 상호협력기구인 FUFOSE(Functional Food Science in Europe)의 기능성식품(Functional Foods)의 개념을 도입해 "기능성식품이란 과학적으로 인체에 하나 또는 그 이상의 건강 향상을 목적으로 생산된 식품으로서 그 효과가 증명된 식품이며, 일반 식품의 효과와는 구분되고, 건강을 촉진하거나 또는 질병 감염의 위험을 감소(예방)하는 데 도움을 주는 식품"으로 정의하고 있다.

이와 달리 한국의 건강기능식품과 유사한 식품보충제(Food Supplements)는 특별한 정의 없이 비타민이나 미네랄을 원료로 의약품과 유사하게 캡슐, 정제, 분말 등의 형태로 제조된 식품으로 인식되어오다가 비타민과 무기질을 제외한 성분을 포함한 식품보충제 시장이 점차 증가함에 따라 이런 종류의 식품안전을 보장하기 위해 2002년에 식품보충제 지침(Directive on food supplement 2002/46/EC)을 제정하면서 "식품보충제(Food Supplements)란 일반적인 식사를 보충하기 위한 목적으로 하며, 영양 또는 생리학적 효능을 가진 영양소 또는 그 밖의 성분이나 물질(아미노산, 필수지방산, 식이섬유, 다양한 식품과 허브 추출물)을 단일 또는 복합적으로 농축한 제품으로 캅셀, 환, 정제 이외 유사한 계량 형태와 분말, 액상, 링거병 이와 유사한 액체 계량 형태, 섭취 목적의 소량 분말 계량 형태로 거래되는 것을 목적으로 하는 식품"이라고 규정했다.

② 표시

유럽은 안전성 확보의 개념을 가지고 신규식품지침(Novel food regulation EC 258/97)에 의거, 1997년 5월 15일 이전 유럽연합 내에서 인간의 섭취를 목적으로 유의적인 수준으로 사용된 적이 없는 식품은 신규식품(Novel Food)으로 간주해 승인받도록 관리했다. 이후 2000년부터 검토되기 시작한 '영양표시 및 건강강조표시' 제도는 7년간의 검토를 거쳐 영양 및 건강강조표시에 관한 규정(Regulation EC 1924/2006)으로 제정됨에 따라 유럽연합에서 유통시키고자 하는 모든 일반 식품과 식이보충제는 유럽식품안전청(EFSA: European Food Safety Authority)에 과학적 근거 자료를 제출하여 EC의 인정을 받아야 건강강조표시를 할 수 있게 되었다. 이 규정은 권고(directives)가 아닌 규제(regulation)로, 유럽의 모든 회원국은 이 규정의 적용을 받는다. 규정(Regulation EC 1924/2006) 중 허용된 영양강조표시(Nutrition Claim)는 30종(2015년 기준)이며, 건강강조표시(Health Claim)와 관련된 세부 조항은 질병발생위험감소표시(Art 14.1(a)), 어린이 성장 및 건강강조표시(Art 14.1(b)이고, 기타강조표시와 관련된 조항은 일반적으로 수용되는 과학적 근거 기반의 강조표시(Art 13.1)와 새로운 과학적 근거나 사적으로 시행된 연구 결과에 의한 강조표시(Art 13.5)에 규정되어 있다. 단, 새로운 과학적 근거나 사적으로 시행된 연구 결과에 의한 강조표시의 경우 독점 데이터 요청이 포함되는 것으로 특정 회사가 요청한 경우, 제출된 독점 데이터는 5년간 다른 신청인이 인정된 건강강조표시를 사용할 수 없다.

(2) 건강기능식품의 시장 규모

Nutrition Business Journal(2014) 자료에 의하면, 2012년을 기준으로 유럽의 건강기능식품(Food Supplements) 시장은 미국의 뒤를 이어 두 번째인 약 204억 달러로

알아두기 다양한 강조표시

Regulation EC 1924/2006에서 허용된 영양강조표시

- 저에너지
- 에너지 감소
- 무에너지
- 저지방
- 무지방
- 저포화지방
- 무포화지방
- 저당/저설탕
- 무설탕
- 무가당/설탕 첨가 없음
- 저나트륨/저소금
- 초저나트륨/초저소금
- 무나트륨 또는 무소금
- 식이섬유의 원천
- 고식이섬유
- 단백질의 원천
- 고단백질
- [비타민(名)] 그리고/또는 [무기질(名)]의 원천
- 고[비타민(名)] 그리고/또는 고[무기질(名)]
- [영양소(名)] 또는 [다른 성분(名)] 함유
- [영양소(名)] 증가
- 영양소(名) 감소
- 라이트/저칼로리
- 천연
- 고오메가-3지방산의 원천
- 고오메가-3지방산
- 고단일 불포화지방
- 고다중 불포화지방
- 고불포화 지방

Regulation EC 1924/2006에 따른 질병발생 위험감소 기능강조표시 인정 내용

- 식물스테롤, 식물스탄올에스터, 식물성 스테롤·스탄올이 강화된 저지방 발효 유제품: 혈청콜레스테롤 저하·감소, 관상심장질환 위험 감소
- 식물스테롤, 식물스탄올: 혈중 LDL콜레스테롤 저하·감소, 관상심장질환 위험 감소
- 자일리톨추잉껌·패스틸(pastilles): 치아 부식 위험 감소

Regulation EC 1924/2006에 따른 어린이 성장·건강강조표시 인정 내용

- 비타민 D, 칼슘, 동물성 단백질: 뼈 성장
- 칼슘 & 비타민 D: 뼈 강화
- ALA(알파-리놀렌산): 뇌 발달
- DHA(도코헥사엔산) & ARA(아라키돈산): 눈 발달

세계 시장의 29%를 차지하고 있다(그림 2-7). 국가별 규모로는 독일(20.8%)이 가장 크고 그다음으로는 러시아(11.9%), 프랑스(11.7%), 영국(9.0%), 이탈리아(7.4%) 순이다(그림 2-13).

유럽 전체 시장은 아주 점진적으로 성장하고 있지만, 과거 10년간 러시아는 약 2배 이상, 서유럽 1.3배, 동유럽 3.4배 등 유럽연합의 국가들은 10년 전보다 2~3배 이상 성장했다. 그러나 최근 강화된 관리 규정 등은 시장의 성장 잠재력에 영향을 미칠 것으로 관측되며, 향후 시장의 성장률은 세계 평균보다 낮을 것으로 전망된다.

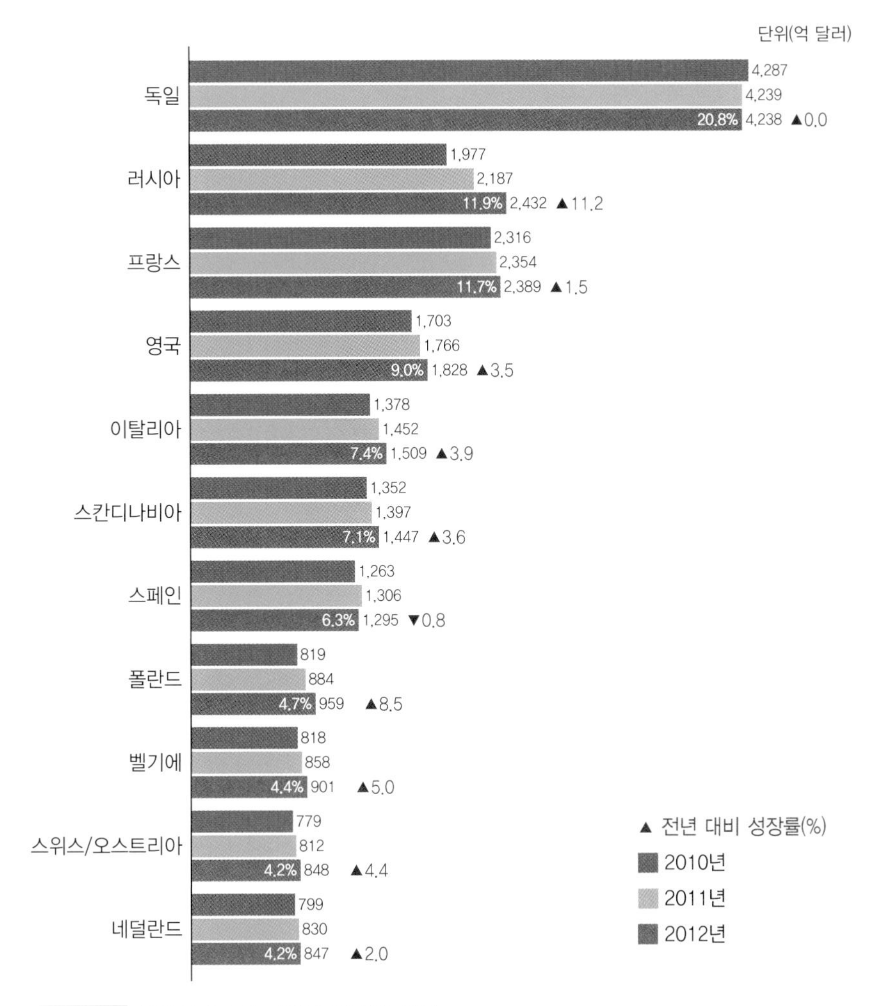

그림 2-13 유럽 주요 국가 식이보충제 매출 현황

자료: Nutrition Business Journal(2014). Global Supplement & Nutrition Industry Report.

(3) 주요 제품 트렌드

유럽의 소비자들은 건강 증진과 질병 위험 예방을 목적으로 기능성식품을 주로 섭취하나 지역에 따라 기능성식품 선호에 대한 차이가 존재한다. 남부 유럽은 전통적으로 천연 신선식품을 높이 평가해왔고, 북부 유럽은 괄목할 만한 식품 기술 혁신의 영향으로 전 유럽에서 가장 인기 있는 프로바이오틱스 유제품군을 선호한다. 반면 서부 유럽의 기능성 선호 키워드는 비만, 인터넷, 대체요법, 고품격 등이다. 영국의 경우 국민의 약 30%가 과체중이고, 20% 정도는 위험 비만 수준으로 비만과 다이어트에 관한 관심이 높다. 또한 포장에 '자연'을 강조한 제품이 주를 이루며 아침 식사 대용 시리얼, 요거트, 유산균 음료, 저지방 마가린 등이 선호된다. 독일에서는 비타민과 무기질 외의 대체요법, 허브요법이 인기이고 프로바이오틱 음료와 요구르트, 소화 촉진, 콜레스테롤 수치를 낮춰주는 기능성식품에 대한 선호도가 높다. 스위스의 경우 프리미엄 라인의 고품격 유제품, 웰빙식품, 기능성식품이 성공을 거두고 있는데, 이처럼 국가의 문화적·사회적 차이에 따라 선호되는 기능성식품의 종류에 차이가 있다는 점에 주의를 기울여야 한다. 긍정적인 사실은 현재 소비자들이 질병 및 건강 악화에 대한 걱정을 약물 복용 대신 기능성식품을 섭취하면서 해소하고 있다는 것이다. 따라서 건강기능식품을 수출할 때는 국가별 특성에 맞춘 철저한 시장 분석을 통해 성공적인 시장 진입을 시도해야 한다.

(4) 주요 소비 트렌드

웰빙 트렌드에 따라 신체적·정신적 건강과 높은 삶의 질을 추구하는 경향이 강해지면서 소비 계층이 확대되었다. 고령화에 따른 만성질환 및 영양 불균형 해소를 위한 특수기능성 건강식품시장도 강세이다. 성공적인 시장 진입을 위해서는 다양한 소비자의 요구(needs)와 성향에 대한 세밀한 시장 분석이 요구된다.

- 관심 키워드　안티에이징, 동종요법, 다이어트, 뼈 건강, 눈 건강, 심혈관 건강, 비뇨기 건강, 스트레스, 수면, 면역, 피부, 미용
- 인기 소재　오메가-3, 비타민 C·D·E·K·B군, 미네랄, 프로바이오틱스, 글루코사민, 식물스테롤, 단백질(대두), 식이섬유, 포도씨유, 인삼, 마늘
- 제형　유제품(요거트, 우유, 치즈), 음료(일반, 요구르트, 과일), 마가린, 스프레드, 두유, 달걀, 베이커리, 시리얼(바), 차, 쿠키, 캐러멜, 사탕
- 연령층　30~60대 일반인, 20~40대 여성
- 소비자의 특성　운동을 즐김, 건강에 관심이 많음, 경제력을 갖춤, 부모, 싱글

CHAPTER 3

건강기능식품의 표시 및 광고

CHAPTER 3

건강기능식품의 표시 및 광고

1. 코덱스 기능성 표시

식품의 '기능성 표시'와 의약품의 '효능·효과표시' 간에는 구분이 모호한 경우가 많아 소비자 혼동이 초래될 가능성이 크다. 따라서 둘을 어떻게 구분할 것인가 하는 문제가 국제적으로 관심의 대상이다. 이에 코덱스(CODEX: Codex Alimentarius Commission, 국제식품규격위원회)에서는 기능성 표시(Guidelines for Use of Nutrition and Health Claims, CAC/GL 23-1997, Rev. 1-2004)를 영양소 기능표시(Nutrient Function Claim), 기타기능표시(Other Function Claim), 질병발생 위험감소 기능표시(Reduction of Disease Risk Claim)의 세 종류로 제안하고 있다. 식품의 기능성 표시를 위해서는 국제적인 조화 및 협조가 필요하므로 국제식품규격위원회에서 제안한 기능성 표시를 기초로 하여 각국에서 독자적인 제도를 만들어 관리하고 있다.

알아두기 코덱스

식품의 국제기준을 결정하는 중요한 역할을 하는 기구로 1963년 국제연합식량농업기구(FAO)와 세계보건기구(WHO)에 의해 조직되었다. 식품에 대한 규격(standard), 지침(guideline), 실행규범(code of practice) 또는 그 밖의 권고(other recommendation)를 설정함으로써, 소비자의 건강을 보호하고 식품의 국제 거래에 있어 공정성을 확보하는 것을 목적으로 한다.

1) 영양소 기능표시

영양소 기능표시(Nutrient Function Claims)는 '영양소의 인체의 성장, 발달 및 기능에 관한 생리적 역할을 표시하고자 하는 경우'에 사용한다(예: 칼슘은 뼈와 치아를 튼튼하게 해준다.). 이는 많은 국가에서 허용되지만 '영양소 기능강조표시'를 허용하는 영양소의 종류는 국가마다 다소 다르며, 비타민과 무기질 중에서도 일부 영양소에 한해 허용된다.

2) 기타기능표시

기타기능표시(Other Function Claims)는 고도기능강조표시(enhanced function claim)를 개칭한 것으로, '식품 또는 식품성분의 섭취가 건강과 관련된 상태, 기능의 개선, 건강의 조정 또는 건강의 유지에 대한 유익한 효과에 관한 표시(예: 면역력 증진에 도움)'로서 비영양소의 인체의 구조와 기능 또는 건강의 유지 및 개선에 대한 역할을 나타낸다. 기타기능강조표시는 국가마다 일정한 규제 아래 허용된다.

3) 질병발생위험 감소기능표시

질병발생위험 감소기능표시(Reduction of Disease Risk Claims)는 '식품 또는 식품성분의 섭취가 특정한 질병이나 질병상태를 유발하는 어떤 위험을 감소시키는 데 관여함(예: 칼슘 부족으로 인한 골다공증 등의 발생 위험을 낮추는 데 도움을 준다.)'을 표시한 것이다. 질병 발생 위험강조표시는 미국, 일본을 비롯한 일부 국가에서 매우 제한적으로 허용되고 있다.

2. 우리나라의 기능성 표시

'건강기능식품에 관한 법률'상 표시는 "건강기능식품의 용기·포장에 기재하는 문자·숫자 또는 도형"을 말하고, 광고는 "라디오·텔레비전·신문·잡지·음성·음향·영상·인터넷·인쇄물·간판, 그 밖의 방법에 의해 건강기능식품에 대한 정보를 나타내거나 알리는 행위"를 뜻한다.

1) 표시 기준

(1) 일반 사항

'건강기능식품에 관한 법률' 제17조에 따라 건강기능식품에 표시해야 하는 내용과 방법 등에 관한 기준은 '건강기능식품의 표시 기준'으로 제정·관리되고 있다. 건강기능식품 중 특히 기능성 표시는 법 제3조 제2호에서 규정한 기능성에 관한 표시로 인체의 성장·증진 및 정상적인 기능에 대한 영양소의 생리학적 작용을 나타내는 영양소 기능표시와 인체의 정상 기능이나 생물학적 활동에 특별한 효과가 있어 건강상의 기여나 기능 향상 또는 건강 유지·개선을 나타내는 영양소 기능 외의 생리 기능 향상 표시 및 전체 식사를 통한 식품의 섭취가 질병의 발생 또는 건강 상태의 위험 감소와 관련한 질병 발생 위험 감소 표시를 포함한다.

기능성 표시 이외의 일반적인 표시 사항은 식품 등의 표시 기준과 크게 다를 바 없으나 건강기능식품 중의 '원료'란 건강기능식품 제조에 사용되는 물질로 최종 제품에 함유되어 있는 것이며 제조·공정에 사용되는 식품(정제수를 포함) 또는 식품첨가물이라도 최종 제품에 남아 있지 아니한 것은 제외한다. '성분'이란 화합물, 혼합물 또는 식품 등에서 분리된 단일물질로서 최종 제품에 함유되어 있는 것을 말한다. '기능 정보 표시'란 제품의 일정량에 함유된 기능성분 또는 지표성분의 함유 정도와 기능성 표시 등을 말한다. '주원료'란 건강기능식품의 기능성을 나타내게 하는 주된 원료 또는 성분을 말하는 점 등 일부 다른 점이 있다.

(2) 건강기능식품 표시 방법

건강기능식품의 표시는 한글로 하는 것이 원칙이지만, 소비자의 이해를 돕기 위해 한자나 외국어를 함께 표시할 수 있다. 이 경우 한자나 외국어는 한글보다 크게 표시해서는 안 된다. 다만, 수입되는 건강기능식품과 상표법에 의해 등록된 상표는 외국어를 한글보다 크게 표시할 수 있다. 표시는 소비자에게 판매되는 최소 판매 단위별 용기·포장에 해야 한다. 다만, 낱알을 모아 한 알씩 사용하는 제품은 그 낱알 포장에 제품명과 제조 업소명을 표시해야 한다. 다만 유통전문 판매업소에서 위탁한 제품은 유통전문 판매업소명을 표시할 수 있다. 표시는 소비자가 쉽게 알아볼 수 있도록 바탕색과 구별되는 색상으로 해야 한다. 또한 지워지지 않는 잉크로 인쇄하거나 각인 또는 소인 등을 사용해야 한다. 다만 탱크로리, 드럼통, 병 제품 또는 합성수지제 용기, 소비자에게 직접 판매되지 않는 원료용 종이·가공지제 또는 합성수지제 포장 등 제품 포장의 특성상 인쇄, 각인 또는 소인 등으로 표시가 곤란한 경우에는 표시 사항이 인쇄 또는 기재된 라벨(label) 등을 사용할 수 있다. 용기나 포장은 다른 제조업소의 표시가 있는 것을 사용해서는 안 된다.

건강기능식품은 건강기능식품을 나타내는 도안(그림 3-1)을 주표시면에 15×15mm 이상의 크기로 넣어야 하며, "건강기능식품"이라는 문구도 동시에 표시해야 한다. 다만, 포장 면적이 150cm^2 이하인 경우 도안의 크기를 식별 가능한 범위에서 자유롭게 표시할 수 있다. 건강기능식품의 원료 또는 성분은 주표시면에 "건강기능식품 원료"라는 표시를 해야 한다.

그림 3-1 건강기능식품 도안

(3) 건강기능식품 영양 및 기능 정보

건강기능식품 중 영양소 함량에 대해서는 열량, 탄수화물, 당류(캡슐·정제·환·분말 형태의 건강기능식품은 제외), 단백질, 지방, 나트륨과 영양소 기준치의 30% 이상을 함유하고 있는 비타민 및 무기질은 그 명칭, 1회 분량 또는 1일 섭취량 당 함량 및 영양소 기준치(또는 한국인영양섭취기준)에 대한 비율(%, 열량, 당류는 제외)을 표시해야 한다(주원료로 사용한 비타민 및 무기질 제외). 다만, 영양소 기준치의 30% 미만을 함유하고 있는 비타민, 무기질과 식이섬유, 포화지방, 불포화지방, 콜레스테롤, 트랜스지방은 임의로 표시할 수 있다. 이 경우 해당 영양소의 명칭, 함량 및 영양소 기준치(또는 한국인영양섭취기준)에 대한 비율(%, 불포화지방, 트랜스지방은 제외)을 표시해야 한다.

기능 정보의 경우에는 해당 제품에 사용된 기능성 원료의 기능성분 또는 지표성분의 명칭과 1회 분량 또는 1일 섭취량 당 함량을 표시해야 한다. 단, 소비자에게 직접 판매되지 않는 원료용 제품은 단위값에 함유된 최종 함량으로 표시할 수 있다. 기능성 표시는 법 제14조 또는 법 제15조에 따른 기준·규격에서 정한 기능성이나 기타 식품의약품안전처장이 인정한 기능성 및 등급을 표시해야 한다. 또한 해당 제품에 대한 섭취 대상별 1회 섭취량과 1일 섭취횟수 및 섭취 방법을 표시해야 한다. 해당 제품의 섭취 시 이상 증상이나 부작용이 생길 수 있는 경우, 과다 섭취 시 부작용 가능성이 있는 경우, 그 양 등 주의사항이 있을 경우에는 이를 표시해야 한다.

(4) 기타 표시 사항

가장 많이 함유되어 있는 원료부터 표시하는 일반 식품과 달리, 건강기능식품의 경우에는 해당 제품의 기능성을 나타내는 주원료를 우선 표시하고 그 외의 원료는 제조 시 많이 사용한 순서대로 표시해야 한다. 이외에도 질병의 예방 및 치료를 위한 의약품이 아니라는 내용의 표현을 소비자가 알아보기 쉽도록 표시면의 바닥면과 평행하게 표시해야 한다. '천연' 표시는 인공(조합)향·합성착색료·합성보존료 또는 어떠한 인공이나 수확 후 첨가되는 합성성분이 제품 내에 포함되어 있지 않고, 비식용 부분의 제거나 최소한의 물리적 공정 이외의 공정을 거치지 않은 건강기능식품의 경우에만 표시가 가능하다. '100%' 표시는 표시 대상 원료를 제외하고는 어떠한 물질도 첨가되지 않은 경우에 한해 표시할 수 있다.

우수건강기능식품제조기준(GMP)적용지정업소의 제품에는 'GMP적용업소'라는 문구 또는 우수건강기능식품제조기준(GMP)적용지정업소임을 나타내는 도안(이하 'GMP 인증 도안'이라 함)을 표시할 수 있다(그림 3-2).

그림 3-2 GMP 인증 도안

2) 건강기능식품의 광고

건강기능식품의 기능성 광고는 '건강기능식품에 관한 법률' 제16조와 제16조의 2의 규정에 따라 별도의 심의를 받아야 한다.

이 법률 16조에 따라 광고 심의에 관한 자세한 기준은 식품의약품안전처 고시 '건강기능식품 표시 및 광고 심의 기준'에 정하고 있다. 건강기능식품의 기능성 표시·광고의 심의 기준은 국민의 건강 증진 및 소비자보호에 관한 국가의 건강기능식품 정책에 부합해야 하며, 인체의 구조 및 기능에 대해 생리학적 작용 등과 같은 보건 용도에 유용한 효과에 대한 표현이어야 한다. 객관적이고 과학적인 근거 자료에 의해 표현되어야 하며, 이해하기 쉽고 올바른 문장이나 용어를 사용해 명확하게 표현해야 한다. 식품의약품안전처장으로부터 인정된 내용에 부합해야 하는 것 등을 주요 내용으로 하고 있다. 2012년도에 식품의약품안전처에서 발간한 〈건강기능식품

[건강기능식품의 기능성 평가, 건강기능식품에 관한 법률 제16조]

제16조(기능성 표시·광고의 심의) ① 건강기능식품의 기능성에 대한 표시·광고를 하려는 자는 식품의약품안전처장이 정한 건강기능식품 표시·광고 심의의 기준, 방법 및 절차에 따라 심의를 받아야 한다.

② 식품의약품안전처장은 제1항에 따른 건강기능식품의 기능성에 대한 표시·광고 심의에 관한 업무를 제28조에 따라 설립된 단체에 위탁할 수 있다.

③ 제2항에 따른 기능성에 대한 표시·광고 심의 업무를 위탁받은 자(이하 이 조에서 "심의기관" 이라 한다)는 건강기능식품의 기능성 표시·광고 심의위원회를 설치·운영해야 한다.

④ 제3항에 따른 심의위원회의 위원은 다음 각 호의 사람 중에서 식품의약품안전처장의 승인을 받아 심의기관의 장이 위촉한다. 이 경우 산업계에 소속된 사람은 3분의 1 미만으로 해야 한다.

1. 건강기능식품 및 광고에 관한 학식과 경험이 풍부한 사람
2. 건강기능식품 관련 단체의 장이 추천한 사람
3. 시민단체(「비영리민간단체지원법」 제2조에 따른 비영리민간단체를 말한다)의 장이 추천한 사람
4. 건강기능식품 관련 학회 또는 대학의 장이 추천한 사람

⑤ 제3항에 따른 심의위원회 위원의 수, 임기, 그 밖에 운영 등에 필요한 사항은 총리령으로 정한다.

[건강기능식품에 관한 법률 시행령 제5조의 2]

제5조의2(광고 심의 업무의 위탁) 식품의약품안전처장은 법 제16조 제2항에 따라 건강기능식품의 기능성 표시·광고 심의에 관한 업무를 법 제28조에 따라 설립된 단체 중 식품의약품안전처장이 정해 고시하는 단체에 위탁한다.

[건강기능식품에 관한 법률 시행규칙 제20조의 2]

제20조의2(기능성 표시·광고 심의위원회 구성·운영) ① 법 제16조 제3항에 따른 건강기능식품의 기능성 표시·광고 심의위원회(이하 "표시·광고 심의위원회"라 한다.)는 위원장 1명과 부위원장 1명을 포함한 25명 이내의 위원으로 구성한다.

② 위원장 및 부위원장은 위원 중에서 호선(互選)한다.

③ 위원의 임기는 1년으로 하되, 두 차례만 연임할 수 있으며, 보궐위원의 임기는 전임자 임기의 남은 기간으로 한다.

④ 위원장은 표시·광고 심의위원회를 대표하고, 표시·광고 심의위원회의 업무를 총괄하며, 부위원장은 위원장이 부득이한 사유로 직무를 수행할 수 없을 때에 위원장의 직

(계속)

무를 대행한다.
⑤ 위원장은 표시·광고 심의위원회의 회의를 소집하고 그 의장이 된다.
⑥ 표시·광고 심의위원회의 회의는 재적위원 7명 이상의 출석으로 개의(開議)하고, 출석위원 3분의 2 이상의 찬성으로 의결한다.
⑦ 표시·광고 심의위원회의 사무를 처리하기 위해 표시·광고 심의위원회에 법 제16조 제2항에 따른 기능성 표시·광고 심의에 관한 업무를 위탁받은 자(이하 "심의기관"이라 한다)의 임직원 중에서 위원장이 지명하는 1명을 간사로 둔다.
⑧ 제1항부터 제7항까지에서 규정한 사항 외에 표시·광고 심의위원회의 운영에 관해 필요한 사항은 표시·광고 심의위원회의 의결을 거쳐 위원장이 정한다.

기능성 표시광고 가이드라인〉에 의하면 건강기능식품의 안전성·기능성 등에 관한 자료는 식품의약품안전처장의 과학적 평가 체계에 의해 인정된 사실에 근거해 표현해야 하며, 소비자에게 의약품이나 질병의 치료에 효과가 있는 것으로 오인할 우려가 있는 표현을 해서는 안 된다. 광고는 건강기능식품에 관한 법률뿐 아니라 '표시광고에 관한 법률', '식품위생법', '건강증진법', '소비자기본법' 등의 관련 법령을 모두 준수해야 한다.

기능성 내용을 전달함에 있어 특허나 인체적용시험 자료 같은 과학적 근거 자료를 제시하는 방법은 소비자들의 이해도와 신뢰도를 향상시켜 기능성 내용 전달의 효율성을 높인다. 소비자는 인체적용시험 결과와 같은 과학적 근거 자료를 통해 제시된 자료 자체를 신뢰하는 경향이 있기 때문에 기능성과 관련이 없거나 과장된 자료가 광고 메시지로 제공될 경우에는 소비자들이 제품 자체나 기능성에 대해 오인할 우려를 배제할 수 없다. 과학적 연구 결과는 통계적 사실을 제공하는 결과로서 그래프나 표를 이용한 방법으로 제시된다. 종종 체지방 감소 기능성 광고에서 복부지방 함량을 CT로 촬영한 이미지를 사용하는데, 이는 여러 피험자들의 CT 사진 중 결과가 가장 좋은 것만 극대화시켜 보여주어 기능성에 대한 과도한 신뢰를 유발할 가능성이 있다. 따라서 통계적 결과가 아닌 이미지로 나타난 결과를 광고에 쓸 경우에는 데이터의 대표성 등에 대한 상세한 검토가 필요하다.

건강기능식품의 광고 심의를 위탁받아 운영하고 있는 한국건강기능식품협회에서는 광고 심의위원들의 의결 사항들을 자세한 규정에는 없지만 영업자들의 광고 시

안 준비를 위해 지속적으로 홈페이지에 업데이트하고 있다. 2013년도 기능성 표시·광고 심의 의결 사항에서는 비교 및 광고 인정 기준, 유일, 최상급 표현 및 광고 문구의 용어 정리, 논란이 되었던 루테인 제품의 광고 표현 인정 기준, 천연 광고표현 인정 기준 등에 관한 내용을 게재한 바 있다.

[건강기능식품 기능성 표시광고 가이드라인(2) 세부 기준]

(1) 학술문헌의 연구 내용을 인용하는 경우 과학적 근거 자료에 의한 객관적 사실을 표현해야 한다.

① 건강기능식품의 안전성, 기능성 등에 관한 연구 내용의 인용은 과학적 실증과 객관적 사실 증명이 필요하므로 국내외 권위 있는 학술지에 게재된 논문이어야 한다.

예) 국내 학술문헌은 학술진흥재단에 등록된 등재학술지에 게재된 학술문헌, 외국 학술문헌은 SCI(Science Citation Index) 및 SSCI(Social Sciences Citation Index)에 등록된 학술지와 이와 동등한 수준의 연구 자료여야 한다.

[참고] SCI 및 SSCI 등재 학술문헌 확인 방법: 홈페이지 참고(http://www.thomsonreuters.com)

② 건강기능식품의 기능성에 대한 학술문헌의 인용은 식약처장이 인정한 해당 제품 또는 주원료(성분)의 기능성 내용에 한해 연구 내용을 표현할 수 있다.

예) 학술문헌이 1) 내용과 같이 국내외 학술지에 게재된 논문이더라도 건강기능식품의 기능성에 관한 연구 내용은 식약처장이 인정한 기능성 내용 범위 내에 있는 경우에 한해 학술문헌의 연구 내용을 인용해 표현할 수 있다. 아울러 연구 내용이 질병의 치료나 의약품으로 오인할 우려가 있는 경우에는 관련 내용을 인용할 수 없다.

③ 인체적용시험, 동물실험, 시험관실험 등의 연구 내용은 과학적 근거 자료에 의한 사실 그대로를 인용해 표현해야 한다.

예 1) 건강기능식품의 기능성은 인체의 보건 용도에 유용한 효과를 과학적 증명을 통해 인정한 내용으로 인체적용시험, 동물실험, 시험관실험 등의 연구 내용을 허위·과대함 없이 사실 그대로 인용해 소비자에게 올바른 정보를 제공해야 한다.

예 2) 동물실험의 연구 자료는 인체 내의 기능성을 입증하는 데 중요한 자료가 될 수 있지만, 사람과 동물의 생리는 다르므로 절대적인 입증 자료가 될 수 없다. 따라서 동물실험 등의 연구 내용을 인체적용시험으로 직접적이거나 간접적으로 또는 확정적이거나 단정적으로 표현하는 것은 소비자로 하여금 과장 또는 오인할 우려가 있으므로 사실 그대로 표현해야 한다.

④ 학술문헌의 연구 자료(그래프, 도표, 그림 등)는 원문 자료 그대로 또는 원문 고유의 의미가 변화되지 않는 범위 내에서 객관적 사실에 근거해 표현해야 한다.

(계속)

예) 연구 자료는 원문에 근거해 명확한 사실만을 표현해야 하며, 연구 자료를 편집(수정, 삭제, 보완 등)하거나 일부 유리한 부분만을 발췌 인용해서는 아니 된다. 다만, 원문 고유의 의미가 변화되지 않는 범위 내에서 소비자의 이해를 돕기 위해 허위·과대 또는 오도할 우려가 없는 객관적 사실에 한해 편집해 표현할 수도 있다.

(2) 특허 등록한 제품 또는 원료(성분)의 제조 방법, 조성물, 용도 등에 관한 특허의 명칭 및 내용은 객관적 사실에 근거해 표현할 수 있다. 다만, 의약품으로 오인할 우려가 있거나 식약처장이 인정하지 아니한 기능성 내용의 경우에는 관련 내용을 표현할 수 없다.

① 특허의 제조 방법, 조성물 등에 관한 특허 취득 관련 내용을 객관적으로 표현할 수 있다. 다만, 해당 제품의 안전성, 기능성 등 보건 용도에 대한 표현은 과학적 실증이 필요하므로 법률에 근거해 식약처장이 인정한 범위 내에서 가능하다.

예 1) 특허법은 안전성, 기능성 등을 확보하기 위한 법률이 아니고 발명을 장려·육성·보호하기 위한 법률이다. 따라서 해당 제품의 안전성, 기능성 등의 과학적 실증을 확보하는 것은 건강기능식품에 관한 법률에 근거해야 한다.

예 2) 특허를 출원한 사실만으로 특허출원의 명칭 등을 게재하는 것은 소비자가 오인·혼동할 우려가 있으므로 관련 내용을 표현해서는 아니 된다.

② 특허청에서 발급한 특허 내용은 단지 "조성물 등"에 대한 특허임에도 불구하고, 마치 해당 식품의 "조성물 등"이 특정 용도의 효능·효과(또는 기능성)가 있는 것으로 표현해서는 아니 된다.

예) "뼈 형성 촉진 조성물" 이라는 특허 내용은 뼈 형성을 조성하는 물질이 함유되어 있다는 사실 자체에 대한 특허이지, 그 제품이 뼈 형성을 촉진하는 효능이 있다는 의미는 아니다.

③ 특허의 명칭 및 내용이 의약품으로 오인할 우려가 있는 질병명, 질병의 증상·증후 등의 효능·효과에 대한 내용이면 관련 내용을 인용해 표현할 수 없다.

예) "아토피성 피부염 예방 및 치료용 제조 방법", "머리통증 치료에 효능이 있는 식품 조성물" 에서 특허내용 중 질병명(피부염), 질병증상(머리통증)이 기재되어 질병 치료목적의 의약품과 오인 혼동을 일으킬 수 있으며 식품의 기능이 아닌 의약품 효능에 해당된다.

④ 특허의 명칭에 기능성 내용이 포함된 경우 해당 제품 또는 주원료(성분)가 식약처장이 인정한 기능성 내용에 한해 표현할 수 있다.

예) 건강기능식품은 해당 제품 또는 주원료(성분)별로 과학적 검증 절차를 거쳐 기능성 내용을 식약처장이 인정하고 있다. 그러므로 식약처장이 인정하지 아니한 기능성 내용이거나 부원료(성분) 또는 식품첨가물에 대한 특허 내용을 표현하는 것은 건강기능식품의 기능성에 대해 허위·과대이거나 주원료의 기능성으로 소

(계속)

비자로 하여금 오인할 우려가 있는 관련 내용을 표현할 수 없다.

(3) 서적, 통계 자료, 언론 자료 등 일반적인 정보 자료의 인용은 해당 제품의 기능성과 관련해 공익 또는 교육 목적의 객관적 사실을 제품정보와 일반 정보를 명확히 구분해 표현해야 한다.

① 해당 제품의 기능성 내용과 관련해 소비자의 이해를 돕기 위해 서적, 통계 자료, 언론 자료 등 일반적인 정보 자료를 인용하는 경우 객관적 사실에 근거해 제품정보와 일반정보를 구분하고 일반정보를 "건강정보", "과학정보" 등의 제목하에 관련 자료를 표현할 수 있다. 다만, 보건의료에 관한 정보 자료의 경우 소비자로 하여금 해당 제품이 질병예방 및 치료 효과가 있는 것으로 오인·혼동하지 않도록 표현해야 한다.

예 1) "○○ 주원료가 혈행 개선에 도움"을 주는 제품인 경우 객관적인 심혈관 관련 건강정보 및 보건통계 자료는 인용이 가능하다. 다만, 소비자가 질병을 치료하는 것으로 오인할 우려가 있는 표현은 허용하지 않는다.

예 2) "현대인은 불규칙한 식생활, 운동 부족, 스트레스 등으로 만성퇴행성질환이 증가..."의 공익적 내용과 국민보건질환 등 정보 자료를 인용해 설명할 수 있다. 이 경우 해당 제품의 기능성 내용과 관련이 있어야 한다.

② TV, 신문 등의 언론 자료를 인용하는 경우 해당 제품과 직접적인 관련성이 인정되는 경우에 한해 객관적 사실 자료에 근거해 표현되어야 한다.

예 1) TV에 소개된 체험 사례나 인터뷰, 특정 고객에 의한 성공적인 체험담은 식약처장이 인정한 기능성 내용에 한해 표현할 수 있다. 다만, 해당 제품의 기능성 내용이 아니거나 질병 치료와 같은 효과를 볼 수 있는 것처럼 오인할 우려가 있으므로 표현할 수 없다.

예 2) 언론 보도내용이 과학적으로 증빙되지 않은 내용으로 기사화되거나 방송될 수도 있으므로 관련 전문가에 의한 객관적으로 합의된 사실이 아닌 보도제목 및 내용은 광고에 표현할 수 없다.

③ 해당 제품의 기능성 내용과 관련해 자가진단 체크리스트를 소비자 정보 차원에서 인용하는 경우 자가진단 체크리스트에 대한 내용이 해당 전문가에 의해 합의된 과학적 근거 자료에 의해 사용되어야 한다. 다만, 자가진단 체크리스트가 해당 제품이 질병의 증상·증후와 관련해 질병 치료하는 것으로 오인할 우려가 있는 내용은 기재해서는 아니 된다.

④ 소비자의 체험담이나 모니터의 의견 등의 실례를 수집한 조사 결과를 게재하는 경우에는 무작위 추출법으로 상당수의 샘플을 선정해 작위가 발생하지 않도록 고려해 실시하는 등 통계적으로 객관성이 충분히 확보되어야 한다.

(4) 의사, 한의사 등 전문가 및 그 밖의 자에 의한 추천·보증·수상·선정 등의 표현은 사

(계속)

실이 아니거나 소비자를 오인할 수 있는 경우 표현할 수 없다. 다만, 해당 제품의 연구 개발자의 경우에 한해 객관적 사실만을 표현할 수 있다.

① 의사, 한의사 등 전문가의 추천·보증 등은 해당 분야의 전문지식에 기초해 전문가라면 일반적으로 인정할 수 있는 내용이어야 하며, 해당 제품의 연구 개발자에 한해 객관적 사실만을 표현할 수 있다. 다만, 소비자가 의약품이거나 질병을 치료하는 것으로 오인할 우려가 있으면 표현할 수 없다.

예 1) 저 ○○박사는 이 제품의 개발자로 ○○기능성에 도움을 주는 제품을 개발(○)

예 2) ○○대학교 ○○의학박사 고혈압 치료에 강력추천!! 확실히 보장(×)

② 연예인, 일반 소비자 등의 추천·보증 등은 해당 제품을 실제 사용해본 경험적 사실에 근거해 식약처장이 인정한 기능성 내용 또는 일반적인 건강 관련 표현을 객관적 사실에 근거해 표현해야 한다. 다만, 소비자가 의약품이거나 질병을 치료하는 것으로 오인할 우려가 있으면 표현할 수 없다.

예 1) ○○홍삼 제품을 먹었더니 건강 유지 및 증진에 도움이 많이 되는 것 같아요.(○)

예 2) 체지방이 걱정되어서 ○○제품을 먹고 꾸준히 운동하고 있습니다. 먹는 것도 조절하면서 열심히 운동하고 ○○제품도 먹으니 좋은 것 같아요.(○)

예 3) 체지방이 걱정되어서 ○○제품을 먹었더니 ○○kg 감량이 되었습니다.(×)

③ 특정 부분에 한정되어 우수 또는 요건에 합당함을 인정받아 수상·인증상·선정 등을 받았음에도 불구하고 다른 부분 또는 전체에 대해 우수 또는 요건에 합당함을 인정받아 수상상·인증상·선정 등을 받은 것으로 표현해서는 아니 된다.

예 1) 회사나 제품의 일부 기술 등에 대해서 받은 수상 또는 인증을 제품 자체가 받은 것처럼 표현해서는 아니 된다.

예 2) 특정 단체나 기관 등에서 경영, 재무 등으로 우수기업으로 선정된 사실을 제품이 우수해 우수기업으로 선정된 것처럼 표현해서는 아니 된다.

④ 수상·인증·선정 등의 사실을 객관적으로 인증된 것보다 높은 가치로 또는 격을 높여서 표현해서는 아니 된다.

예 1) 민간단체의 인증사실을 공공기관으로부터 인증받은 것처럼 표현(×)

예 2) 외국 신문의 국가별 히트 상품 소개에 자사 상품이 포함된 사실을 세계의 히트 상품으로 선정된 것처럼 표현(×)

⑤ 건강기능식품을 광고하면서 동 상품을 사용한 경험이 있는 소비자의 섭취 사실을 게재해 광고했으나, 소비자가 실존 인물이 아닌 경우는 광고에 표현할 수 없다.

(5) 공공기관(정부단체, 학교, 국제기구 등)의 명칭을 표현하는 경우 해당 기관장 또는 조직의 부속기관장이 해당 제품의 광고를 할 수 있다는 공문을 제출해 표현할 수 있다.

① 단체(기관), 학교 등 명의의 권장·권유 등을 내용으로 하는 추천·보증은 해당 분야

(계속)

의 전문가 또는 산업계에서 일반적으로 인정할 수 있는 내용이어야 하며, 반드시 그 단체(기관), 학교 등의 공식적인 의견 절차를 거쳐 관련 공문을 제출해야 한다.

예) 단체(기관)장, 학교장 또는 이와 동등한 자의 서명 공문 제출

② 공공기관에서 제품품질검사를 받은 것이 마치 그 제품의 기능성에 대해 품질을 인정받은 것으로 오인될 수 있는 내용은 광고에 표현할 수 없다.

예) ○○제품은 원자력의학원 면역학연구실에서 기능성 및 안전성 검사를 필한 제품(×)

③ 외국에서 인정, 등록 또는 허가하지 아니한 FDA, GMP, JHFA, HACCP 등의 표현으로 해당 제품이 우수하다는 내용을 암시하는 표현은 할 수 없다.

④ 회사명, 상표명, 연구기관 등의 명칭은 의료법상의 특정진료과목 또는 질병명과 유사한 명칭을 사용해 소비자를 오인시킬 우려가 있을 경우 해당 명칭을 강조해 표현할 수 없다. 예) 암치료 연구소, 심장질환 연구센터(×)

(6) 비교 표시·광고는 정확한 정보 제공으로 정당한 표시·광고

① 비교 표시·광고는 소비자에게 사업자나 제품에 관한 유용하고 정확한 정보 제공을 목적으로 행하는 것이어야 하며, 소비자를 속이거나 소비자로 하여금 잘못 알게 할 우려가 없도록 해야 한다.

예) ○○제품은 타 제품에 비해 당성분이 적어 당뇨병 환자가 섭취하기에 좋습니다.(×)

② 비교 표시·광고는 그 비교 대상 및 비교 기준이 명확해야 하며 비교 내용 및 비교 방법이 적정해야 한다. 비교 표시·광고는 객관적으로 측정 가능한 특성을 비교해야 하며 객관적으로 측정이 불가능한 주관적 판단, 경험, 체험, 평가 등을 근거로 다른 사업자 또는 다른 사업자의 제품과 비교하는 표시·광고 범위는 허용되지 않는다.

예) ○○제품은 홍삼농축액 100% 제품입니다. 타 유명 ○○브랜드의 제품에 비해 기능성분인 사포닌이 ○○배 함유되어 있어 그 기능이 차별화됩니다.(×)

③ 비교 표시·광고는 법령에 의한 시험조사기관이나 사업자와 독립적으로 경영되는 시험·조사기관에서 학술적 또는 산업계 등에서 일반적으로 인정된 방법 등 객관적이고 타당한 방법으로 실시한 시험·조사 결과에 의해 실증된 사실에 근거해야 한다.

④ 비교 표시·광고가 소비자를 속이거나 또는 소비자로 하여금 잘못 알게 할 우려가 있는지의 여부는 표시·광고에 나타난 구체적인 비교 대상, 비교 기준, 비교 내용 및 비교 방법에 따라 판단되는데 아래의 비교 표시·광고의 경우 원칙적으로 금지되지 않는다.

○ 비교 대상과 관련해 동일 시장에서 주된 경쟁관계에 있는 사업자의 제품으로써 자기의 제품과 동종 또는 가장 유사한 제품을 자기의 제품과 비교하는 경우

○ 비교 기준과 관련해 가격, 기능성, 품질, 판매량 등의 비교 기준이 자기의 제품과 다른 사업자의 제품 간에 동일하며, 비교 기준이 적정하고 합리적으로 설정된 경우

(계속)

○ 비교 내용과 관련해 비교 내용이 진실되고 소비자의 제품 선택을 위해 유용한 경우
○ 비교 방법과 관련해 객관적이고 공정하게 비교가 이루어지고, 시험·조사 결과를 인용할 때 그 내용을 정확하게 인용하는 경우

⑤ 동 비교표시·광고의 설정 기준은 「표시·광고 공정화에 관한 법률-비교표시·광고에 관한 심사지침」을 준용한 것으로 세부 기준은 동 심사지침을 따라야 한다.

(7) 건강기능식품과 일반 식품을 함께 동일 광고면에 광고하지 않는 것을 원칙으로 한다. 다만, 건강기능식품과 일반 식품을 동시에 광고할 경우 명확히 구분해 표현해야 한다.

○ 건강기능식품과 건강기능식품이 아닌 일반 식품의 구별을 명확히 하여 소비자가 일반 식품을 건강기능식품의 기능성이 있는 것으로 오인하지 않도록 게재해야 한다.
  예 1) 건강기능식품과 일반 식품을 명확히 구분하는 선을 표시하거나 또는 명확히 (상, 하 등으로) 구획해 설명(○)
  예 2) 일반 식품과 동시 광고시 일반 식품 주위에 "○○제품은 건강기능식품이 아닌 일반 식품입니다."라는 내용을 기재하는 경우(○)
  예 3) 건강기능식품과 일반 식품이 명확히 구분되지 않은 상태에서 기능성 표현을 양 제품에 애매모호하게 겹쳐서 광고하는 경우(×)

(8) 특정 제품의 과다 섭취를 조장할 수 있는 표현

① 해당 제품의 섭취가 영양소 기준치 초과, 과일·채소 등의 대체식품 등 특정 식품의 과다한 소비를 조장하거나 균형 잡힌 일상 식사 등 좋은 식습관을 비난하는 것으로 오인할 우려가 있는 표현은 할 수 없다.

② 영양소 기준치가 정해져 있음에도 불구하고, 과량을 먹어도 좋다는 내용은 표현할 수 없다.
  예) 비타민의 1일 영양 권장량은 70mg임에도 불구하고 500mg을 섭취하는 방법 등을 제시

③ 좋은 음식을 한 가지 영양소와 비교하기 위해 영양적 가치가 나쁘다고 인식시킬 수 있는 내용은 표현할 수 없다.
  예) 클로렐라에 함유된 비타민과 쇠고기에 함유된 비타민의 함량 비교

④ 건강기능식품에 함유된 영양소의 함량을 과일, 채소 등에 함유된 영양소의 함량과 비교할 경우 소비자들은 건강기능식품을 섭취하는 것이 각종 영양소를 함유한 과일, 채소 등을 섭취하는 것과 동일하다거나 대체할 수 있는 것으로 오인할 우려가 있으므로 표현은 할 수 없다.

⑤ 잘못된 식습관을 대체하기 위해 건강기능식품의 섭취를 권장하는 경우 잘못된 식습관을 유지하면서 건강기능식품을 섭취하는 상황이 발생할 수 있으므로 표현할 수 없다.

(계속)

(9) 제약회사 개발 제품, 병원·약국 판매 제품 등을 강조하는 표현

○ 제약회사 개발 제품, 병원약국 판매 제품임을 표현하는 경우 소비자가 의약품으로 오인하지 않는 범위에서 간단한 표현만을 할 수 있다.

예 1) 제약회사에서 건강기능식품을 개발한 경우, 제약회사의 의약품 개발 현황, 제약회사 제품임을 계속 반복, 강조하는 표현, 제약회사에서 제조 등으로 의약품의 효능·효과가 있는 것으로 소비자가 오인할 우려가 있으므로 표현할 수 없다.

예 2) 병원(약국)에서 건강기능식품을 판매해 "병원용, 약국용, 병원(약국)에서만 판매합니다." 등으로 표현할 경우 의약품이거나 질병을 치료하는 제품으로 소비자가 오인할 우려가 있으므로 표현할 수 없다. 단, "병원(약국)의 건강기능식품 코너에서 판매하고 있습니다."라는 내용은 표현 가능하다.

알아두기 **기능성 표시·광고 심의 의결 사항**

비교 광고 인정 기준

- 건강기능식품에 관한 법률 제18조(허위·과대·비방의 표시·광고 금지)와 표시·광고의 공정화에 관한 법률 제3조에 따르면 비방적인 표시·광고는 바람직하지 못하므로 비교 광고의 인정 기준이 필요함
- 결론: 명확한 기준을 통해 함량, 수치 등을 타사제품과 비교해 광고하는 것은 허용 가능하나, 타사 제품보다 기능이 우수하다고 소비자가 오인·혼동할 수 있는 표현 및 기준이 명확하지 않으면 삭제하도록 함

유일, 최상급 표현 및 광고문구 용어 정리

- 유일의 표현: '유일'의 광고표현은 증빙된 사실에 한해 표현하도록 하고 있으나, 환경 변화에 따라 변동되므로 바람직하지 못한 표현에 해당되어 논의가 필요함
- 최초, 최고, 최상, 최적, 최대 등의 최상급 표현은 심의 결과 통보 시 업체에서 증빙할 수 있다면 표현하도록 하고 있으나 소비자가 최상급 표현을 통해 가능이 우수한 것으로 오인, 혼동할 수 있으므로 논의가 필요함
- 고단위·고순도·고농도, 최대 함량, 새로운 패러다임, 청정지역 등의 문제가 될 수 있는 광고 표현에 대한 용어 정리가 필요함
- 결론
  - 유일: 환경 변화에 따라 변동될 수 있어 바람직하지 못한 표현에 해당됨으로 '최초'로 수정하도록 함
  - 최초: 객관적으로 입증 가능하므로 광고로 허용하도록 함
  - 최고, 최상, 최적에 대한 표현: 비교 기준이 명확하지 않으므로 삭제하도록 함
  - 최대: 기능성에 대해서 표현하는 것은 적절하지 않으나, 객관적인 데이터가 있다면 허용하도록 함
  - 고단위, 고순도, 고농도 등의 표현: 건강기능식품공전 기준 및 규격에 해당되는 함량 표기를 준용해 광고해야 하며 고단위, 고순도, 고농도 등에 대한 기준이 명확하지 않음으로 삭제하도록 함
  - 최대 함량: 비교 기준이 명확한 경우 허용하도록 함(예: '식품의약품안전처 일일섭취량의 최대 함량')

(계속)

- 새로운 패러다임: 기능이 우수한 것으로 오인·혼동될 수 있는 광고 표현은 삭제하도록 함. 다만, 기능성과 관련 없는 제품의 제형, 맛 등에 대한 광고표현은 허용하도록 함
- 청정지역: 소비자가 본 제품이 타 제품에 비해 우수하다고 오인, 혼동할 수 있으므로 증빙 자료 확인을 통해 조건부 허용하도록 함

루테인 제품의 광고표현 인정 기준 논의

- 비타민 A, 루테인 복합제품의 경우 비타민 A는 전 연령층이 섭취 가능하나, 루테인의 경우 기능성 내용이 '노화로 인해 감소될 수 있는 황반색소밀도를 유지해 눈 건강에 도움을 줌'으로 섭취 대상이 어린이, 청소년 대상이 아닌 노화가 일어나는 성인에 해당되므로 섭취 대상자 허용 범위에 대한 논의가 필요함
- 건강정보로 황반색소밀도저하증상 비교 도안은 소비자 정보 제공을 목적으로 광고하는 경우 허용하도록 했으나, 소비자가 루테인 제품 섭취를 통해 시력 개선을 할 수 있다고 오인할 수 있으므로 건강정보로 광고 허용 유무에 대한 논의가 필요함
- 결론
  - 루테인은 기능성은 어린이 및 청소년에게 루테인을 섭취 권장하는 것은 적절하지 않으므로 어린이 및 청소년에게 루테인을 섭취하는 표현은 삭제하도록 함.
  - 또한, 비타민 A 등이 포함된 루테인 복합 제품의 경우에는 비타민 A가 포함되어 섭취 대상자를 제한하는 것을 허용할 경우 루테인의 섭취 대상자도 어린이 및 청소년이 가능한 것처럼 소비자가 오인·혼동할 우려가 있어 통상적으로 노화가 일어나지 않는 대상층의 섭취 권장 표현은 삭제하도록 함.
  - 루테인 제품 섭취를 통해 시력을 개선할 수 있다고 소비자가 오인·혼동할 수 있으므로 황반색소저하증상 도안은 삭제하도록 함

천연의 광고표현 인정 기준 논의

- 원재료를 천연으로 광고하는 것은 누구나 알고 있는 사실로, 천연이라 표현하는 것이 적절한지와 허용 범위에 대한 기준이 필요함
- 결론: 원재료가 천연이라는 표현은 누구나 알고 있는 사실로 표시해 강조할 경우 과장된 표시·광고 내용으로 삭제하도록 하며, 제품(최종 산물)이 건강기능식품 표시 기준에 적합한 경우 광고를 허용하도록 함

식품의약품안전처에서 인정한 모노그래프에는 없는 인체적용시험 자료의 광고 심의 가능 여부 논의

- 식품의약품안전처에 인정한 모노그래프에는 없는 내용이나 객관적 사실로 증명된 기능성 원료의 작용 기전을 바탕으로 증빙 가능한 인체적용시험 자료를 제출했을 때 심의위원회의 광고 인정 유무 확인에 대한 논의가 필요함
- 결론: 증빙 자료의 객관성 입증 판단 여부는 전문가의 다각적이고, 객관적인 검증 과정을 통해 신중히 판단되어야 하는 내용으로 심의위원회에서 해당 내용의 인정 유무를 논의하는 것은 바람직하지 않음

미국 FDA 검사필에 대한 광고 허용 유무 논의

- FDA NDI 및 GRAS 원료 등재 내용은 안전성에 대한 객관적 사실이므로 별도로 기능성과 관련 없는 안전성에 대한 내용을 명기할 경우 광고하도록 허용하는데, 동일한 안전성에 대한 내용일 경우 외국 기관에서 제품 검사받은 사실을 표시·광고하는 것이 가능한지에 대한 논의가 필요함
- 결론: 국내에서 판매하는 제품의 경우 건강기능식품 공전에 따른 검사 기준이 있으며, FDA의 기준규격은 우리나라 건강기능식품 기준 및 규격과 동일하지 않으므로 FDA검사필 광고 표현은 광고할 수 없도록 함

(계속)

회사 내 임직원의 연구 개발자 인정 기준 논의

• 무분별한 회사 내 전문가(임직원) 추천·보증 내용에 대한 허용 기준의 보완 여부 논의 필요함
• 결론: 6개월 이상 경력의 실제 고용된 임직원에 한해 인정하도록 하며, 입증할 수 있는 4대보험 증명서를 제출받기로 함

식품의약품안전처 인정한 시험 결과(모노그래프)의 인정 범위 논의

• 학술문헌의 시험 결과를 인용할 경우 식품의약품안전처장이 인정한 기능성 내용에 한해 연구 내용(모노그래프)이 사실일 경우 기능성으로 오인되지 않도록 시험 결과 임을 명시해 광고 허용하고 있으나, 식품의약품안전처에서 공개한 고시형 기능성 원료의 경우 인정하지 않는 내용이 있어(예: 엽록소 함유식물 및 알로에 겔의 피부 주름과 피부 탄력에 대한 시험 결과 인정 안 함) 일관성 있는 광고 심의 인정 기준에 대한 논의가 필요함
• 결론
  - 식품의약품안전처에서 공개한 고시형 기능성 원료 모노그래프의 경우도 세부 내용이 사실일 경우 광고 허용해 일관성 있는 기준에 따라 심의하도록 하나, 특정 질병·증상에 대한 내용 등 소비자가 의약품으로 오인할 우려가 있는 내용은 광고 표현할 수 없도록 함
  - 엽록소 함유식물 및 알로에 겔의 피부 주름과 피부 탄력에 대한 시험 결과는 공개된 모노그래프에서 확인되는 사항이나, 모노그래프의 내용에 변동 사항이 있을 수 있어, 식품의약품안전처에서 바이오마커로 인정된 사실 확인 후 광고 허용 유무를 판단하기로 함

제품 함량과 과일·채소 등에 함유된 함량 비교에 따른 인정 기준 논의

• 제품의 기능성분 함량을 특정 식품(과일, 채소 등)의 함량과 비교해 동일하다는 내용(18개의 토마토를 한 알에 담았다.)은 특정 식품 대체 및 과다 섭취를 조장할 수 있는 표현에 해당되어 광고 표현할 수 없도록 하고 있으나, 소비자 이해를 돕기 위해서 기능성 원료의 함량을 설명하기 위한 내용에 해당될 경우 허용 범위에 대한 기준이 필요함
• 결론: 기능성 원료의 함량을 설명하기 위한 광고적 표현(제품 한 캡슐에 18개의 토마토에 해당하는 라이코펜의 양)에 해당되는 경우 광고 허용하도록 하며, 건강한 식생활을 방해하는 내용이 허용되지 않도록 주의해 판단하기로 함

주표시면의 OO맛, OO향 관련 심의 기준

• 주표시면에 있는 '오렌지맛', '딸기향' 등의 표시가 소비자가 기능성으로 오인 또는 주원료로 오인되지 않는 내용인 경우, 표시 문구는 허용하도록 함.(다만, 해당 도안은 부원료 강조 표시에 해당되므로 광고할 수 없도록 함)
• 기능성으로 오인할 우려가 있는 '홍삼맛' 등의 표시는 소비자가 기능성으로 오인할 우려가 있으므로 표시문구 및 해당 도안을 광고할 수 없도록 하며, 기능성으로 오인할 우려가 있는 OO맛 표시에 대해서는 차후 심의를 통해 광고 허용 유무를 판단하도록 함

시험관시험 및 동물시험에 대한 광고 불허용

• 시험관시험과 동물시험은 기능성에 대한 명확한 기전으로 보기 어려운데도 이를 광고에 인용함에 있어 소비자가 오인·혼동할 우려가 있으므로 광고에 이용하지 못하도록 식품의약품안전처에서 의견을 제시함에 따라 제36차 및 제37차(9월 22일) 광고 심의에서 동 의견의 타당성 여부를 논의해 식품의약품안전처에서 제시한 의견대로 의결함

CHAPTER 4

원료 표준화 및 제조 관리

1. 표준화에 대한 이해
2. 원재료의 표준화
3. 제조 공정의 표준화
4. 지표성분 및 기준규격 설정
5. 우수건강기능식품 제조기준

CHAPTER 4

원료 표준화 및 제조 관리

1. 표준화에 대한 이해

건강기능식품은 식품의약품안전처 고시인 '건강기능식품 기능성 원료 및 기준·규격 인정에 관한 규정'에 따라 인정받게 되는데, 건강기능식품의 궁극적인 목적인 기능성을 갖기 위해서는 원료의 표준화가 선행되어야 한다. 표준화는 원재료의 재배에서부터 제조·가공 단계를 거쳐 소비자에게 유통하기 위한 포장·저장에 이르기까지 제품의 생산에 관련된 모든 단계를 포함한다. 기능성 원료로 인정받기 위한 제출 자료 중 원료의 표준화와 관련된 것은 원료의 기원에 관한 자료, 제조 방법에 관한 자료, 원료의 특성에 관한 자료, 기능성분(또는 지표성분)에 대한 규격 및 시험 방법에 관한 자료 및 시험성적서, 유해물질에 대한 규격 및 시험 방법에 관한 자료이다.

1) 표준화의 개념

건강기능식품에서의 표준화란 천연물질에 함유되어 있는 고유한 성분의 변동을 최소화하여, 생산되는 배치(batch)에 상관없이 일정한 품질을 유지하기 위해 원재료의 생산에서부터 제조 과정 전반에 걸쳐 사용된 기술과 정보를 관리하는 것을 말한다. 원료의 표준화는 안전성시험 및 기능성시험이 실시되기 이전에 확보되어야 한다. 즉, 시험자는 시험 물질이 표준화되었는지를 먼저 확인한 후 시험을 수행해야 하며, 제조사는 원재료의 생산부터 최종 제품의 제조까지 보다 광범위한 정보를 수집

표 4-1 표준화의 고려 사항

구분	고려해야 할 사항
원재료 관리	• 종(species), 부위(part) • 재배 조건(산지, 토양, 기후, 농사 방법 등) • 수확(채취 시기: 계절, 월, 채취 장소) • 수확 후 보존 • 원재료 중 기능성분(또는 지표성분) 분석
제조 공정 관리	• 제조 과정(시간, 압력, 온도, 입자의 크기 등) • 추출 용매의 종류, 추출 과정 • 추출 용매와 재료의 비율 등 • 기타 첨가물 • 정제, 위생 처리 과정, 건조 등 • 최종 제품 중 기능성분(또는 지표성분) 분석

하고 관리해야 한다.

2) 표준화의 고려 사항

원료 표준화의 목적은 제품의 재현성 향상을 통해 기능성을 보장할 수 있는 원료의 생산 기반을 마련하는 것이다. 원료 표준화를 위해 원재료와 제조 공정에서 고려해야 할 사항은 표 4-1과 같다. 이때 개발하고자 하는 원료에 필요한 항목만을 선정해 각 항목의 결과를 종합해 표준화하는 것이 바람직하다.

2. 원재료의 표준화

1) 종의 확인

식물의 경우 전 세계적으로 유사종이 분포하며 동일종이 각기 다른 이름으로 불리기도 한다. 다른 종이 동일한 종으로 인식되어 원재료 시장에 유통되는 경우도 있다. 동일 식물에 대한 명칭을 다른 국가에서 혼용해서 사용하거나 혼돈하여 사용하는 경우가 있기 때문이다. 따라서 제품 개발에 사용하고자 하는 식물의 정확한 종을 파악하여 원재료로 사용해야 한다.

2) 사용 부위

식물은 부위(잎, 열매, 뿌리 등)에 따라 함유하고 있는 성분이 다르며, 국가별로 사용에 대한 제한도 다양하다. 따라서 기능성분 또는 지표성분으로 설정하고자 하는 성분을 가장 많이 함유하고 있고 기능성을 발휘하는 부위가 식용 가능한지 우선적으로 검토해야 한다. 부위별로 기능성시험과 기능(지표)성분의 함량 분석 시험 결과, 사용에 제한적인 식물 부위의 활성이 우수한 것으로 확인될 수 있기 때문이다. 식용으로 허락되지 않은 부분을 제품 개발에 사용하고자 할 경우 원재료의 안전성을 입증하는 자료를 제출해야 한다. 이는 동일 식물이라도 부위별로 화합물의 조성에 차이가 있어 독성을 발휘할 수 있으므로 사용에 제한을 두기 때문이다. 즉, 사용하고자 하는 식물의 부위는 안전하면서도 효능이 우수한 부위를 선정하는 것이 바람직하다.

원료의 식용 가능 유무는 현재 제품으로 판매되는 제품의 원료인지, 과거에 사용된 근거가 있는지 또는 국내외 사용 가능한 식물 목록에 있는지를 확인하여 판단한다. 국내에서는 《식품공전》(식품의 기준 및 규격) '제2. 식품일반에 대한 공통기준 및 규격, 2. 식품원료기준, 1) 원료 등의 구비요건'과 《식품첨가물공전》 '제4. 품목별 규격 및 기준'을 통해 확인할 수 있다.

3) 원산지

동일종이라 하더라도 재배 환경(기후, 토질 등)의 차이로 인해 식물의 화합물 구성이 달라질 수 있다. 또한 제품 개발에 사용하고자 하는 원료(초기 연구에서 활성이 증명된)의 수급이 장기적으로 가능한 지역을 선정해 기능성이 동일하도록 표준화하는 것이 유리하다. 최종 원료 수급처는 수집지별 기능(지표)성분의 함량뿐만 아니라 원료의 수급 가능성을 고려하여 선정해야 한다.

4) 채취 시기

다년생 식물의 경우 기능(지표)성분의 시기별(계절, 월) 함량에 차이가 발생할 수 있다. 환경에 따라 기능(지표)성분의 생성량에 차이가 날 수 있기 때문이다. 따라서 제품 개발 초기에 사용된 원료와 일정 시간이 흐른 후 새롭게 채취된 원료를 이용한 기능성시험의 결과가 상이할 경우, 월별 또는 계절별 기능(지표)성분 함량 변화 및 추출물의 활성을 확인해야 한다. 천연물에는 수백 또는 수천 종의 화합물이 포함되어 있고 그 함량은 환경에 따라 달라질 수 있으므로 기대하는 활성을 나타내지 않는 경우가 발생하기 때문이다.

5) 수확 후 보존

식물은 수확 후 보존 방법에 따라 기능(지표)성분의 함량이 변할 수 있으므로 잘 관리해야 한다.

3. 제조 공정의 표준화

제조 관리에서는 시간, 온도, 압력과 제조 각 단계에서의 추출 용매, 추출 공정, 천연물과 추출 용매의 비율, 위생, 건조 과정과 같은 중요한 공정 변수가 적절하게 관리되어야 하고, 저장하는 동안 제품을 보존하고 품질을 유지할 수 있도록 포장 및 저장 조건이 설정되어야 한다.

1) 추출 용매

기능성 원료 추출에 사용되는 용매는 《건강기능식품의 기준 및 규격》, '제3. 개별 기준 및 규격' 또는 '건강기능식품 기능성 원료 및 기준·규격 인정에 관한 규정'의 사용 기준에 따르며, 그 추출 용매는 《식품첨가물의 기준 및 규격》에 적합한 것이어야 한다. 식품 제조에 사용 가능하고 후보 소재의 기능(지표)성분을 효율적으로 추출하는 최적 극성의 용매를 선정해 기능(지표)성분의 함량이 가장 높게 확인되는 조건으로 추출해야 한다. 부득이하게 식품 용도로 사용이 허용되지 않은 용매를 사용할 경우에는 제조 공정 중 이를 제거하는 공정을 추가해야 하며 경우에 따라 그 잔류 기준을 설정하여 관리해야 한다.

2) 추출 온도

추출 용매와 더불어 추출 온도에 따른 추출 수율과 화합물의 함량 차이도 상당하다. 그러나 일반적인 천연물 추출 공장에서 추출물 제조에 사용하는 온도는 95℃

내외이다. 이는 제조 공장의 열원이 대부분 증기이고 정제수를 추출 용매로 사용하기 때문이다. 정제수 이외의 용매를 사용할 경우 용매의 끓는점을 고려하여 적정한 추출 온도를 선정해야 한다. 온도가 높을수록 추출이 잘되지만 불필요한 성분의 용출이 증가하고 열에 약한 기능성분이 불활성화될 수 있다.

3) 추출 시간

추출 시에는 추출 용매, 추출 온도와 더불어 추출 시간에 따른 추출 수율 및 화합물의 함량에도 차이가 나타난다. 그러나 대부분의 경우 추출 시간이 지속적으로 증가할수록 추출물의 수율과 기능(지표)성분의 함량이 일정 수준까지 증가한 후 유지되는 경향을 나타내기 때문에 적정 추출 시간을 설정하는 것이 경제적으로 유리하다.

4) 추출 횟수

추출 횟수도 추출 용매, 추출 온도와 더불어 추출 수율 및 화합물의 함량에 차이를 만드는 요인 중 하나이다. 1차 추출에서 대부분 추출되지만 경우에 따라 2차 또는 그 이상의 횟수를 추출해야 하는 경우도 있다. 따라서 추출 횟수는 기능(지표)성분의 함량과 차수별 추출 수율을 고려해 설정해야 한다. 추출 횟수를 줄이기 위해서는 용매, 온도, 시간 이외에 용매량, 추출 압력 등의 조건을 조절해 추출하는 것이 바람직하다.

5) 건조 조건

추출 분말 제조의 최종 단계인 건조는 분말의 성상이 결정되는 단계이다. 일부 화합물의 경우 열에 불안정하여 건조 방법에 따라 기능(지표)성분의 함량에 큰 차이가 발생할 수 있기 때문에 적절한 건조 방법을 선정하는 것이 필요하다. 또한 건조 방법에 따라 제조 비용에 차이가 크게 날 수 있기 때문에 제조 비용을 고려해 적절한 건조 방법을 선정한다. 건조 방법에 따라 성상(색도) 및 물성에도 차이가 날 수 있으므로 최종 제품의 제조에 적합한 건조 방법을 선택할 때는 이를 고려해야 한다.

공정		Weight or Vol.	Brix	지표성분 농도 (mg/mL)	회수액 (kg)	고형분 (kg)	총 지표성분 (g)	지표성분 수율 (%)	지표성분 함량 (mg/g)
1차 추출	원재료	100kg	0		-	-	96	100	0.96
	물 첨가량	4,000L							
	추출 40℃	3hr	0.5	0.0207	3,579	17.9	74.1	77.2	2.96
		4hr	0.6	0.0225		21.5	80.5	83.9	2.81
	잔사 무게	421kg							
농축 (80℃, 500rpm)		1hr	0.9	0.0242	69	19.7	62.1	64.7	3.1
		2hr	0.9	0.0249					
		4.5hr	2.9						
		농축액	28.8						
원심분리			27.5	0.88	62.2	17.7	54.7	57.0	3.1
건조(FD)			-			15.2	45.6	47.5	3.0
2차 추출	추출 40℃	1hr	0.2	0.0129	1,050	2.6	13.6	14.1	5.2
		2hr	0.3						
		3hr	0.3						
		4hr	0.4						
농축(80℃, 500rpm)			10.6	0.566	11.6	1.2	6.6	6.9	5.34
건조(FD)			-			3.4	10.8	11.2	3.17
최종		**18.7kg**	**-**			**18.7**	**56.4**	**58.7**	**3.1**

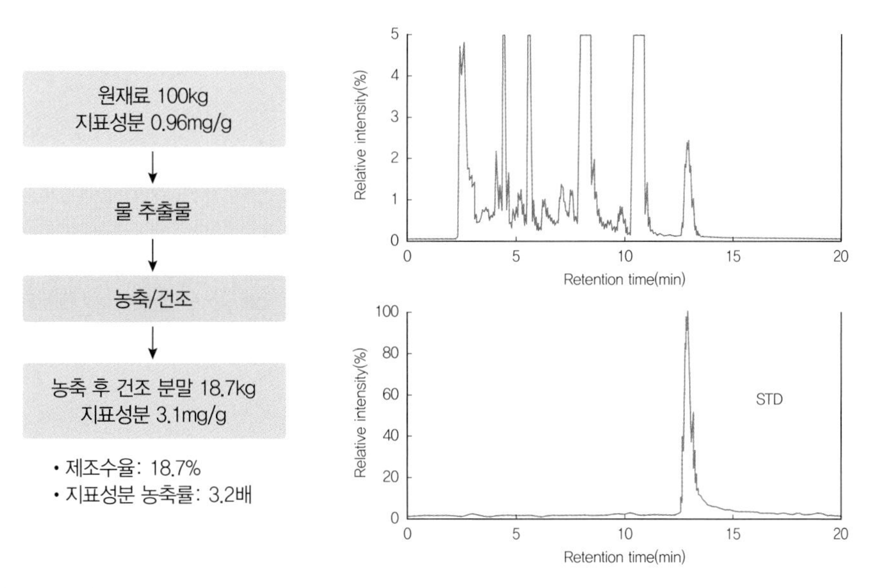

그림 4-1 **제조 공정 표준화 예시**

6) 정제

추출 후 용매를 달리하여 연속적으로 추출, 한외여과 또는 원심분리 등의 방법을 사용하면 원재료의 특정 성분을 선택적으로 고농축시킬 수 있다. 이때 더 이상 원재료와 동일한 것으로 간주할 수 없는 새로운 기능성 원료가 만들어지므로 주의 깊은 관리가 필요하다.

7) 혼합

식품첨가물, 부원료, 부형제, 다른 로트(lot)의 원재료 또는 추출물을 혼합하는 과정에서 상호작용으로 인한 문제가 없는지를 확인해야 한다.

8) 포장 및 저장

포장(packaging)과 저장(storage)은 유통되는 기간에 제품의 완전성과 품질을 유지하기 위해 필요하다. 제품은 빛, 산소, 수분, 열로부터 보호되어야 하며, 제조업자는 저장하는 동안 제품의 물리적·화학적·미생물학적 특성 조사를 통한 안정성 시험(stability test) 결과로 포장 및 저장의 적절함을 증명해야 한다.

4. 지표성분 및 기준규격 설정

1) 지표성분(또는 기능성분) 선정

건강기능식품의 표준화를 위해서는 일반적으로 물리적(시간, 온도, 압력 등), 화학적(용매, 식품첨가물 등), 미생물학적(효소, 미생물, 대장균 등) 등의 기본적인 관리 요소뿐만 아니라 '기능성'을 관리할 수 있는 지표를 설정해 관리해야 한다. 이러한 '기능성'을 표준화되게 관리하기 위한 가장 일반적인 지표가 바로 기능성분(biologically active compound) 또는 지표성분(marker compound)이다.

성분 자체가 기능성을 나타내고, 이러한 성분이 일정 수준 이상으로 함유된 원료가 기능성을 나타내는 것이 확인될 때 우리는 이를 기능성분이라고 말할 수 있다. 기능성분은 기능성 원료의 기능성을 일정하게 유지함을 확인할 수 있기 때문에 표준화를 위해 기능성분으로 설정하는 것은 매우 이상적이다.

그러나 천연물 중에는 수많은 화학물질이 존재하고 이러한 물질 간의 유사성과 상호작용 등을 통해서 기능성을 보이는 경우가 있다. 이러한 경우 기능성분을 탐색하고 단일물질로 분리하는 것은 그리 쉬운 일이 아니기 때문에 표준화된 원료에 특이적으로 함유된 성분을 지표성분으로 설정할 수 있다. 지표성분은 원재료를 대표하고 제조 공정을 특징 짓는 단일물질의 함량으로 설정하는 경우도 있지만 때에 따라서는 확인시험, 분광광도계를 이용한 유사 물질들의 총 함량, 효소역가시험 등으로 설정하기도 한다. 기능성 원료의 기능성분 또는 지표성분을 설정하는 데 있어 고려해야 할 사항들은 다음과 같다.

- 특이성　원재료 또는 제조 방법에 따라 특이적으로 존재하거나 차별적인 함량 변이를 갖는 성분
- 대표성　문헌 조사 및 *in vivo*, *in vitro* 등의 실험을 통해 추출물의 기능을 대표

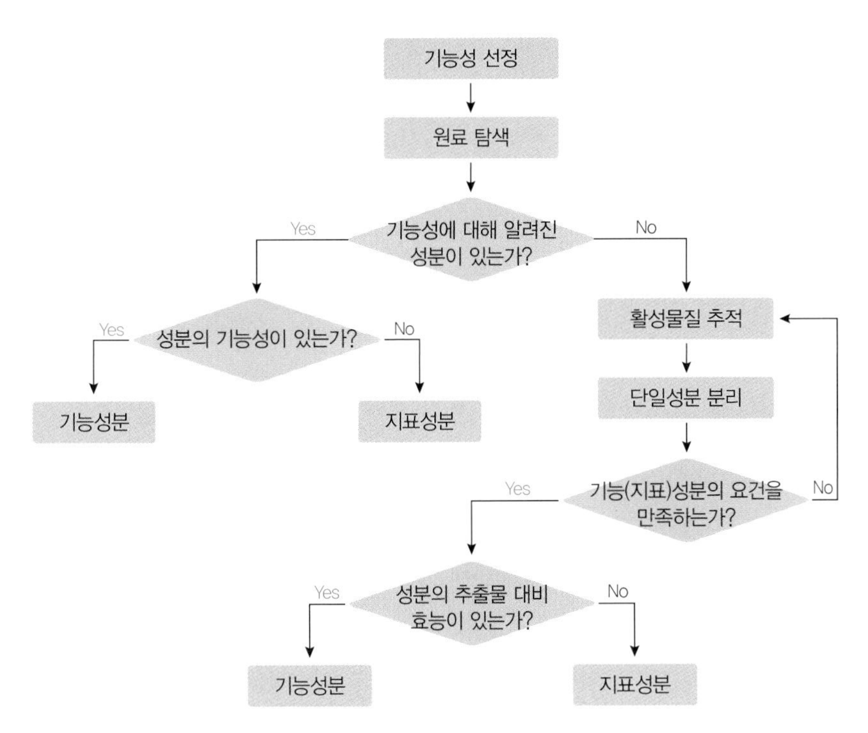

그림 4-2 기능(지표)성분의 의사 결정도

자료: 식품의약품안전처(2008). 기능성 원료 표준화 지침서.

하는 성분 또는 추출물의 기능을 대표할 정도는 아니지만 추출물 중의 함량 차이나 존재 유무 등에 따라 추출물의 기능에 관여하는 성분

- 안정성 열, 빛, 습도 등의 일반적인 보관 조건에서 안정성이 높은 성분
- 안전성 인체에 유해하지 않은 안전한 성분
- 용이성 HPLC, GC, UV 등과 같은 범용화된 분석기기를 이용, 상업적 표준물질의 사용 가능 여부, 분석 비용

알아두기 원료의 특성에 관한 건강기능식품 기능성 원료 및 기준·규격 인정에 관한 규정

제14조(제출 자료 내용 및 요건)
4. 원료의 특성에 관한 자료
가. 해당 원료를 특징 지울 수 있는 성상, 물성 등에 관한 자료
나. 해당 원료의 표준화를 확인하기 위한 기능성분(또는 지표성분)에 관한 자료

2) 지표성분(또는 기능성분)의 기준규격 설정

기준규격 항목은 성상, 기능성분(또는 지표성분)의 함량, 유해물질(중금속, 잔류용매, 대장균군, 세균 등)로 이에 대한 기준규격은 표준화 과정의 결과를 토대로 하여 항목별로 설정하게 된다.

(1) 성상

성상은 자체 제조된 원료의 색상을 근거로 구체적으로 명시한다. 색상의 표기는 한국표준색이름(산업자원부기술표준원)을 근거로 하여 구체적으로 설정한다.

(2) 기능성분의 함량

기능(지표)성분의 함량 범위는 원료 표준화 과정을 통해 얻은 결과를 토대로 정하는 것이 이상적이다. 원료 제품의 경우 표시하고자 하는 기능성분(또는 지표성분)의 함량은 분석오차를 고려해 함량의 하한치와 상한치를 백분율(%)로 설정한다. 단, 함량으로 설정하기 부적당한 것은 역가 또는 단위로 표시할 수 있다. 그리고 정량 가능한 것에 대해 설정하며, 함량 기준 범위는 원칙적으로 근거 자료에 따른다. 따라서 기능(지표)성분의 함량은 제조 공정 및 원료의 차이에서 발생할 수 있는 오

차 범위와 분석오차를 고려해 설정하는 것이 가장 합당하다.

원료의 기능성분(또는 지표성분) 함량이 높은 경우, 즉 95% 이상의 고순도인 경우에는 ○○% 이상으로 설정하는 것이 적절할 것이다. 그렇지 않은 경우에는 충분한 로트(lot)의 검사 결과를 바탕으로 상한치와 하한치를 설정해야 한다. 기능성분(또는 지표성분) 함량이 낮고 이의 변화가 원료의 기능성에 미치는 영향이 큰 경우에는 영향의 수준이 적은 상한치와 하한치의 함량 범위로 규격을 설정한다. 기능성분(또는 지표성분) 함량의 변화가 원료의 기능성에 미치는 영향이 적은 경우에는 기능(지표)성분을 하한치(○○% 이상)로 설정하는데 이러한 경우 최소 두 개 이상의 지표성분을 설정하는 것이 바람직하다.

새로운 시험법의 경우 시험법의 타당성을 검증해야 한다. 선정된 시험법이 재현성이 있고, 의도한 목적에 부합되는 신뢰성 있는 결과를 얻는다는 것을 증명하고, 분석에 사용되는 시험법의 오차가 허용되는 정도를 과학적으로 입증하는 것이다. 건강기능식품 기능성 원료 및 기준·규격 인정에 관한 규정에서는 이러한 시험법 검증

알아두기 **기능성분(또는 지표성분) 규격 및 시험 방법에 관한 건강기능식품 기능성 원료 및 기준·규격 인정에 관한 규정**

제14조(제출 자료 내용 및 요건)

5. 기능성분(또는 지표성분)에 대한 규격 및 시험 방법에 관한 자료 및 시험성적서

가. 기능성분(또는 지표성분)의 규격

(1) 원재료의 생산, 원료의 제조·가공 공정과 안전성 등 원료의 특성을 고려해 여러 번의 시험 결과를 근거로 설정한다. 다만, 함량으로 설정하기가 부적당한 것은 역가 시험 또는 확인 시험으로 설정할 수 있다.

(2) 분석오차를 고려해 표시하고자 하는 값에 대한 하한치와 상한치를 설정한다. 일반적으로 단일 성분의 경우에는 표시량 이상, 추출물의 경우는 표시량의 80~120%를 원칙으로 한다. 단, 타당한 사유가 있을 경우 달리 정할 수 있다.

(3) 두 가지 이상의 해당 원료를 혼합한 경우 각 원료의 기능성분(또는 지표성분)의 규격을 설정해야 한다.

나. 기능성분(또는 지표성분)의 시험 방법

(1) 기능성분(또는 지표성분)의 규격을 분석하는 데 적합해야 하며, 「건강기능식품의 기준 및 규격」, 「식품의 기준 및 규격」, 「축산물의 가공 기준 및 성분규격」, 「식품첨가물의 기준 및 규격」, 국제식품규격위원회(Codex Alimentarius Commission, CAC) 규정, AOAC 방법 등에 따라 국내외에서 공인된 방법을 사용해야 한다. 다만, 공인된 방법이 없거나 더 타당하다고 인정되는 경우 신청자가 제시하는 시험 방법을 사용할 수 있다. 이 경우에는 [별표 1]을 참고하여 제시한 시험 방법의 타당성을 밝혀야 한다

(2) 두 가지 이상의 당해 원료를 혼합한 경우 각 원료의 기능성분(또는 지표성분)의 시험 방법을 설정해야 한다.

다. 국내외 검사기관에서 시험분석한 시험성적서

설정된 기능성분(또는 지표성분)의 규격과 시험 방법의 타당성을 검토하기 위해 식품의약품안전처장이 지정 또는 인정한 국내외 검사기관 중 건강기능식품 검사 업무를 수행하는 검사기관의 시험 결과와 분석 자료를 제출해야 한다.

알아두기 **유해물질 규격 및 시험 방법에 관한 건강기능식품 기능성 원료 및 기준·규격 인정에 관한 규정**

제14조(제출 자료 내용 및 요건)

6. 유해물질에 대한 규격 및 시험 방법에 관한 자료

가. 유해물질의 규격

원재료 또는 제조 과정으로 인한 유해물질의 오염 또는 잔류 가능성을 막고 안전성을 확보할 수 있도록 [별표 2]에 따라 설정한다.

나. 유해물질의 시험 방법

「건강기능식품의 기준 및 규격」, 「식품의 기준 및 규격」, 「축산물의 가공 기준 및 성분 규격」, 「식품첨가물의 기준 및 규격」, 국제식품규격위원회(CAC: Codex Alimentarius Commission) 규정, AOAC 방법 등에 따라 국내외에서 공인된 방법을 사용해야 한다. 다만, 공인된 방법이 없거나 더 타당하다고 인정되는 경우 신청자가 제시하는 시험 방법을 사용할 수 있다. 이 경우에는 [별표 1]을 참고해 제시한 시험 방법의 타당성을 밝혀야 한다.

다. 국내외 검사기관에서 시험 분석한 시험성적서

설정된 유해물질의 규격과 시험 방법의 타당성을 검토하기 위해 식품의약품안전처장이 지정 또는 인정한 국내외 검사기관의 시험 결과와 분석 자료를 제출해야 한다. 다만, 「식품의 기준 및 규격」에 농약의 잔류 허용 기준이 있는 경우에는 「수입식품 등 검사에 관한 규정」[별표 3] 정밀검사 대상 잔류농약 검사 항목에 대해, 없는 경우에는 다섯 가지 농약(엔드린, 디엘드린, 알드린, BHC, DDT)에 대해 시험 결과와 분석 자료를 제출해야 한다.

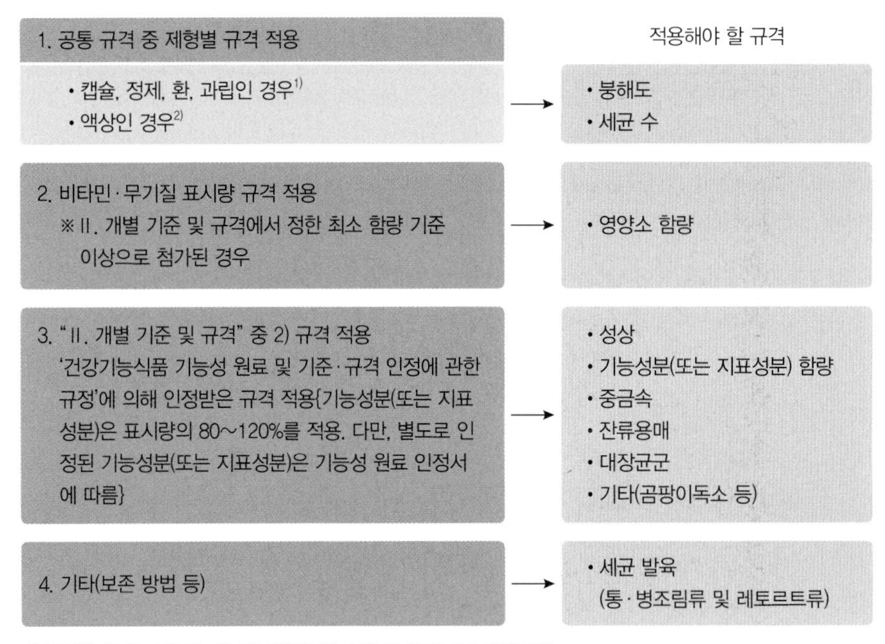

1) 씹어 먹는 것 또는 녹여 먹는 것, 35호체에 잔류하는 것이 5% 이하인 과립 제품은 제외
2) 프로바이오틱스를 기능성 원료로 사용한 경우와 유(油)상인 경우에는 제외

그림 4-3 **건강기능식품의 기준 및 규격 적용 절차**

자료: '건강기능식품의 기준 및 규격'

항목을 나열하고 있다(그림 4-3). 해당 항목에 적합한 자료로 기능성분(지표성분) 시험법의 타당성을 검토해야 할 것이다.

(3) 유해물질

유해물질이란 원재료 또는 제조 과정 중 오염 또는 잔류 가능성이 있어 인체에 유해한 물질로 미생물, 중금속, 잔류농약, 잔류용매 등을 말한다. 각 제조사는 제조 공정에 적합하게 유해물질의 규격을 설정하고 관리해야 한다.

별표 1 ─ 시험 방법 타당성(벨리데이션) 검토 항목의 정의 및 적용

항목	정의	적용		
		기능성분		유해물질 (정량)
		정량시험	확인시험	
특이성 (Specificity)	불순물, 분해물, 배합에서 분석 대상물질을 선택적으로 정확하게 측정할 수 있는 능력	예	예	예
정확성 (Accuracy)	측정값이 이미 알고 있는 참값이나 표준값에 근접한 정도	예	아니오	예
정밀성 (Precision)	균일한 검체로부터 여러 번 채취하여 얻은 시료를 정해진 조건에 따라 측정했을 때 각각의 측정값들 사이의 근접성(분산 정도)	예	아니오	예
정량한계 (Quantitation Limit)	적절한 정밀성과 정확성을 가진 정량값으로 표현할 수 있는 검체 중 분석 대상물질의 최소량	아니오	아니오	예
직선성 (Linearity)	시험 방법이 일정 범위에 있는 검체 중 분석 대상물질의 양(또는 농도)에 대해 직선적인 측정값을 얻어낼 수 있는 능력	예	아니오	예
범위 (Range)	적절한 정밀성, 정확성 및 직선성을 충분히 제시할 수 있는 검체 중 분석 대상물질의 양(또는 농도)의 하한값 및 상한값 사이의 영역	예	아니오	아니오

원료	항목		규격	비고
모든 원료	중금속	납	< 10.8μg/일	
		총비소	< 150μg/일	
		카드뮴	< 3.0μg/일	
		총수은	< 2.1μg/일	
	미생물	대장균군	음성	
		세균 수	≤ 100/g	액상제품에 한함
용매를 사용한 원료	잔류용매	헥산	< 0.005g/kg	
		이소프로필알코올	≤ 0.05g/kg	
		초산에틸		
		메틸알코올		
		아세톤	≤ 0.03g/kg	
해당 기준이 '식품의 기준 및 규격'에 설정되어 있는 원료	동물용의약품		'식품의 기준 및 규격'에 따름	
	곰팡이독소	총아플라톡신 (B_1, B_2, G_1 및 G_2의 합)		
		파툴린		
		오크라톡신		
		기타곰팡이독소		
	방사능 오염	^{131}I		
		$^{134}Cs+^{137}Cs$		

표 4-2 기능성 원료(추출분말)의 기준·규격 예시

항목	기준	근거 자료
성상	황색~갈색을 가지는 분말	자체 시험 자료: 제조 방법에 의해 제조된 원료의 성상
지표성분 A	0.75%	자체 시험 자료: 채취 시기 등 다양한 요인에 의해 발생되는 변이를 고려해 자사의 최대·최소값을 설정
지표성분 B	1.5%	
수분	10% 이하	품질 관리 규격으로 자사에서 관리
중금속	납 3.0mg/kg 이하	자체 시험 자료를 근거해 '건강기능식품 기능성 원료 및 기준·규격 인정에 관한 규정[별표2]'에 따라 1일 섭취 허용량의 규격 상한값을 고려해 설정 예) 납의 경우 1일 섭취량이 3.0g인 경우 최대 규격 상한값(10.8μg/일 ÷ 3.0g = 3.6μg/g = 3.6mg/kg)이고 실제 검출 결과 약 2.5mg/kg일 경우 실제 검출 결과와 1일 섭취 허용량의 규격 상한값을 고려하여 설정
	총비소 2.0mg/kg 이하	
	카드뮴 0.5mg/kg 이하	
	총수은 0.5mg/kg 이하	
세균 수	100,000cfu/g	액상 제품이 아니므로 '건강기능식품 기능성 원료 및 기준·규격 인정에 관한 규정[별표2]'에 따라 규격을 설정하지 않고 자사에서 관리
대장균군	음성	제조 과정 중에 위생을 관리할 수 있는 지표로서 설정

5. 우수건강기능식품 제조기준

1) GMP의 정의 및 국내외 동향

우수건강기능식품 제조기준(GMP: Good Manufacturing Practice)은 소비자에게 신뢰받는 안전하고 우수한 품질의 건강기능식품을 제조하도록 하기 위한 것으로, 작업장의 구조·설비를 비롯해 원료의 구입부터 생산·포장·출하에 이르기까지의 전 공정에 걸친 생산과 품질의 관리에 관한 체계적인 기준이다. 우리나라에서는 식품의약품안전처장이 우수건강기능식품 제조기준 및 품질 관리 기준을 준수하는 건강기능식품제조업소를 GMP적용업소로 지정하고 있다.

국내에서는 식품의약품안전처 고시 2004-7호(2004.1.31)에 의해 2004년 2월 1일부터 우수건강기능식품 제조기준(GMP)을 시행하고 있으며, 건강기능식품전문제조업소 중 위탁생산업체의 경우 2006년 2월 1일부터 GMP를 의무적으로 도입하도록 법제화하였다. 미국과 유럽, 일본 등도 cGMP(Current Good Manufacturing Practice) 또는 HACCP(Hazard Analysis Critical Control Point)와 같은 제도를 관련 법규로 규정하여 식품 공통 또는 일부 분류군에 적용하고 있으며 건강기능식품과 유사한 형태인 식이보충제(Dietary Supplement) 등의 제조에 있어서는 GMP 생산을 권장하고 있는 것이 세계적인 추세이다.

2) GMP 주요 내용

- 적용 대상은 "GMP적용평가대상업소(건강기능식품제조업 영업자 중 GMP적용업소 지정을 신청/신청하고자 하는 건강기능식품제조업소)"와 "GMP적용지정업소(GMP적용업소로 지정된 건강기능식품제조업소)"로 규정한다.
- 작업장은 청정구역과 일반구역으로 분리한다. 청정구역은 공조시설을 설치하고 특수작업장은 다른 작업장과 분리해야 하며 보관시설, 제조시설 및 품질관리시설에 대해서는 각각의 시설 기준을 규정한다.
- 제품표준서, 제조관리기준서, 제조위생관리기준서 및 품질관리기준서를 작성·비치하도록 한다.
- GMP적용지정업소는 품질관리인을 GMP총괄책임자로 선임하고, 제조·관리부서책임자 및 품질 관리부서책임자로 구성되는 운영조직을 구성해야 한다.

- GMP적용지정업소가 준수해야 하는 사항으로 제조 공정 관리, 제조 위생 관리, 보관 관리 및 품질 관리 사항을 규정한다.
- GMP적용업소 지정은 GMP적용실시상황평가표에 따라 평가를 실시, 적용업소의 지정 및 관리를 위해 식품의약품안전처 및 지방처에 GMP지도관과 GMP지도원을 두도록 한다.
- GMP적용지정업소는 자체에 의한 GMP적용실시상황평가를 1년에 1회 이상 실시하도록 한다.
- GMP적용지정업소는 소비자 등의 불만 신고 사항에 대해 신속한 원인 규명과 적절한 조치를 하도록 한다.
- 교육전문기관은 교육 계획을 수립해 GMP적용업소의 영업자 및 GMP총괄책임자 등에 대한 교육을 실시하도록 하고, GMP적용업소는 자체 교육 계획을 수립해 정기적으로 교육·훈련을 실시하도록 한다.

3) GMP 운영조직

GMP적용지정업소의 영업자는 법 제12조에 따른 품질관리인을 GMP총괄책임자로 선임하고, 그 하부에 독립된 제조관리부서책임자와 품질관리부서책임자를 두어야 한다. 동 영업자는 GMP를 준수하기 위해 필요한 조직 및 인력과 구성원별 역할과 임무 및 교대 근무 시 인수인계 방법을 정하고, 작업장별로 적절한 인원을 배치해야 한다.

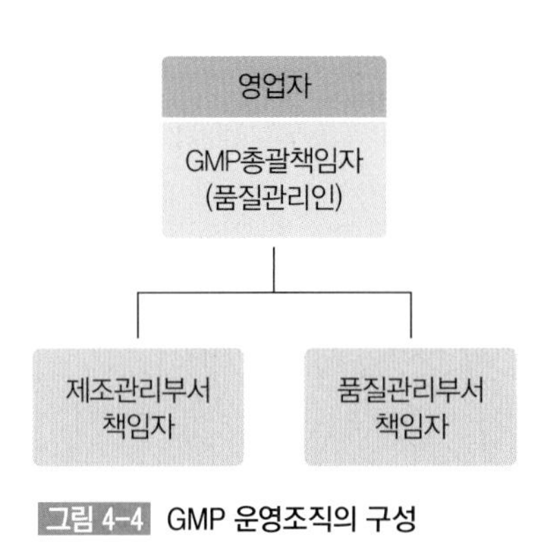

그림 4-4 GMP 운영조직의 구성

4) 교육·훈련

(1) 식품의약품안전처장이 지정한 교육전문기관(한국보건산업진흥원)에서 실시

- GMP적용업소의 영업자, GMP총괄책임자(품질관리인) 등에 대한 교육을 실시
- 신규교육·훈련 영업자 1회 8시간 이내, 품질관리인 1회 16시간 이내
- 보수교육·훈련 품질관리인 2년마다 8시간 이내

표 4-3 GMP 운영조직 책임자의 역할과 임무

역할	임무
GMP총괄 책임자	•작업원이 맡은 임무를 효과적으로 수행할 수 있도록 우수건강기능식품제조 관리, 시설 관리, 위생 관리, 보관 관리, 품질 관리 및 기타 사항의 지도 및 관리 •작업원에 대해 정기적 교육 및 훈련 •제품을 판매하는 영업자 및 판매종업원에 대한 허위·과대광고 금지 •제품의 위생적 보관 관리 등의 정보 제공·안내 및 기록의 보관·유지
제조관리부서 책임자	•제조 관리를 적절히 이행하기 위해 제품표준서, 제조관리기준서 및 제조위생관리기준서를 작성하고 비치·운영 •제조지시기록서를 작성하고, 지시기록서대로 작업이 진행되고 있는지를 점검·확인 •제조위생 관리 및 보관 관리가 규정대로 이행되고 있는지를 점검·확인 •원료, 자재 및 완제품의 보관 관리 담당자를 지정
품질관리부서 책임자	•품질 관리를 적절히 이행하기 위해 제품표준서 및 품질 관리 기준서를 비치·운영 •시험지시기록서를 작성하고, 지시기록서대로 시험하고 있는지를 점검·확인 •시험 결과에 따라 적합 여부를 판정하고, 그 결과를 관련 부서에 문서로 통지

(2) GMP적용업소에서 자체 교육·훈련 실시

종업원에 대한 자체 교육 계획을 수립하여 정기적인 교육·훈련을 실시하도록 한다.

CHAPTER 5

안전성 평가

CHAPTER 5

안전성 평가

1. 안전성 평가

1) 안전성 평가의 개요

건강기능식품의 안전성 평가란 새로운 기능성 원료를 제안된 방법대로 섭취했을 때 인체에 미치는 영향을 안전성 측면에서 평가하는 것이다. 새로운 기능성 원료를 판매하고자 하는 영업자는 '건강기능식품 기능성 원료 인정에 관한 규정' 제15조에 근거하여 안전성 자료를 식품의약품안전처에 제출해 동 원료의 안전성이 확보되어 있는지를 입증해야 한다. 건강기능식품의 안전성 평가에 대한 인정 기준, 절차, 제출 자료의 범위 및 요건, 평가 원칙 등에 관한 세부 사항은 '건강기능식품 기능성 원료 인정에 관한 규정'에 나타나 있다.

2) 안전성 평가의 일반 절차 및 원칙

안전성 평가는 제안된 방법대로 섭취했을 때 인체에 특정 이상 반응이나 부작용을 나타내지 않음을 확인하는 과정이다. 건강기능식품의 개별인정형 기능성 원료를 인정하는 체계 가운데 안전성에 대한 내용을 요약한 것은 그림 5-1과 같다. 안전성을 평가할 때는 기존에 보고된 섭취 근거 자료, 해당 기능성분 또는 관련 물질에 대한 안전성 정보 자료, 섭취량 평가 자료, 영양 평가 자료, 생물학적 유용성(bioavailability) 자료, 인체적용시험 자료(중재시험, 역학 조사 등), 독성시험 자료, 취

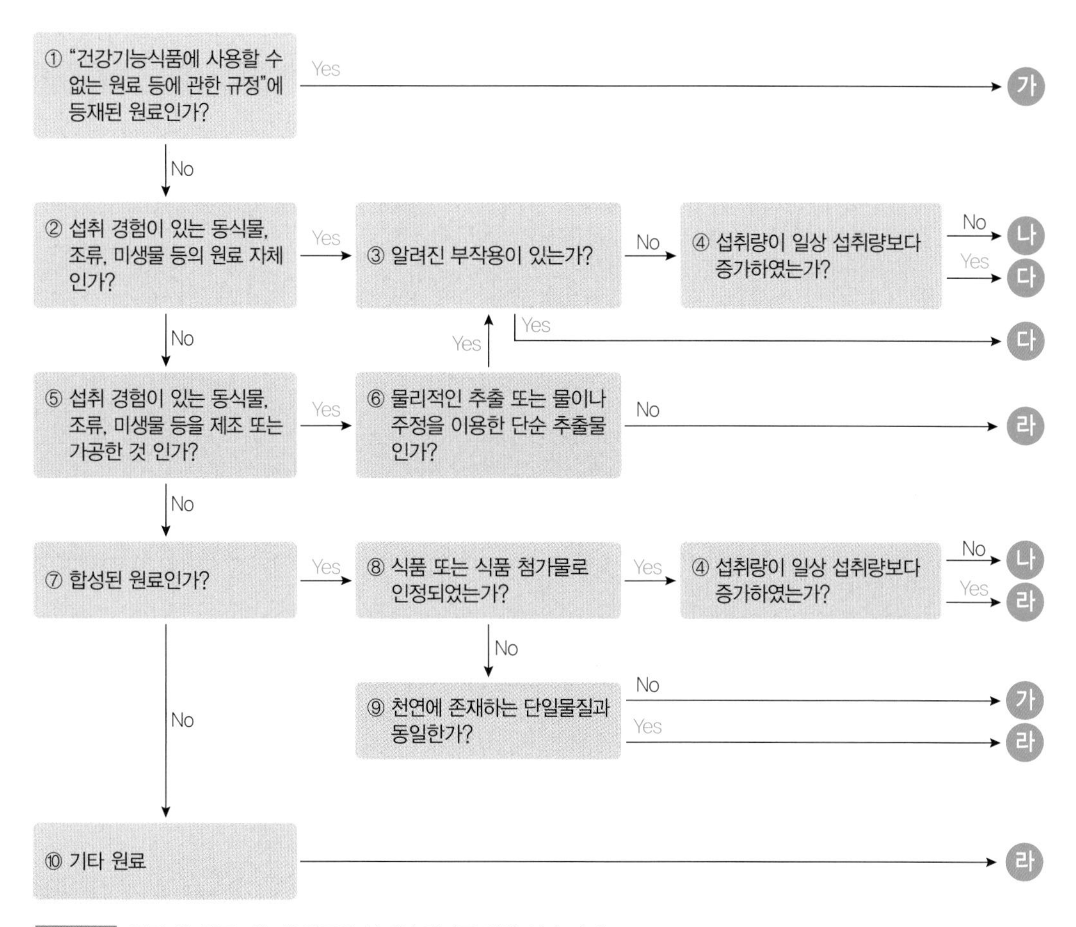

그림 5-1 건강기능식품 기능성 원료의 안전성 평가를 위한 의사 결정도

약 집단(어린이, 임산부, 수유부 등)의 고려, 의약품·식품 등과의 상호작용 등을 모두 고려해야 한다(표 5-1). 즉 기존에 보고된 안전성 자료를 통해 제조 방법에 따른 안전성 여부, 섭취량의 변화 여부에 따른 안전성 여부, 생물학적 유용성·영향 평가 등 생체 내에서의 원료 특성에 따른 안전성 여부, 독성시험을 통한 안전성 여부 등을 확인해야 한다. 이때 기존에 보고된 안전성 관련 자료를 모두 종합해 제안된 섭취량 내에서 원료의 안전성을 확인하게 된다. 기존에 보고된 자료로 안전성 입증이 어렵다면 신청한 원료를 가지고 독성시험을 하여 안전성을 입증해야 한다. 건강기능식품 기능성 원료의 안전성을 평가할 때는 그림 5-1 및 표 5-2에 나타난 원료의 안전성 평가를 위한 의사 결정도를 참조하여 평가용 안전성 자료의 범위를 파악할 수 있다.

표 5-1 건강기능식품의 개별인정형 기능성 원료 인정체계 중 안전성 검토

검토 단계	검토 사항	검토 자료	결과
위해가 없음을 확인하는 안전성	원재료의 섭취근거	•국내외 인정 원료 여부 - 건강기능식품, 식품, 식품첨가물의 기준 및 규격 - 국내외 유통 판매 현황, 국외 정부기관 인정 자료	안전성 검증 자료로 활용
	원재료의 안전성 자료	•원료 자체의 독성 및 부작용 등 - pubMed, Toxdine, PDR 등 DB 검색	섭취 시 주의사항에 반영
	제조 방법에 따른 안정성	•제조 방법에 따른 원료의 변형 여부 - 특정 성분 분리·정제 및 변형 등 •합성한 원료 및 천연 존재 물질 여부	•국내 인정 확인 - 식품, 식품첨가물 •독성시험 자료 확인
	섭취량 평가 및 상호작용	•일상적인 섭취량 대비 증가 여부 - 평균 섭취량의 3배 또는 극단량 섭취(95%) •다른 성분과 상호작용 여부 - 흡수·분포·대사·배설 등에 미치는 영향	섭취 시 주의사항에 반영

표 5-2 제출되어야 하는 안전성 자료의 범위

제출되어야 하는 안전성 자료	가	나	다	라
건강기능식품으로 신청할 수 없음	√			
섭취 근거 자료[1]		√	√	√
해당 기능성분 또는 관련 물질에 대한 안전성 정보 자료[2]		√	√	√
섭취량 평가 자료[3]		√	√	√
영양 평가 자료, 생물학적 유용성 자료, 인체시험 자료[4]			√	√
독성시험 자료[5]				√

1) 섭취 경험이 있음을 증명하는 근거 자료로서 건강기능식품공전, 식품공전, 식품첨가물공전 자료, 전통적 사용이 기록되어 있는 과학적 자료 또는 역사적 사용 기록, 국외 정부기관의 인정 자료 등

2) 데이터베이스에서 해당 기능성분 또는 관련 물질에 대한 독성 또는 안전성 자료를 검색한 자료

3) 국민영양조사 결과, 섭취량 실태 조사 결과 등을 근거로 평균 섭취량과 제안된 섭취량을 비교·분석한 자료

4) 원료의 섭취로 인해 다른 영양성분의 흡수·분포·대사·배설 등에 영향을 미치는 지를 평가한 자료, 생물학적 유용성 자료, 중재시험, 역학 조사의 인체시험 자료

5) 독성시험 자료는 단회투여독성시험(설치류, 비설치류), 3개월 반복투여독성 자료(설치류), 유전독성시험(복귀돌연변이시험, 염색체이상시험, 소핵시험)을 기본으로 하며, 원료의 특성에 따라 생식독성, 항원성, 면역독성, 발암성시험을 추가로 시험해야 함. 단, 기타 안전성 자료로 안전성이 확보되었음을 입증할 수 있는 경우에는 예외 적용 가능함

(1) 사용 가능성 검토

안전성 평가의 첫 단계는 해당 원료가 '건강기능식품에 사용할 수 없는 원료 목록'에 포함되어 있는지 검토하는 것이다. 즉, 식품의약품안전처에서는 원료의 특성

상 심각한 독성이나 부작용이 있거나 약리작용이 강해 섭취 방법 또는 섭취량에 대해 의·약학적 전문 지식을 필요로 하는 원료들을 처음부터 건강기능식품에 사용하지 못하도록 그 목록을 정해놓고 있다(표 5-3). 이러한 원료들은 마황과 같은 식물성 원료, 맥각과 같은 동물성 원료 등과 비아그라의 실데나필(sildenafil)과 같이 허가된 의약품의 주성분에 이르기까지 다양하다. 외국으로부터 독성 원료가 수입되거나 새롭게 독성이 알려지는 사례가 발생함에 따라 사용 금지 원료는 계속 추가되고 있다.

(2) 신규성 검토

건강기능식품 기능성 원료의 사용 현황과 제조 방법을 검토하여 '원료의 신규성(novelty)' 여부를 확인해야 한다. 예를 들어 섭취 경험이 있는 동물, 식물, 조류, 미생물 원료를 건조 또는 분쇄했다거나 또는 물이나 주정을 사용해 단회 추출 후 용매와 고형분을 제거했다면, 대체로 원료의 전통성을 인정할 수 있다. 따라서 기존의 안전성 자료를 근거 자료로 사용할 수 있게 된다. 그러나 원재료의 품종이 개량되었거나 사용 부위를 바꾸었을 때, 특정 성분을 농축하기 위해 선택성이 높은 추출 용매(에테르, 아세톤, 헥산, 이산화탄소)를 사용하거나 정제했을 때, 또는 추출 이후 화학적 변형이나 발효 등을 통해 화학적 특성이 변화했다면 원료의 전통성은 더 이상 인정받을 수 없다. 이 경우에는 기존의 안전성 자료 외에 추가의 근거 자료를 검토해야 한다. 특히 화학적 특성이나 조성분이 뚜렷이 변화된 경우에는 해당 원료를 사용한 독성시험 자료가 필요하다.

(3) 안전성 정보 자료 검토

건강기능식품 기능성 원료 그 자체, 기능성분 또는 기타 관련 물질에 대해서는 ToxLine, HerbMed, Natural Standard, HerbalGram 등의 다양한 데이터베이스 검색을 통해 부작용 또는 독성 정보를 파악할 수 있다(표 5-4). 또한 국내·외 학술지에 게재된 자료와 정부 또는 국제기구 보고서를 모두 안전성 정보 자료의 근거로 사용할 수 있다.

표 5-3 건강기능식품에서 사용할 수 없는 원료 목록

<table>
<tr><th>원료</th><th colspan="3">목록</th></tr>
<tr><td>식물성 원료</td><td>• 감수(甘遂)
• 겔세민(Gelsemine)
• 견우자(牽牛子)
• 관동(款冬)
• 낙타봉(駱駝蓬)
• 다투라(Datura)
• 대극(大戟)
• 대황(大黃)
• 독미나리(毒芹)
• 등황(藤黃)
• 디기탈리스(Defitalis)
• 마두령(馬兜鈴)
• 마전자(馬錢子)
• 마편초(馬鞭草)
• 마황(麻黃)
• 만년청(萬年青)
• 면마(綿馬)
• 목단피(牧丹皮)
• 목방기(木防己)
• 목통(木桶)
• 반하(半夏)
• 방기(防己)
• 방풍(防風)</td><td>• 백굴채(白屈菜)
• 백부자(白附子)
• 백선피(白鮮皮)
• 베라트룸(Veratrum)
• 벨라돈나(Belladonna)
• 보두(普頭)
• 복수초(福壽草)
• 부자(附子)
• 빈랑자(檳榔子)
• 사리풀(Henbane leaf)
• 석류피(石榴皮)
• 세네키오(Senecio)
• 스코폴리아(Scopolia)
• 상륙(商陸)
• 스트로판투스(Strophanthus)
• 쓴쑥(苦艾)
• 앵속(罌粟)
• 얄라파(Jalapae)
• 영란(鈴蘭)
• 요힘베(Yohimbe)
• 운향풀(Ruta graveolens)
• 원화(芫花)
• 위령선(威靈仙)</td><td>• 인도사목(印度蛇木)
• 저백피(樗白皮)
• 천남성(天南星)
• 천초근(茜草根)
• 청목향(青木香)
• 초오(草烏)
• 채퍼랠(Chaparral)
• 카바카바(Kava kava)
• 카스카라 사그라다(Cascara sagrada)
• 카트(Khat)
• 컴프리(Comfrey)
• 콜로신스(Colocynth)
• 콜키쿰(Colchicum)
• 키나(Quina)
• 탠지(Tansy)
• 토근(吐根)
• 투보쿠라린(Tubocurarine)
• 파두(巴豆)
• 팔각련(八角蓮)
• 해총(海葱)
• 행인(杏仁)
• 황백(黃栢)</td></tr>
<tr><td>동물성 원료</td><td>• 건조 갑상선(Dried thyroid)
• 담즙·담낭(Bile & gall bladder)
• 맥각(麥角, Erot)
• 반묘(斑猫, Blister beetle)
• 사독(Venom)</td><td>• 사람의 혈액(Human blood)
• 사람의 태반(Human placenta)
• 사향(麝香, Musd)
• 섬수(Toad venom)</td><td>• 오공(蜈蚣, Scolopendrae Corpus)
• 뇌하수체
• 벌독(Bee venom)
• 전립선</td></tr>
<tr><td>기타 원료</td><td colspan="2">• 로벨린 또는 그 염류(Lobeline or its salts)
• 불보카프닌 또는 그 염류(Bulbocapnine or its salts)
• 브루신 또는 그 염류(Brucine or its salts)
• 사비나유(Sabina oil)
• 세파란틴(Cepharanthin)
• 아가리틴 또는 그 염류(Agaritine or its salts)
• 아레콜린 또는 그 염류(Arecoline or its salts)
• 카이닌산(Kainic acid)</td><td>• 코타르닌 또는 그 염류(Cotarnine or its salts)
• 트로파코카인 또는 그 염류(Tropacocaine or its salts)
• 방사성 물질
• '식품의 기준 및 규격' 제2. 식품 일반에 대한 공통 기준 및 규격 5. 식품 일반의 기준 및 규격 12) 발기부전치료제 등과 유사한 물질 기준에서 정한 화학구조가 의약품과 근원적으로 유사한 합성물질, 실데나필(sildenafil) 등</td></tr>
</table>

표 5-4 건강기능식품 원료의 독성 및 부작용 검색에 이용 가능한 데이터베이스

데이터베이스	홈페이지 주소
Institute of Medicine(IOM)	http://www.iom.edu
Agency for Healthcare Research and Quality(AHRQ)	http://www.ahrq.gov
European Scientific Cooperative on Phytotherapy(ESCOP)	http://www.escop.com
German Commission E	http://www.salisbury.edu
Natural Medicine Comprehensive Database	http://www.naturaldatabase.com
Natural Standard	http://www.naturalstandard.com
Physician's Desk Reference for Nutritional Supplement	http://www.pdrhealth.com
American Herbal Pharmacopoeia(AHP)	http://ww.herbal-ahp.org
U.S. Pharmacopoeia-National Formulary(USP-NP)	http://www.usp.org/USPNF
World Health Organization(WHO)	http://www.who.org
HerbMed	http://www.herbmed.org
Cochrane Library	http://www3.interscience.wiley.com
MEDLINE	http://www.ncbi.nlm.nih.gov
NAPARALERT	http://www.cas.org
Toxline	http://toxnet.nlm.nih.gov
EMBASE	http://www.elsevier.nl
Metabolism and Transport Drug Interaction Database	http://depts.washington.edu
FDA Poisonous Plant Database	http://www.cfsan.fda.gov
한국학술문헌정보센터(KISS)	http://kiss.kstudy.com
TradiMed	http://www.tradimed.com
National Toxicology Program(NTP)	http://ntp-server.niehs.nih.gov
과학기술학회마을	http://society.kisti.re.kr
ScienceDirect	http://www.sciencedirect.com
국립독성과학원 독성물질정보DB	http://www.nitr.go.kr
식품안전정보포털	http://www.foodsafetykorea.go.kr

(4) 섭취량 평가

식경험이 있는 원재료를 사용한 경우에는 식용 또는 약용으로의 일상섭취량을 기준으로 섭취량을 평가한다. 섭취하게 되는 기능성 원료의 양이 기능성 원료의 상한 섭취량, 일일섭취허용량(ADI: Acceptable Daily Intake) 등을 넘지 않는 등 안전성을 확보할 수 있는 양인지를 입증해야 한다. 이 경우 일반 식품으로부터의 섭취, 보충제로부터의 섭취 등 총 식이에서 섭취되는 양을 모두 고려해야 한다. 섭취량 평가 시 과학적이고 객관적인 문헌이 있을 경우 이를 활용하면 되고, 문헌이 없을 경우 식품에서 특정 성분을 분석한 다양한 논문들을 검색하고 국민영양조사 등의 식품섭취량에 관한 정보를 줄 수 있는 자료들을 조합해 직접 계산해야 한다. 이에 근거해 섭취량의 변화 유무를 판단할 때, 식용 원재료의 경우에는 평균 섭취량의 3배 또는 극단 섭취량(95백분위수)보다 많은지를 확인한다. 또한 약용 원재료의 경우는 제안된 원료의 섭취량이 원재료의 평균 섭취량보다 많은지를 확인한다. 다만, 근거 자료가 부족해 섭취량 변화 여부를 판단할 수 없을 때는 섭취량이 변화한 것으로 간주하고 있다. 예를 들면 메밀의 루틴(rutin) 70% 추출물을 기능성 원료로 신청할 경우, 신청 시 제안된 루틴 섭취량이 100mg이라면, 국민영양조사 등 자료로부터 우리나라 평균 메밀 섭취량을 조사해서 평균 루틴 섭취량을 계산할 수 있다. 이렇게 계산된 루틴의 평균 섭취량이 제안된 섭취량인 100mg보다 많은지 적은지를 확인할 수 있다.

(5) 제조 또는 가공의 복잡성이 다른 원료에 따른 안전성 평가

① 화학적 합성 원료에 대한 검토

화학성분을 사용해 합성한 원료에 대해서는 우선 식품이나 식품첨가물로 인정된 것인지를 확인한다. 식품이나 식품첨가물로 인정된 것이 아니라면 동물, 식물, 조류, 미생물 등에 원래 존재하는 천연물질을 동일하게 합성한 것인지를 확인한다. 그렇지 않은 경우에는 건강기능식품 기능성 원료의 개념에 적합하지 않은 것으로 판단한다. 화학적 합성품은 반드시 해당 원료를 사용한 독성시험을 통해 안전성을 검토한다.

② 복합 원료에 대한 검토

그림 5-1의 의사 결정도는 단일원료를 기준으로 제안되었으므로 두 가지 이상의

원료를 복합한 경우에는 각 원재료에 대한 안전성 자료를 검토하고 또한 혼합으로 인한 상호작용 등의 문제를 검토한다. 다만 복합 원료를 사용해 독성시험을 실시했다면 상호작용 등에 대한 별도의 검토는 필요하지 않다.

③ 유전자재조합 원료에 대한 검토

'유전자재조합식품의 안전성 평가심사 등에 관한 규정'에 해당하는 원료는 '유전자재조합식품의 안전성 평가심사 등에 관한 규정'에 따라 먼저 안전성 평가를 받아야 한다.

(6) 영양 평가, 생물학적 유용성 및 인체적용시험의 안전성 지표 및 이상 반응 검토

섭취 경험이 있는 동물, 식물, 조류, 미생물 원료를 건조 또는 분쇄했더라도 알려진 부작용이 있거나 섭취량이 일상섭취량을 초과할 경우 화학적 합성 원료, 복합 원료 등에 대해서는 추가적인 영양 평가, 생물학적 유용성 및 인체적용시험 시 안전성 지표 및 이상 반응의 확인이 필요하다. 건강기능식품 원료의 섭취가 다른 영양성분, 식품, 의약품의 흡수·분포·대사·배설 등에 영향을 미치는지를 평가(영양 평가)해야 한다. 예를 들어 식이섬유는 장관 내에서 다른 영양소의 흡수를 저해할 수 있으므로 이에 관한 검토가 필요하다. 또한 섭취한 원료 또는 성분이 체내 흡수 후 생체작용에 반영되는 정도(혈중 최고 농도, 혈중 최고 농도 도달 시간, 생물학적 유용성 등)가 파악되어야 한다. 그뿐만 아니라 기능성시험을 위해 인체적용시험을 수행할 때, 안전성 지표를 검사하거나 이상 반응 유무가 확인되어야 한다.

(7) 독성시험 자료 검토

섭취량 평가 자료, 영양 평가 자료, 인체적용시험 자료(중재시험, 역학 조사 등), 생물학적 유용성(bioavailability) 자료 등 이미 확보된 자료를 근거로 제안된 섭취량에서 당해 원료의 안전성을 입증할 수 없을 때는 독성시험을 통해 안전성을 검토해야 한다. 이때 독성시험은 단회투여독성시험(설치류, 비설치류), 3개월 반복투여독성 자료(설치류), 유전독성시험(복귀돌연변이시험, 염색체이상시험, 소핵시험)을 기본으로 한다. 원료 특성에 따라 생식 독성, 항원성, 면역 독성, 발암성시험을 추가로 해야 한다.

2. 독성평가

1) 독성평가의 개요

이미 확보된 자료를 근거로 제안된 섭취량에서 당해 원료의 안전성을 입증할 수 없을 때는 독성시험을 실시해야 한다. 예를 들어 원재료 자체(생물, 건조물)를 이용하거나, 푸드그레이드(foodgrade) 용매(물, 주정)를 사용했거나, 단순 추출한 경우, 제안된 섭취량이 통상 섭취량보다 많지 않고 부작용 기록이 없으며, 취약 집단에 대한 문제가 없다면 독성시험을 면제할 수 있다. 그러나 원재료가 새로운 종자 혹은 부위이거나, 새로운 추출 방법(특정용매, 침전, 칼럼 분리 등)을 사용한 경우라면, 독성시험(급성독성시험, 13주 반복투여독성시험, 유전독성시험)이 필요할 수 있다.

2) 독성시험과 GLP

현재 건강기능식품의 원료 또는 성분에 대한 독성시험(비임상 시험)은 GLP(Good Laboratory Practice, 비임상 시험 관리 기준)에 따라 운영되는 기관에서 계획되어 실시되고 있다. 독성시험의 결과는 높은 신뢰성이 특히 중요하기 때문에 신뢰성을 확보하기 위해 많은 나라에서 GLP 규정을 따르고 있다. GLP의 요구 항목은 표 5-5에 간략하게 나타내었으며, 자세한 내용은 식품의약품안전처 고시 제2014-67호 '비임상시험관리기준'(2014. 2. 12)을 참고하면 된다.

GLP에서는 시험마다 시험책임자(study director)를 임명하고, 시험의 계획, 실시, 보고서 작성 등의 모든 것에 책임을 지도록 하고 있으며, 시험 실시를 위한 필요한 과정을 일관적으로 하기 위해 각 과정마다 SOP(Standard Operating Procedures, 표준작업수순서)를 작성하고, 이 순서에 따라 시험을 실시하도록 하고 있다. 또한 시험마다 QAU(Quality Assurance Unit, 신뢰성 보증 부서)를 내부 직원 중에서 임명하고, 그 시험의 실시 과정이나 보고서 작성을 검토하도록 하고 있다. 시험 종료 후에는 모든 시험 기초 자료(raw data)를 포함한 모든 기록과 검체를 특정 보관 장소(archives)에 일정 기간 보관하도록 하고 있다.

표 5-5 GLP의 주요 사항

구분		내용
직원	인원	전문직, 보통 교육 연수를 받은 사람으로 시험 시설에 충분한 인원일 것
	경력서	시험을 담당하는 전체 직원의 경력서를 작성하여 보관함
	시험책임자	시험마다 임명하며, 실험계획안(protocol), 실시 계획의 작성, 시험 실시, 보고서 작성에 책임을 짐
	QAU	시험마다 임명하며, 전임으로 있을 필요가 없음
안정성	시험 물질, 시약	적절한 취급과 저장
	직원	필요에 따라 의류를 교환, 시험실 내 금연, 음식물 섭취 금지
	설비	방호막, 에어컨, 마스크 등 필요한 시설물 설치
	안정성 확인	화학적·물리적·독성학적 위험성에 대한 안전성 확인
시험시설	관련 부분	시험 부분에서 분리함
	자료 검체보관실	시험 종료 후 기록이나 표본을 보관함. 직원의 출입을 관리해야 함
	동물실	•시험 실시에 충분하도록 넓게 확보되어야 하고, 검역실을 비치함 •시험에는 시험 물질마다 별도로 사용 •음수의 오염 분석
	폐기물	배설물의 위생적 폐기나 위험물의 안전한 폐기가 가능한 시설
기기		적절한 품질의 기기를 설치하고, 사용할 때뿐만 아니라 정기적으로 정도 관리를 실시하고, 기록지에 기록
기록	사인	기록을 담당한 직원 전원의 사인과 원본을 영구 보존
	미가공데이터 (raw data)	시험 중 전체 기록에는 매일의 사인이 필요
	데이터 교정	이니셜(initial)이나 교정 이유를 기재
	기록 보관	•시험 종료 후 전체 기록(시험기초자료)을 모두 보관 •과거의 SOP는 한정적으로 파일에 보관
SOP		동물의 입수, 검역, 사육, 시험 물질의 입수, 동정, 보관, 폐기, 보고서 작성, 직원의 건강과 안정성의 확보 등을 개인별로 SOP로 작성

3) 독성시험의 항목 및 방법

(1) 단회투여독성시험(급성독성)

① 시험의 개요

단회투여독성시험은 시험 물질을 시험동물에 단회투여(24시간 이내의 분할 투여하는 경우도 포함)했을 때 단기간 내에 나타나는 독성을 질적·양적으로 검사하는 시험을 말한다. 주로 설치류(래트, 마우스)와 비설치류(비글, 영장류)를 사용하며 개략의 치사량을 설정할 때 필요한 시험이다.

② 사용 동물 및 투여 경로

기본적으로 필요한 시험은 래트의 경구 단회투여독성시험이다. 보통은 래트, 마우스의 암컷과 수컷(최근에는 암컷만을 이용해 동물 수를 줄임)을 이용해 경구, 정맥 또는 복강, 피하의 세 가지 투여 경로로 시험을 실시하며 필요에 따라서는 개(비설치류)에서의 단회경구투여 시험을 실시한다. 동물의 계통은 이후 수행할 단기 또는 장기 반복투여독성시험에 사용할 예정인 계통을 선택하며, 젊은 성숙 동물을 사용한다.

기존에는 단회투여독성시험을 통해 반수치사량(LD_{50})을 구하는 것이 목적이었으나, 최근 들어 OECD 독성시험 방법(test guideline)이나 국내 독성시험 기준에서는 반수치사량을 구하기보다는 개략의 치사량을 평가하는 것으로 변경되었다.

표 5-6 건강기능식품 원료 또는 성분의 독성시험 기준

시험 항목	국내	국외
단회투여독성시험	의약품 등의 독성시험기준 (식약처 고시 제2015-82호, 2015. 11. 11)	OECD TG 420 급성경구독성시험-고정용량법
반복투여독성시험		OECD TG 408 90일 경구 반복투여 독성시험(설치류)
유전독성시험		OECD TG 471 복귀돌연변이시험 OECD TG 473 염색체이상시험 OECD TG 474 소핵시험

표 5-7 설치류 단회투여독성시험의 디자인 예시

용량(mg/kg)[1]	동물 수			
	실험 개시 시		부검 15일째	
	수컷	암컷	수컷	암컷
	한계 시험(limit test, 시험 물질이 무독성으로 예상될 때 수행)			
[2]	5	5	A.S.	A.S.
	ED_{50} 시험: 한계 시험에서 폐사율(LD_{50} 시험) 또는 다른 약리작용(ED_{50} 시험)에서 50% 이상일 때 수행			
[3]	5	5	A.S.	A.S.
[3]	5	5	A.S.	A.S.
[3]	5	5	A.S.	A.S.
[3]	5	5	A.S.	A.S.

1) mg/kg = 체중 kg당 시험 물질 mg, A.S. = 모든 생존동물, 시험 도중 폐사된 개체 또는 빈사상태의 동물은 적절하게 안락사를 시행한 후 완전한 사후평가를 실시해야 함

2) 권고한계용량(보통 경구로 2,000mg/kg 및 경피로 2,000mg/kg) 또는 임상예정용량의 10배 내지는 100배 용량

3) 한계용량의 아래 단계용량으로 무영향 용량에서부터 현저한 증상이 관찰될 것으로 기대되는 용량을 선정함(폐사개체가 관찰되면 LD_{50}을 산출한다), 용량군은 동시에 투여(충분한 예비시험 정보를 통해 적절하게 용량이 선정된 경우) 또는 단계별로 투여하는데, 이 경우 이전 용량의 결과를 참고로 해 다음 단계용량을 선정함

자료: Auletta CS. Acute(2002), Handbook of Toxicology, CHAPTER 2 Acute, Subchronic, and Chronic toxicology, CRC Press, 2nd Edition, p.71.

③ 투여 방법 및 관찰 기간

투여 방법은 건강기능식품을 섭취하는 형태를 고려하여 기본적으로 경구투여 한다. 흔히 존데를 이용한 강제위내투여법(gavage)을 이용한다. 관찰은 통상 14일 동안 실시하며, 만일 14일째에 이상 증상이 발견되면 이상 증상에서 회복되거나 혹은 사망할 때까지 관찰을 계속해야 한다.

④ 시험의 실시

- 동물의 준비 일반적으로 동물 입수 후 일주일간 순화시키며, 경구투여 시에는 투여 전(통상 래트는 밤새, 마우스는 3~4시간)부터 사료(물은 섭취)를 먹이지 않는 것이 보통이다. 이후 동물은 무작위로 그룹을 나누어 개체식별을 해야 한다. 또한 투여 직후 래트는 3~4시간 후 마우스는 2시간 후 사료를 재급여해야 한다.
- 관찰 항목 임상 증상은 투여한 날에는 여러 번(일반적으로 투여 후 6시간째까지

표 5-8 비설치류 단회투여독성시험의 디자인 예시

한계시험(시험 물질이 무독성으로 예상될 경우 수행)

	동물 수			
	실험 개시 시		부검, 15일째	
용량(mg/kg)[1]	수컷	암컷	수컷	암컷
[1]	2~3	2~3	A.S.	A.S.

up and down test(시험 물질이 독성으로 예상될 경우 수행)[2]

동물 수								
용량 단계(mg/kg)[3]			임상병리검사[4]					
용량 순서	이전 투여 용량에서 독성이 관찰된 경우 (Severe Toxicity)	이전 용량에서 아무런 독성 반응이 관찰되지 않은 경우	실험 개시 시[5]	예비시험	실험 종료	부검	조직병리 검사
1st(a)	-	a	1	1	1	1	A.R.
2nd(c)	a/m	a×m	1	1	1	1	A.R.
3rd(c)	b/m	b×m	1	1	1	1	A.R.
4th(d)	c/m	c×m	1	1	1	1	A.R.
5th(e)	d/m	d×m	1	1	1	1	A.R.
6th(f)	e/m	e×m	1	1	1	1	A.R.

1) 권고한계용량 또는 임상예정용량의 10배 내지는 100배 용량, A.S.=모든 미생물, 시험 도중 폐사된 개체 또는 빈사 상태의 동물은 적절하게 안락사를 시행한 후 완전한 사후평가를 실시해야 함

2) m=공비(일반적으로 1.5와 3 사이, 통상 2), A.R.=필요한 경우 표적장기독성을 평가할 때 수행됨

3) 초기용량은 ED_{50}에 가까운 용량으로 수행

4) 필요시 표적장기독성시험에서 주로 사용됨. 실험종료검사는 투여 후 14일째 모든 동물에 대해 수행
빈사기 동물에서는 샘플 확보 위해 노력해야 함

5) 초기용량(a) 투여 시 암컷 또는 수컷 사용. 일반적으로 초기 투여 이후의 동물은 직전실험과 성이 다른 개체를 이용. 암수 모두에서 독성 및 무독성 용량을 산출하도록 노력해야 함

자료: Bruce, R. D.(1985), An up-and-down procedure for acute toxicity to testing, Fund. Appl. Toxicol., 5: 151.

매 시간), 다음날 이후부터는 아침저녁으로 2번 관찰한다. 사망 또는 생존 여부와 육안으로 관찰할 수 있는 모든 임상 증상을 기록해야 한다. 체중의 변화도 측정해 기록해야 한다.

- 부검 및 육안병변 검사 관찰 종료 후에 모든 생존 동물에 대해 부검을 실시하고,

육안으로 이상 유무를 기록한다. 특히 필요한 경우(육안병변이 관찰된 조직)에는 병리조직표본을 제작해 검경해야 하지만 그렇지 않은 경우에는 병리조직표본의 제작은 생략한다.

- 개략의 치사량 산출 기존에는 LD_{50}을 산출하는 것이 목적이었으나 최근에는 그 물질을 투여했을 때 관찰되는 개략의 치사량이 어느 정도 범위가 되는지를 산출한다.

(2) 반복투여독성시험

① 시험의 개요

반복투여독성시험은 시험 물질을 시험동물에 반복 투여해 중기·장기 내에 나타나는 독성을 질적·양적으로 검사하는 시험을 말한다. 주로 설치류(래트, 마우스)와 비설치류(비글, 영장류)를 사용하며 무해용량 및 표적장기를 밝혀낼 목적으로 수행한다. 투여 경로는 원칙적으로 임상적용 경로이지만 식품의 경우 경구 섭취가 대부분이기 때문에 강제경구 투여 또는 사료 혼입 후 급이 등의 경로로 투여된다.

보통 식품의 원료 또는 성분의 경우 설치류 13주(90일) 반복투여독성시험을 수행하는 것이 기본이다. 이 경우 반드시 13주 반복투여독성시험 실시 전에 예비시험이 수행되어야 한다. 예비시험을 통해 그 물질의 독성 반응 정도를 평가하고, 13주 반복투여 시 최고 용량 선정의 근거 자료로 활용된다.

② 예비시험

일반적으로 1회 투여로 나타나는 독성과 반복투여로 나타나는 독성은 서로 다르다. 따라서 단회투여독성시험 결과만으로 반복투여독성시험의 용량을 설정하는 것은 곤란하므로 2~4주간의 예비시험(dose range finding test)을 실시하는 것이 권장된다(표 5-9).

- 시험동물 및 투여법 일반적으로 래트를 사용하며, 투여 경로는 사료 혼합 또는 강제경구 투여 등이 많이 사용된다.
- 용량 단계 통상 단회투여독성시험에서의 결과를 통해 산출된 최대 내성 용량

표 5-9 설치류 용량선정시험의 디자인 예시[1]

		동물 수							
		2주 또는 4주[2]							
		실험 개시		임상병리검사		부검		병리조직[1]	
시험군	용량(mg/kg/day or ppm)[4]	수컷	암컷	수컷	암컷	수컷	암컷	수컷	암컷
I	0[5]	5	5	5	5	A.S.	A.S.	5	5
II	*	5	5	5	5	A.S.	A.S.	A.R.[3]	A.R.
III	*	5	5	5	5	A.S.	A.S.	A.R.	A.R.
IV	*	5	5	5	5	A.S.	A.S.	A.R.	A.R.
V	*	5	5	5	5	A.S.	A.S.	5	5

1) A.S.=모든 생존동물, 시험 기간 도중 폐사개체 및 빈사기 동물의 경우 안락사 후 완전한 사후 평가를 수행해야 함, A.R.=필요시 수행, 고용량군 동물에서 병변이 관찰될 경우 저용량군의 조직을 검사

2) 2주 시험이 일반적이며 최소 조건으로 권고. 4주 시험은 시험 물질에 대한 추가적인 정보를 더 얻기 위해 종종 수행됨

3) 필요시 수행, 표적장기독성시험 평가 시 대조군에서 고용량군의 동물까지 병리조직검사 수행

4) 용량은 무해용량과 명백한 독성 증상이 나타나는 용량을 포함하는 범위로 정함, 최소 3개 용량군으로 권고, 용량에 따른 변화를 보기 위해서 시험군을 추가할 수도 있음

5) 대조군은 고용량에서 투여되는 물질의 부피와 동일한 양의 부형제를 투여하거나 시험 물질이 미함유된 사료급

자료: Auletta CS. Acute(2002), Handbook of Toxicology, CHAPTER 2 Acute, Subchronic, and Chronic toxicology, CRC Press, 2nd Edition, p.73.

(MTD: Maximum Tolerance Dose)을 최고 용량으로 선정하며, 일정한 공비(두세 배)로 두 개군을 추가로 두어 시험한다.

- 투여 기간 2주 또는 4주간으로 하고 매일 1회씩 임상 증상을 관찰하며 주 1회 체중을 측정해야 한다.
- 관찰 항목 시험이 끝난 다음 부검해 육안 소견과 혈액, 생화학적 시험의 주요 항목 시험의 결과를 모아서 독성 용량과 무작용 용량을 판단한다.

③ 13주(90일) 반복투여독성시험

- 동물종 및 투여 방법 래트에서는 사료 혼합 및 강제투여법이 가장 많이 이용되는데, 래트의 시험은 쉽고 신뢰성이 높으며, 화학물질의 사람에 대한 반복 노출은 식품을 통한 노출이 가장 많기 때문이다.
- 용량 단계 예비시험 결과 산출된 최고 용량을 선정해 일정한 공비로 세 개군 이상의 시험군을 설정한다. 시험군 설정의 최소필요조건은 시험 물질 투여군에는

표 5-10 설치류 13주(90일) 반복투여독성시험의 디자인 예시

		동물 수							
		3개월							
		실험 개시		임상병리검사		부검		병리조직검사	
시험군[1]	용량(mg/kg/day or ppm)[2]	수컷	암컷	수컷	암컷	수컷	암컷	수컷	암컷
I 음성(또는 용매, 대조군)	0[3]	5~10	5~10	5~10	5~10	A.S.[4]	A.S.	5~10	5~10
II(저용량군)	*	5~10	5~10	5~10	5~10	A.S.	A.S.	A.R.	A.R.
III(중간용량군)	*	5~10	5~10	5~10	5~10	A.S.	A.S.	A.R.	A.R.
IV(고용량군)	*	5~10	5~10	5~10	5~10	A.S.	A.S.	5~10	5~10

1) 군당 암수 각각 다섯 마리 또는 열 마리의 동물을 사용(통상 열 마리 사용)
2) 저용량은 무해할 것으로 기대되는 용량으로 고용량은 명백한 독성 증상이 나타나는 용량(폐사는 제외)으로 선정
3) 대조군은 고용량에서 투여되는 물질의 부피와 동일한 양의 부형제를 투여하거나 시험 물질이 미함유된 사료급이
4) A.S.=모든 생존동물, 시험 기간 도중 폐사개체 및 빈사기 동물의 경우 안락사 후 완전한 사후 평가를 수행해야 함. A. R=필요시 수행, IV군에서 표적장기 또는 조직이 관찰되었을 때, 육안병변 관찰 시

자료: Auletta CS. Acute(2002), Handbook of Toxicology, CHAPTER 2 Acute, Subchronic, and Chronic toxicology, CRC Press, 2nd Edition, p.74.

독성 증상이나 독성에 의한 손상이 나타나는 용량군과 시험 물질로 인한 영향이나 유해 반응이 전혀 발견되지 않는 용량군이 포함되어 있어야 하며, 음성대조군이 있어야 한다. 따라서 암수별 3군이 최소조건이며, 필요시 4~5군의 투여군도 설정할 수 있다(표 5-10). 관찰 항목은 다음과 같다.

- 투여 기간 내: 동물은 매일 1회 케이지 외부에서 관찰하고, 이상이 있으면 기록한다. 체중, 사료 및 음수 섭취량은 매주 1회 측정한다. 만약 사망동물이나 빈사동물을 발견했을 때는 즉시 병리조직 담당자에게 연락해 처리하고, 빈사동물은 안락사시킨 다음 부검하여 그때까지의 독성 증상을 병리학적으로 검사한다.
- 시험 종료 시의 동물 처리: 투여 기간이 끝나면 모든 생존동물을 사육실에서 해부실로 옮겨 부검한다. 이 과정에서는 동물이나 장기를 혼동하거나 잃어버릴 가능성이 있기 때문에 세부 사항에까지 이르는 SOP와 그 순서가 필요하다.
- 임상병리학적 검사: 투여 종료 시점에 채취된 요나 혈액을 임상병리학적으로 검사한다. 검사 항목은 표 5-11에 나타내었다. 래트에서의 채혈량은 10mL가 넘지만 마우스에서는 0.5mL 정도이며, 이러한 항목의 측정 시 자동분석장치

표 5-11 반복투여독성시험에 있어서의 임상병리검사

요검사	혈액검사	혈액생화학검사		
		단백질	효소	기타
비중	헤마토크리트	총 단백	ALP	총 콜레스테롤
pH	적혈구 수	알부민	GOT	요소 - 질소
단백질	백혈구 수	글로불린	GPT	혈당
포도당	백혈구 분포	글로불린 분획	LDH	크레아티닌
케톤체	망상 적혈구 수		γ- GTP	Ca^{++}
잠혈	혈소판 수			Na^{+}
				K^{+}

의 이용이 필수적이다.

- 병리조직학적 검사: 부검 시 육안 소견과 장기 중량, 적출한 장기로부터 조직 표본의 병리 소견을 기록하고 정리한다. 반복투여독성시험에서 병리조직학적 검사는 그 시험 물질의 독성 유무를 최종 판정하는 단계이기 때문에 가장 중요하다고 할 수 있다. 따라서 독성병리전문가의 판단하에 수행되어야 한다.
- 결과의 평가: 반복투여독성시험 결과의 평가에서는 관찰된 일반 임상 증상의 이상, 임상병리검사치의 이상, 부검이나 병리조직학적 검사에 의해 발견된 이상을 음성대조군과 비교해 종합적으로 평가한다. 장기 중량이나 임상병리검사치와 같이 수치화된 결과는 통계학적으로 처리해 대조군과의 유의차를 검출한다. 평가 항목으로는 '이상의 유무', '이상의 빈도와 정도', '이상 발현의 용량의존성'을 열거할 수 있다. 이러한 평가에 따라 최대무작용량(NOEL) 또는 최대무독성작용량(NOAEL: No Observed Adverse Effect Level)을 결정한다.
- 회복시험: 반복투여독성시험으로 생긴 독성 증상이 가역적인지 비가역적인지를 조사할 목적으로 회복시험을 실시하는 경우가 종종 있다. 이 시험을 위해 최고용량군과 음성대조군을 1군씩 병행투여군으로 추가하며, 투여 기간이 끝난 후 투여 없이 일정 기간 사육한다. 이 기간 내 및 기간 종료 후에는 본 시험 때와 동일한 항목으로 관찰하고 측정한다.

● 반복투여독성시험에 있어서의 병리조직검사의 중요성 단회투여독성시험에서는 사망

한 동물이라도 병리학적 변화를 동반하는 일이 드물지만, 반복투여독성시험에서는 화학물질 독성을 검출할 때 병리조직 변화로 가장 검출 감도가 높은 항목이다. 임상병리검사치나 각종 생체기능 검사치의 변화에 따라 독성을 검출하려는 노력은 있었지만 검출 감도가 조직의 병리학적 변화보다 못하여, 오히려 병리학적 변화를 증명하는 간접적인 결과로 이용되고 있는 추세이다. 즉, 반복투여독성시험의 결과를 평가하는 데, 병리학적 검사 결과가 가장 중요하다고 할 수 있다. 따라서 화학물질의 반복 노출로 인한 위험성이라든가 안전 농도 따위는 병리학자의 소견에 의해 결정된다고 해도 과언이 아니다. 이렇다 보니 반복투여독성시험에서의 최대무작용량을 결정하기 위해서는 그 농도의 투여군 동물에서의 조직소견이 대조군의 소견과 다르지 않아야 한다는 것이 최소한의 조건이다. 따라서 '이상 없음'이라는 병리소견에는 중요한 의미가 있다. 병리조직소견에서 '이상 없음'에 대한 신뢰성은 그 의견을 밝힌 병리 담당자의 신뢰성에 의해 결정되기 때문에 독성시험 결과를 평가하는 데 병리소견을 담당한 병리학자의 자질의 높고 낮음이 특히 중요시된다. 즉, 독성시험의 병리검사를 담당하는 병리학자에게는 충분한 교육 경력, 경험, 훈련 경력과 그것을 뒷받침할 업적이 필요하다. 병리조직검사는 개체별 기입표를 작성하고, 소견이 있는 조직에 관해서 그 병변 소견을 기입하며 병변의 정도를 평가한다. 이 평가의 수치화에는 일반적으로 4단계 평가법이 이용된다. 최근 경향은 경미한 병변(1)을 0이나 2로 분류해 4단계로 평가하는 방법이 일반화되어 있다. 병리조직검사 기록도 시험 물질 이름부터 병변도까지를 코드화해 컴퓨터에 입력하는 방법을 채용하고 있다. 마크시트(mark sheet)에 직접 기재하는 것은 잘못을 일으킬 확률이 높아 가급적 피하는 것이 좋다.

0 – 이상 없음(NAD: No Abnormality Detected)
1 ± 경미한 병변
2 + 경도의 병변
3 ++ 중등도의 병변
4 +++ 중도의 병변

(3) 유전독성시험

유전독성시험은 시험 물질이 유전자 또는 유전자의 담체인 염색체에 미치는 상해 작용을 검사하는 시험으로 최소한 다음의 세 가지 유전독성시험을 실시해야 한다.

- 박테리아를 이용한 복귀돌연변이시험
- 포유류 배양세포를 이용한 염색체이상시험 또는 마우스 림포마시험
- 설치류 조혈세포를 이용한 소핵시험

① 박테리아를 이용한 복귀돌연변이시험

살모넬라균은 원래 분열 성장에 히스티딘(histidine)을 필요로 하지 않는 살모넬라 티피무리엄(*Salmonella typhimurium*)이 변이해 히스티딘 요구주(histidine auxotrophs)가 된 균주이며, 화학물질을 작용시켜 야생주(히스티딘 비요구주)로의 복귀변이를 조사하는 시험에 이용되고 있다.

본 시험에는 최소한 다음 다섯 개의 균주로 시험해야 하며, 각 균주의 배경 집락 수는 표 5-12와 5-13를 참고한다.

- *Salmonella typhimurium* TA98
- *Salmonella typhimurium* TA100
- *Salmonella typhimurium* TA1535
- *Salmonella typhimurium* TA1537 또는 TA97 또는 TA97a
- *Salmonella typhimurium* TA102 또는 *E. coli* WP2uvrA 또는 *E. coli* WP2uvrA (pKM101)

시험 물질은 최소 5단계 이상의 농도로 설정하며, 용량당 3매 이상의 플레이트를 사용한다. 또한 체내 대사반응과 유사한 조건을 만들기 위해 S9mix를 첨가하여 대사활성화법을 적용해야 한다.

결과는 대사활성계의 존재 유무에 상관없이 최소 한 개 균주에서 평판당 복귀된 집락 수가 한 개 이상의 농도에서 재현성 있는 증가를 나타낼 때 양성으로 판정하며, 음성 결과에 대해서도 필요에 따라 재현성을 확인해야 한다.

표 5-12 유전독성시험 중 복귀돌연변이시험의 용매대조군 참고 집락 수[1](평판배지법)

S9	항목	플레이트당 복귀돌연변이 수								
		Salmonela typhimurium						*Escherichia coli*		
		TA98	TA100	TA1535	TA1537	TA97	TA102	W2uvrA	WP2uvrA (pkM101)	WP2 (pkM101)
–	평균	17	123	13	6	–	253	13	170	42
	표준편차	6	32	5	3	–	51	3	50	9
	최소	5	69	3	2	–	183	6	82	31
	최대	41	208	31	19	–	362	23	255	57
+	평균	21	123	11	7	–	302	13	182	52
	표준편차	7	29	4	3	–	86	3	22	10
	최소	9	74	3	1	–	173	5	138	37
	최대	49	224	27	15	–	460	24	207	75

1) 용매대조군은 deionized water, DMSO, Ethanol 및 Aceton에 국한된 것이 아님

자료: Auletta CS. Acute(2002), Handbook of Toxicology, Chapter 15 Genetic Toxicology, CRC Press, 2nd Edition, p.600.

표 5-13 유전독성시험 중 복귀돌연변이시험의 용매대조군 참고 집락 수[1](전배양법)

S9	항목	플레이트당 복귀돌연변이 수								
		Salmonela typhimurium						*Escherichia coli*		
		TA98	TA100	TA1535	TA1537	TA97	TA102	W2uvrA	WP2uvrA (pkM101)	WP2 (pkM101)
–	평균	20	117	13	6	–	–	11	173	43
	표준편차	10	25	4	2	–	–	2	22	18
	최소	8	66	5	2	–	–	5	126	22
	최대	54	215	22	12	–	–	16	208	84
+	평균	30	126	13	7	–	–	12	204	45
	표준편차	13	29	5	3	–	–	3	54	10
	최소	11	85	3	3	–	–	6	145	25
	최대	58	229	31	14	–	–	19	359	68

1) 용매대조군은 deionized water, DMSO, Ethanol 및 Aceton에 국한된 것이 아님

자료: Auletta CS. Acute(2002), Handbook of Toxicology, Chapter 15 Genetic Toxicology, CRC Press, 2nd Edition, p.600.

② 포유류 배양세포를 이용한 염색체이상시험

세균과 같은 원핵생물의 DNA에 지속적인 손상이 가해지면 절단, 결실, 중복 등 구조상에 중대한 변화가 일어나지만 광학 현미경으로는 관찰할 수 없다. 그러나 진핵생물에서 이러한 변화가 일어나면 염색체의 변화로 나타나기 때문에 현미경적 관찰이 가능하다. 따라서 세포 내 염색체의 수가 변하거나 염색체의 형태가 변하는 손상을 염색체 이상(chromosomal aberration)이라고 한다.

시험은 사람 또는 포유동물의 계대배양세포를 사용하는데, CHO(Chinese Hamster Ovary) cell 또는 CHL(Chinese Hamster Lung) cell이 가장 많이 사용된다. 용량 단계는 3단계 이상을 설정해야 하며, 복귀돌연변이시험과 동일하게 S9mix를 처리한 대사활성화법도 병행해야 한다. 염색체 표본은 예비실험에서 나온 결과를 토대로 적절한 시기에 제작하고, 각 농도당 200개의 분열중기상 세포에 대해 염색체의 구조적 이상 및 수적 이상을 가진 세포의 출현 빈도를 구한다. 적절한 음성대조군 및 양성대조군을 두어 비교해야 한다.

결과는 염색체 이상을 가진 분열중기상의 수가 통계학적으로 유의성 있게 용량 의존적으로 증가하거나 하나 이상의 용량 단계에서 재현성 있게 양성 반응을 나타낼 경우를 양성으로 한다.

표 5-14에서는 흔히 사용되고 있는 CHO세포와 사람 말초혈액 임파구(human PBL: human Peripheral Blood Lymphocyte)에서의 정상적인 염색체 이상 빈도를 나타낸 것이다.

③ 설치류 조혈세포를 이용한 소핵시험

포유동물의 적혈구 형성 시 네 번 분열한 후 핵이 방출된다. 만약 이전의 과정에

표 5-14 시험관 내(*in vitro*) 세포유전독성시험의 참고 수치(% 염색체 이상세포)

세포주	S9	무처치세포		용매대조군	
		평균±표준편차	범위	평균±표준편차	범위
CHO	−	1.2±1.1	0~5	1.4±1.3	0~6
	+	1.3±1.2	0~5	1.5±0.9	0~4.5
human PBL	−	0.1±0.2	0~2	0.2±0.4	0~2
	+	0.1±0.3	0~1	0.1±0.3	0~1

자료: Auletta CS. Acute(2002), Handbook of Toxicology, Chapter 15 Genetic Toxicology, CRC Press, 2nd Edition, p.606.

표 5-15 마우스 소핵시험 참고 수치

항목	PCE 총 적혈구		소핵 PCE/1,000 PCE	
	수컷	암컷	수컷	암컷
평균	0.57	0.6	0.45	0.48
표준편차	0.09	0.09	0.84	0.77
범위	0.12~0.85	0.13~0.89	0~8	0~5

자료: Auletta CS. Acute(2002), Handbook of Toxicology, Chapter 15 Genetic Toxicology, CRC Press, 2nd Edition, p.608.

서 염색체 이상이 발생해 염색분체 단편이 형성되면 핵탈할 때 단편이 적혈구 내에 남게 된다. 따라서 시험 물질을 동물에게 투여해 골수 적혈구 또는 말초혈액 중의 염색분체 단편(소핵)의 출현율을 조사하면 그 물질이 염색분체 손상물인지 아닌지를 판정할 수 있다.

시험 시 주로 수컷 마우스를 많이 사용하며, 용량 단계는 3단계 이상으로 설정해야 한다. 또한 그 물질의 최대 내성 용량 및 적절한 검체 제작 시기에 대한 정보를 얻기 위해 예비시험을 실시해야 한다. 투여 경로는 통상 복강투여 또는 임상적용경로를 이용한다. 시험 물질 투여 후 적절한 시기에 골수도말표본을 만들어 개체당 2,000개의 다염성 적혈구(PCE: Polychromatic Erythrocyte)에 대해 소핵 유무를 검색한다. 동시에 전적혈구에 대한 다염성 적혈구의 출현 빈도도 산출한다. 정상적인 마우스에서의 소핵 출현 빈도는 표 5-15를 참고한다.

결과는 소핵을 가진 다염성 적혈구의 수가 통계학적으로 유의성 있게 용량 의존적으로 증가하거나 하나 이상의 용량 단계에서 재현성 있게 양성 반응을 나타내는 경우 양성으로 판정한다.

4) 독성시험 결과의 평가

독성시험의 결과는 시험 물질 투여군과 음성대조군(무처치 또는 용매 투여)과의 결과를 비교해 평가하지만 일반적으로 통계학적 평가와 생물학적 평가가 이용된다.

(1) 통계학적 평가

독성시험 결과의 대부분은 수치로 나타내었거나 수치화가 가능한 것들이다. 따라서 통계학에서 보통 사용하고 있는 유의차 검정법에 따라 시험 물질 투여군 결과와 음성대조군 결과 사이의 통계학적 유의차의 유무를 검정하고 있다.

독성시험에서는 4~5군을 이용한 시험이 많은데, 다중 비교할 수 있는 검정법이 편리하다. 결과의 종류에 따라 검정법이 다르지만 일반적으로 많이 사용하고 있는 방법에 대해 간략히 설명한다.

- 체중, 사료 및 음수 섭취량, 임상검사(혈액 및 혈청생화학적 검사) 결과, 장기중량 등의 정량적 결과는 모수분포가 정규분포라고 추정된 결과들이다. 따라서 등분산 검정 및 분산분석을 수행한 후 다중비교법(Duncan 또는 Tukey법)을 이용해 군별 비교한다.
- 요검사 결과의 정성적 결과는 모수분포가 추정할 수 없는 결과이기 때문에 별도의 검정법이 필요하다. 비모수검정법으로 Kruskal-Wallis의 순위검정이 많이 사용되고 있다.
- 생존율이라든가 병리조직학적 검사에서 병변의 이상 출현율과 같은 all or none data(categorical data)에서는 카이 2승 검정법(x^2)을 많이 사용한다.
- 드물게 2군 사이의 결과 비교가 필요한 경우가 있다. 반복투여독성시험에서의 회복군과 그 음성대조군과의 비교가 그 대표적인 예인데, 이 경우에는 예로부터 사용되고 있는 2군 사이의 비교검정법을 이용하고 있다. 2군 사이의 정성적 결과의 비교에는 Mann-Whitney의 U검정법을 이용하고, 실무적 결과의 검정에는 피셔(Fisher)의 직접확률법을 이용한다.

(2) 생물학적 평가

반복투여독성시험에서 장기의 중량이나 생화학적 분석 결과 등에서는 결과 사이에 통계적 유의차가 나오기 쉽다. 그러나 ① 이러한 유의차도 시험 물질 투여군에서의 값이 문헌 대조치와 비교했을 때 생리학적 변동범위 안의 값이고, ② 용량의 높고 낮음에 따라 반응의 강도나 비율이 변화하지 않을 경우, 즉 용량의존성이 인정되지 않을 경우에는 생물학적으로 유의한 차가 아니라고 판정한다. 생물학적 판정법은 수치화가 곤란한 항목인 병리소견의 판정에 유용한 방법이다.

(3) NOEL과 NOAEL

많은 반복투여독성시험에서 최대무작용량(NOEL: No Observed Effect Level), 즉 음성대조군과의 사이에 유의한 차이가 인정되지 않는 최고 용량을 구하는 것을 목적으로 한다. 그러나 NOEL에서는 혈청 중의 GOT와 cholinesterase(ChE)값에 적은 변동이 있더라도 통계적 유의차에서 용량 의존성이 있으면 작용이 있다고 판정한다. 이와 같은 판정은 결과의 편차가 적은 우수한 시험일수록 나오기가 쉽다. 그러나 GOT나 ChE의 가벼운 변동 등은 생물학적으로 유해한 반응이라고 말할 수 없기 때문에 이러한 반응을 제외하고, 생체에 유해할 가능성이 있는 반응만으로 한정해 최대무독성작용량(NOAEL: No Observed Adverse Effect Level)을 결정해야 한다고 주장하는 연구자도 많다.

3. 건강기능식품의 안전성 관리

제안된 방법대로 섭취했을 때 인체에 특정 이상 반응이나 부작용을 나타내지 않음을 확인하는 과정인 안전성 평가 이외에도 건강기능식품은 기준·규격으로 안전성을 관리하고 있다. 즉, 기준기능성분이 제품에 표시되어 있는 양만큼 들어 있는지, 그리고 납, 수은, 비소, 카드뮴과 같은 중금속, 잔류농약, 대장균 등의 유해물질규격에 적합한지 관리되어야 한다. 그뿐만 아니라 건강기능식품이 아닌 일반 식품을 건강기능식품인 것처럼 기능성을 표방하기 위해서나 수입제품의 경우 불법 의약품 성분을 사용하는 경우가 있어 이에 대한 안전 관리가 이루어져야 하겠다.

건강기능식품에 대한 안전성 평가 및 관리에도 불구하고 오남용, 위해성분 혼입 및 오염, 개인별 특이한 반응 등에 의해 부작용이 나타날 수 있다. 건강기능식품 구매자를 대상으로 한 연구에서 건강기능식품 섭취 후 부작용 경험이 없는 경우가 대부분이었으나 식욕부진, 변비, 가려움, 두드러기, 여드름, 구토, 메스꺼움, 복통, 설사, 빈혈, 발열, 떨림 등의 부작용 사례가 보고된 바 있다. 건강기능식품 섭취 후 부작용이 발생하면 섭취를 바로 중단하고, 의사의 진단과 확인을 거쳐 건강기능식품 부작용신고센터에 신고해야 한다. 소비자는 소비자단체를 통해(식품안전정보원, http://www.foodinfo.or.kr), 영업자는 건강기능식품협회(http://www.hfood.or.kr)를 통해,

전문가는 식품의약품안전처(http://www.mfds.go.kr)를 통해 부작용 추정 사례를 신고할 수 있다.

CHAPTER 6

기능성 평가

1. 기능성 평가 기본 원칙
2. 연구 유형 및 바이오마커
3. 기능성별 대사 기전 및 관련 기능성 원료

CHAPTER 6

기능성 평가

1. 기능성 평가 기본 원칙

식품의약품안전처에서는 기능성 평가를 할 때 근거중심평가(evidence-based evaluation)에 기반을 두고 기능성 자료를 검토하는데 이때 사용되는 방법이 바로 체계적 고찰(systematic review)이다. 이는 평가 시점까지 축적된 모든 과학적 근거 자료에 기반해 식품의 기능성을 총체적으로 평가하는 방법으로 근거 자료의 연구 유형(study type), 질(quality), 양(quantity), 일관성(consistency), 활용성(relevance)이 평가 요소가 된다. 이러한 평가 방식은 국외 주요 국가에서도 도입하고 있으며, 이

알아두기 국외 주요 국가의 근거중심평가 기준

관련 법령
- 미국 "Nutrition Labeling and Education Act, NLEA", 1990; "FDA Modernization Act, FDAMA", 1997; "Dietary Supplement and Health Education Act, DSHEA", 1994
- 유럽 "Regulation on nutrition and health claims made on foods", 2006
- 일본 "Foods for Specific Health Use, FOSHU", 2001

평가 체계
- 국제식품규격위원회 "Guidelines for use of nutrition and health claims"(CAC/GL 23-1997, Rev. 1-2004)
- 미국 "Evidence-based review system for the scientific evaluation of health claims" (2009)
- 유럽 "Guidance on the scientific requirements for health claims", EFSA Journal, 2011

를 위한 평가 체계를 마련하고 있다.

근거를 총체적으로 평가할 때는 기능성을 뒷받침하는 연구 또는 반대하는 연구, 결과가 명확하지 않은 연구 등을 모두 포함해야 하며, 평가 시에는 다음과 같은 사항을 충분히 고려해야 한다.

- 연구된 기능성 원료 또는 성분이 명확히 명시된 연구 결과여야 한다.
- 기능성 원료 또는 성분 섭취 후 흡수가 가능한 형태인지 확인해야 한다. 다만, 원료 특성상 흡수될 필요가 없을 수도 있다.
- 연구의 질적 평가 시에는 적절한 대조군 사용, 식이 조사, 적절한 기간, 섭취량, 식품 매트릭스의 영향 등을 모두 고려해야 한다.
- 잘 검증된 바이오마커를 사용해야 한다.
- 적절한 통계 방법을 사용해야 한다.

근거중심평가의 실제적 과정은 관련된 과학적 자료들을 검토한 후 적절한 자료를 추출하는 것에서부터 시작된다. 즉 제출된 기능성 자료를 포함·제외 기준(inclusion·exclusion criteria)에 따라 적합한 자료를 선정하는 것이다. 예를 들어 시험에서 사용된 시험 물질이 제출된 기능성 원료와 동일하지 않거나 표시하고자 하는 기능성 내용과 시험 목적이 동일하지 않다면 제외된다. 또한 1차 문헌(primary data) 외의 자료, 즉 총설(review), 메타분석(meta analysis) 등의 고찰 자료는 원료의 특성 또는 기능성을 이해하기 위한 근거 자료로서는 활용할 수 있으나 식품성분과 기능성과의 관계를 입증하기 위한 직접적인 자료로 사용될 수 없으므로 제외시킨다. 포함된 자료를 기준으로 각각의 개별 자료들을 평가하고, 근거 자료의 수, 개별 연구의 결과, 대상 인구 집단과의 관련성, 기능성 원료 또는 성분과 기능성 간의 관계를 입증할 수 있는 결과의 반복 여부 등을 종합적으로 검토해 마지막으로 전체적인 일관성을 평가하는 것으로 이루어진다. 이러한 과

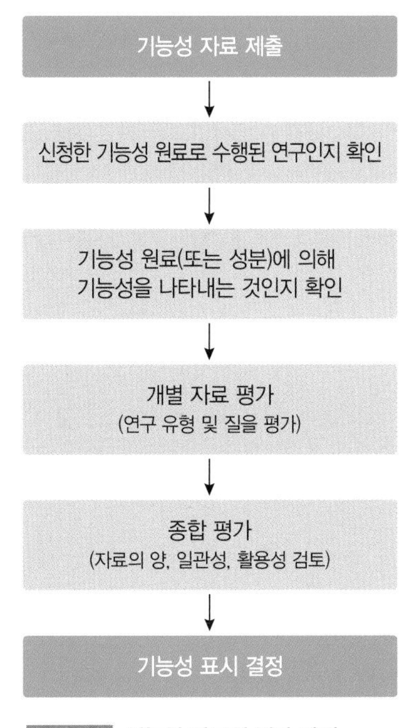

그림 6-1 기능성 자료의 평가 과정

정을 통해 기능성에 대한 근거가 충분한지, 일부 근거가 있으나 아직 자료가 부족한지, 근거가 매우 부족한지를 평가한 후 기능성 표시에 반영하게 된다.

2. 연구 유형 및 바이오마커

1) 연구 유형

기능성 검토에 사용될 수 있는 연구의 종류는 시험관시험부터 인체적용시험에 이르기까지 다양하다. 식품의약품안전처에서는 연구 종류에 따라 다음과 같이 유형을 분류해 평가하고 있다.

(1) 기반시험

시험관, 동물시험 등의 기반 연구를 통해 기능성 원료 또는 성분의 작용기전 및 용량 반응 등을 평가할 수 있다. 비록 시험관시험은 인위적인 상태에서 수행되므로 소화, 흡수, 분포, 대사와 같이 사람이 기능성 원료 또는 성분을 섭취할 때 나타나는 복합적인 생리작용을 설명할 수는 없고, 동물은 사람과 다른 생리를 가지고 있

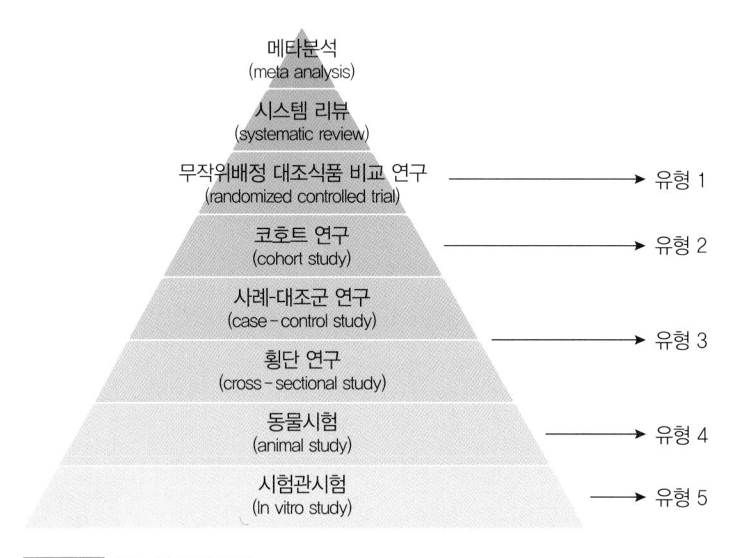

그림 6-2 기능성 연구 유형

다. 하지만 시험관, 동물시험에서는 연구자가 연구 환경을 적극적으로 조절할 수 있으므로 작용기전을 파악하고 기능성 원료 또는 성분의 특성과 기능성과의 상관성을 이해하는 데 좋은 정보를 제공해준다. 그러나 기반 연구 결과만으로 인체에서의 효과를 확증하는 데는 한계가 있으므로 반드시 인체 연구를 통해 해당 기능성을 확인해야 한다.

동물시험의 경우 주장하는 기능성에서 일관성을 보이는 것이 가장 중요한데, 해당 기능성에 적합한 동물 모델을 사용하고, 인체에서 확인된 기능성 기전을 설명하기 위한 바이오마커를 사용하며, 서로 다른 연구자들에 의해 결과가 재현될수록 좋은 근거 자료가 된다. 다만, 기능성에 따라 동물시험 없이 시험관시험만으로 작용기전을 충분히 설명할 수도 있으므로 이러한 경우 동물시험이 생략되기도 한다.

(2) 인체적용시험

인체적용시험은 크게 중재시험(intervention study)과 관찰시험(observational study)으로 나눌 수 있다. 중재시험에서는 연구자가 연구 대상자에게 기능성 원료를 일정 기간 제공함으로써 적극적인 중재 과정을 거친다. 하지만 관찰 연구에서는 이러한 개입이 불가능하다. 두 가지 연구 유형은 기능성을 입증하는 데 중요한 근거가 될 수 있으나, 일반적으로 중재시험 중 무작위배정 대조군시험(RCT: Randomized Controlled Trial), 특히 이중맹검으로 진행된 시험이 기능성을 입증하는 데 가장 좋은 자료로 간주된다.

① 중재시험

무작위 배정 중재시험은 알고 있는 혼동요인을 조절할 수 있기 때문에 기능성 원료 또는 성분과 기능성과의 관계를 확인할 수 있는 좋은 평가 방법이다. 무작위 배정 과정을 통해 대상자 선정의 비뚤림(결과가 더 잘 나오도록 대상자 배정을 임의로 조정하는 일 등)을 배제할 수 있으며, 시험 대상자 스스로가 자신이 시험군인지 대조군인지 알 수 없는 상태에서 시험하는 단일맹검 방법(single blind) 또는 대상자뿐만 아니라 연구자 또한 이를 모른 상태에서 시험이 진행되는 이중맹검 방법(double blind)을 통해 오류 발생의 가능성을 더욱 감소시킬 수 있다. 이중맹검을 위해서는 대상자나 연구자 모두 각 연구 대상자가 어느 그룹에 속하는지 몰라야 하므로 시험군과 대조군이 섭취하게 되는 식품의 외관과 무게, 맛, 냄새 등이 서로 같아 구별되지 않아야 한다. 무작위 배정 대조군 설정시험이 기능성 입증에 절대적인 것은 아니나 가장 설득력 있는 근거가 될 수 있다.

하지만 의약품 연구와 달리, 식품으로 중재가 이루어져야 하므로 부가적인 혼동요인이 발생할 수 있으며, 어떤 경우에는 대조군 제조가 어려워 맹검을 하지 못할 수도 있다. 이렇게 되면 정확한 결과를 얻기 어렵다. 따라서 시험식품의 조성, 맛, 양을 조절하거나 식이요인 등의 시험 환경을 조절하는 등 결과에 영향을 줄 수 있는 혼동요인을 최소화해야 한다.

무작위 배정을 실시하더라도 간혹 시험군과 대조군 간의 특성이 고르지 않은 경우(예: 그룹 간 연령, 혈중 지표의 수준 등에 차이가 있는 경우 등)가 발생할 수 있다. 이처럼 기초 특성이 통계적으로 의미 있게 차이가 난다면 결과 해석 시 혼동요인에 대한 설명이 충분이 이루어져야 한다. 무작위 배정 비교 중재시험은 평행 또는 교차 시험으로 설계할 수 있는데, 이에 관한 내용은 7장에서 자세히 다루도록 한다.

중재 연구를 통해 기능성 원료 또는 성분의 효과를 평가하기 위해서는 다음 요소를 충분히 고려해야 한다.

- 연구 대상자가 해당 기능성을 평가하는 데 적합해야 한다. 이때 대상자는 기능성뿐만 아니라 연령, 성별, 식이·생활습관 등의 요소를 고려할 필요가 있다. 기능성에 따라서는 특정 연령이나 성별로 제한해 연구를 수행할 수 있다. 하지만 평가하려는 기능성이나 그 작용기전이 전체 인구 집단에 모두 적용될 수 있는 경우라면 연구 대상자를 특정 집단으로 제한할 필요는 없다. 건강기능식품 기능성 원료를 평가하고자 할 경우 환자를 대상으로 연구하는 것에 대해서는 신중을 기할 필요가 있다. 건강기능식품의 용도는 질환자의 질병 치료가 아니라 질병이 없는 사람들의 질병 위험을 감소시키거나 건강을 증진시키는 것이기 때문이다. 식품의약품안전처에서는 연구 결과가 질병이 없는 사람에게도 과학적으로 타당하게 적용되어 해석될 수 있는 경우에만 질환자를 대상으로 수행한 연구를 함께 검토한다.
- 적절한 대조군이 있어야 한다. 대조군이란 시험하고자 하는 기능성 원료 또는 성분을 섭취하지 않는 대상자이다. 만약 대조군이 적절하게 설정되어 있지 않

다면, 측정된 바이오마커의 변화가 기능성 원료 때문인지, 조절되지 않은 다른 요인 때문인지 파악하기 어렵다.

- 평가하고자 하는 기능성 원료 또는 성분 단독으로 기능성을 확인해야 한다. 예를 들어, 오렌지추출물의 효과를 확인하고자 할 때 오렌지추출물이 80% 함유되어 있고 레몬추출물이 20% 함유된 복합물의 시험 결과는 오렌지추출물의 결과로 해석하기 어렵다.
- 시험군과 대조군 간의 기초 특성 차이를 확인해야 한다. 만약 차이가 있다면 혼란변수로 작용할 수 있는 요소를 고려해 결과를 해석하는 것이 중요하다.
- 해당 기능성을 입증하기에 적절한 기간 동안 시험을 수행해야 한다. 적절한 기간이란 기능성을 나타내는 바이오마커의 변화가 나타날 수 있는 기간으로 대상자들이 기능성 원료 또는 성분에 충분히 노출되어 기능성이 발현되는 데 필요한 충분한 기간을 말한다. 식후혈당 등의 기능성은 1회, 혹은 몇 번의 섭취로도 기능성을 평가할 수 있다. 반면 콜레스테롤, 체지방 대사 등과 같이 몇 주 이상 동안 섭취해야만 확인되는 기능성도 있으며, 골대사처럼 1년 이상 중재해야 하는 것도 있다.
- 연구 대상자들의 기초 식이 특성을 파악해야 한다. 연구 기간 동안 통제된 상황에서 표준화된 식사를 제공하는 것이 가장 좋은 방법이나 현실적인 어려움이 있어 일반적으로는 식이지침을 제공하고 이를 준수하도록 하는 경우가 많다. 식이는 연구 결과 해석에 영향을 미치는 혼란변수로 작용할 수 있으므로 시험 기간 동안 식이에 변화가 있었는지 확인하는 것이 중요하다.
- 평가하고자 하는 기능성 원료 또는 성분의 섭취량 및 섭취 방법은 실제 섭취하고자 하는 패턴과 동일해야 한다. 간혹 기능성이 나타나도록 과도한 섭취량을 설정하는 경우가 있는데, 이는 연구 결과를 현실에 적용하는 데 한계가 있다.
- 연구 대상자의 순응도에 대한 지속적인 모니터링을 실시할 필요가 있다. 연구 기간 동안 연구 대상자들이 시험식품 또는 대조식품을 정해진 양과 방법 대로 섭취하고 있는지, 연구지침을 정확히 준수하고 있는지를 확인하는 것은 매우 중요하다. 물론 중재시험에서 100%의 순응도를 달성하기는 어려우나 얻어진 결과를 명확히 해석하기 위해서는 연구 전반에 걸쳐 순응도 관리가 철저히 이루어져야 한다.

- 결과가 적절한 통계로 분석되어야 한다. 기능성을 입증하기 위해서는 연구를 설계할 때부터 원하는 통계적 유의수준에 도달하기 위한 대상자 수의 산출 등을 추정해야 한다. 결과 해석에 있어서는 효과 크기와 유의성을 모두 고려한 해석이 필요하다. 효과가 충분히 크더라도 통계적 유의성이 없다면 그 결과는 기능성을 입증하기에 충분하지 않다. 또한 비교하려는 그룹의 수, 연구 모델 등을 고려해 통계 방법을 선택해야 한다. 통계 방법에 대해서는 7장에서 별도로 기술하도록 한다.

② 관찰 연구

관찰 연구는 중재시험처럼 시험 환경을 연구 목적에 적합하게 조절할 수는 없으므로 관찰된 결과가 해당 식품 또는 성분으로 인한 것인지 혹은 우연의 결과인지 명확히 구분하는 것이 어려울 수 있다. 하지만 대상자들의 일상생활을 그대로 반영할 수 있는 시험 방법이므로 특정 식품 또는 성분과 기능성, 특히 질병과의 연관성을 확인하는 데 유용하다.

결과 해석의 한계를 극복하기 위해서는 결과에 영향을 미칠 가능성이 있는 혼동요인을 최대한 수집하고, 이들 요인을 통계적으로 고려해야 한다. 기능성에 따라 다를 수 있으나 결과에 영향을 줄 수 있는 혼동요인으로는 연령, 인종, 체중, 흡연 유무 등이 있다. 또한 기능성을 입증하고자 하는 해당 기능성 원료 또는 성분의 섭취량 정보가 있어야 결과 해석이 가능하므로 대상자들의 식이를 평가하는 것도 매우 중요하다. 식이조사 방법으로는 섭취한 식이를 기록하도록 하는 방법(diet records), 24시간 회상법(24hr Recall), 식품섭취빈도조사(FFQ: Food Frequency Questionnaire) 등이 있다.

관찰 연구 중 대표적인 것으로는 코호트 연구(cohort study), 사례-대조군 연구(case-control study), 횡단 연구(cross-sectional study)가 있다. 이 중 코호트 연구는 연구하고자 하는 건강 문제가 발생하기 전에 위험 요인을 미리 조사하기 시작해 대상자들을 장기간 관찰한 후 발생한 건강 문제와 여러 요인과의 상관성을 상대적인 위험도(relative risk)로 제시할 수 있다. 건강 문제 발생 이전부터 기능성 원료 또는 성분의 섭취 수준을 확인할 수 있다면, 기능성 원료 또는 성분의 섭취 여부에 따른 건강 문제 발생 정도를 확인할 수 있으므로 관찰 연구 중 신뢰도가 가장 높은 방법으로 간주되고 있다. 사례-대조군 연구는 건강 문제가 있는 대상자와 그렇지 않은 대상자를 비교하는데, 두 대상자군을 대상으로 과거의 식이섭취를 조사해 해당 기능성 원료 또는 성분과 건강 문제와의 관계를 추정하는 설계 방법이다. 일반적으로 건강 문제가 발생하기 전 1년 이상의 기간 동안 섭취한 식품을 조사하게 되는데, 회상에 의존하는 데다가 과거부터 현재까지 식습관 변화가 없다는 것을 전제로 하기 때문에 결과 해석에 제한점이 있다. 때문에 코호트 연구보다는 신뢰도가 낮은 연구로 간주되고 있다. 횡단 연구는 건강 문제가 있는 사람과 그렇지 않은 사람 모두를 대상으로 특정 시점에서 식이 정보를 수집하는 연구이다. 이 연구는 해당 건강 문제와 가능성이 있는 식이 인자를 파악할 수 있다. 하지만 식이조사 시점이 건강 문제 발생 후에 이루어지므로 관심 있는 기능성 원료 또는 성분의 섭취가 건강 문제의 발생 원인인지 혹은 결과인지를 판단하기 어렵다. 이렇게 건강 문제와 기능성 원료 또는 성분 간의 인과관계를 보여주기 어렵기 때문에 식이와 건강 문제의 관계를 연구하는 데 있어서는 신뢰도가 높은 연구라고 볼 수 없다.

관찰 연구의 질을 평가하는 요소는 다음과 같다.

- 첫째, 기능성 원료 또는 성분과 건강 문제 간의 상관성을 분석하는 데 필요한 정보가 적절히 수집되어야 한다. 이를 위해서는 섭취한 원료 또는 성분과 신체 내에 반영되는 양 간에 용량 반응 관계가 명확해야 한다. 사례-대조군 연구의 경우는 환자를 사례(case)로 연구하게 되므로 대사체 등의 농도가 변형될 가능성이 매우 높다. 따라서 이런 경우에는 생물학적 시료를 섭취량 근거로 활용하기 어려울 수 있다.
- 둘째, 과학적으로 타당하고 검증된 식이조사 방법을 사용해야 한다. 24시간 회상법이 전체 그룹의 평균 섭취량을 조사하는 데 유용하더라도 이를 사용해 개인의 섭취량을 평가하는 것은 적절하지 않은 것으로 여겨진다. 식품섭취빈도조사는 식품의 종류와 조리 방법이 한정되어 있어 질문에 포함되지 않은 식품은 섭취량 정보가 부정확할 수 있으나, 이러한 단점에도 불구하고 검증된 조사지는 과학적 결론을 도출하는 데 필요한 평가 방법으로 간주된다. 그러나 검증되지 않은 조사지의 이용은 식품과 건강 문제 간의 관계를 잘못 해석할 수 있는 여지를 제공한다.

- 셋째, 표시하고자 하는 기능성과 기능성 원료 또는 성분 간의 관계를 평가해야 한다. 관찰 연구는 식이조사를 통해 대상자의 전체 식이 섭취량을 조사하게 되는데, 식품 내 성분 함량 정보를 제공하는 신뢰할만한 데이터베이스가 제한적이므로 실제로는 식이에 함유된 특정 성분이 건강 문제와 어떠한 상관성이 있는지 확인하기 어려운 경우가 많다.

2) 기능성 검증을 위한 바이오마커 선택

기능성 평가를 위해 사용하는 생체 측정지표를 바이오마커라고 한다. 바이오마커는 생물학적으로 유용해야 하며, 측정 방법이 널리 인정된 것이어야 한다. 또한 평가하고자 하는 기능성을 반영할 뿐만 아니라 민감도, 특이성 등을 파악할 수 있어야 한다. 사용된 바이오마커의 적합성은 경우에 따라 달라질 수 있으며, 한 가지 바이오마커만으로는 기능성을 입증할 수 없는 경우가 많다. 바이오마커의 적합성뿐만 아니라 측정 방법의 신뢰도 또한 매우 중요한 요소이다. 기능성을 평가하기 위해서는 다음과 같이 다양한 수준의 바이오마커 활용이 가능하다.

기능성 원료 또는 성분이 체내에 흡수되어 해당 기능성을 발현하는 경우, 이들 성분이 체내에 반영되는지 확인하는 것은 매우 중요한 요소이다. 평가하고자 하는 기능성 원료에 함유되어 있는 대표성분들 또는 혈액이나 소변 등에서 확인할 수 있는 대사체 수준을 노출 마커(markers of exposure to functional ingredients)로 활

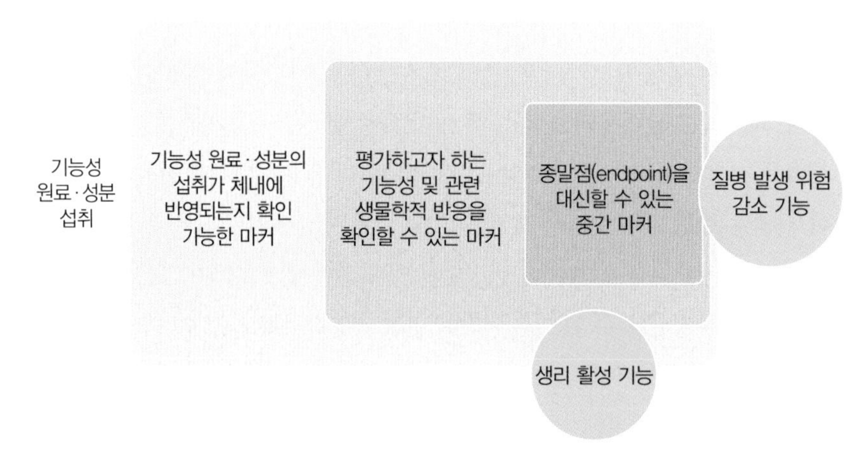

그림 6-3 기능성 표시를 위한 과학적 근거인 바이오마커

용하는 것이 일반적이다. 다음으로 평가하고자 하는 기능성 및 관련 생물학적 반응을 확인할 수 있는 마커(markers of target function/biological response)를 활용할 수 있다. 체내에서 발현되는 다양한 생리학적·생물학적 변화를 반영하는 마커를 통해 기능성 원료의 섭취가 건강에 긍정적인 영향을 주는지를 확인하게 된다. 이렇게 관련 바이오마커를 통해 과학적 검증이 이루어지면, "○○○추출물은 식후혈당을 건강하게 유지하는 데 도움을 줍니다." 등의 생리활성기능표시를 할 수 있게 된다. 마지막으로 질병 발생 위험 감소 기능을 표시하기 위해서는 질병의 발생 또는 건강상태의 위험 감소와 관련된 바이오마커의 변화를 확인할 필요가 있다.

3) 건강기능식품 인체적용시험의 새로운 패러다임

(1) 건강의 개념과 인체적용시험 모델

1948년 WHO에 의하면 건강이란 '질병이 없는 상태(a state of complete physical, mental and social well-being and not merely the absence of disease or infirmity)'라고 정의되었으나, 최근 들어 노인 인구가 증가하고 질병의 패턴이 달라지면서 '건강'에 대한 개념이 변하고 있다. 특히 육체적 건강에 대한 개념에 있어서는 외부의 스트레스 환경에 유연하게 대응해 항상성(homeostasis)을 유지할 수 있는 능력(capable of 'allostasis')으로 정의되어야 한다는 주장이 제기되기 시작했다(*BMJ* 2011; 343:d4163). 새롭게 정의되는 '건강함'을 고려해볼 때 기능성 원료 개발에서 가장 어려운 것은 생체는 항상성을 가지고 있다는 점과, 개인별 차이가 매우 크므로 이를 연구에서 극복하기가 매우 어렵다는 점일 것이다. 우리가 측정하고 확인하고자 하는 식품성분의 기능성은 한 개의 화합물과 한 개의 작용점 간의 상호작용 결과가 아니라, 수많은 화합물이 다양한 종류의 타깃과 상호작용하며 세밀하게 조절(fine tuning)된 결과라고 할 수 있다.

식품 원료를 활용한 건강기능식품은 건강의 유지 및 증진의 목적으로만 사용할 수 있으며, 어떠한 경우에도 질병의 치료 목적으로는 사용할 수 없도록 규제되고 있다. 따라서 환자군을 대상으로 질병의 유무를 판단하기 위해 개발된 진단 바이오마커(예: 혈압, 혈당, 혈청 콜레스테롤 수준 등)는 식품에서 유래된 기능성 원료의 효과를 평가하는 최적의 수단이 될 수 없다. 즉, 의약품의 치료 효과는 이미 정상을 벗

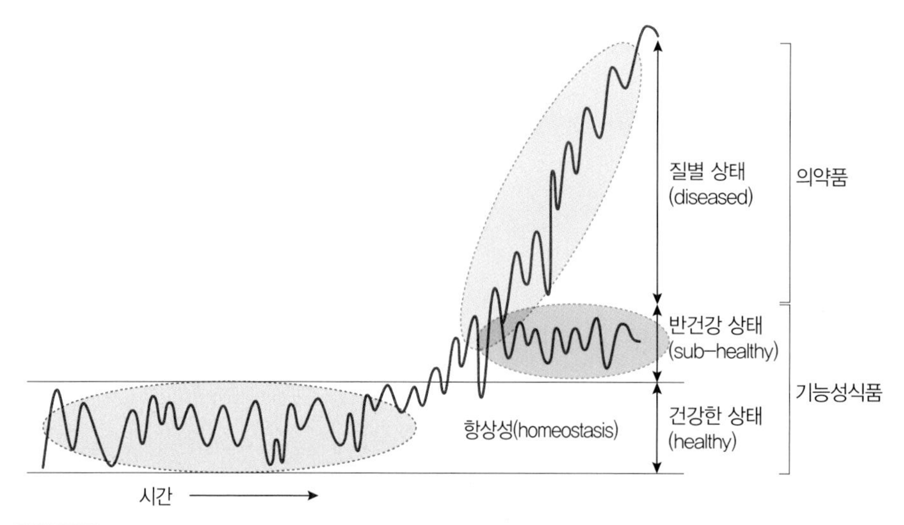

그림 6-4 의약품 개발과 기능성식품 개발의 차이

어난 상태를 시작점으로 하여 얼마나 빠르게 정상화되는지를 평가하는 것이며, 식품의 기능성 평가는 항상성을 유지하고 있는 상태 또는 이를 약간 벗어난 상태를 시작점으로 하여 얼마나 효율적으로 건강을 유진·증진시키는지를 평가하는 것이므로 두 과정은 동일하지 않다.

이러한 개념을 기반으로 하면, 건강인 또는 반건강인을 대상으로 하여 기능성 원료 또는 성분의 기능성을 평가하기 위한 인체 모델은 소구하고자 하는 기능성 표시에 따라 크게 두 가지로 나눌 수 있다.

첫째, 질병상태는 아니지만 정상적인 상태를 다소 벗어난 사람들, 즉 위험요인을 갖고 있는 사람들을 대상으로 해당 '기능성이 얼마나 증진'되었는지 확인할 수 있는 모델이고, 둘째는 건강한 사람들에게 일시적으로 항상성을 깨뜨려 '해당 기능성을 유지하려는 항상성이 얼마나 잘 유지'되는지를 볼 수 있는 모델이다.

(2) 항상성 도전 모델과 오믹스기술의 활용

식품 유래 기능성 원료를 기반으로 하는 인체 적용 연구들은 수십, 수백 종의 생리활성 물질들이 복잡한 네트워크를 통해 연결되어 효과를 발휘하고 있어 많은 어려움을 겪고 있다. 이를 해결하기 위해 항상성 도전 연구(Homeostatic Challenge Test)에 대한 방법론, 오믹스 기술(OMICS technologies)과 생물정보학

(Bioinformatics) 기술을 이용해서 기능성 원료의 효과를 규명하기 위한 연구가 활발히 진행되고 있다. 하지만 인체에서의 정상적인 건강한 상태를 확인하기 위한 기준치가 부재해 이들 데이터의 해석에 많은 어려움이 있다. 따라서 이들 결과를 종합해 기준치를 확립하고 건강한 상태를 반영할 수 있는 오믹스 결과치를 만들어 내야 할 필요가 있다.

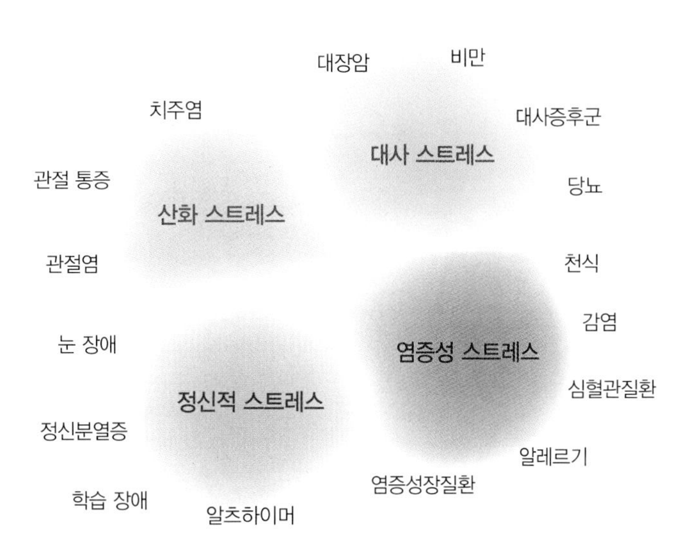

그림 6-5 만성질환의 공통적인 분자 기전
자료: Mol Nutr Food Res(2009).

만성질환의 공통적인 분자 기전(molecular mechanism)은 산화 스트레스(oxidative stress), 대사 스트레스(metabolic stress), 염증성 스트레스(inflammatory stress), 심리적 스트레스(psychological stress)에 기인한다. 일반적으로 정상인과 반건강인은 환자와 달리 항상성을 유지하려는 기전이 작용하므로 정상 또는 휴식상태에는 체내 생리학적 지표들 대부분이 일정 범위 내에서 항상성을 유지하고 있다. 또한 동일한 생리학적 지표라 하더라도 개인 간 변이가 매우 크기 때문에 이들 지표의 초기 변화(early effect)를 감지하는 데 어려움이 있다. 따라서, 인체의 항상성을 극복하고 기능성 원료 섭취로 인한 작은 변화도 감지할 수 있는 항상성 도전 모델(challenge model)을 적용해야 할 필요성이 커지고 있다.

이에 위 네 가지 카테고리로 윤리적으로 허용되는 범위에서 일시적·단기적으로 항상성을 깨뜨려 효과의 크기를 명확히 비교할 수 있는 인체시험모델을 적용하고 이에 관한 인체 내의 변화를 단백질체, 전사체, 대사체 등의 멀티 오믹스 분석을 접목시키면 건강기능식품 섭취로 인한 인체 내의 기능성 및 작용기전을 규명할 수 있을 것으로 기대된다(그림 6-6). 특히 최근에 개발된 고도의 단백질체, 전사체, 대사체 분석 등의 오믹스 기술은 식품성분들이 인체 내 반응에 미치는 복잡한 영향을 이해할 수 있게 하는데 많은 도움을 주고 있다. 건강기능식품 섭취 후 인체 내의 대사체, 단백질체, 전사체 등의 차이 및 변화를 통해 기능성분의 효과를 확인할 수 있으며, 나아

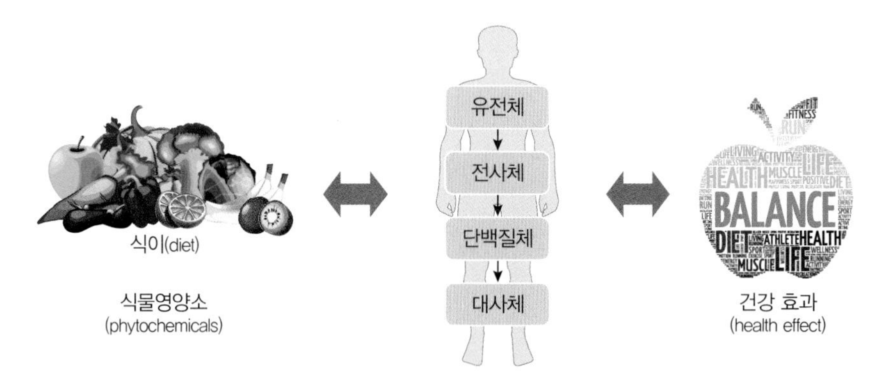

그림 6-6 건강기능식품 소재의 멀티오믹스 접목

가 개인 간 유전형 차이에 따른 반응 여부 또한 확인할 수 있다.

이를 위해서는 인체에서 혈액(혈장, 혈청, 적혈구, 백혈구), 뇨, 변 검체 및 생검조직 등 가능한 한 사용할 수 있는 임상 검체를 모두 활용하여 대사체와 단백체의 체내 대사경로 및 관련 유전자 발현 관련 바이오마커를 측정한다.

3. 기능성별 대사 기전 및 관련 기능성 원료

1) 산화 스트레스 억제

(1) 활성산소

호흡을 통해 체내로 유입된 산소는 에너지 생성을 위해 사용된다. 즉, 영양소는 이러한 에너지의 원료가 되고, 산소는 그 원료를 에너지로 바꾸는 역할을 한다. 이 과정에서 활성산소(ROS: Reactive Oxygen Species)가 자연스럽게 발생하는데, 이러한 활성산소는 불안정해 주변의 세포를 공격하고 손상을 입힐 수 있다. 즉, 산소와 에너지는 생명 유지에 필수적이지만 에너지를 만드는 과정에서 우리 몸에 이로운 산소가 해로운 산소로 바뀌는 것이다.

활성산소의 종류에는 슈퍼옥사이드 라디칼(superoxide radical, $O_2^{\cdot -}$), 과산화수소(H_2O_2), 하이드록시 라디칼(hydroxyl radical, $HO^{\cdot}$), 싱글릿 옥시젠(singlet oxygen,

$^1O_2$) 등이 있다. 산소는 체내에서 H_2O_2로 환원·대사되면서 에너지를 생성함과 더불어 슈퍼옥사이드 라디칼 등 여러 유도체를 생성한다. 슈퍼옥사이드 라디칼과 과산화수소는 생성과 동시에 빠르게 제거되어야 하는데, 여기에 철이나 구리와 같은 양이온 금속들이 작용해 하이드록시 라디칼을 신속히 형성하게 된다. 하이드록시 라디칼은 가장 민감한 라디칼이기 때문에 생성된 후에 주변의 분자와 반응하는 시간은 수초도 걸리지 않는다. 하이드록시 라디칼은 알코올류나 인지질로부터 수소를 제거하거나, DNA나 RNA의 염기 등을 포함해 체내 아로마틱 링(aromatic ring) 구조에 결합하거나 혹은 생체 분자에 전자를 제공하는 등의 반응을 일으킨다. 싱글릿 옥시젠은 자유기(free radical)는 아니지만 정상적으로 자리해야 할 궤도 위치보다 높은 들뜬 상태에 위치하는 전자를 포함하기 때문에 조직의 손상뿐만 아니라 변형을 일으킬 수 있다.

이러한 활성산소종에 의해 공격받은 세포는 기능을 잃고 변질되기도 하는데, 세포가 기능을 잃어버린다는 것은 우리 몸의 기능을 유지할 수 없다는 것을 의미한다. 따라서 활성산소종은 노화와 암을 비롯한 만성퇴행성질환의 주요한 원인으로 거론된다. 활성산소종이 체내 방어기전에 의해 제거되지 못할 경우 생체 분자들과 빠르게 반응해 단백질의 변성이나 생체막의 지질과산화, DNA 손상 등을 일으키며 세포 내로 확산되거나 혈류를 통해 이동된 지질과산화물은 새로운 활성산소종 생성을 촉진시켜 각종 만성질환과 노화의 진행 과정을 유발하게 된다. 따라서 삶의 질을 향상시키고 수명을 극대화하기 위해서는 활성산소종으로부터 생체를 보호하는 항산화 물질들과 체내 항산화체계를 증가시키는 여러 항산화 물질들에 대한 이해가 필요하며, 이러한 항산화 물질들을 증가시키는 식품의 섭취를 통해 체내의 산

표 6-1 활성산소종

활성산소종(ROS)			
Superoxide radical	$O_2^{-\cdot}$	Ozone	O_3
Hydroxyl radical	$^{\cdot}OH$	Singlet oxygen	$^1O_2$
Hydroperoxyl radical	$HO_2^{\cdot}$	Hypochlorous acid	HOCl
Alkoxyl radical	$LO^{\cdot}$, $RO^{\cdot}$	Hydrogen peroxide	H_2O_2
Peroxyl radical	$LO_2^{\cdot}$, $RO_2^{\cdot}$		

화적 손상을 감소시켜 노화와 여러 가지 만성질환을 예방해야 한다.

(2) 우리 몸의 항산화 체계

우리 몸은 지속적으로 발생하는 활성산소종을 제거하거나 손상된 세포를 치유할 수 있는 항산화 체계를 갖추고 있다. 그중 하나는 항산화효소계로서, 슈퍼옥사이드 디스뮤테이스(SOD, Superoxide Dismutase), 카탈레이스(catalase), 글루타티온 퍼옥시데이스(glutathione peroxidase), 글루타티온 환원효소(glutathione reductase), 글루타티온 S-전이효소(glutathione S-transferase) 같은 것이 있다. 다른 하나는 비효소적 항산화 체계로 식이를 통해 공급되는 비타민 A, C, E 등과 같은 항산화 비타민과 효소의 구성 성분인 여러 가지 항산화 무기질 등에 의한 비효소적 방법이다. 이들은 우리 몸에서 생성된 활성산소종을 공격성이 없는 물질로 전환시키거나 활성산소종과 결합해 활성산소종을 제거하는 역할을 한다.

① 효소적 항산화 체계

정상적인 대사 과정에서 완전히 소비되지 않은 전자들은 독성이 강한 슈퍼옥사이드 라디칼을 생성한다. 이때 체내에 존재하는 항산화효소들은 슈퍼옥사이드 라디칼을 과산화수소(hydrogen peroxide, H_2O_2)로 변화시키고, 생성된 과산화수소를 다시 물(H_2O)로 분해함으로써 하이드록시 라디칼의 형성을 막아 세포를 보호한다.

- 슈퍼옥사이드 디스뮤테이스(SOD: Superoxide Dismutase) 슈퍼옥사이드 라디칼($O_2^{\cdot-}$)로부터 H_2O_2와 O_2형성을 촉매하는 효소로 활성산소에 의한 세포 손상에 대응하는 첫 번째 방어 라인을 구성한다.

$$2O_2^{\cdot-} + 2H^+ \longrightarrow H_2O_2 + O_2$$

- 카탈레이스(Catalase) H_2O_2를 사용해 다른 물질을 산화함으로써 세포 내에 H_2O_2 축적을 방지하도록 도와준다.

$$2H_2O_2 \longrightarrow 2H_2O + O_2$$

- 글루타티온 퍼옥시데이스(GPx: Glutathione Peroxidase) 과산화수소를 환원시켜 물을 만드는 반응을 촉매함으로써 세포 내에 H_2O_2 축적을 방지하도록 돕는다.

$$H_2O_2 + 2GSH \longrightarrow GSSG + 2H_2O$$

또한 지질과산화물 등의 유기 과산화물(organic peroxide)을 알코올(ROH)로 전환시킨다.

$$2GSH + ROOH \longrightarrow GSSG + ROH + H_2O$$

- 글루타티온 환원효소(GR: Glutathione Reductase) 항산화 물질인 글루타티온(glultathione)은 환원형 글루타티온(GSH)과 산화형 글루타티온(GSSG)으로 존재하는데, 체내 환원형 글루타티온 수준이 높을 때 항산화 작용이 원활히 수행된다. GR은 산화형 글루타티온을 환원형 글루타티온으로 변환시키는 반응을 촉매함으로써 글루타티온의 항산화 작용을 간접적으로 돕는다.

$$GSSG + NADPH + H^+ \longrightarrow 2GSH + NADP$$

- 글루타티온 S-전이효소(glutathione S-transferase) 전자친화성 기질을 글루타티온에 결합시키는 반응을 촉매한다.

② 비효소적 항산화 체계

활성산소 중 하이드록시 라디칼과 싱글릿 옥시젠은 효소계의 작용을 받지 않고 중화되거나 제거될 수 있다. 비효소적 항산화 물질 중 환원형 글루타티온(GSH)은 H_2O_2와 과산화유기물을 무독화시킨다. 비타민 E(토코페롤)는 천연에 α-, β-, γ-, δ-토코페롤과 α-, β-, γ-, δ-토코트리에놀의 여덟 종이 존재한다. 이 중 항산화력이 가장 큰 것이 α-토코페롤로 지질의 과산화를 막는다. 비타민 C는 수용성으로 자유기와 직접적으로 반응해 무독화시키고 비타민 E를 재생시키는 역할을 한다.

하지만 이러한 항산화 체계에도 불구하고 자외선, 환경오염물질 등으로 인해 활성

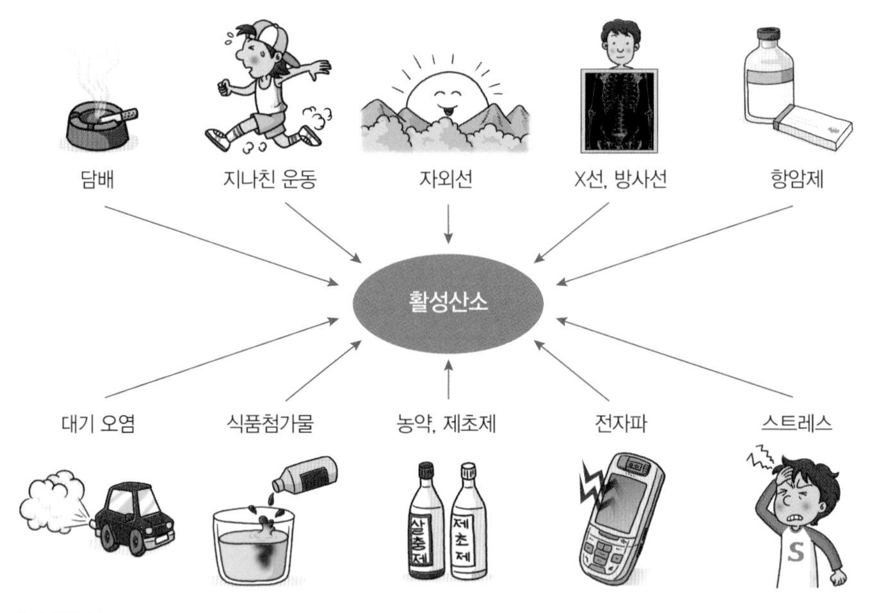

그림 6-7 활성산소종을 증가시키는 요인

산소종이 급격히 많아지거나 나이가 들면서 활성산소종을 제거하는 능력이 감소되면 활성산소종의 생성과 제거의 균형이 깨지게 되며, 우리 몸의 항상성도 깨져 몸속 여기저기가 활성산소종에 의해 공격받게 된다(그림 6-7). 활성산소종으로부터 우리 몸을 보호하려면, 항산화 물질이 많이 함유된 식품을 충분히 섭취하고, 활성산소종을 증가시키는 여러 요인을 제거하는 것이 좋다.

(3) 산화 스트레스와 건강 문제

과학기술과 의학이 발달하면서 질병의 진행과 노화 과정에 가장 많은 영향을 미치고 있는 것이 산화 스트레스라는 견해가 지배적이다. 인체가 생명을 유지하고 살아가는 과정 자체가 영양소의 산화, 즉 연료를 태워 에너지를 내는 과정이므로 신체 각 조직과 세포는 끊임없이 산소를 사용하고 이로 인한 산소라디칼(oxygen radical)의 영향을 받고 있다. 이와 같이 산소라디칼의 생성이 생명체를 유지하는 데 필수불가결한 과정이기는 하나 활성산소종의 생성 속도와 제거 속도 간의 균형이 깨지는 경우 세포 내 지질, 단백질, DNA 등에 산화 손상이 일어나며 다양한 질환의 발생을 유도할 수 있다(그림 6-8).

두뇌
• 파킨스씨병
• 알츠하이머병
• 근위축성 측삭경화 (amyotrophic lateral sclerosis)
• 간질

얼굴
• 햇볕에 탐(sunburn)
• 노화
• 반점
• 주름
• 피부 늘어짐

복부
• 급성위점막의 손상
• 위궤양
• 허혈성 장염
• 허혈성 대장염
• 지방간

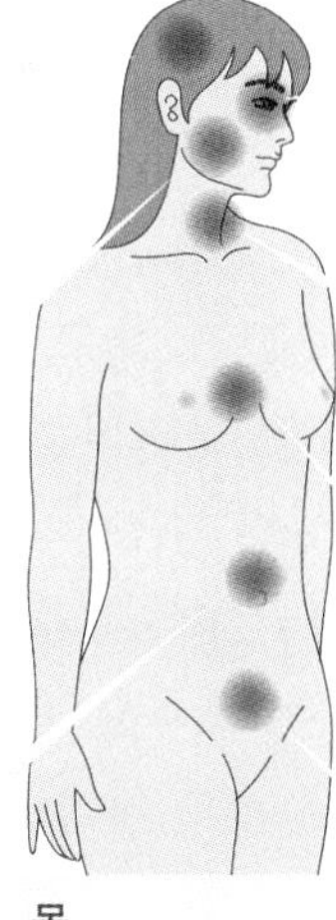

몸
• 당뇨병
• 알레르기
• 류마티스성 질환
• 암
• 후천성 면역결핍증
• 동맥경화

눈
• 당뇨병성 망막증
• 백내장
• 노화, 근육퇴화증

기도
• 기관지 천식
• 흡입장애
• 성인 호흡 장애증후군

가슴
• 허혈성 부정맥
• 심경색
• 고혈압

하복부
• 신장기능장애
• 요독성(uremia)

그림 6-8 활성산소종과 연관된 질병

경제 성장과 더불어 건강과 생명을 위협하는 가장 중요한 질병으로 대두되고 있는 만성퇴행성질환으로는 심장혈관계 질환, 당뇨병, 암 등이 있고 이외에도 퇴행성 관절염, 류마티스관절염 등의 근골격계 질환 등이 있는데, 이 질환은 50세 이상의 인구층에서 외래환자 수진율 1위를 기록하고 있다.

① 동맥경화

동맥경화증의 발생 원인은 아직 명확히 밝혀져 있지 않으나 혈관내피에 가해진 손상에서 비롯된다는 설이 가장 유력하다. 혈관내피의 손상은 기계적인 원인을 포함하여 바이러스 감염, 혈액에서 유래된 독소에 의한 손상, 과량의 글루코스 또는 호모시스테인(homocysteine)에 의한 손상을 들 수 있다. 혈관내피가 손상되면 혈액 중 단핵 백혈구(monocyte)가 혈관벽에 부착된 후 대식세포(macrophage)로 변환되고 이들이 활성화되면 다량의 반응성 산소종 및 산화된 LDL을 생성하면서 이들에 의한 주변 세포의 손상이 시작된다. 산화된 LDL은 이외에도 혈관내피손상 부위의 손상 형성에도 관여한다.

② 당뇨병

산화 스트레스가 당뇨병의 발생에 직접적으로 기여하는지에 관한 증거는 없으나 자가면역반응에 의해 식세포(phagocytes)가 활성화되면서 생성된 활성산소종이 인슐린 분비를 책임지는 섬세포의 괴사에 관여하는 것으로 보고되었다. 당뇨병 환자의 경우 혈장 지질과산화물 및 기타 산화지표의 농도가 정상인에 비해 높은 반면 비타민 C의 혈장 농도가 낮다는 사실은 산화 스트레스와 당뇨병의 진행이 연관되어 있음을 암시한다.

③ 암

활성산소종은 다각도에서 암 진행 과정을 촉진시키는 것으로 알려져 있다. 활성산소종은 DNA의 구조 및 염기서열에 변화를 초래함으로써 DNA 변형을 일으키고 다양한 생화학적 대사에 영향을 준다. 특히 암유전자(oncogene)나 종양억제유전자(tumor suppressor gene)에 변형이 초래되면 세포의 성장, 분화 및 사멸에 직접적인 영향을 미치고 암 진행 과정의 촉진에 기여하게 된다. 이외에도 활성산소종에 의한 단백질과 지질의 산화 역시 세포 내 정상적인 대사를 저해할 수 있는데, 예를 들어 DNA 수복효소(repair enzyme)가 산화 손상을 받는 경우 암 진행 과정을 촉진시키게 된다. 특히 암 조직은 정상 조직에 비해 항산화효소 활성이 낮게 관찰되기 때문에 DNA 염기 산화 손상 정도가 큰 것으로 보고된 바 있다.

(4) 평가 방법

특정 화합물의 항산화효능은 다양한 방법의 시험관, 생체 외(*ex-vivo*), 생체 내(*in-vivo*), 인체적용시험을 통해 이루어지고 있다. 가장 대표적인 시험관시험으로는 지질산화저해활성시험(lipid peroxidation inhibition assay), 총항산화활성시험(total antioxidant activity assay) 및 자유라디칼의 일종인 DPPH 소거능이 많이 이용되어 왔다. 이후 생성되는 라디칼을 직접 측정하는 화학발광(chemiluminescence) 측정법이나 간접적으로 라디칼을 측정하는 ESR 스핀 겹치기법(spin-trapping method), 디옥시리보스 시험(deoxyribose assay) 등이 개발되었다. 최근에는 동물 및 인체 세포주를 이용한 항산화효능 실험도 많이 수행되어 인체 내에서 실제로 일어나고 있는 DNA, 단백질 및 지질 손상을 억제하는 효능을 시험하기 위해 조직이나 세포를 분리 한 후 8-옥소구아니신(oxoguanosine)분석법, 카르보닐 함유 산물(carbonyl-containing product) 측정, 산화형 저밀도 지단백(oxidized LDL)의 생성억제효능평가 등이 이루어지고 있다.

① DNA 손상 측정

개개의 세포 수준에서 DNA 손상을 눈으로 직접 확인할 수 있는 방법이 유전자 혜성분석법(comet assay)이다. 이 방법은 처리된 샘플을 아가로스 겔(agarose gel)에 분산해 유리 슬라이드에 얹어 고정시킨 후 조직단백질을 제거하고 DNA를 노출시키기 위해 분해(lysis) 용액으로 배양을 한다. 슬라이드를 전기영동한 후 세척해 EtBr(Ethidium Bromide)로 염색한 다음 형광현미경으로 관찰해 꼬리 길이(tail length) 및 꼬리 모멘트(tail moment)를 측정한다(그림 6-9).

DNA 손상을 측정하는 다른 방법으로는 ELISA법을 이용한 키트(kit)를 사용하거나 ECD(electrochemical detector, 전기화학적 검출기)를 사용해 HPLC로 측정하는 방법이 있다.

② 적혈구 및 간조직의 항산화효소활성

- SOD 활성도 측정　SOD 활성은 다음과 같이 측정 가능하다. 0.1mM EDTA를 함유한 50mM 인산완충액(phosphate buffer, pH 7.8)에 잔틴(xanthine)과 사이토크롬 c(cytochrome c, Fe^{3+})를 넣고 혼합한 후 25℃로 유지시킨 용액 2mL에 효소시료 50㎕를 가하고, 사용 직전에 잔틴 옥시데이스(xanthine oxidase) 용액을

정상 세포

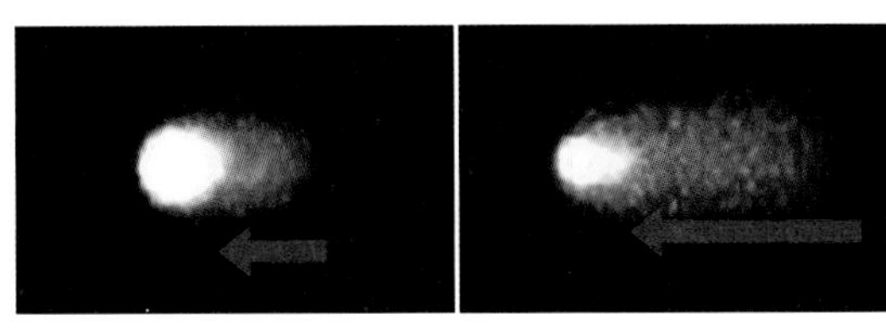

유전자 손상 물질 처리세포
(유전자 손상이 심할수록 꼬리가 길어짐)

그림 6-9 단일세포 젤 전기영동을 사용해 다른 정도의 DNA 손상을 보여주는 코멧(comet) 영상

제조해 50㎕를 첨가시켜 페리사이토크롬 c(ferric cytochrome c)의 환원이 방해되는 정도를 550nm에서 30초 간격으로 3분간 비색 정량한다. SOD의 분당 활성 정도는 페리사이토크롬 c의 환원을 50% 방해하는 SOD의 양을 1유닛(unit)으로 하여 나타내었다. 1유닛을 흔히 'McCord and Fridovich unit'이라고 한다.

- 글루타티온 퍼옥시데이스 활성도 측정 GSH-px 활성은 다음과 같이 측정 가능하다. 튜브에 0.1mM 인산완충액 500㎕, 10mM GSH 100㎕, 글루타티온 환원효소 100㎕를 넣고, 효소원 100㎕를 첨가해 37℃에서 10분간 배양(incubation)시킨다. 1.5mM NADPH 100㎕를 넣어 12mM(t-부틸하이드로퍼옥사이드)를 가해 반응을 개시시킨 후 분광광도계(spectrophotometer)로 365nm에서 30초 간격으로 3분간 GSH-Px의 활성을 측정하여 유닛 단위로 나타낸다.
- 카탈레이스 활성도 측정 250mM 인산완충액(KH_2PO_4−NaOH, pH 7.0) 300㎕, 100% 메탄올(methanol) 300㎕, 0.27% $H_2O_2$60㎕를 폴리스티렌 튜브(polystyrene tube)에 넣고 여기에 효소원을 600㎕ 가해 20℃에서 20분간 교반(shaking)시켜 반응이 일어나게 한 후 7.8M KOH 300㎕를 가해 반응을 종결시킨다. 여기에 34.2mM purpald 용액을 600㎕를 가해 20℃에서 10분간 진동시킨 후 65.2mM 칼륨과 아이오딘산염(potassium periodate)을 300㎕ 가해 발색시킨 다음 분광광도계로 550nm에서 흡광도를 측정한다. 포름알데하이드(formaldehyde)를 표준 용액으로 해 얻은 표준곡선으로부터 활성을 측정한다.
- 크산틴산화효소 활성도 측정 크산틴(xanthine)을 기질로 해 30℃에서 20분간 반응시켜 생성되는 요산(uric acid)에 포스포텅스텐산(phosphotungstic acid)을 가해 710nm에서 측정할 수 있다. XO의 활성 단위는 혈장 1L가 분당 반응해 기질로부터 생성된 요산의 양을 μmole의 농도로 표시한다.

③ 항산화능 측정

- 혈장 FRAP 측정 혈장 10㎕를 물 40㎕에 희석해 300㎕의 FRAP(Ferric Reducing Ability of Plasma) 시약(300mM acetate buffer, pH 3.6; 10mM TPTZ solution; 20mM $FeCl_3 \cdot 6H_2O$)과 반응시켜 37℃에서 15분간 배양시킨 후 15분 뒤 593nm에서 흡광도를 측정한다.
- 혈장 TAS 측정 TAS(Total Antioxidant Status) 측정은 헤파린(heparin) 처리된

혈장에서 측정한다. ABTS(2,2-Azino-bis-[3-ethylbenzthiazoline sulphonate]) 를 퍼옥시데이스(peroxidase) 및 H_2O_2와 함께 배양해서 ABTS + 양이온 라디칼(radical)을 만드는데, 라디칼은 600nm에서 흡광도 측정 시 비교적 안정된 청록색을 띤다. 청록색은 시료 속에 들어 있는 항산화제의 양에 비례해 발색 정도가 억제되며, 억제되는 정도를 이용해서 시료에 들어 있는 TAS를 측정한다.

④ 항산화영양소 측정

α-토코페롤(혈장 α-tocopherol)은 세포막에서 연쇄반응을 끊어주는 항산화제로서 작용하며 HPLC를 이용해 평가할 수 있다. Water HPLC로 μBondapak C18 column(Waters, USA)을 이용하며, 이동상의 구성은 메탄올/H_2O이고 유속은 2mL/min으로, 파장 292nm에서 UV 검출기(detector)를 이용해 분석한다.

⑤ 글루타티온 수준 측정

글루타티온은 관여하는 대사작용을 위해 필요한 전자를 내어주는 유력한 물질이다. 정상상태의 세포는 높은 GSH/GSSG 비율을 유지한다. 적혈구 내 GSH/GSSG의 양은 글루타티온 시험 키트(glutathione assay kit)를 이용해 측정 가능하다. 적혈구 내 MPA 시약을 이용해 단백질을 제거한 후 4M의 TEAM 시약으로 시료(sample)의 pH를 높이고 DTNB가 포함된 시험용액(assay solution)에 반응시킨 다음 25분 뒤 405nm에서 흡광도를 측정해 총 GSH를 측정한다. 다시 TEAM 시약으로 pH를 높인 시료에 2-비닐피리딘(2-vinylpyridine)을 첨가함으로써 GSSG를 유도한 후 DTNB가 포함된 시험용액(assay solution)에 반응시켜 GSSG를 측정한 후 GSH/GSSG의 비를 구한다.

⑥ 지질과산화물 측정

- 혈장 및 간, 신장조직 내 말론알데하이드 농도　말론알데하이드(MDA: malondialdehyde) 농도는 혈장, 신장, 간에서 측정 가능하다. MDA 1분자가 2분자의 N-메틸-2-페닐인돌(N-methyl-2-phenylindole)과 45℃에서 반응해 안정된 착색물을 생성하는데, 이것을 586nm에서 흡광도를 측정해 MDA 농도를 계산한다.
- 혈장 8-이소프로스탄 측정　혈장 내 8-이소프로스탄(8-isoprostane) 양은 8-이소

프로스탄 효소면역법(isoprostane enzyme immunoassay)을 이용해 측정 가능하다. 즉, 다클론항체(polyclonal goat anti-mouse)가 코팅된 96-well plate에 시료, 표준물질(standard), 아세틸콜린에스테라아제(acetylcholinesterase-linked) 및 8-이소프로스탄 항체를 넣고 18시간 동안 4℃에서 반응시킨 후 엘만 시약(ellman's reagent)으로 발색시켜 흡광도(412nm)를 측정한다.

(5) 기능성 원료

유해 활성산소종의 제거와 관련된 건강기능식품은 과량의 활성산소 제거에 도움을 줄 수 있다. 국내에서 활성산소종을 제거하거나 유해산소로부터 세포를 보호하는 데 필요한 것으로 기능성을 인정받은 고시형 건강기능식품 소재로는 베타카로텐, 비타민 C, 비타민 E, 구리, 셀레늄, 망간, 엽록소, 녹차추출물, 프로폴리스 등이 있으며 개별인정형 건강기능식품 소재로는 끼꼬망 포도종자추출물, 코엔자임 Q10, 피크노제놀-프랑스해안송껍질추출물 등이 허가받은 바 있다. 그중에서 고시형 제품인 베타카로텐과 녹차추출물에 대한 기능성 연구 결과는 다음과 같다.

① 녹차추출물

차나무의 어린잎을 따서 찌거나 열을 가해 효소의 작용을 억제시켜 말린 것이 녹차(綠茶)이다. 차에는 생리활성이 높은 폴리페놀류(타닌·카테킨)가 다량 함유되어 있을 뿐만 아니라 카페인, 비타민 및 많은 무기염류가 다량 들어 있어 전 세계에서 애용되고 있다. 우리나라에서도 녹차를 물, 또는 주정으로 추출한 녹차추출물이 식품 원료로 사용되며, 식품의 산화를 방지하는 첨가물로도 이용되고 있다. 또한 차나무(*Camellia sinensis*)의 잎을 물 또는 주정으로 추출하고 정제해 제조한 기능성 원료이다. 녹차추출물의 대표적인 기능성분은 특유의 쓴맛을 가지고 있는 카테킨(catechin)과 타닌(tannin)이며, 카테킨 함량이 20% 이상 함유되어야 건강기능식품으로 인정받을 수 있다.

② 베타카로텐

베타카로텐(β-carotene)은 천연 색소성분인 카로테노이드의 한 종류로 식품으로 섭취되면 필요에 따라 장과 간에서 레티놀로 전환되며, 이는 다시 비타민 A의 형태로 전환된다. 만약 비타민 A가 체내에 충분히 존재할 경우 베타카로텐의 비타민 A 전환율은 감소되므로 베타카로텐은 비타민 A의 가장 안전한 급원이면서 비타민 A와 같은 영양학적 가치가 있다고 알려져 있다. 이러한 베타카로텐은 눈과 상피세포의 건강을 유지시켜주며 활성산소종을 제거하는 데 도움을 주는 것으로 알려져 있고 당근, 시금치 등과 같은 녹황색 채소와 해조류에 많이 함유되어 있다. 기능성 원료로의 베타카로텐은 합성베타카로텐이 아닌 수중에서 증식하는 식용조류, 식용녹엽식물, 당근으로부터 추출해 식용에 적합하도록 제조·가공한 것이어야 한다. 최종제품의 베타카로텐 함량은 g당 2.0~50.0mg이 들어 있어야 한다. 베타카로텐은 비타민 A의 보충이 필요하거나 과량의 활성산소종이 염려되는 사람에게 적합한 건강기능식품의 원료이며 식품의약품안전처에서는 하루에 베타카로텐 1.26mg 섭취를 권장한다.

천연에 존재하는 카로테노이드는 과량 섭취하더라도 독성이 없는 것으로 알려져 있으나 카로텐 함량이 높은 식품을 많이 먹거나 베타카로텐 보충제를 매일 섭취하면 피부가 황달인 든 것처럼 노랗게 변할 수 있다.

2) 혈당 조절

우리 몸에 에너지를 원활하게 공급하기 위해서는 혈당이 항상 일정 수준으로 유지되어야 한다. 이때 인슐린 등 여러 호르몬과 효소에 의해서 혈당의 항상성이 유지되나 췌장에서 인슐린이 충분히 생성되지 않거나 생성된 인슐린이 체내에서 충분히 이용되지 못할 때 만성질환인 당뇨병이 발생한다. 당뇨병 환자의 경우 간에서 포도당 배출량이 증가하고 말초 조직에서의 당 이용이 감소되어 혈당이 비정상적으로 상승하게 되며 혈당이 높은 상태가 지속적으로 유지되면 여러 인체 시스템 특히 신경과 혈관에 심각한 손상을 미치고 결국 사망하게 된다. 세계보건기구(WHO)는 2005년에 전 세계적으로 110만 명이 당뇨병으로 사망했으며 오랜 기간 당뇨병을 앓고 있는 환자는 사망 원인이 심장질환이나 신장 이상으로 조사되어 실제로 당뇨병에 의한 사망률은 이보다 높은 것으로 보고하였다. 또한 향후 10년간 당뇨병으로 인한 사망이 50% 이상 증가할 것으로 전망하고 있다.

당뇨병은 대표적인 생활습관성 질환으로 우리나라의 주요 사망 원인 중 하나로 통계청 자료에 따르면 2014년의 당뇨병으로 인한 사망률(인구 10만 명당 사망자 수)

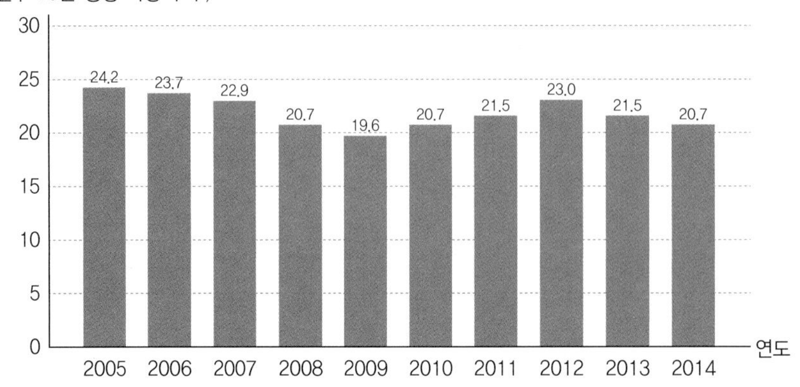

그림 6-10 우리나라 연도별 당뇨병으로 인한 사망률

자료: 통계청(www.kostat.go.kr).

이 20.7로 조사되었다(그림 6-10). 아태집단연구협력회의(APCSC: Asia-Pacific Cohort Studies Collaboration)의 2007년 연구 보고에 의하면 우리나라는 홍콩과 더불어 아시아 국가 중 당뇨에 의한 심장병과 뇌졸중 사망률이 가장 높으며 오세아니아를 포함하면 두 번째로 사망률이 높았다. 이와 같이 당뇨병은 국민 건강에 있어 중요한 질환이므로 건강한 혈당을 유지할 수 있도록 노력해야 할 것이다.

(1) 혈당 유지의 정의

혈당이란 온몸으로 흐르는 혈액에 포함되어 있는 포도당을 의미하며, 우리들의 혈액 중에는 항상 일정한 양의 포도당이 함유되어 있다. 우리 몸이 정상적인 기능을 유지하기 위해서는 반드시 에너지가 필요하다. 육체적인 활동은 물론 잠을 자거나, 숨을 쉬거나 생각을 할 때도 에너지가 있어야 세포가 활동할 수 있으므로 체내 세포는 혈액을 통해 이동하는 영양소를 이용해 끊임없이 에너지를 만들어야 한다. 에너지원으로 사용 가능한 영양소 중 가장 효율적인 원료는 포도당으로, 특히 적혈구와 뇌세포는 반드시 포도당을 에너지원으로 이용해야 한다. 따라서 우리 몸에 원활하게 에너지를 공급하기 위해 혈당이 항상 일정 수준으로 유지되어야 한다.

체내에 섭취된 당질(탄수화물)은 소장에서 흡수되어 일단 간으로 이동한다. 간은 소장으로부터 흡수된 포도당을 바로 혈액으로 내보내고, 그 밖의 영양소를 체내에서 쓰일 수 있도록 포도당으로 분해하거나 전환한다. 생성된 포도당은 혈액으로 방출되어 체내에 혈당을 공급하게 된다. 체내에 공급된 혈당은 세포 안으로 들어가 에너지를 만들어내는데, 신경세포를 제외하고는 인슐린이 혈당을 세포로 들어갈 수 있도록 신호를 보내 에너지를 만들 수 있도록 한다.

혈당은 여러 호르몬과 효소에 의해 일정한 양으로 유지된다. 가장 대표적인 것이 인슐린과 글루카곤인데, 음식을 섭취하지 않거나 에너지가 많이 필요한 경우 글루카곤이 분비되어 간에 저장된 포도당을 혈액으로 방출시켜 혈당이 정상 수준으로 유지되도록 도와준다. 반대로 식사 후 혈당이 올라간 경우에는

알아두기 포도당

포도당은 당질, 즉 탄수화물이 소화되는 가장 작은 단위이며, 식품으로 섭취하는 당질은 간에서 대부분 포도당으로 바뀌어 체내에서 사용된다.

표 6-2 혈당 조절에 영향을 미치는 호르몬

호르몬	분비조직 (기관)	대사	혈당 조절에 미치는 영향
인슐린	췌장β세포	•포도당의 세포 유입 향상 •혈당의 글리코젠으로 저장 또는 지방산으로 전환 향상 •지방산과 단백질의 합성 향상 •단백질의 아미노산으로 분해, 지방조직의 유리지방산으로 분해 억제	감소
소마토스타틴 (성장호르몬 방출 억제호르몬)	췌장δ세포	•α세포의 글루카곤 분비 억제 •인슐린, 뇌하수체 호르몬, 가스트린, 세크레린 분비 억제	증가
글루카곤	췌장α세포	•글리코젠에서 포도당 방출 향상 •아미노산 또는 지방산에서 포도당 합성 향상	증가
에피네프린	부신수질	•글리코젠에서 포도당 방출 향상 •지방조직에서 지방산 분비 증가	증가
코티솔	부신피질	•포도당 신생 합성 증가 •인슐린 억제	증가
ACTH (부신피질자극 호르몬)	뇌하수체 전엽	•코티솔 분비 증가 •지방조직에서 지방산 분비 증가	증가
성장호르몬	뇌하수체 전엽	•인슐린 분비 억제	증가
티록신	갑상선	•글리코젠에서 포도당 방출 증가 •장에서 당 흡수 증가	증가

췌장에서 인슐린이 분비되는데, 인슐린은 포도당을 간에 저장하도록 신호를 보내고, 각 조직의 세포에서 포도당 이용을 촉진해, 혈당 수준을 다시 정상으로 조절한다. 그 외 혈당 수준에 영향을 미치는 호르몬과 대사작용은 표 6-2와 같다.

(2) 혈당과 인슐린 분비

인슐린은 포도당이 세포 내로 들어가도록 도우며(그림 6-11) 포도당이 글리코젠으로 저장되거나 지방산으로 변환되는 것을 도와준다. 인슐린은 체내 포도당대사의 평형을 이루게 하며 혈당 농도를 조절하는데(그림 6-12), 고혈당증은 췌장에서 인슐린 분비가 이루어지지 못해 체내의 혈당을 정상적으로 조절하지 못하거나 인슐린에 대한 말초조직의 저항(insulin resistance)이 주원인으로 체중 증가, 노화, 유전인자 등이 인슐린 저항성의 원인으로 작용한다. 그 외 인슐린 저항성에 영향을 미치는 인자는 그림 6-13과 같다.

췌장 내분비조직의 중심에 있는 베타세포는 다른 조직에 비해 자가면역반응(autoimmune reaction)이나 세포독성을 일으키는 물질에 매우 민감하게 반응해 쉽게 손상된다. 이러한 베타세포의 손상으로 인해 인슐린 분비 이상이 나타나고 이로 인해 제1형 당뇨병(인슐린 의존형 당뇨병)이 유발된다. 이에 비하여 제2형 당뇨병은 베타세포에서 인슐린 분비가 비교적 정상적으로 이루어지나 말초조직에

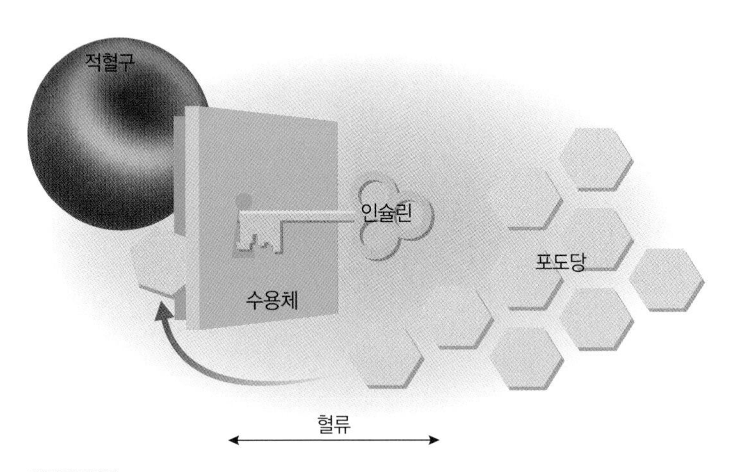

그림 6-11 인슐린의 역할

자료: Lewis C., Diabetes, A growing public health concern; www.fda.gov.

서의 인슐린 저항이 높아 당 대사 이상이 나타나는 것으로 오히려 고인슐린혈증(hyperinsulinemia)이 나타나기도 한다.

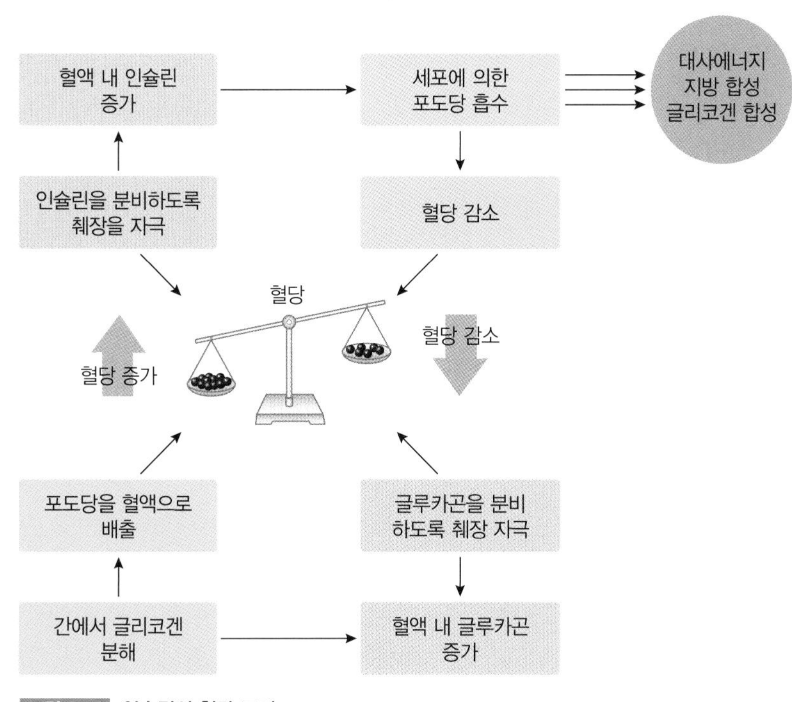

그림 6-12 인슐린의 혈당 조절

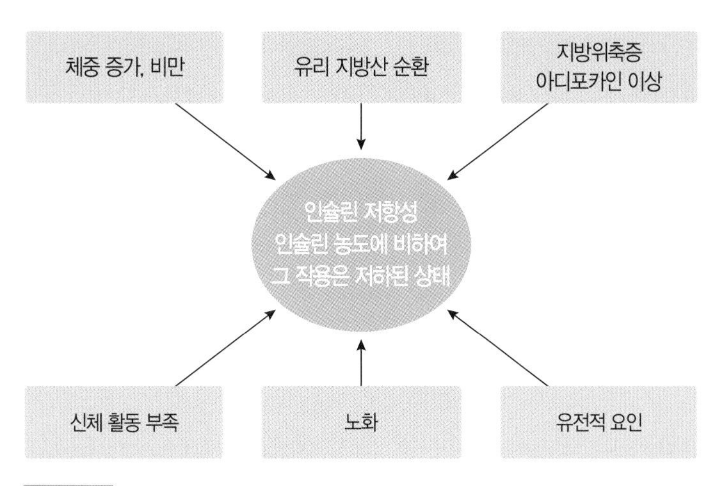

그림 6-13 인슐린 저항성 유발인자

(3) 당뇨병

정상적인 상태에서는 식사 후 일시적으로 올라간 혈당이 인슐린에 의해 다시 정상 수준으로 내려간다. 그러나 췌장에서 인슐린 분비가 잘되지 않거나, 분비가 되더라도 그 기능을 제대로 하지 못하면 식사 후 혈당이 정상 수준으로 내려가지 못한다. 즉, 우리 몸에서 포도당을 에너지로 쓰지 못하고 밖으로 배출하게 된다. 정상보다 높은 혈당이 지속되면 혈액을 통해 운반되는 많은 조절물질을 방해하거나, 적혈구(산소 운반)와 백혈구(혈관 청소)의 기능이 떨어지거나, 신장에 부담을 줄 수 있어 우리 몸에 좋지 않은 영향을 주게 된다.

① 혈당의 범위

미국당뇨병학회 및 세계보건기구(WHO), 대한당뇨병학회는 당뇨, 내당능장애, 공복혈당조절장애에 대해 표 6-3과 같이 규정하고 있다.

② 내당능과 내당능장애

체내에 흡수된 글루코스(glucose)는 말초조직에서 연소되거나 베타세포를 자극하여 인슐린(insulin)을 분비하게 함으로써 되먹이기작용으로 혈당을 조절한다. 이와 같이 생체가 정상적으로 포도당을 대사할 수 있는 능력을 내당능이라 하며, 고혈당증은 이러한 내당능 저하에서 기인할 수 있다.

당뇨병의 범주에 속하지 않더라도 고혈당을 나타내는 사람들은 흔히 내당능장애(IGT: Impaired Glucose Tolerance)를 나타낸다. 통상적으로 당뇨병은 정맥혈에서 포도당 농도가 15mmol/L(270mg/dL) 이상인 경우를 지칭하나, WHO에서는 보다 표준화된 지침으로 ① 금식 중 혈당 농도가 7.8mmol/L(140mg/dL) 이상이거나, ② 75g 글루코스를 경구투여해 두 시간 경과 후 혈당 농도가 11.1mmol/L(200mg/dL) 이상인 경우 당뇨병으로 진단하는 것을 규정하고 있다. 이에 비해 IGT는 앞서 설명한 75g-OGT 검사에서 두 시간 경과 후 혈당 농도가 7.8~11.1mmol/L(140~200mg/dL) 사이일 때를 일컫는다.

③ 당뇨병의 구분

- 제1형 당뇨병 인슐린 의존성 당뇨병으로도 알려진 제1형 당뇨병은 인슐린 생산

표 6-3 당뇨병 진단 기준

구분		미국당뇨학회	세계보건기구	대한당뇨병학회(2011)
당뇨	공복혈당, 식후 두 시간 혈당	≥ 7.0mmol/L or ≥ 11.1mmol/L	≥ 7.0mmol/L or ≥ 11.1mmol/L	≥ 126mg/dL or ≥ 200mg/dL
내당능장애 (IGT)	공복혈당, 식후 두 시간 혈당	측정할 필요 없음 ≥ 7.8 and < 11.1mmol/L	≥ 7.0mmol/L(측정 시) and ≥ 7.8 and < 11.1mmol/L	≥ 100mg/dL, 〈 126mg/dL and < 140mg/dL
공복혈당 조절장애 (IFG)	공복혈당, 식후 두 시간 혈당	5.6~6.9mmol/L 측정 권유하지 않음 (그러나 측정 시 < 11.1mmol/L)	6.1~6.9mmol/L and < 7.8mmol/L(측정 시)	< 100mg/dL and ≥ 140mg/dL, < 200mg/dL

자료: Definition and diagnosis of diabetes mellitus and intermediate hyperglycaemia, World Health Organization; Treatment Guideline for Diabetes, 대한당뇨병학회.

결핍이 특징이며 인슐린을 투여하지 않으면 치명적이다. 과도한 소변 배출, 갈증과 지속되는 허기, 체중 감소, 시력 변화 등의 증상이 나타난다.

- 제2형 당뇨병 인슐린 비의존성 당뇨병으로 알려진 제2형 당뇨병은 생성된 인슐린을 인체가 효과적으로 이용하지 못해서 발병된다. 제2형 당뇨병이 제1형 당뇨병보다 일반적이며 전 세계 당뇨병의 90% 정도가 이에 속한다. 대부분 과다한 체중과 운동 부족이 원인이다. 제1형 당뇨병과 증상이 유사하나 덜 분명하다. 그 결과 당뇨가 시작되고 몇 년이 지나 합병증이 발생된 이후에 진단되기 쉽다. 과거에는 성인들에게 주로 관찰되었으나 최근에는 비만 아동에게도 관찰되기 시작했다.
- 임신성 당뇨병 임신성 당뇨병 환자들은 혈당 조절이 안 되어 인슐린 쇼크가 일어나기 쉬우며, 혈당을 저하시키기 위해 인슐린 양이 점차 증가한다. 따라서 식이 조절이 어렵고, 보통 성인의 당뇨병과는 진단 기준과 치료 방법이 다르다. 그 선행요인은 가족 중 당뇨병을 앓는 사람이 있는 경우, 사산의 경험이 있는 경우, 4.5kg 이상의 거대아를 분만한 경험이 있는 경우 등이다. 제2형 당뇨병과 증상이 유사하며 고혈당증 또는 혈당 증가가 특징이다.
- IGT와 IFG IGT(Impaired Glucose Tolerance)와 IFG(Impaired Fasting Glycaemia)는 정상과 당뇨병의 중간적인 상태로 IGT나 IFG를 앓는 사람은 제2형 당뇨병으로 발전될 가능성이 높다.

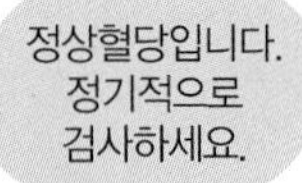

그림 6-14 혈당 측정 결과에 따른 대응법

표 6-4 제1, 2형 당뇨병의 특징

종류	특징
제1형 당뇨병	•40세 이전에 발병하며 소아에게 흔히 발생(일부 노년에 발생하기도 함) •마르거나 정상체중 •갈증, 다뇨, 체중 감소와 같은 증상이 발생되어 수일에서 수주 내로 급격하게 심화됨 •일반적으로 가족력은 거의 없는 편 •주요 위험인자는 없으나 강한 가족력이 있다면 위험도는 증가 •당뇨 조절을 위해 매일 인슐린 치료 필요 •혈당 변동은 이상적인 범위로 유지하기 힘듦 •식이, 운동, 처방된 인슐린을 생산하는 췌장 베타세포의 자기면역 파괴를 일으킬 수 있는 위험요인들에 노출됨으로써 발생될 수 있음
제2형 당뇨병	•40세 이상 성인에서 주로 발병, 일부 젊은 연령에서 발생하기도 함 •과체중이 많고 정상체중에서도 나타남 •갈증, 다뇨, 체중 감소와 같은 증상이 발생되어 수개월에서 수년 동안 천천히 진행됨 •'침묵의 질병'이 될 수도 있음 •가족력을 가짐(혈통) •우선 식이요법과 운동처방으로 시작하여 약제처방으로 진전되고 가장 나중에 인슐린 처방을 하게 됨 •혈당 변동 없이 혈당 조절이 쉬움 •체중 감소, 식이 및 운동의 변화에 혈당이 반응함(혈당은 인슐린 투여량의 작은 변화에는 민감하게 반응하지 않음) •유전적 요인, 인슐린 저항성, 인슐린을 형성하는 췌장의 베타세포 부족 등이 복합적으로 야기함

자료: Lewis C., Diabetes, A growing public health concern; www.fda.gov.

표 6-5 혈당증 이상 형태와 의학적 단계

단계	정상혈당	고혈당			
			당뇨		
	정상적인 포도당 조절	내당능장애 또는 공복혈당장애	인슐린 불필요	조절 위해 인슐린 필요	생존 위해 인슐린 필요
제1형[1]	←	—	—	—	→
제2형[2]	←	—	—	→	
기타 특이 형태[3]	←	—	—	→	
임신성 당뇨[4]	←	—	—	→	

혈당장애-병인적 형태와 단계

1), 2) 케토신혈증이 나타난 뒤라도 지속적인 치료를 요하지 않고 간단히 정상혈당으로 회복되는' 당뇨밀월기(honeymoon remission)'가 나타날 수 있다.

3), 4) 이 범주에 속하는 환자 중 드물게 베이커독성이나 임신 중 발생된 제1형 당뇨와 같은 경우 생존을 위해 인슐린을 필요로 하기도 한다.

자료: Definition and diagnosis of diabetes mellitus and intermediate hyperglycaemia, World Health Organization; www.who.int.

④ 당뇨병 합병증

당뇨병 합병증은 그림 6-15와 같이 인체 여러 조직 및 기관에서 발병할 수 있으며 특히 신경과 혈관에 손상을 주어 각종 질병의 원인이 된다.

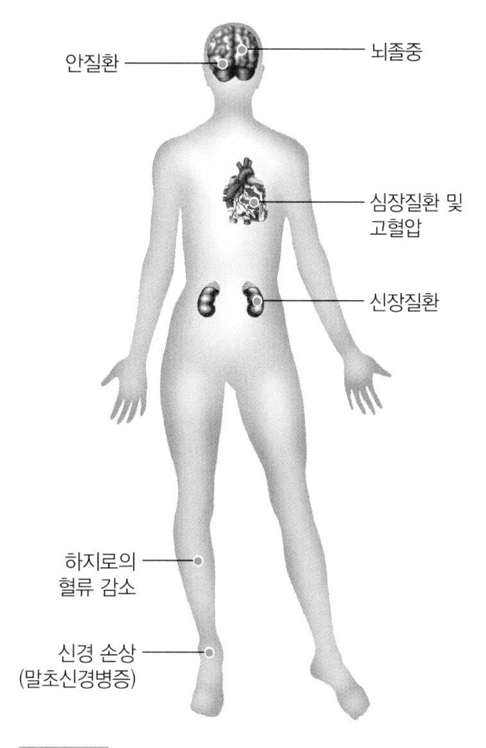

그림 6-15 당뇨병 합병증

- 당뇨병성 망막증(diabetic retinopathy) 실명의 주요 원인으로 망막(retina)의 소혈관 손상이 오랜 시간 동안 지속되어 나타난다. 당뇨병이 15년간 지속되면 약 2%는 실명이 되며 약 10%는 심각한 시각장애를 나타낸다.
- 당뇨병성 신경병증 당뇨병으로 인한 신경 손상으로 당뇨병 환자의 50%에 영향을 미친다. 주된 증상은 따끔거리고(tingling), 통증(pain)이 있으며, 마비 증상(numbness), 손과 발의 힘 빠짐 등이다.
- 족부궤양(foot ulcers)과 사지 절단(limb amputation) 발의 혈액 흐름 감소와 신경 장해(neuropathy)

가 결합해 나타난다.

(4) 혈당의 유지

세계보건기구에서는 공복혈당은 110mg/dL 미만으로, 식후혈당은 140mg/dL 미만으로 유지하는 것이 좋다고 권하고 있다. 혈당을 정상으로 유지하기 위해서는 무엇보다 식이 조절이 중요하다. 식이 조절은 식사 후 혈당을 정상 수준으로 유지하는 데 중요한 역할을 한다. 소화 흡수가 빠른 단순당(과일, 설탕, 꿀, 청량음료 등)은 혈당을 급격하게 높여 좋지 않은 반면, 식이섬유소가 풍부한 잡곡, 현미, 채소 등은 당질 흡수가 느리게 일어나 혈당이 높아지는 속도를 늦추어 혈당 조절에 도움을 줄 수 있다. 또한 식사를 천천히 하는 습관이나 과식하지 않는 습관은 정상 혈당 유지에 많은 도움을 준다. 30분 정도의 중간 강도 운동과 건강한 식사로도 제2형 당뇨병 위험률을 크게 낮출 수 있다.

알아두기 단순당

일반적으로 단 식품에 많이 들어 있으며, 소장에서 빠르게 흡수되고 간에서의 대사가 빨라 즉시 혈당으로 이용되기 때문에 혈당을 급격히 올릴 수 있다.

건강한 혈당 유지와 관련된 건강기능식품은 여러 가지 기작을 통해 우리 몸에 도움을 줄 수 있다. 우선 식사에 들어 있는 당의 흡수를 방해해 식후혈당 조절에 도움을 줄 수 있다. 음식으로 섭취한 당질은 단당류(포도당, 과당, 갈락토스)로 분해되고 소장에서 흡수되어 간으로 가게 된다. 이때 소장에서의 통과 시간을 지연시키거나, 식사에 들어 있는 당의 흡수를 방해하면 혈당이 서서히 상승할 수 있다. 따라서 난소화성 말토덱스트린 등이 함유된 건강기능식품을 식사와 같이 섭취하면, 혈당을 서서히 상승하도록 도와 혈당 조절에 도움을 줄 수 있다. 다른 기작으로는 세포의 포도당 이용률을 높임으로써 혈당을 조절할 수 있다. 포도당을 세포에서 이용할 수 있게 하려면 혈액에 있는 포도당이 원활하게 세포로 들어가야 하는데, 이때 인슐린은 포도당을 세포로 들어오게 하는 운반체(GLUT4)가 활동할 수 있도록 신호를 보내게 되고, 포도당운반체(GLUT4)가 포도당이 세포로 들어올 수 있게 한다. 따라서 바나바주정추출물 등이 함유된 건강기능식품은 포도당의 운반체 활동을 도와 궁극적으로 혈당을 원활하게 쓰이게 함으로써 식사 후 높아진 혈당을 낮추는 데 도움을 줄 수 있다.

그림 6-16 건강한 혈당의 유지에 해로운 요인

(5) 기능성 평가

건강한 혈당 조절 기능을 평가하기 위한 바이오마커는 크게 혈당과 관련된 지표와 인슐린과 관련된 지표, 그리고 기타 지표로 나눌 수 있다.

① 혈당 관련 지표

혈당과 관련된 바이오마커는 공복혈당, 내당능(glucose tolerance), 식후혈당 농도, 당화혈색소 등이 있다. 우선 공복혈당은 8시간 이상 금식 후 정맥혈에서 측정한 혈당농도로 인체적용시험과 동물시험 모두에 적용되는 지표이다. 내당능은 포도당의 투여 경로에 따라 경구당부하검사와 정맥주사 당부하검사로 나눌 수 있다. 내당능의 측정은 각 시간별 혈당 농도를 그래프에서 선으로 나타내고 0~180분 사이에 나타나는 그래프의 면적{Incremental AUC(Area Under the Curve)}을 비교하거나 최고혈당 농도와 180분 후의 혈당 농도로 판단한다. 식후혈당 농도는 경구당부하검사의 실험 결과 중 120분에 나타나는 혈당 농도를 말하며 2h-글루코스(식후 2시간 후 혈당)로 표시될 수 있다. 당화혈색소는 헤모글로빈(hemoglobin)의 일부인 HbA1c가 혈구 생존 기간 동안 서서히 포도당과 비효소적으로 결합해 당화되는 정도를 측정하는 것이다. 당화혈색소는 혈당 조절을 표현하는 가장 기본적인 지표로 널리 이용되며 HPLC법, 전기영동법, 붕산(boric acid) 컬럼법, TBA법, 면역측정법 등으로 분석한다.

② 인슐린 관련 지표

인슐린과 관련된 바이오마커로는 혈장 인슐린과 C-펩티드, 췌장세포의 생활성(viability) 측정, 췌장 베타세포의 인슐린 분비 측정 등이 있다. 인슐린은 췌장 베타세포에서 프로인슐린(proinsulin)의 형태로 합성된다. C-펩티드는 인슐린과 함께 프로인슐린을 구성하며 프로인슐린 분해 시 인슐린과 같은 비율로 생성되나 인슐린보다 반감기가 길고 다른 말초조직에서 이용되지 않은 상태로 존재하므로 측정하기에 용이하다. 인슐린과 C-펩티드는 방사능면역측정법(radioimmunoassay)이나 ELISA 등을 이용해 분석한다. 췌장 베타세포의 생존 여부(viability)를 측정하는 것은 기능성식품에 의한 베타세포의 기능 변화 여부를 설명해줄 수 있는 지표로 이용할 수 있다. 췌장 베타세포의 생존 여부는 PCNA(Proliferating Cell Nuclear Antigen), 면역조직화학법, BrdU-체내화(incorporation) 측정법 등을 이용해 세포 증식능을 검사하고 TUNEL 검사법을 이용해 세포 사멸 여부를 검사하기도 한다. 췌장 베타세포의 인슐린 분비도는 인슐린 면역조직화학법을 이용해 췌장 베타세포에 인슐린의 함유 여부를 측정하고 인슐린 인시츄 보합결합(in situ hybridization)법과 인슐린 노던 블롯(insulin northern blot) 분석으로 인슐린 RNA 발현 여부를 측정함으로써 인슐린의 합성 여부를 측정할 수 있다.

③ 기타

기타 바이오마커로는 α-글루코시데이스(glucosidase)가 있다. 장내에서 글루코스 의 흡수를 방해해 혈당을 조절하는 것으로 생각되는 식품에 대해 측정한다. 소장의 α-글루코시데이스는 소장점막 미세융모막에 존재하는 효소로 다당류의 탄수화물을 단당류로 분해하는 작용을 하며 탄수화물의 소화에 필수적인 효소이다. α-글루코시데이스 활성 억제 기능은 시험관 내에서 기질과의 반응역학분석(reaction kinetics analysis) 방법과 경구당부하검사법으로 소화관 내에서 슈크로스(sucrose)의 분해 흡수를 억제하는 것을 측정하는 동물시험법을 이용한다.

④ 동물시험 모델

스트렙토조토신과 같은 세포독성물질은 내분비조직, 특히 베타세포를 선택적으로 파괴하며 이와 같은 물질의 투여로 당뇨병을 유발시킬 수 있다. 유전적 소인에

표 6-6 세포독성물질에 의해 유도되는 당뇨병 모델

유발물질	투여 용량/투여 횟수	당뇨병 유형	비고
스트렙토조토신	고용량(69~70mg/kg)/단회투여	제1형	
스트렙토조토신	저용량(30~40mg/kg)/반복투여	제1형	
스트렙토조토신	30~40mg/kg/단회투여	제2형	신생백서

의해 당뇨병이 발현되는 모델로는 db/db mouse(제2형 당뇨병 모델, 비만형), ob/ob mouse(제2형 당뇨병 모델, 비만형), non-obese diabetic(NOD) mice(제1형당뇨병모델) GK rat, Zucker fatty rat, OLETF rat, KK mouse, BB rat 등이 있다.

(6) 기능성 원료

① 난소화성 말토덱스트린

난소화성 말토덱스트린이란 말 그대로 인간이 소화하기 어려운 말토덱스트린을 말한다. 설탕의 15% 정도 되는 단맛을 내며, 보통 우리나라에서 식이섬유의 원료로 쓰인다. 일본에서는 장 기능 개선, 식후혈당 상승 조절, 혈중 콜레스테롤 조절, 중성지질 조절을 돕는 특정보건용식품으로 이용되고 있다.

건강기능식품의 원료인 난소화성 말토덱스트린은 옥수수 전분에서 얻어지며, 소화되기 어려운 구조여서 소화효소인 아밀레이스에 의해 분해되기 어렵다. 난소화성 말토덱스트린은 식사와 함께 섭취하면 소장에서 당의 흡수를 억제시켜 식후혈당 조절에 도움을 줄 수 있다. 섭취된 당질은 단당류(포도당, 과당, 갈락토스)로 분해되고 소장에서 흡수되어 간으로 이동하는데, 난소화성 말토덱스트린은 소화가 어려워 소장에서 통과 시간을 지연시키거나 식사로 섭취한 당의 흡수를 방해하게 된다. 따라서 혈당이 서서히 상승할 수 있도록 도울 수 있다. 난소화성 말토덱스트린은 한 번에 4.6~9.8g 정도를 섭취하도록 권장되며 임신 중 또는 수유 중의 안전성에 대한 데이터가 충분하지 않으므로 섭취 시 주의해야 한다.

알아두기 말토덱스트린

탄수화물의 일종으로 전분이 최종적으로 분해되기 전 단계의 성분이다.

② 바나바주정추출물

그림 6-17 바나바잎

바나바(*Lagerstroemia speciosa* Pers.)는 열대·아열대 지방에서 자생하는 다년생 상록수로 인도, 필리핀, 태국, 말레이시아, 인도네시아 등에 폭넓게 분포되어 있다. 현재 일본이나 미국에서 식품으로 분류·판매되고 있으며 국내에서도 식품 원료로 인정되어 바나바차 등이 판매되고 있다.

바나바잎에는 혈당 조절에 도움을 줄 수 있는 것으로 알려진 콜로소린산(corosolic acid)이 0.1~0.35% 포함되어 있다. 바나바주정추출물은 바나바잎을 주정으로 추출한 기능성 원료로, 바나바주정추출물 100mg당 콜로소린산이 1.0mg 함유되어 있으며, 콜로소린산 외에도 섬유질, 타닌, 화분, 아연 등 다양한 종류의 미량원소가 함유되어 있다. 포도당을 세포에서 이용할 수 있으려면 혈액에 있는 포도당이 원활하게 세포로 들어가야 한다. 이때 인슐린은 포도당을 세포로 들어오게 하는 운반체(GLUT4)가 활동을 할 수 있도록 신호를 보내게 되고, 포도당운반체는 포도당을 세포로 들어오게 하여 포도당이 원활히 사용되도록 한다. 바나바주정추출물은 포도당의 운반체 활동을 도와 식사 후 높아진 혈당을 낮추는 데 도움을 주는 것으로 추정된다. 하루에 50~100mg 정도를 섭취하는 것이 권고되고 임신 중 또는 수유 중의 안전성에 대한 데이터가 충분하지 않으므로 섭취 시 주의해야 한다. 당뇨병 치료제와 병용 섭취할 경우 혈당 저하 효과가 너무 강할 수 있으므로 당뇨병 치료 중에는 의사와 상담 후 사용해야 한다.

3) 혈중 콜레스테롤 조절

콜레스테롤은 혈관과 세포에 존재하는 왁스 형태의 지질로 세포막의 구성 성분이며 호르몬 합성과 담즙 생성에 이용된다. 특히 뇌, 전신 근육, 혈액에 많이 분포되어 있는 우리 몸에 필수적인 물질이다. 이것이 혈액에 과도하게 존재하면 심혈관질환의 주요 위험인자로 작용한다. 콜레스테롤은 식품으로 섭취되기도 하나, 상당 부분 체내에서 합성된다. 혈중 콜레스테롤의 약 75%는 간에서 합성되고 나머지 25% 정도는 식이로부터 유래된다. 콜레스테롤 조절이란 체내 콜레스테롤 수준을 적절한 범위로 조절해 혈장과 조직(특히 혈관)에 콜레스테롤 축적이 일어나지 않게 하는 것인데, 여러 가지 이유로 체내 콜레스테롤이 축적될 경우 고콜레스테롤혈증이 나타나며, 장기간에 걸쳐 콜레스테롤이 조절되지 않을 경우 동맥경화증으로 이어진다. 일반적으로 식이 조절과 운동으로 전체적인 혈중 콜레스테롤 수준을 낮추는 데 도움을 줄 수 있으나 혈중 콜레스테롤 수준을 이를 통해 조절할 수 있는 것은 아니다. 간에서는 콜레스테롤이 합성되며 또한 혈액으로부터 콜레스테롤을 제거하기도 한다. 혈중 콜레스테롤 수치를 건강하게 유지하는 데 건강기능식품이 도움을 줄 수도 있다.

(1) 콜레스테롤 및 지단백

콜레스테롤과 다른 지방은 혈액에 용해되지 않고 지단백(lipoprotein)에 의해 세포 안팎으로 이동한다. 지단백에는 여러 종류가 있으나 저밀도 지단백(LDL: Low Density Lipoprotien)과 고밀도 지단백(HDL: High Density Lipoprotein)이 대표적이다.

주요 콜레스테롤 수송체인 저밀도 지단백과 결합된 콜레스테롤을 LDL-콜레스테롤이라고 한다. 일부 LDL-콜레스테롤은 체내에서 자연적으로 합성되며 혈중 LDL-콜레스테롤의 수준은 간과 소장에서 조절된다. 혈액 중 LDL-콜레스테롤이 과도하게 존재하면 혈관에 부착되어 플라크(plaque)를 형성하여 동맥경화를 유발할 수 있으며 플라크 주변의 혈전이 심장으로 유입되는 혈류를 차단해 심장마비를 일으킬

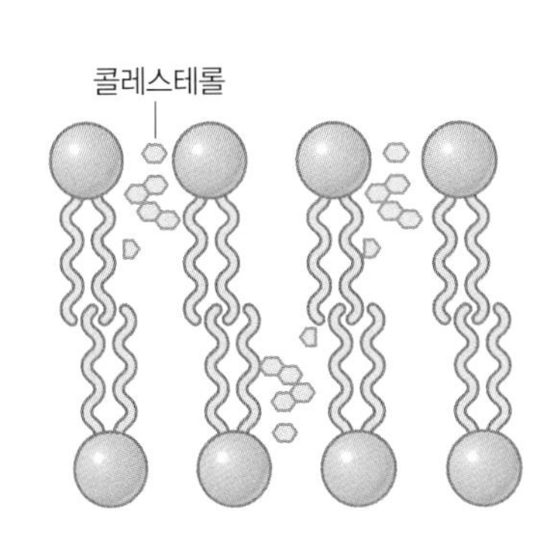

세포막 구성 성분으로서의 콜레스테롤

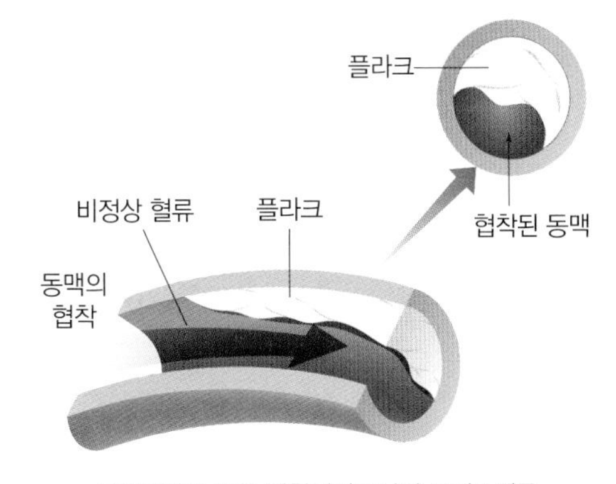

동맥경화의 주요 위험인자로서의 콜레스테롤

그림 6-18 콜레스테롤의 양면성

수 있다. 총 콜레스테롤이 240mg/dL를 넘지 않아 고콜레스테롤혈증으로 진단되지 않더라도 LDL-콜레스테롤이 160mg/dL 이상의 높은 수준으로 존재하면 심장질환 위험 증가를 의미하므로 세심한 주의가 필요하다.

그림 6-19 우리 몸에 이로운 고밀도 지단백(HDL)과 해로운 저밀도 지단백(LDL)

고밀도 지단백과 결합된 콜레스테롤은 HDL-콜레스테롤이라고 하며 혈중 콜레스테롤의 1/3~1/4은 HDL에 의해 운반되는데, 주로 콜레스테롤을 간으로 되돌려 흡수되도록 도와주는 역할을 한다고 알려져 있다. 또 HDL-콜레스테롤은 플라크로부터 과도한 콜레스테롤을 제거하는 역할을 함으로써 플라크가 커지는 것을 억제하는 작용도 하는 것으로 알려져 있다. 따라서 HDL-콜레스테롤의 수준이 높으면 심장마비의 위험을 낮출 수 있는 것으로 알려져 있고 역으로 HDL-콜레스테롤이 40mg/dL 이하면 콜레스테롤 역수송 효율이 낮아져 동맥경화의 원인이 되기 때문에 주의가 필요하다. HDL-콜레스테롤이 저하되는 원인은 영양의 균형이 깨진 식사, 운동 부족, 비만, 흡연, 스트레스 등이다.

(2) 혈중 총 콜레스테롤 수치의 의미

콜레스테롤 대사 조절에 이상이 생길 경우 일반적으로 혈중 총 콜레스테롤이 상승한다. 미국의 NCEP(National Cholesterol Education Program)에서는 혈중 총 콜레스테롤 수준을 200mg/dL 미만, LDL은 100mg/dL 미만, HDL은 60mg/dL 이상으로 유지할 것을 권하고 있다. 혈중 총 콜레스테롤 수준이 200~230mg/dL일 때는 경계 수준으로 분류하며, 이 경우 식이 조절과 운동요법으로 정상 콜레스테롤을 유지하도록 노력할 것을 제안하고 있다.

한편 한국지질동맥경화학회에서 설정한 기준에 따르면 한국인의 바람직한 혈중 총 콜레스테롤 수치는 200mg/dL 미만이고, 200~239mg/dL은 경계 수준, 240mg/dL 이상은 고콜레스테롤혈증이라고 정의되며 경계 수준에 대해서는 식이 조절과 운동요법을 병행하고 고위험군에 대해서는 식이 조절과 약물요법을 병행할 것을 권고

알아두기 **심장질환 및 뇌졸중 위험인자**

미국심장병협회(American Heart Association)에 의하면 미국 성인 중 혈중 콜레스테롤이 240mg/dL 이상인 인구는 약 3,660만 명이며, 심장질환과 뇌졸중을 일으키는 가장 위험한 인자 중 하나로 보고하고 있다. 이 협회는 혈중 총 콜레스테롤 수준을 200mg/dL 이하로, HDL-콜레스테롤은 40mg/dL 이상으로 유지할 것을 권고하고 있다.

- 고혈압
- 당뇨병
- 심방세동 또는 다른 심장병
- 높은 혈중 콜레스테롤
- 과체중 및 비만
- 일부 마약류
- 흡연
- 경동맥 또는 기타 동맥 관련 질환
- 일과성 허혈(mini- strike) 경험
- 운동 부족
- 과음

자료: 미국심장병협회(2007).

표 6-7 **한국인의 혈중 총 콜레스테롤 수준 및 위험도**

총 콜레스테롤(mg/dL)	분류	대응 방법
200 미만	정상	정기적인 검사
200~239	경계 수준	식이 조절 및 운동요법 필요
240 이상	고위험군	식이 조절 및 약물요법 필요

자료: 한국지질동맥경화학회 설정 기준.

하고 있다.

(3) 콜레스테롤 대사와 조절

일반적으로 식이로 섭취된 콜레스테롤의 약 60~80%가 흡수되는 것으로 알려져 있으며, 흡수되지 않은 것은 콜레스테롤의 형태로 배설되거나 대장과 직장 내 세균의 효소 반응에 의해 대사되어 배설된다. 식이에 의해 섭취되거나 또는 체내에서 합성된 콜레스테롤은 체내 각 조직에서 이용·저장되기 위해 지단백질에 결합되어 운반된다. 체내의 주요 콜레스테롤 대사산물은 간에서 합성되는 담즙산과 스테로이드 호르몬 등이며 콜레스테롤 생합성량은 식이 콜레스테롤의 흡수 정도와 담즙산 재흡수 정도에 따라 조절되어 항상성이 유지된다. 구성된 지질 및 고유한 아포지단백에 따라 각 지단백질의 특성이 달라지며 아포지단백은 각 지단백질의 대사를 조절하고 조직의 각 지단백 수용체의 지단백 인식 부위로 작용하게 된다. 지단백질은 지질-아포지단백질 복합체를 형성해 중성지방과 콜레스테롤을 간에서 말단조직으로 운반하거나 말단조직에서 간으로 역수송함으로써 지질이 체내에서 재분배되도록 한다. 킬로미크론(chylomicron)과 VLDL(Very Low Density Lipoprotein)은 각각 외인성과 내인성 중성지방을 말초조직으로 운반하는 역할을 한다. 혈장 VLDL로부터 전환된 LDL은 혈중 주요 콜레스테롤 운반체로 대부분의 혈중 콜레스테롤이 LDL-리셉터(수용체)를 통해 말초조직으로 공급되고 나머지는 간의 LDL-리셉터(수용체)를 통해 제거된다(그림 6-20).

세포 내 콜레스테롤 농도가 높아지면 콜레스테롤 생합성의 주요 조절 단계인 HMG-CoA 환원효소(reductase) 활성이 저해되는 것은 물론 합성도 저해된다. 콜레스테롤 생합성과 주요 저해제의 작용점은 그림 6-21에 나타나 있다. 또한 아실 CoA 콜레스테롤 아실기 전이효소(ACAT: Acyl-CoA Cholesterol Acyltransferase)는 세포 내에 콜레스테롤이 고농도로 존재하면 활성화되고, 콜레스테롤은 에스터화되

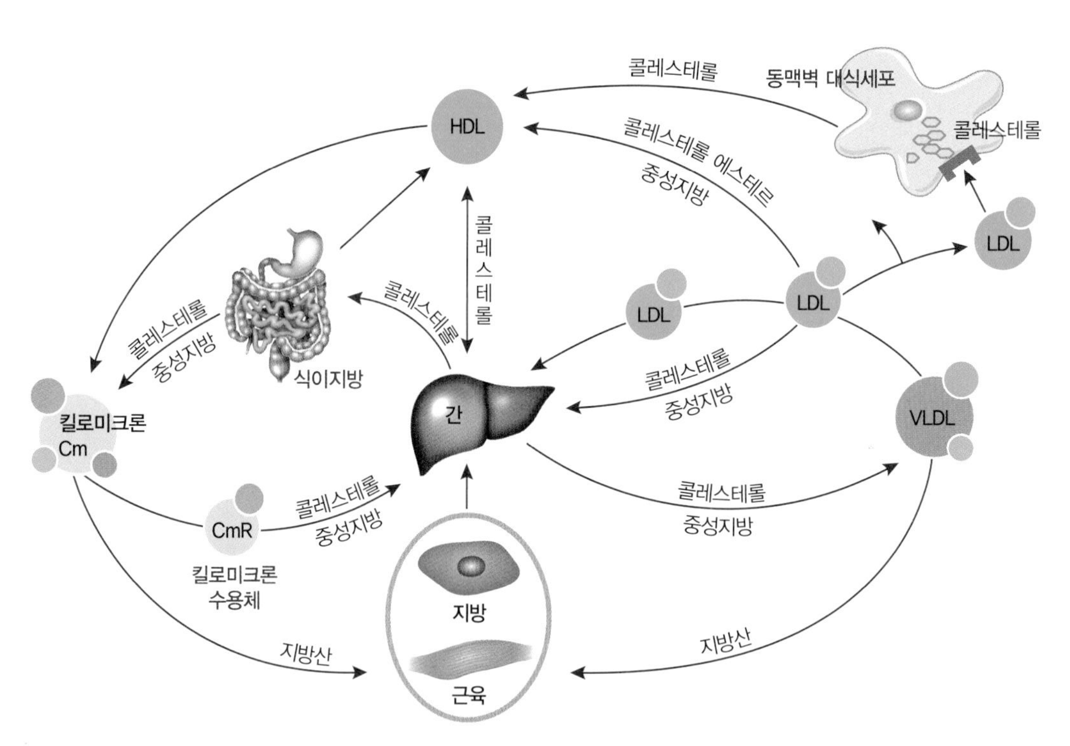

그림 6-20 콜레스테롤과 트리글리세라이드(중성지방) 수송

어 저장된다. 이때 LDL-리셉터 합성도 억제되어 혈액으로부터 LDL 유입이 억제되므로 조직 내 콜레스테롤 축적이 감소된다. 또한 간에서는 7α-하이드록시화효소(hydroxylase)에 의해 콜레스테롤이 담즙산으로 전환되며 일부는 재순환되지 않고 배설된다.

콜레스테롤 대사는 다음과 같이 콜레스테롤 흡수 조절, 스테롤(중성스테롤과 산성스테롤) 배설 조절, 분포 조절, VLDL 분해·합성 조절 등 몇 가지 유형에 따라 분류될 수 있다.

장내 콜레스테롤 가수분해효소(pCEH)와 에스터화효소(ACAT)를 저하시켜 식이

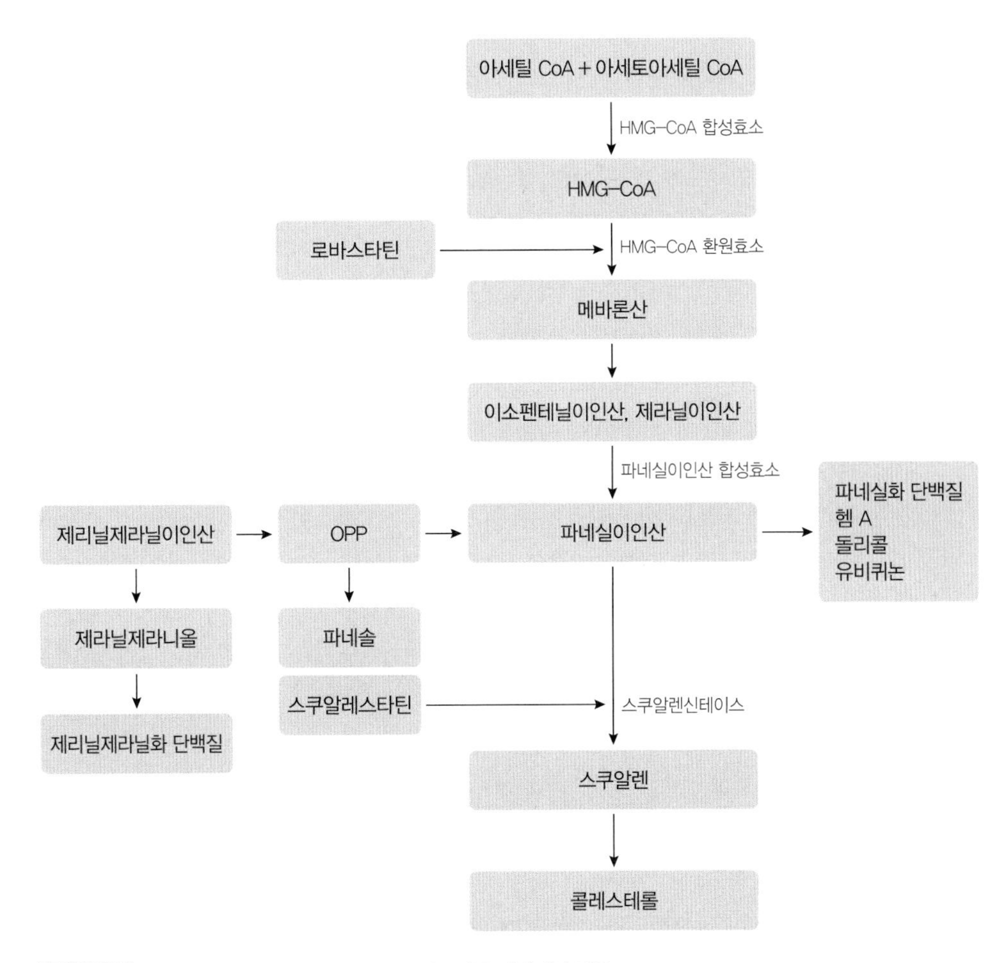

그림 6-21 콜레스테롤 생합성 및 대표적인 콜레스테롤 저해제의 작용

콜레스테롤 흡수를 감소시키거나 장내 콜레스테롤 흡수경쟁을 통해 식이 콜레스테롤 흡수량을 감소시켜 콜레스테롤 흡수를 조절할 수 있다. 스테롤 배설 조절에 의한 콜레스테롤 대사 조절에는 장내 콜레스테롤에 대한 흡수 차단, 담즙산 재흡수를 차단해 콜레스테롤이 재순환되는 양을 감소시키는 방법 등이 포함된다. 분포를 조절하는 방법으로는 HDL에 의한 콜레스테롤 역수송을 증가시켜 혈중 콜레스테롤의 제거율을 높이거나 HMG-CoA 환원효소를 저해해 간의 콜레스테롤 생합성량을 감소시키는 방법 등이 해당된다. 한편 VLDL 분해·합성 조절에 의한 콜레스테롤 조절에는 간의 VLDL 합성을 감소시키거나 지방질단백질라이페이스(lipoprotein lipase)를 조절하여 혈중 VLDL 분해를 증가시키는 방법 등이 있다.

(4) 건강한 콜레스테롤 유지 관련 기능성 평가 방법

① 콜레스테롤 조절 기능성 평가를 위한 바이오마커

건강기능식품의 콜레스테롤 조절 기능성은 시험관시험(*in vitro*)보다는 동물시험(*in vivo*)을 중심으로 평가하는 것이 바람직한 것으로 제안된다. 동물시험에서 사용할 수 있는 생체지표로는 콜레스테롤의 대사와 조절 단계에 따른 바이오마커들이 사용된다. 콜레스테롤 조절 경로마다 측정하고자 하는 바이오마커에는 차이가 있으나 대부분 혈중 총 콜레스테롤, LDL-콜레스테롤, HDL-콜레스테롤 수준 및 배설량 등 직접적인 바이오마커와 HMG-CoA 환원효소, ACAT, LCAT 등 콜레스테롤 대사와 관련된 효소를 이용한 간접적인 바이오마커 등을 상호 보완적으로 사용할 수 있다.

② 기능성 평가 방법

콜레스테롤 유지와 관련된 여러 조절 단계에 공통적으로 사용되는 바이오마커의 평가법은 다음과 같다.

- 레시틴-콜레스테롤 아실전이효소(LCAT: Lecithin Cholesterol Acyltransferase) 방사선동위원소를 이용해 콜레스테롤 기질에 대해 혈장의 에스터화(esterification)를 측정한다.
- 혈장 지단백질 프로파일 FPLC(Fast Protein Liquid Chromatography)로 혈장 지단백질 프로파일(profile)을 분석하며 실험군 간 각 지단백질 분획의 지질조성을

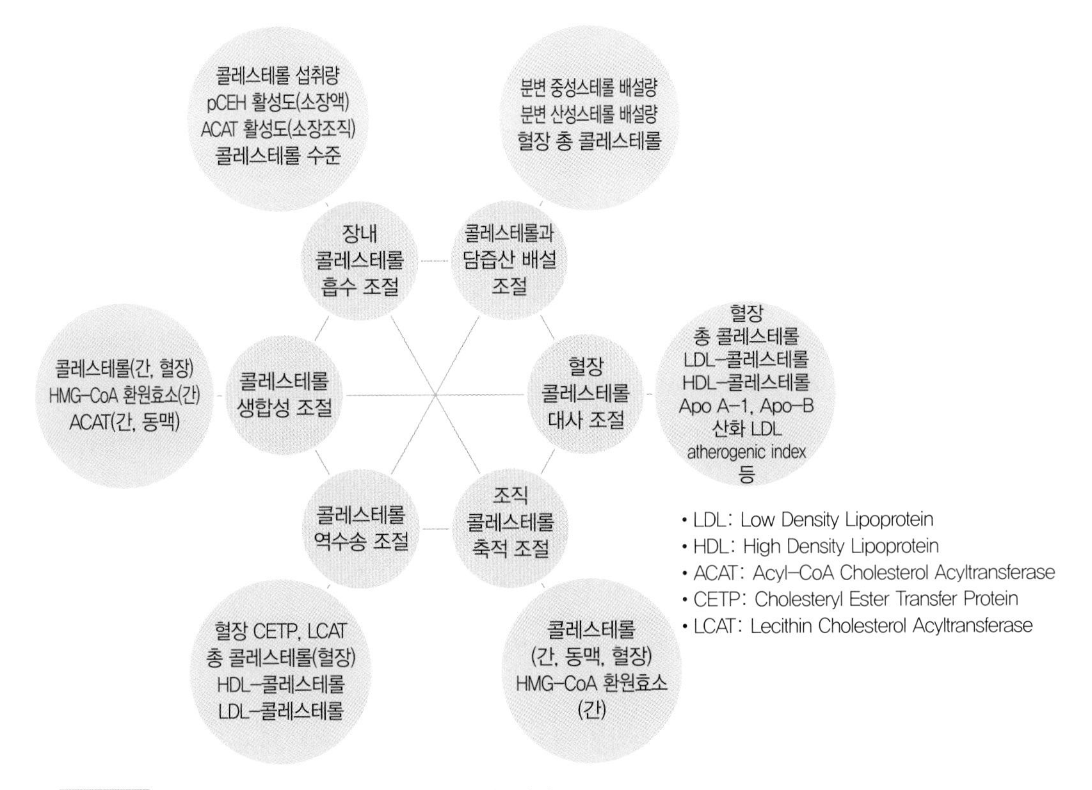

그림 6-22 콜레스테롤 조절 기능성 평가를 위한 바이오마커

비교·분석한다.

- 콜레스테릴 에스터 운반 단백질(CETP: Cholesteryl Ester Transfer Protein) CETP는 사람의 지단백대사와 유사한 토끼와 마우스를 이용한 모델에 주로 적용한다. 혈장 CETP가 HDL의 콜레스테릴 에스터를 LDL이나 VLDL로 이동시키는 정도를 측정한다. CETP 반응 기질 중 CE-도너로 합성 HDL(HDLR)을, CE-억셉터로는 합성 LDL(LDLR)을 제조하고 HDLR은 아가로스(agarose)에 고정시켜 사용한다. 방사선 동위원소를 이용해 [^{3}H]-CE-HDLR(아가로스)에서 LDLR로 이동된 비율인 % CE 트랜스퍼로 나타낸다.
- HMG-CoA 환원효소 간 조직을 초원심분리하여 마이크로솜(microsome)을 세척·분리하고 마이크로솜 단백질 1mg이 생성하는 메발론산염(mevalonate)의 양을 pmole로 나타낸다.
- 콜레스테롤 혈장 지단백질 중 HDL은 덱스트란 황산(dextransulfate)-$MgCl_2$ 침

전법으로 분리하고 혈장 총 콜레스테롤과 HDL-콜레스테롤 농도는 효소적 발색법으로 측정한다. 간 조직의 콜레스테롤 정량은 지질을 추출한 후 혈장 중 콜레스테롤 측정 시와 동일한 방법으로 측정한다.

(5) 기능성 원료

기능성식품은 콜레스테롤 흡수 억제, 담즙산 재흡수 억제, 콜레스테롤 합성 조절 등의 기작으로 건강한 콜레스테롤 유지를 돕는다. 즉, 식품으로 섭취한 콜레스테롤은 소장에서 흡수되어야 체내에서 쓰이는데 키토산·키토올리고당, 식물스테롤 등을 함유한 건강기능식품은 소장에서 흡수되기 어렵도록 콜레스테롤과 결합하거나 콜레스테롤과 구조가 유사하여 흡수를 방해할 수 있다. 이렇게 흡수되지 못한 콜레스테롤은 변으로 배출되므로, 콜레스테롤의 수치를 낮추는 데 도움을 줄 수 있다.

과량의 콜레스테롤은 우리 몸의 간에서 담즙산의 원료로 이용되어, 소장으로 분비된다. 소장에서 지방의 소화를 도와주는 담즙산은 대부분 다시 흡수되는데, 이때 재흡수를 억제하면 배출된 만큼의 담즙산을 만들기 위해 간에서 콜레스테롤을 이용하므로 콜레스테롤 수치를 낮추는 것을 도울 수 있다. 체내 콜레스테롤 생합성 단계 중 합성 속도를 조절하는 특정 효소(HMG-CoA 환원효소)의 작용을 어렵게 해 콜레스테롤의 합성을 방해, 결국 혈중 콜레스테롤의 수치를 낮추는 데도 도움을 줄 수 있다.

마지막으로 혈액 중 LDL의 비율이 높으면 혈관 손상의 위험이 높고 HDL의 비율이 높으면 혈중 콜레스테롤 수치를 낮출 수 있으므로 지단백(HDL, LDL 등)이 콜레스테롤을 운반하는 과정 중 여러 효소를 조절해 혈중 HDL의 수치를 높이거나 LDL의 수치를 낮추어 혈액 중 콜레스테롤 수치 개선을 도울 수 있다. 건강한 콜레스테롤 유지에 도움이 되는 주요 기능성 원료는 다음과 같다.

① 감마리놀렌산

감마리놀렌산은 주로 식물의 종자유에 들어 있는 오메가-6 불포화지방산이다. 체내에서의 역할은 중요한 생리활성물질인 프로스타글란딘을 생산하는 것이며, 감마리놀렌산의 기능도 여기에서 기인한 것으로 보인다. 감마리놀렌산은 식품으로 섭취된 리놀렌산(linolenic acid)으로부터 생성되기도 하는데, 충분히 리놀렌산을 섭취하더라도 연령이나 질병상태, 흡연 그리고 섭취한 식품(알코올, 커피, 트랜스지방산 등)에 의해 감마리놀렌산의 생성이 활발하지 못할 수 있으므로 식품을 통해 감마리놀렌산을 보충할 경우 효과적이라고 알려져 있다. 천연상태에서는 달맞이꽃(evening primrose flower) 종자유에서 감마리놀렌산이 처음으로 발견되었고, 그 후 블랙커런트꽃(black currant flower) 종자유와 보리지꽃(borage flower) 종자유에서도 이것이 발견되었다. 그 밖에 콩, 현미, 밀, 해바라기 등의 유지에도 존재하는 것으로 알려져 있다.

그림 6-23 달맞이꽃

감마리놀렌산은 달맞이꽃, 블랙커런트꽃, 보리지꽃의 종자에서 채취한 유지를 식용에 적합하도록 정제한 기능성 원료로 4.75% 이상 함유되어 있다. 혈액 중 LDL 비율이 높으면 혈관 손상의 위험이 높고 HDL의 비율이 높으면 혈중 콜레스테롤 수치를 낮출 수 있다고 알려져 있다. 감마리놀렌산은 지단백이 콜레스테롤을 운반하는 과정 중 여러 물질을 조절해 혈중 HDL의 수치를 높이거나 LDL의 수치를 낮추는 데 도움을 주는 것으로 추정된다. 하루에 감마리놀렌산 240~300mg(0.2~0.3g) 정도를 섭취하는 것이 권장되며 항응고제, 항혈소판제제 같은 항혈전 관련 약품을 섭취하는 사람의 경우에는 상호작용으로 인해 상처 발생 시 지혈에 문제가 생길 수 있으므로 주의해야 한다.

② 키토산 및 키토올리고당

키토산은 갑각류(게, 새우 등)의 껍질, 연체류(오징어, 갑오징어 등)의 뼈를 가공(분쇄, 탈단백, 탈염화)해 얻어진 키틴을 탈아세틸화해 제조되고, 키토올리고당은 키토산을 효소 처리해 제조된 기능성 원료이다. 콜레스테롤 수치 조절은 여러 가지 요인에 의해 이루어지는데, 키토산 및 키토올리고당의 작용기전은 아직까지 명확히 밝혀지지 않았다. 그러나 키토산 및 키토올리고당은 위에서 지방과 결합하거나 콜레스테롤을 원료로 만들어지는 담즙산과 결합해 배설되는 콜레스테롤의 양을 증가시킨다. 따라서 지방의 흡수를 감소시키고 배설되는 양만큼 담즙산을 합성하기 위해서 체내에 축적된 콜레스테롤이 사용되므로 혈액 내 콜레스테롤의 농도가 감소되는 것으로 추정된다. 하루 권고 섭취량은 1.2~3g 정도이며 장기간 섭취할 경우 지용성

그림 6-24 키틴을 다량 함유한 갑각류

비타민 A, D, E, K의 부족을 초래할 수 있으므로 주의해야 한다. 조개류 등에 대한 알러지가 있거나 비타민과 미네랄을 흡수하는 데 이상이 있는 사람은 섭취하지 말아야 한다.

키틴(chitin)은 갑각류나 곤충류의 껍데기, 곰팡이, 버섯 등 균류에 많이 분포되어 있는 천연물질로 글루코사민과 아세틸글루코사민이 5,000개 이상 결합되어 있는 복합다당류이다. 키틴은 식물의 섬유소(cellulose)와 비슷한 특징을 가지고 있어 인체 내에서 소화되지 않고 지방이나 유해물질 등을 흡착하는 기능이 있는 것으로 알려져 있다. 그러나 잘 녹지 않아 식품의 원료로는 가공 처리(탈아세틸화)한 키토산이나 효소분해해 흡수율을 높인 키토올리고당이 주로 쓰인다.

그림 6-25 아이소플라본을 함유한 대두

③ 대두단백

최근 대두단백 관련 보고에 따르면 자연적으로 아이소플라본을 함유한 대두단백은 콜레스테롤 수치를 낮추는 데 도움이 된다. 미국 FDA는 "매일 대두단백 25g을 섭취하면 혈중 콜레스테롤을 낮추는 데 도움이 된다."라고 인정했다.

대두단백은 대두에서 지방과 당질 부분은 제거하고 단백질 함량이 60% 이상 되도록 농축한 기능성 원료로 천연적인 다이제인(daidzein), 제니스테인(genistein) 등 아이소플라본이 함유되어 있다. 대두단백의 콜레스테롤 수치 조절 작용기전은 아직 명확히 밝혀지지 않았다. 그러나 동물시험 결과 콜레스테롤을 운반하는 지단백 중에서 VLDL과 나쁜 콜레스테롤이라고 알려진 LDL의 수준을 감소시켜 혈중 콜레스테롤 수치를 낮춰준다고 알려져 있다. 하루 권장섭취량은 대두단백 25g 이상이며 안전성에는 문제가 없는 것으로 판단되어 섭취량에 상한치는 없으나 너무 과량을 섭취하지는 않도록 한다. 대두단백 알러지가 있는 경우 섭취 시 주의가 필요하다.

④ 식물스테롤

식물스테롤 또는 식물스테롤에스터는 옥수수, 아몬드, 콩류, 과일·채소류 등 식물에 널리 존재하는 천연물질로, 우리 식생활에서 아주 오래전부터 섭취되어 온 물질 중 하나이다. 우리나라에서는 아직 정확한 조사가 이루어지지 않았지만 일본은 일반 식품으로 하루에 식물스테롤을 평균 400mg(0.4g) 정도 섭취하는 것으로 알려져 있다. 외국에서는 식물스테롤을 마가린이나 버터 등에 첨가하여 사용한다.

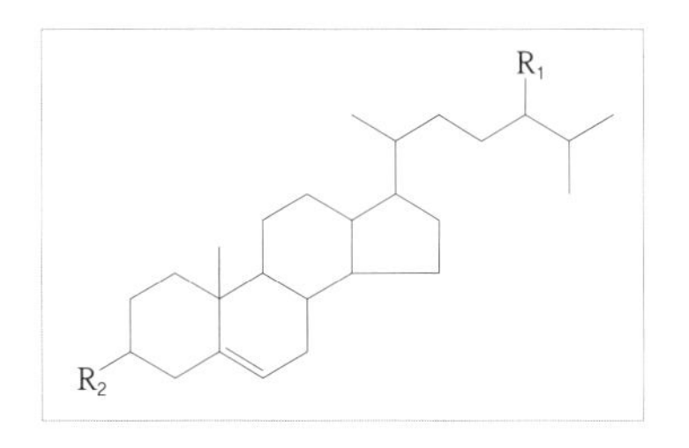

그림 6-26 식물스테롤의 구조

식물스테롤은 대두유, 옥배유(옥수수배아에서 짠 기름), 채종유(채소의 씨에서 짠 기름)를 생산하는 과정에서 생긴 증류물을 추출하여 만든 기능성 원료이다. 섭취된 콜레스테롤은 소장에서 흡수되어 혈액으로 이동하면서 각 조직에서 이용하게 된다. 이때 식물스테롤은 콜레스테롤과 유사한 구조를 가지고 있어 콜레스테롤의 소장 흡수를 방해하여 혈중 콜레스테롤 농도를 낮출 수 있다. 소장 흡수 방해에 대한 정확한 기전은 밝혀지지 않았지만, 식물스테롤이 소장에서 흡수가 안 되어 배출될 때 콜레스테롤도 같이 배출되거나, 콜레스테롤이 흡수되는 것 자체를 방해한다고 알려져 있다. 하루 권장섭취량은 1~3g 정도이며 유전적으로 지방대사에 이상(시토스테롤혈증, 뇌건성황색종증)이 있는 사람은 섭취를 삼가는 것이 좋다. 식물스테롤은 베타카로텐(β-carotene)의 흡수를 방해할 수 있으므로 섭취 시 카로텐이 풍부한 채소와 과일을 많이 섭취해야 한다. 과량 섭취 시 설사나 지방변의 이상 증상이 나타날 수 있으며 일일섭취량이 3g을 넘지 않도록 주의해야 한다. 또한 콜레스테롤 저하작용 및 고지혈증 의약품과 같이 사용하면 식물스테롤의 작용이 너무 강할 수도 있으므로 유의해야 한다.

⑤ 홍국

홍국(紅麴)은 붉은색을 띠는 누룩으로, 영양성분인 전분과 단백질 외에도 리놀렌산, 칼슘, 식이섬유와 같은 미량원소 등이 포함되어 있고, 발효시키는 과정에서 생성되는 각종 유익한 대사물질 및 모나콜린 K(monacolin K) 등을 포함하고 있다. 콜레스테롤 조절과 관련된 보고를 보면 여러 성분 중에서 모나콜린 K가 콜레스테롤 수치 저하 작용이 있는 것으로 보고되어 있다. 홍국은 중국에서 고지혈증 의약품으로

그림 6-27 홍국

사용되며 일본에서도 건강기능식품과 일반 식품에 사용된다.

일반 쌀을 쪄서 홍국균으로 발효시켜 살균·건조시킨 후 분말의 형태로 제조한 기능성 원료로, 기능성분인 모나콜린 K가 0.05% 이상 함유되어 있다. 콜레스테롤은 간에서 여러 과정을 거쳐 만들어지는데, 이때 중요한 효소가 바로 HMG-CoA 환원효소이다. 홍국의 기능성분인 모나콜린 K는 HMG-CoA 환원효소와 결합을 해 효소의 기능을 방해하게 된다. 따라서 콜레스테롤 합성을 방해해 혈중 콜레스테롤의 수치를 낮추는 데 도움을 준다. 하루 권장섭취량은 모나콜린 K 기준으로 4~8mg 정도이며 임산부, 수유부, 간질환 환자, 어린이, 청소년은 섭취를 삼가는 것이 좋다. 드문 경우 복통, 속쓰림, 어지럼증, 복부팽만감을 일으킬 수 있으므로 콜레스테롤 조절 의약품을 복용하는 환자는 의사와 상담해야 한다. 알코올, 갑상선호르몬제, 나이아신, 코엔자임 Q10 등과 같이 섭취할 경우 상호작용이 일어날 수 있으므로 주의해야 한다.

4) 혈중 중성지방 조절

중성지방은 체내 효과적인 에너지원으로 공복 시에는 뇌와 적혈구를 제외한 모든 조직의 주요 에너지원으로 사용된다. 그러나 중성지방이 체내에서 과다하게 합성·축적되면 인슐린의 기능이 저하되고 대사증후군, 당뇨병, 및 심혈관계 질환 등 여러 질병 발생 위험이 높아질 수 있다.

(1) 중성지방 대사

중성지방(TG: Triglyceride)은 1분자의 글리세롤(glycerol)과 3분자의 유리지방산(free fatty acid)이 에스터 결합을 한 형태이다. 중성지방은 글리세롤에 결합되어 있

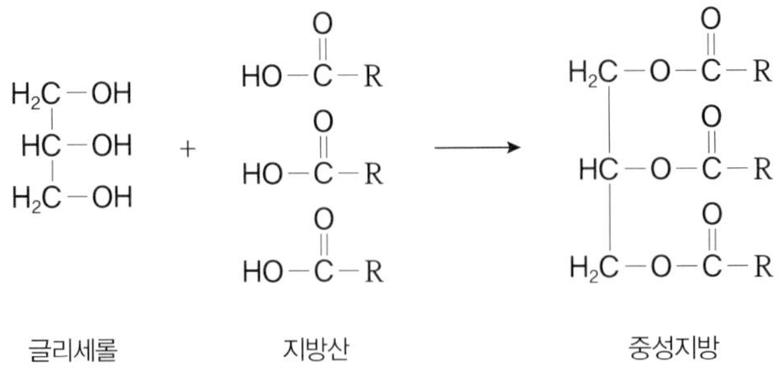

글리세롤 지방산 중성지방

그림 6-28 중성지방의 구조

는 지방산의 종류에 따라 중성지방의 물리적 성질이 달라지고 건강에 미치는 영향이 다르다. 이중결합이 없는 포화지방산이 결합된 경우에는 상온에서 고체인 지방의 형태를 띠고, 이중결합이 있는 불포화지방산이 결합된 경우에는 대개 상온에서 액체인 기름의 형태를 띤다. 식사를 통해 섭취한 지방의 95%는 중성지방이며 나머지 소량은 인지질과 콜레스테롤 등이다. 중성지방은 1g당 9 kcal의 에너지를 생산하며 체내에 저장되는 에너지의 형태는 대부분이 중성지방이다. 잉여 중성지방은 지방조직에 저장되는데, 탄수화물을 많이 섭취해도 간과 지방조직에 중성지방이 축적된다.

공복상태에서는 저장되어 있던 중성지방이 간에서 초저밀도 지단백질(VLDL: Very Low Density Lipoprotein) 형태로 혈액을 통해 분비된다. 따라서 공복 시 혈중 중성지방 농도는 주로 VLDL에 존재하는 중성지방을 반영하게 된다. 일반적으로 12시간 공복상태에서 혈중 중성지방을 측정해 150mg/dL 미만인 경우는 정상, 150~199mg/dL인 경우는 경계성 고중성지방혈증, 200~499mg/dL이면 고중성지방혈증, 500mg/dL 이상이면 매우 높은 고중성지방혈증으로 분류한다.

식사로 지방을 섭취하면 혈액 중의 중성지방 농도가 수시간 동안 상승했다가 12시간 이내에 정상화된다. 고지방 식사 후 혈액에서 순환하는 중성지방의 90% 이상이 소장에서 킬로미크론으로 분비되므로 식후 중성지방 농도는 킬로미크론에 존재하는 중성지방 농도를 의미한다.

① 중성지방의 소화와 흡수

식이로 섭취한 중성지방은 지방 소화효소인 리파아제에 의해 2-모노아실글리세롤과 두 개의 유리지방산으로 가수분해된다. 성인이 섭취한 대부분의 중성지방은 췌장에서 분비되는 췌장 라이페이스(lipase)에 의해 가수분해된다. 췌장 라이페이스의 작용을 받으려면 중성지방은 담즙산에 의한 유화 과정을 거쳐야 하며 지방의 흡수는 소장내막세포에서 일어난다. 담즙산과 지방 소화물질인 2-모노아실글리세롤, 유리지방산, 인지질, 콜레스테롤은 장관 내에서 마이셀(micelle)을 형성해 소장내막세포로 흡수된다.

② 중성지방의 체내 이동

지방은 지단백질(lipoprotein)의 형태로 혈액을 순환한다. 지단백질은 구형으로

표 6-8 혈중 중성지방 수준에 따른 고중성지방혈증 분류

혈중 중성지방 수치	판정 기준
< 150mg/dL	정상 수준(안전 수준)
150~199mg/dL	위험해질 수 있는 수준(경계 수준)
200~499mg/dL	위험 수준(높은 수준)
500mg/dL	고도 위험 수준(매우 높은 수준)

자료: 한국지질동맥경화학회(2015). 이상지질혈증 치료지침.

표면은 수용성인 단백질과 인지질 같은 물질로 싸여있고 그 중심에는 중성지방, 콜레스테롤에스터 같은 소수성 물질이 존재한다. 이러한 형태는 소수성 물질인 지방 성분이 혈액 내 순환하는 것을 가능하게 한다. 중성지방을 필요한 조직과 기관으로 이동시키는 주요 지단백질은 킬로미크론과 초저밀도 지단백질(VLDL: Very Low Lipoprotein)이다. 킬로미크론은 소장에서 생성되며 음식으로 섭취된 식이 지방을 간과 말초세포로 이동시키는 운반체의 기능을 한다. 중성지방(80-90%)이 주성분이고 그 외에 인지질(2~7%), 콜레스테롤(3~8%), Apo B-48(1~2%)로 구성되어 있다. VLDL은 간에서 생성되며, 중성지방을 말초조직으로 이동시킨다. 혈액을 순환하는 동안 VLDL은 지단백질 분해효소에 의해 중성지방이 분해되어 함량이 감소하면서 전체적으로 중성지방 비율이 감소하고 콜레스테롤 비율이 증가한 LDL로 전환된다. VLDL의 구조 및 구성은 킬로미크론과 유사하나 크기가 더 작고 중성지방량이 더 적다(중성지방 50~60%, 인지질 15~20%, 콜레스테롤 20~25%, Apo B-100 5~10%). 지단백질 표면에 있는 수용성 단백질을 아포지단백질(apolipoprotein, Apo)이라고 한다. 중성지방 이동에 관여하는 주요 아포지단백질은 Apo B-48, Apo B-100, Apo CII가 있다.

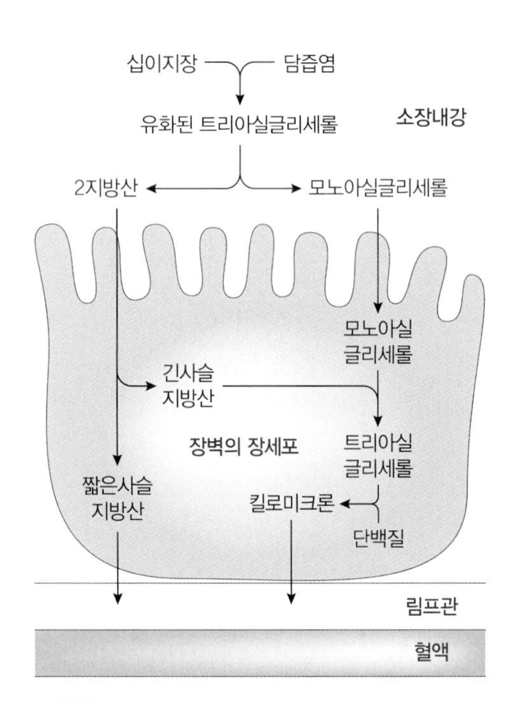

그림 6-29 중성지방의 소화 흡수 과정

③ 중성지방의 합성

중성지방의 합성은 지방산 합성과 중성지방 합성 과정을 거치게 된다. 지방세포에 저장된 중성지방은 가수 분해되어 유리지방산의 형태로 간으로 전달된다. 간으로 전달된 유리지방산은 먼저 아실-CoA 합성효소에 의해 코엔자임 A와 결합해 활성화된 지방산의 형태인 fatty acyl CoA로 전환된다. 포도당에서도 지방산이 합성되는데, 포도당은 일련의 화학 반응(해당 작용)을 통해 최종적으로 피루브산으로 전환된다. 피루브산은 아세틸-CoA로 전환되고 아세틸-CoA는 아세틸 CoA 카복실기제거효소(acetyl CoA carboxylase)의 작용에 의해 말로닐-CoA로 전환되어 지방산합성효소복합체(fatty acid synthase complex, FAS)의 작용으로 지방산을 합성하게 된다. 식이로부터 섭취한 지방산이나 세포 내에서 생성된 지방산은 지방 아실 조효소 A(fatty acyl CoA)를 형성한 후 글리세롤과 결합해 중성지방을 합성된다.

④ 중성지방의 분해

중성지방 분해 조절은 크게 지단백질 대사에 관여하는 효소 활성 조절과 중성지방 가수분해로 생성된 유리지방산의 산화(β-산화)로 나누어진다. 지단백질의 중성지방을 분해하는 주요 효소들은 지단백질 분해효소, 간 중성지방 분해효소, 호르몬 민감성 지방분해효소 등이 있다. 지단백질 분해효소는 중성지방대사에 특히 중요한 가수분해 효소로 혈관 내피세포에 존재하다가 킬로미크론 및 VLDL의 Apo CII에 의해 활성화되면 중성지방을 분해해 유리지방산과 글리세롤로 분해시킨다. 간 중성지방 분해효소는 중성지방이 풍부한 지단백질에 작용해 VLDL을 LDL로 전환시켜준다. 호르몬 민감성 지방분해효소는 호르몬에 반응해 중성지방을 분해하는 역할을 하며 식후에는 인슐린의 농도가 높아져 활성이 억제되므로, 중성지방의 분해를 막고 중성지방을 축적하는 방향으로 진행된다. β-산화는 식이 중성지방이나 체지방에서 분해된 유리지방산을 산화시킨다. 지방산이 산화되기 위해서는 우선 아실 조효소 A(acyl-CoA)로 활성화된 후 CPT(Carnitine Palmitoyl Transferase)에 의해 미토콘드리아 내부로 이동한 다음 β-산화 과정을 통해 아세틸-CoA 형태로 방출되고 이렇게 생성된 아세틸-CoA는 시트르산 회로로 들어가 산화되어 분해되거나 생체에 필요한 물질을 생합성하는 데 이용된다.

(2) 기능성 평가

혈중 중성지방 수준은 공복 시 혈중 중성지방 농도를 측정하거나 식후 중성지방 농도를 측정하여 평가할 수 있다. 중성지방의 소화와 흡수를 평가하기 위해서는 췌장의 라이페이스 활성, 소장의 중성지방 흡수율, 변으로의 중성지방 배출을 측정하면 된다.

중성지방의 체내 이동 측정을 위해서는 아포지단백질 농도, 킬로미크론 내 중성지방 및 아포단백질(apoprotein) B-48 농도, VLDL 내 중성지방 농도 등을 측정한다. 중성지방의 합성을 평가하기 위해서는 지방산 합성 관련 지표로서 혈중 유리지방산 농도, 관련 효소 활성(glycerol-3-phosphate dehydrogenase, acetyl-CoA carboxylase 1, ATP citrate lyase, fatty acid synthase 등)을 측정하며, 중성지방 합성 관련 지표로서 조직(간, 지방)의 중성지방 농도, 관련 효소 활성(glycerol-3-phosphate acyltransferase, diacylglycerol acyltransferase, monoacylglycerol acyltransferase 등)을 측정하며, 중성지방 합성 관련 mRNA 발현을 측정한다. 중성지방의 분해 측정을 위해서는 지단백질대사에 관여하는 주요 효소(지단백질 분해효소, 간 중성지방 리파아제, 호르몬 민감성 지단백질 분해효소) 활성을 측정하며, 지방산 산화 관련 효소(acyl CoA synthetase, carnitine palmitoyl transferase) 활성을 측정하며, 지방산 산화와 관련된 mRNA 발현을 측정한다.

(3) 기능성 원료

식품의약품안전처에서 인정한 기능성 원료로는 DHA농축유지, 정어리정제어유, 정제오징어유, 식물성디글리세라이드, 글로빈가수분해물, 난소화성 말토덱스트린, 대나무잎추출물이 있다.

- DHA농축유지　중성지방 합성에 관여하는 여러 유전자의 발현을 억제함으로써 중성지방의 합성을 감소시키며, VLDL-중성지방 합성을 억제함으로써 중성지방의 수치를 낮추는 것으로 보고되었다. 또한 킬로마이크론 대사 조절을 통해 식후 중성지방수치 역시 억제하는 것으로 알려졌다. 혈중 중성지방 개선을 위해서는 일일 1~2g 정도 오메가-3 지방산의 섭취가 권장된다.
- 정어리정제어유와 정제오징어유　DHA가 21% 이상, EPA가 10% 내외로 오메가-3 지방산이 30% 이상 함유되어 있다. 식물성 디글리세라이드의 주성분은 1,3-다

이아실글리세롤(diacylglycerol, 1,3-DAG)로 가수분해되면 1-모노아실글리세롤(monoacylglycerol, 1-MAG)과 유리지방산으로 분해되거나, 글리세롤과 유리지방산으로 분해된다. 디글리세라이드의 가수분해물질인 1-MAG는 일반 유지(중성지방)의 가수분해물질(2-MAG 와 유리지방산)인 2-MAG에 비해 킬로미크론-중성지방으로 합성되기 어렵기 때문에 킬로미크론의 체내 이동을 지연시킨다. 또한 디글리세라이드로부터 만들어진 킬로미크론 입자는 MAG와 1,3-DAG를 더 가지고 있는 반면, 중성지방은 적어 지단백질 분해효소에 의해 DAG 유래 킬로미크론의 제거를 가속화시킨다. 난소화성말토덱스트린은 대장에서 발효되어 프로피온산 등의 짧은 사슬지방산(short chain fatty acid)의 생성을 증가시키는데 프로피온산 등은 대장에서 흡수되고 간으로 이동하여 중성지방 합성을 저해하는 것으로 알려졌다.

- 글로빈가수분해물 콩에 함유된 글로빈 단백질로 소장에서 콜레스테롤 및 담즙산의 흡수 저해, 인슐린과 글루카곤의 비율 감소, 갑상선호르몬 농도의 증가와 아포리포단백질 B/E 수용체 증가 등의 기전으로 혈중 중성지방 농도를 개선하는 것으로 알려졌다.
- 대나무잎추출물 지방 흡수를 저하시켜 변으로의 중성지방 배설을 촉진하여 혈중 중성지방을 저해시키는 것으로 알려졌다.

5) 혈압 유지

혈관은 심장박동에 의해 혈액을 인체의 각 부분으로 운반하고, 다시 심장으로 되돌아오게 하는 역할을 하는 통로이다. 혈액 순환 시 혈관벽에 걸리는 압력을 혈압이라고 하며, 최고 혈압과 최저 혈압으로 나타낼 수 있다. 최고 혈압은 심장이 수축할 때의 혈압으로 수축기 혈압(systolic blood pressure)이라고도 부른다. 최저 혈압은 심장 이완 시의 혈압으로 확장기 혈압(diastolic blood pressure)이라고도 한다. 고혈압(high blood pressure 또는 hypertension)은 정상 범위를 넘어 지속적으로 높게 나타나는 혈압으로 최근 한국인의 주요 사망 원인이 되고 있다.

대한고혈압학회에서 설정한 기준에 따르면 수축기 혈압이 140mmHg 이상, 확장기 혈압이 90mmHg 이상인 경우 고혈압으로 분류된다. 고혈압은 모든 성인병의 원인이 되는 만성퇴행성질환으로 관리가 잘 안 되는 질병 중 하나이다. 2014년 국민건강통계에 따르면, 남녀 모두 연령이 증가할수록 고혈압 유병률이 증가하는 것으로 조사되었다.

(1) 혈압 조절 기전

생체에서 혈압은 여러 계(system)에 의해 조절되며 이와 관련된 작용기능은 앤지오텐신(angiotensin) 전환효소(ACE: Angiotensin Converting Enzyme) 저해, 혈관 확장, 이뇨, 교감신경 차단, 5-HT2 수용체 차단 등으로 분류할 수 있다. 이 중에서 식품성분과 관계가 깊은 것은 이뇨작용과 앤지오텐신 전환효소 저해작용이다. 레닌-앤지오텐신-알도스테론계는 혈압 조절과 관련된 가장 대표적인 계로 간에서 생성된 앤지오텐시노겐(angiotensinogen)이 레닌의 작용으로 앤지오텐신 I으로 전환된 후 다시 앤지오텐신 전환효소의 작용으로 앤지오텐신 II로 활성화되어 혈압을 높인다.

앤지오텐신 전환효소는 신장의 단백질 가수분해 효소인 레닌이 분자량 5만 7,000의 당단백질인 앤지오텐시노겐에 작용해 생성되는 앤지오텐신 I에 작용해 혈압 상승인자인 앤지오텐신 II를 생성하는 반응을 촉매한다. 앤지오텐신 II는 말초모세혈관을 수축시켜 교감신경이나 부신을 자극해 카테콜아민(catecholamine) 방출을 촉진함으로써 혈압을 상승시킨다. 또한 부신피질호르몬인 알도스테론(aldosterone)의 분비를 높여 Na 이온의 재흡수와 K 이온 방출을 촉진하고, 수분을 저장하며 순환 혈류량을 증가시킴으로써 혈압을 높인다. 다른 혈압조절계로는 칼리크레인-키닌(kallikrein-kinin)계가 있다. 칼리크레인-키닌계를 경유해 키니노겐(kininogen)이 브래디키닌(bradykinin)으로 활성화되고 강력한 혈관확장제인 PGI2(prostaglandin I2, prostacyclin)와 PGE2를 증가시켜 결국 나트륨의 배설량을 증가시킨다. 이외에도 항이뇨호르몬인 아르기닌 바소프레신(arginin vasopressin)과 강력한 이뇨, 나트륨 배

표 6-9 고혈압 판정 기준

수축기 혈압(mmHg)	확장기 혈압(mmHg)	분류	대응 방법
120 미만	80 미만	정상 혈압	정기적인 검사
120~130	80~90	고혈압 전 단계	식이 조절 및 적당한 체중 유지
140 이상	90 이상	고혈압	식이 조절 및 약물요법

자료: 대한고혈압학회 설정 기준.

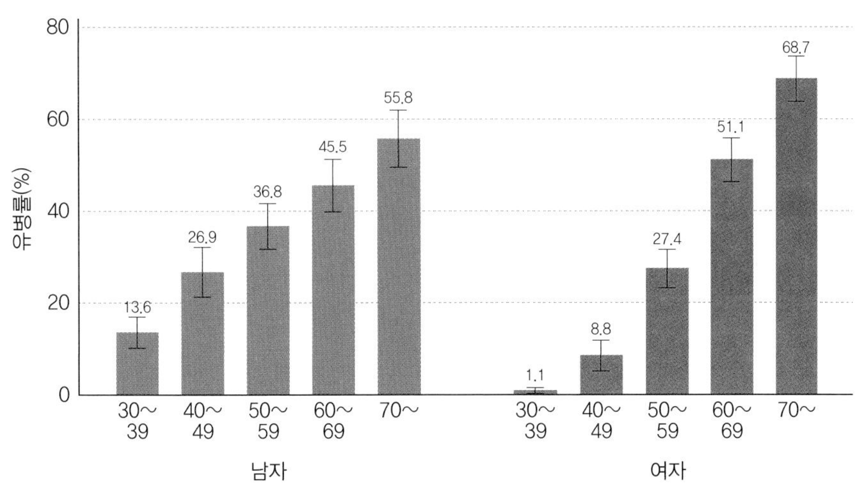

그림 6-30 연령별 고혈압 유병률

자료: 보건복지부(2014). 국민건강통계Ⅰ.

설 및 혈관 확장작용을 하는 심방성 나트륨이뇨펩타이드(atrial natriuretic peptide) 등이 혈압 조절에 관여한다.

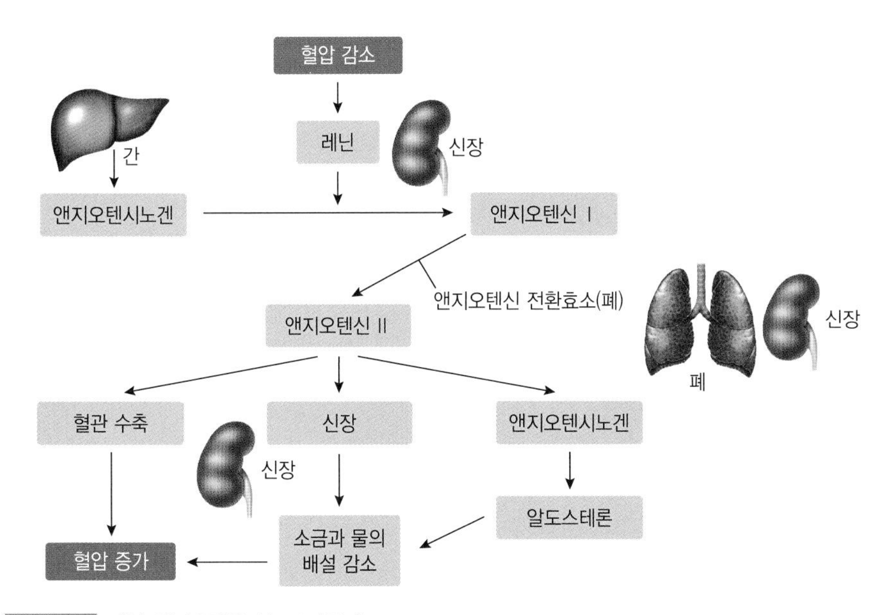

그림 6-31 레닌-앤지오텐신-알도스테론계

(2) 합병증

일반적으로는 고혈압 그 자체보다 고혈압이 지속되면서 나타나는 합병증이 문제가 된다. 고혈압은 혈액 중 지질 조성의 이상과 당뇨병 등과 함께 동맥경화증의 주원인으로 작용해 장기 손상, 나아가 심장병과 뇌졸중을 유발한다. 고혈압의 합병증은 크게 고혈압 자체에 의한 합병증과 2차적으로 동맥경화가 촉진되어 나타나는 합병증으로 구분할 수 있다. 고혈압 합병증으로는 주로 뇌, 심장, 신장, 눈 및 대동맥 등에 손상이 나타나게 된다.

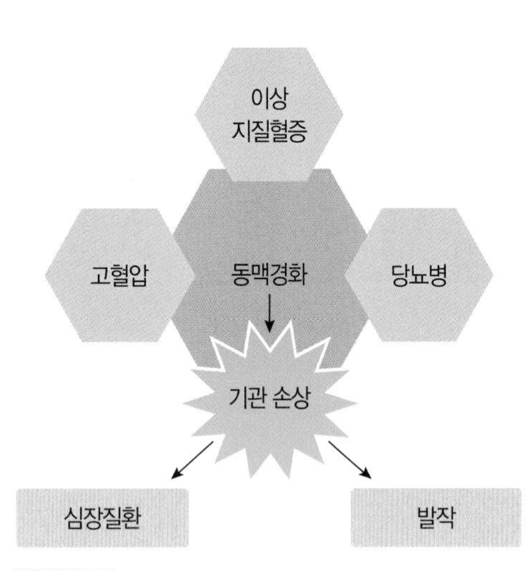

그림 6-32 고혈압의 합병증

고혈압 자체에 의한 합병증으로는 악성 고혈압, 심부전, 뇌출혈, 신경화증 등 대동맥질환이 있다. 2차적 합병증으로는 관상동맥질환, 부정맥, 뇌경색(뇌졸중, 중풍), 말초혈관질환 등이 있다.

(3) 고혈압 예방

고혈압은 한 번 발병하면 완치가 어려워 혈압을 지속적으로 조절해야 하므로 약물치료와 식사 및 생활습관 개선을 병행해야 한다. 혈압은 유전적인 요인, 성별, 나이에 좌우되나 식사 및 생활습관을 개선해 정상적인 혈압을 유지하는 것이 중요하다. 혈압을 정상 수준으로 유지하기 위해서는 무엇보다 식이를 조절해야 하며 가장 중요한 것은 염분 섭취를 줄이는 것이다. 사람마다 염분 섭취에 따른 혈압의 반응이 다르나, 하루 약 10.5g의 소금을 섭취하는 사람이 섭취량을 반으로 줄이면 수축기 혈압이 평균 4~6mmHg 감소하는 것으로 보고되었다. 다음으로는 동물성 지방과 당분의 섭취를 조절하는 것을 들 수 있다. 이를 통해 과체중과 비만을 예방해 동맥경화증을 줄이고 궁극적으로는 고혈압을 조절하는 데 도움을 줄 수 있다. 신선한 과일이나 채소를 많이 섭취해 칼륨 섭취를 증가시키고 나트륨의 배설을 촉진하도록 도와주는 것 또한 고혈압 조절에 도움이 된다. 비만인은 정상인보다 심장마비나 뇌일혈 위험성이 여덟 배 정도 높은 것으로 알려져 있으므로 규칙적인 운동으로 정상 체중을 유지해야 한다. 흡연은 동맥경화증과 고혈압을 유발할 수 있으므로 고혈압

환자는 흡연을 피하는 것이 좋다.

(4) 혈압 조절 관련 기능성 평가 방법

혈압 조절의 기능을 평가하는 지표는 기본적으로 혈압 자체를 사용하는 것이 원칙이다. 그러나 정상 혈압의 개체 간 편차가 크므로 혈압의 변동을 예측하거나 혈압 변동과 연관된 질환의 발생 가능성을 예측하는 데 도움이 되는 바이오마커를 병행하여 개체 간의 혈압 편차를 보완할 필요가 있다. 관련 바이오마커로는 앤지오텐신 전환효소를 비롯한 레닌-앤지오텐신계, hs-CRP(high-sensitivity C-Reactive Protein), 혈장호모시스테인 농도 등을 측정한다.

① 앤지오텐신 전환효소

레닌-앤지오텐신계는 가장 일반적으로 접근할 수 있는 혈압 조절 기능성 평가 방법으로 혈압 변동과 밀접한 관련이 있으며 혈압 상승에 기여하는 기전에 대해 많은 연구가 이루어지고 있다. 신장은 나트륨(Na)의 함량을 조절해 혈압을 일정하게 유지시키는데, 신장에서 분비된 레닌에 의해 앤지오텐신 I이 생성되고, 앤지오텐신 I은 앤지오텐신 전환효소에 의해 앤지오텐신 II로 변환된다. 앤지오텐신 II는 혈관을 수축시키고, 신장에서 나트륨 재흡수를 통해 혈액량을 증가시켜, 결국 혈압을 상승시킨다. 이 과정에 관여하는 여러 단계를 조절해주면 혈압 조절이 가능하다. 레닌-앤지오텐신계 활성과 관련한 지표로는 방사선원소 표지법을 이용해 혈장 내 레닌, 앤지오텐시노겐, 앤지오텐신 II 농도를 측정하거나 분광법을 이용해 혈청 중 앤지오텐신 전환효소의 활성을 측정하는 방법이 있다.

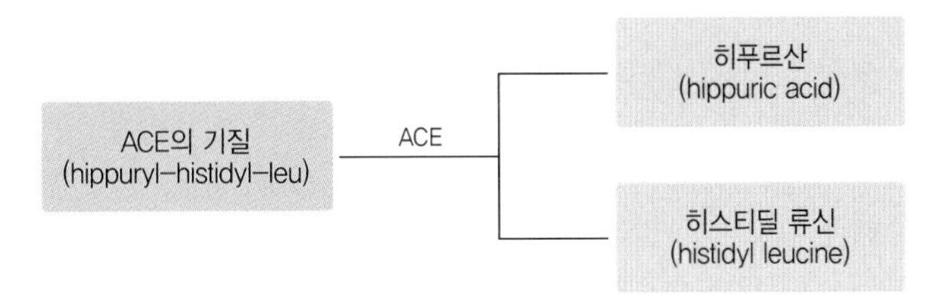

그림 6-33 앤지오텐신 전환효소 활성 측정 원리

② 혈압 측정

혈압 조절 기능성 평가를 위한 생체 내(*in vivo*) 모델로는 사람의 본태성 고혈압을 모델링한 고혈압 모델 래트(spontaneous hypertensive rat)를 이용하는 방법이 가장 일반적이다. 고혈압 모델 래트에 건강기능식품 소재 또는 식품을 투여하고 혈압 상승 억제 효과를 측정함으로써 건강기능식품 또는 소재의 혈압 상승 억제 효과를 직접적으로 측정하는 것이다. 이때 꼬리정맥혈압측정기를 이용하여 수축기(최대 혈압), 확장기(최소 혈압) 및 심박수 등을 측정하게 된다.

③ 호모시스테인

체내 아미노산 중 하나인 메싸이오닌(methionine)이 분해되면서 생성되는 유해물질로 티올(thiol)기를 포함한 아미노산의 일종이다. 지금까지는 심장병과 뇌졸중 등 혈관질환을 유발하는 요인으로 콜레스테롤 등이 손꼽혔으나, 최근 연구 결과 콜레스테롤 수치가 정상이라도 호모시스테인 농도가 높으면 혈관질환이 발생할 수 있다는 사실이 알려졌다. 호모시스테인은 혈관벽을 파괴시켜 혈전을 형성하며 고혈압, 관상동맥질환 및 다양한 혈관질환의 발생에 관여하는 것으로 보고되고 있다. 이와 같이 호모시스테인의 농도가 높은 사람은 현재 질환이 없더라도 고혈압, 심장병 등 혈관 손상 관련 질환이 발생할 가능성이 있고 이는 hs-CRP와 유사하게 앞으로 나타날 질환을 예측하도록 도와준다. 체내 호모시스테인은 총 호모시스테인, 유리 호모시스테인, 혼합된 이황화(mixed-disulfide)형 호모시스테인 등 여러 형태로 존재하므로, 이를 측정할 때는 유리 형태(free-homocystein)로 전환시키고 형광분석법 및 흡광분석법을 이용해 측정한다.

④ hs-CRP

염증성 질환에 대한 중요한 바이오마커로 사용되어왔으며 혈장 내 반감기가 매우 길다. 건강한 사람의 혈액에는 약 3mg/L 이하의 농도로 존재하나 염증 발현 시에는 약 1,000배 정도 증가되는 특징이 있다. 최근 단순한 염증성 질환보다는 고혈압을 포함하는 심혈관계 질환의 환자에게서 유의성 있는 연관성을 나타내는 결과들이 보고됨에 따라 고혈압을 포함한 심혈관계질환에 대한 신규 바이오마커로 제시되고 있다. hs-CRP(high-sensitivity C-Reactive Protein)는 콜레스테롤 등 여러 생화학

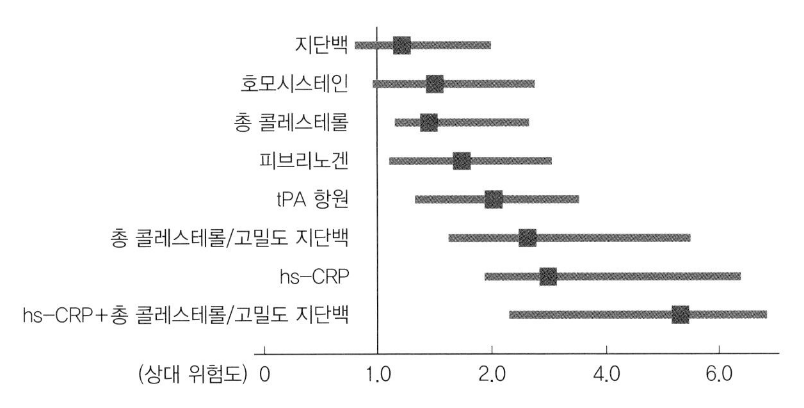

그림 6-34 건강한 남성의 여러 바이오마커에 따른 심혈관계 질환 발병 예측에 대한 상대 위험도 비교

자료: High Sensitive C-Reactive Protein and Atherosclerosis(2000), From theory to therapy, Clinica l Biochemistry, 33:601-610.

적 바이오마커 중에서도 심혈관계질환 발병 예측률이 높아 질환 발생 예측을 도와준다.

⑤ 기능성 원료

식품의약품안전처에서 혈압 조절에 도움을 주는 것으로 인정한 원료로는 정어리 펩타이드가 있다. 정어리는 청어과의 바다 물고기로 아미노산이 풍부하며 식품으로 다양하게 이용된다. 정어리 펩타이드에는 발린(valine), 아르기닌(arginine), 아스파라긴산(aspartic acid), 글루타민산(glutamic acid), 프롤린(proline), 라이신(lysine) 등 각종 아미노산이 풍부하며, 여러 종류의 펩타이드 중 발린-티로신(valine-tyrosine) 펩타이드가 혈압을 낮추는 작용을 하는 것으로 보고된 바 있다.

정어리 펩타이드는 인체 내 혈압 조절에 도움을 주는 성분인 발린-티로신이 함유되어 있어 혈압을 조절시켜준다. 즉, 정어리 펩타이드의 발린-티로신은 앤지오텐신 I에서 앤지오텐신 II가 되도록 촉매하는 효소의 작용을 방해해 궁극적으로 혈압 상승 호르몬인 앤지오텐신 II의 생성을 방해할 수 있다. 이와 같은 기작으로 정어리 펩타이드는 우리 몸의 혈압 상승물질을 조절해 혈압이 약간 높은 사람의 혈압을 조절하는 데 도움을 주는 것으로 알려져 있다. 정어리 펩타이드는 정상인보다 약간 높거나 경계선 고혈압인 사람에게 적합한 건강기능식품의 원료로 발린-티로신의 하루 섭취량은 2.5~4.0mg 정도로 제시되어 있으며 과량 섭취 시 혈압 저하라는 부작용이 나타날 수 있으므로 6mg을 초과하여 섭취하지 않도록 권하고 있다.

6) 혈액 흐름

(1) 건강한 혈액의 흐름

혈액은 신체 각 조직으로 산소와 영양분을 공급하고, 필요한 호르몬을 운반하며 세포에서 만들어 낸 노폐물을 제거하는 한편 외부 유해물질로부터 세포를 방어하는 작용을 한다. 또한 적절한 체온을 유지, 지혈작용 등 체내 항상성 유지에 중요한 역할을 한다. 원활한 혈액의 흐름은 신체 기능을 유지하는 데 매우 중요하며 혈액 흐름에 장애가 발생하면 순환기계질환(뇌혈관질관, 심장질환 등) 발병 가능성이 높아진다. 식생활 습관, 유전적인 요인, 관련 질환의 유무 등이 혈액 흐름에 영향을 주는 요인으로 알려져 있으며, 생활 수준이 증가하고 선진화가 진행될수록 발병률이 증가하는 경향을 보이고 있다. 순환기계질환은 미국, 유럽, 아시아 등 전 세계적인 주요 사망 원인으로 조사되었으며 우리나라 역시 뇌혈관질환과 심장질환이 높은 순위를 차지하고 있다(그림 6-35).

(2) 혈액의 흐름에 영향을 주는 주요 인자

① 혈구세포 및 혈액 응고인자

혈액은 혈장 및 혈구세포로 구성되어 있다. 혈장은 혈액 응고와 관련된 응고인자(coagulation factor)로 구성되어 있고 혈소판, 적혈구, 면역세포 등 혈액세포들과 다양한 상호작용을 주고받으며 각 세포작용의 평형상태를 유지하고 있다. 혈액은 영양분과 산소를 신체 각 조직에 공급하고 대사 노폐물을 제거함으로써 조직의 항상성 유지에 중요한 역할을 한다. 이를 위해서는 구성세포 및 조직의 기능이 정상적으로 유지되어야 하며 혈액 흐름이 원활하게 지속적으로 유지되어야 한다.

혈소판은 지름 2~4μm의 작은 세포로 생존 기간이 5~7일 정도로 짧다. 혈관이 손상되면 혈소판이 활성화되어 손상 부위에 응집함으로써 지혈작용을 하게 된다. 혈관이 손상되는 경우 혈관내벽의 콜라겐(collagen), 폰빌레브란트 인자(von willebrand factor), 피브로넥틴(fibronectin) 등이 노출되면서 혈소판 부착

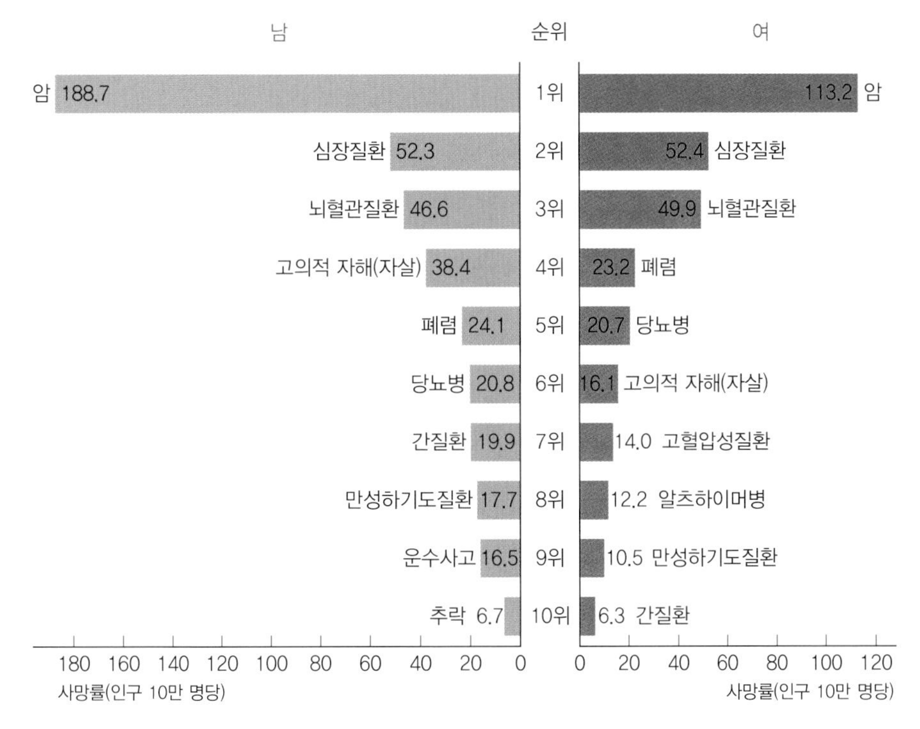

그림 6-35 우리나라의 주요 사망 원인

자료: 통계청(2014).

을 촉진하게 된다. 혈소판은 활성화되면서 세로토닌(serotonin), Ca^{2+}, 트롬복산 A2(thromboxane A_2) 등을 유리해 주위의 다른 혈소판 응집을 증폭시키고, 혈장에 존재하는 응고인자와 반응해 혈액덩어리(blood clot)를 형성하며 더 신속하고 효과적으로 지혈되도록 한다. 지혈작용은 손상된 부위로부터 혈액 손실을 최소화하고 혈액의 정상적인 순환을 유지하기 위한 방어기전이다. 정상 혈관에서는 항상성을 유지하기 위해 지혈기전이 활성화되는 동시에 억제 반응이나 혈액덩어리 분해 반응들이 균형을 이루고 있다.

한편 혈액 내의 적혈구는 주로 산소를 전달해준다. 헤모글로빈은 적혈구의 30%를 차지하며 적혈구의 산소 전달 역할을 주로 담당한다. 적혈구는 양쪽이 오목한 지름 약 8μm인 원판 모양이고, 모세혈관의 지름은 평균 6μm 정도로 대개 적혈구보다 지름이 작아 적혈구가 모세혈관을 통과하기 위해서는 적혈구의 형태가 커져야 한다. 따라서 적혈구 변형 능력이 모세혈관에서 혈액 흐름의 속도와 양에 영향을 미친다. 당뇨병, 고혈압 등 여러 가지 만성 성인병질환으로 인해 단백질 또는 지방이 산화되거나 세포막의 유동성이 변화되는 경우에는 적혈구의 변형능이 현저히 감소해 혈액 흐름이 느려지고 전단응력(sheer stress)이 발생하는 등 혈액의 흐름에 장애가 발생할 수 있다. 아울러 백혈구와 혈소판은 원래 점착성이나 응집성이 없다. 그러나 혈관 주위의 감염 부위나 혈관 손상 부위에서 분비되는 자극물질에 의해 점착성과 응집성을 갖게 되고 결국 혈관내벽에 달라붙는다. 이와 같은 점착성과 응집성이 과도하게 일어날 경우에도 혈관의 지름이 좁아져 적혈구의 흐름을 방해하게 된다.

② 혈관 내피 세포

혈관을 구성하는 세포도 혈액 흐름에 영향을 미친다. 혈관층 중 내막(intima) 표면에 단일층으로 존재해 혈전을 차단하는 역할을 수행하며 동시에 폰빌레브란트 인자(von willebrand factor), 피브로넥틴(fibronectin) 및 트롬보플라스틴(thromboplastin)과 같은 물질을 유리해 혈액 응고(coagulation)와 혈전증(thrombosis)을 촉진시키기도 한다. 또한 미세분자를 혈관벽으로 수송해주고 면역세포의 부착(attachment)과 모집(recruitment)에 관여한다. 특히 내피세포는 혈관 조절물질을 유리해 혈류량 및 속도를 조절함으로써 혈관 내 혈액의 흐름을 일정하게 유지시켜준다.

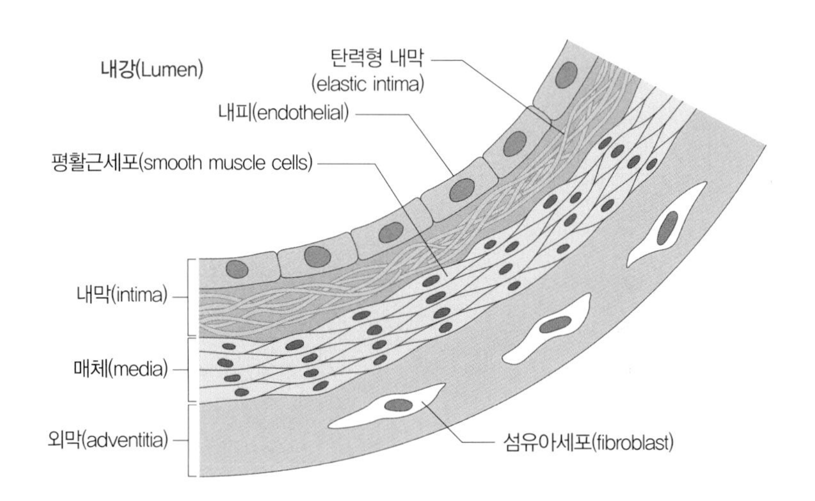

그림 6-36 혈관의 구조

(3) 건강한 혈액 흐름을 방해하는 요인

① 과도한 혈액 응고 반응 및 혈전 생성

혈관이 손상되면 그 부위에 혈소판이 모여들고, 여러 조절물질과 함께 혈액덩어리를 형성하여 지혈이 이루어진다. 정상적인 경우에는 지혈 후 지혈작용이 억제되고, 혈액덩어리가 다시 분해되어 혈액의 항상성이 유지되나 여러 요인으로 인해 이러한 균형이 깨지면 혈전이 생성된다. 정상적인 경우 혈소판이 부착성을 나타내지 않지만, 혈관벽이 손상될 경우 혈관내벽에 존재하는 콜라겐 피브릴(collagen fibril), 혈소판 저장립(platelet storage granules)에서 유래된 ADP, 응집작용에 의해 생성되는 트롬빈(thrombin) 등에 의해 변형되어 응집성을 띠게 된다. 이처럼 비정상적인 혈소판 응집은 혈전을 형성시키고 혈액의 흐름을 방해하며, 더 진행될 경우 허혈이나 경색을 일으켜 심근경색, 심장발작, 동맥경화증의 원인이 될 수 있다. 혈소판이 활성화됨에 따라 여러 가지 혈관 조절 인자들이 유리되어 혈소판 활성화가 증폭되며 혈관내피 손상이 진행되어 정상적인 심혈관기능이 저해된다. 대표적인 혈관 조절물질인 세로토닌은 혈액 내에서 대부분 혈소판에 의해 저장되었다가 혈소판이 활성화되면 유리되어 다시 혈소판의 5-HT 수용체에 작용해 응집을 촉진시키므로 혈소판 활성화의 바이오마커로 사용되기도 한다. 트롬복산 A_2도 대표적인 혈관 조절 인자 중 하나이다. 마지막으로 혈액 내의 응고인자들이 순차적으로 활성화되면서 생성된 섬유소가 일차적으로 만들어진 혈전에 부착되며 더욱 단단한 덩어리를 형성해 출혈이 멎게 되는 '응고 단계'가 일어난다. 지혈작용은 손상된 부위로부터의 혈액의 손실을 최소화하고 혈액의 정상적인 순환을 유지하기 위한 방어기전이다. 정상 혈관에서는 지혈기전의 활성화 반응과 함께 억제 반응이나 혈전 분해 반응들이 균형을 이룸으로써 항상성을 유지하고 있다.

한편, 혈액 응고인자의 활성화는 내인성 경로(intrinsic pathway)와 외인성 경로(extrinsic pathway)를 통해 섬유소를 형성하는 과정이다. 즉, 혈액 응고인자의 활성화에 의해 혈소판 응집으로 이루어진 1차 지혈마개(hemostatic plug)에 섬유소가 합쳐져 견고한 2차 지혈마개가 완성된다. 내인성 경로에서는 접촉인자(contact factor)에 의해 XII인자의 활성화가 이루어진 후 순차적으로 XI·IX·X인자가 활성화되어 트롬빈(thrombin)을 형성한다. 외인성 경로에서는 손상받은 조직에서 유출되는 조직

인자(tissue factor, TF)가 VII인자와 결합해 복합체를 합성해 IX와 X인자를 활성화시킨다.

실제 생체 내에서의 응고기전은 TF/VIIa가 IX인자를 활성화시키면서 시작된다. 그 결과로 생긴 IXa인자는 Va인자 존재 하에 프로트롬빈(prothrombin)을 트롬빈(thrombin)으로 활성화한다. 트롬빈은 섬유소원(fibrinogen)에 작용해 섬유소 중합

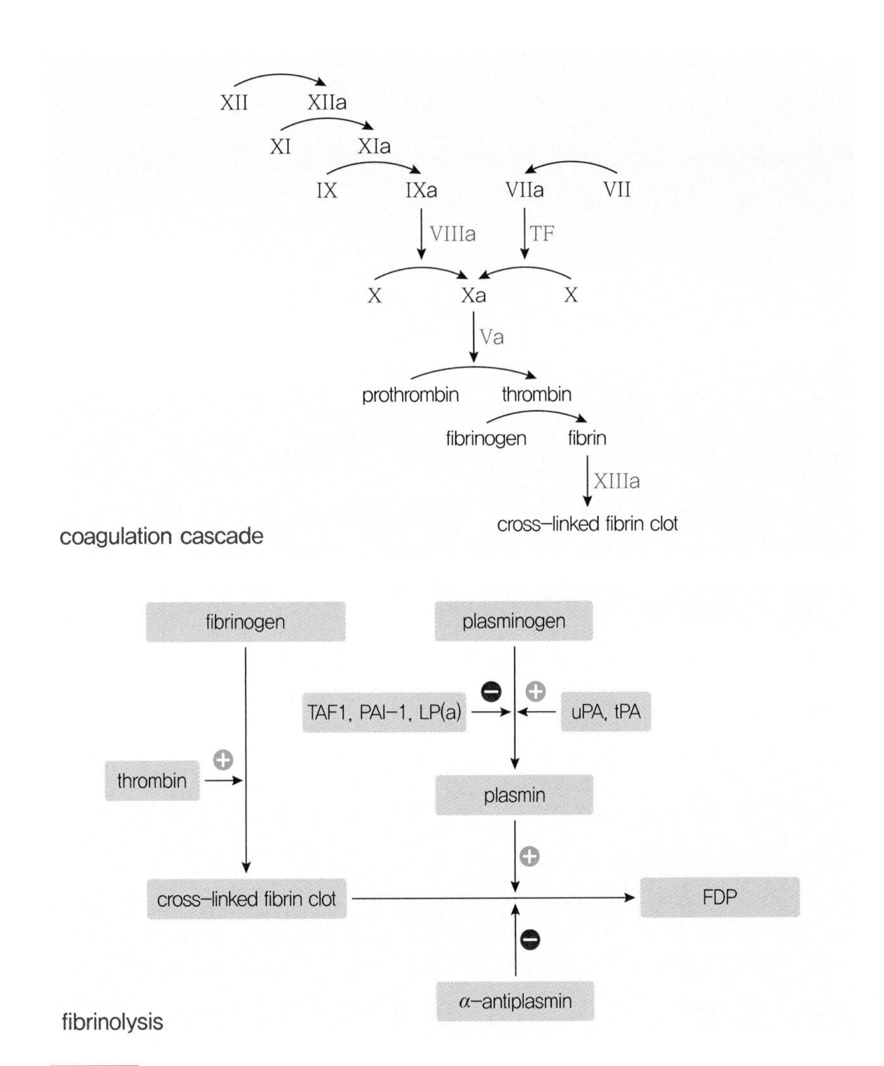

그림 6-37 혈액 응고와 섬유소 용해

자료: AT, antitrombin; HCII, heparin cofactor II; LP(a), lipoprotein(a); PAI-1, plasminogen activator inhibitor-1; TAFI, thrombin-activatable fibrinolysis inhibitor; TF, tissue factor; TFPI, TF pathway inhibitor; tPA, tissue plasminogen activator; uPA, urokinase plasminogen activator.

체(fibrin polymer)를 생성하는데 여기에 XIII인자가 작용해 단단한 교차결합(cross-linking)을 갖는 섬유소가 형성된다. 트롬빈은 섬유소 합성뿐만 아니라 VIII·V·IX 인자를 활성화해 응고기전을 더욱 증폭시켜준다. 혈소판의 인지질(phospholipid)과 칼슘(Ca^{2+})은 응고의 여러 단계에서 보조적인 역할을 담당한다.

섬유소 용해계는 혈전이 과도하게 형성되는 것을 억제하거나 혈전을 녹여 혈관의 개방성을 유지시킨다. 섬유소 용해의 가장 중요한 인자는 혈장 내 플라즈미노겐(plasminogen)이며, 플라즈미노겐은 플라즈미노겐 활성제(plasmainogen activator, PA)에 의해 플라스민(plasmin)으로 변환되어 섬유소 응괴를 용해시켜 섬유소(원) 분해산물(fibrin/fibrinogen degradation products, FDP)을 만든다. 플라스민은 섬유소뿐 아니라 섬유소원을 용해시킬 수 있으나 그 반응은 국소적이다. PA에는 유로키나제형(urokinase plasminogen activator, uPA)과 조직형(tissue plasminogen activator, tPA)의 두 가지가 있는데 tPA는 주로 순환혈액에서 섬유소 용해에 관여하는 반면, uPA는 수용체(uPA receptor)에 결합해 세포결합 플라즈미노겐의 활성을 증가시키는 작용을 한다.

정상적인 상태에서는 지혈이 완료된 후에는 지혈작용이 억제되면서 혈전이 다시 분해되는 과정을 통해 혈액의 항상성이 유지되나, 여러 가지 요인으로 인해 혈액 응고 작용, 응고 억제작용, 혈전 분해 작용 간에 균형이 깨지면 혈전이 생성된다. 또 혈관 벽이 손상된 경우 비정상적으로 혈소판 응집이 일어나 혈관 내 혈전 생성이 촉진되어 혈행에 문제가 생긴다. 결국 생성된 혈전은 인체에 좋지 않은 영향을 미치는데, 정맥 내 혈전은 혈액 순환장애를 초래해 부종, 통증 및 염증을 일으키며 경우에 따라 폐와 뇌에 혈전색전증(thromboembolism)을 초래하기도 한다. 동맥 내 혈전은 폐, 심장, 뇌, 말초혈관 등에 치명적인 혈전색전증을 일으켜 사망에 이르게 할 수도 있다.

② 내피세포 손상

혈관의 내피세포는 혈액덩어리를 분해하는 물질을 생성하고, 혈류량 및 속도를 조절하기도 하는 중요한 역할을 한다. 내피세포가 어떤 자극에 손상을 받으면 그 안으로 콜레스테롤이 쌓여, 그림 6-38과 같이 플라크를 형성하게 된다. 플라크가 쌓인 부분은 부풀어 오르고, 혈관이 좁아져 혈액의 흐름을 방해하게 된다.

내피세포의 항상성 유지에 핵심적인 역할을 담당하는 NO(nitric oxide, 산화질

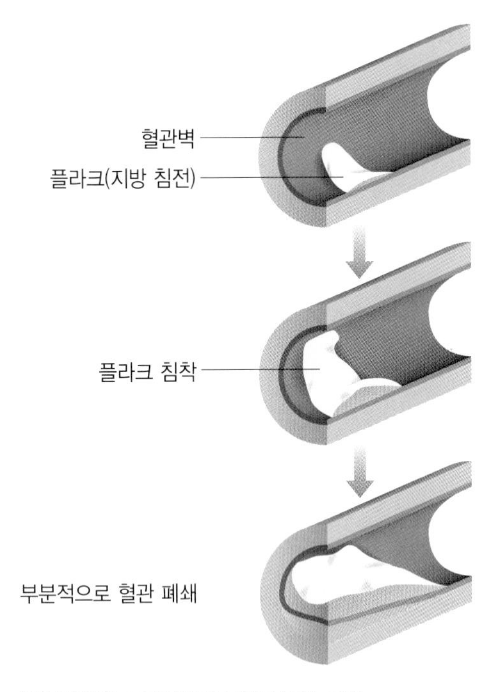

그림 6-38 동맥경화성 플라크 형성 과정

소)는 내피세포에서 아미노산인 L-아르지닌(L-arginine)으로부터 eNOS(endothelial Nitric Oxide Synthase, 산화질소 합성효소)에 의해 생성된다. NO의 대표적인 기능으로는 혈관이완 작용이 있다. 생성된 NO는 혈관의 평활근세포(smooth muscle cell)로 확산되어 수용성 구아닐산고리형성효소(guanylate cyclase)를 활성화시킴으로써 cGMP(cyclic guanosine-5′-monophosphate)로 매개된 혈관 이완을 유도한다. cGMP는 2차 전달자(second messenger)로 작용해 평활근의 이완이나 혈소판 응집 억제와 같은 NO의 여러 생물학적 효과를 유도한다.

그러나 고혈압, 당뇨, 고지혈증 및 흡연 등의 혈관질환의 위험인자로 인해 혈관 내피세포의 기능적·구조적 변화가 발생하면, 내피세포는 앞서 언급한 방어적 역할을 하지 못하고 오히려 죽상동맥경화증을 초래한다. eNOS에 의해 NO의 생성이 잘되지 않거나, 활성산소종(reactive oxygen species)에 의해 NO가 산화되어 NO의 생체이용률(bioavailability)이 감소될 수 있다. 결과적으로 NO를 매개로 한 내피 의존적 혈관 이완(endothelium-dependent vascular dilation)에 장애가 유발되어 혈행에 부정적인 영향을 미친다.

③ 혈관의 탄력성 저하

노화와 관련된 혈관 변화의 가장 큰 특징 중 하나는 혈관벽의 경직도(stiffness)가 증가한다는 것이다. 이는 혈관벽에 반복적인 혈관 수축·이완으로 인한 장력(shear force)과 탄성성질(elastic recoil)에 기인하는데, 노화로 인한 엘라스틴(elastin)의 분절과 감소, 혈관벽 내 콜라겐(collagen) 증가, 혈중 크레아티닌(creatinine)과 노르에피네프린(norepinephrine)의 증가, 평활근 세포의 베타수용체(beta receptor) 긴장도의 감소, NO의 분비 감소, 엔도텔린(endothelin)의 분비 증가 등이 원인이다. 특히 고혈압, 고지혈증, 당뇨병 등 혈관 관련 질환이나 흡연, 과식, 지나친 알코올 섭취 등의 잘못된 생활습관 및 식습관으로 인해서도 혈관 경직도 증가가 나이에 비해 심해질 수 있다.

④ 혈액 흐름 저하와 관련된 위험인자

- 콜레스테롤 및 중성지방 우리 몸을 구성하는 모든 세포막의 중요 구성 성분이자 호르몬 합성에 필수적인 성분으로 생명력을 유지하는 데 중요한 지질성분이다. 사람의 혈청 내에는 콜레스테롤, 콜레스테롤 에스터, 중성지방, 인지질 및 지방산이 들어 있다. 이 중 중성지방과 지방산은 에너지원으로 사용되고 콜레스테롤과 인지질은 세포막과 호르몬 합성의 주요 성분으로 이용된다. 혈중 LDL-콜레스테롤이나 중성지방 농도가 높을 경우 혈관에 지방 침착물을 축적하게 된다. 그 결과 혈관벽이 두꺼워져 탄력성이 감소하고 혈관이 좁아져 혈액의 흐름을 방해하게 된다. 따라서 콜레스테롤, 특히 LDL-콜레스테롤(우리 몸으로 콜레스테롤을 운반하면서 혈관 손상을 일으키는 원인)이 증가할수록 동맥경화증의 위험성이 증가하므로 가능하면 혈중 LDL-콜레스테롤 수치를 낮게 유지하는 것이 바람직하며 130mg/dL 이상인 경우 적극적으로 조절해야 하는 것으로 알려

알아두기 식이요법과 혈중 콜레스테롤 수치

콜레스테롤은 80%가 우리 몸의 간에서 자체적으로 합성·생성되며 20% 정도는 음식 섭취로 얻어진다. 따라서 혈중 콜레스테롤 수치가 높은 사람이 식이요법만으로 이 수치를 낮추는 데는 한계가 있다.

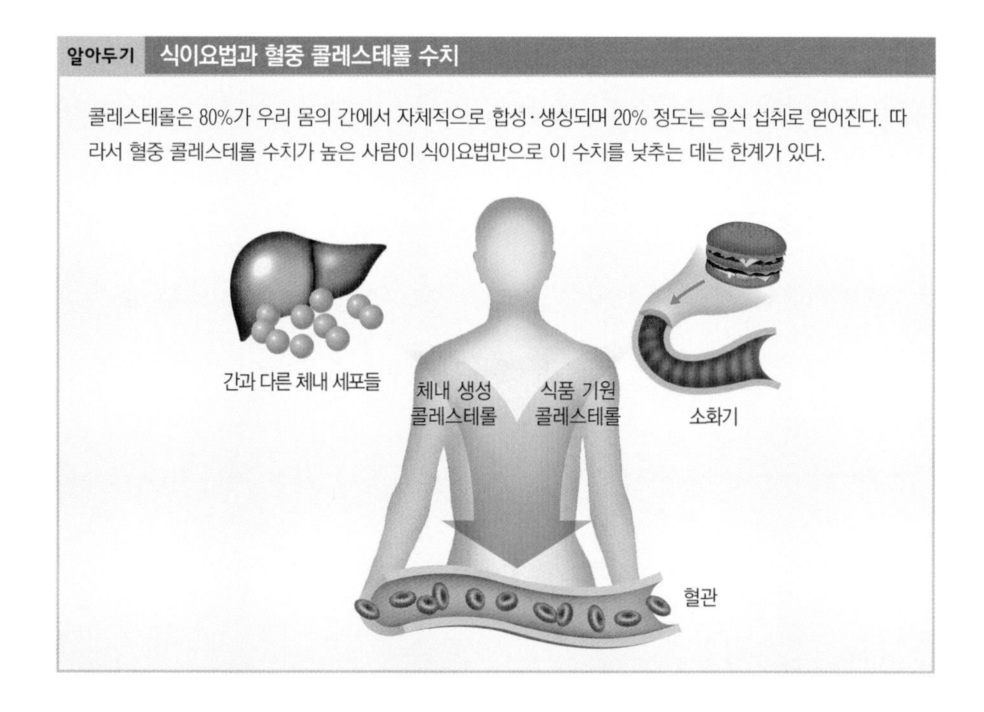

져 있다. 이와 달리 HDL-콜레스테롤은 혈청 내 수치가 감소할 때 오히려 동맥경화증 발생 가능성이 증가하는 것으로 알려져 있다. 남성의 경우 흡연이나 운동 부족 및 중성지방 증가 시 LDL-콜레스테롤 증가가 수반되는 경우가 많고, 여성의 경우 폐경 후 증가되는 경우가 많다. 이처럼 혈액 내 LDL-콜레스테롤의 상승 및 HDL-콜레스테롤의 저하를 통해 혈액 흐름에 이상이 생기면 심혈관질환의 위험이 매우 높아진다.

- 고혈압 고혈압은 수축기 혈압이 140mmHg 이상, 확장기 혈압이 90mmHg 이상일 때를 말한다. 고혈압이 장시간 지속되면 혈관벽이 압력을 받아 혈액 중의 LDL-콜레스테롤이 스며들어 쌓이면서 혈관이 탄력을 잃고 두꺼워지게 된다. 이러한 상태를 동맥경화(arteriosclerosis)라고 하며 여기에 혈중 콜레스테롤 함량이 높아 지방이 탄력을 잃고 두꺼워진 혈관에 침착되면 혈액의 흐름을 방해하게 된다.
- 당뇨병 체내에서 요구하는 만큼의 인슐린이 생성되지 않거나 생성된 인슐린이 세포에 제대로 작용하지 못해 체내로 들어온 당을 충분히 흡수하지 못해 혈당치가 높아지는 질환이다. 필요한 조직으로 흡수되지 못하고 혈중에 과도하게 존재하는 혈당이 혈관 내부의 단백질이나 지단백 등과 결합해 혈관 기능을 손상시킨다. 예를 들어 LDL-콜레스테롤과 당이 결합하면 LDL-콜레스테롤이 혈관벽에 쉽게 달라붙어 혈관이 좁아지게 된다. 아울러 혈당이 높으면 그 자체가 혈관 내막의 손상을 주어 혈전 형성을 촉진시킨다.
- 기타 흡연과 스트레스로 인한 혈관 수축, 과체중이 건강한 혈액 흐름을 방해하는 주된 인자이다.

알아두기 원활한 혈액의 흐름 유지

혈액의 흐름은 다양한 요인에 의하여 조절된다. 특히 혈중 콜레스테롤, 지방, 포도당 등과 밀접한 관계가 있어 적절한 식이로 조절할 수 있다. 따라서 동물성 지방, 인스턴트식품, 과도한 소금 등의 섭취를 줄이고 채소, 과일, 생선, 식물성 지방, 도정하지 않은 곡류 등의 섭취량을 높이면 혈액의 흐름에 도움이 된다.

⑤ 혈액 흐름 조절 관련 기능성 평가

혈액 흐름 조절과 관련된 기능성 평가는 혈액 흐름을 방해하는 인자 중 적혈구, 혈소판, 혈액 응고 등 주로 혈액과 관련된 인자를 중심으로 평가한다.

- 혈소판 응집 억제 평가 혈소판은 작용물질(thrombin, ADP, collagen, 혈소판활성

인자, serotonin 등)에 자극되면 응집이 일어난다. 그러나 과도한 혈소판 응집은 혈행 장애를 일으키게 된다. 시험관시험(*in vitro*)에서 이 반응을 측정하고자 할 때는 응고측정기(aggregometer)를 이용해, 광투과(light transmission) 변화를 측정한다. 혈소판을 분리해 혈소판 풍부 혈장(platelet-rich plasma, PRP) 또는 세척혈소판(washed platelets, WP)을 조제한 후 시험할 수도 있는데, 혈소판 풍부 혈장은 동물시험(*in vivo*)과 유사한 시험계이며 세척혈소판은 혈소판에 대한 효과만을 다른 영향 없이 관찰할 수 있다는 장점이 있다. 혈소판 풍부 혈장 및 세척혈소판의 광투과를 0%, 혈소판이 거의 없는 혈장(platelet poor plasma, PPP)과 서스펜션 버퍼(suspension buffer)의 광투과를 100%로 해서 혈소판의 응집 정도에 따른 광투과를 측정한다. 시험관 내(*in vitro*)에서 혈소판의 응집 정도를 측정하기 위해서는 실험동물을 채혈해 혈소판을 분리한 후 혈소판이 다량 포함된 혈장(platelet-rich plasma)이나 세척 혈소판(washed platelet)을 조제해 시험한다. 혈소판이 다량 포함된 혈장은 생체 내(*in vivo*)에서와 유사한 특성을 갖는 장점이 있고, 세척 혈소판은 다른 인자가 방해하지 않는 상태에서 혈소판에 대한 효과만을 측정할 수 있다는 장점이 있다. 조제된 혈소판 시료에 대한 광투과도를 0%로 하고 혈소판이 없는 혈장과 현탁액으로 사용하는 완충용액에 대한 광투과도를 100%로 하여 혈소판의 응집 정도에 따른 빛의 투과도를 응고측정기를 이용해 측정한다.

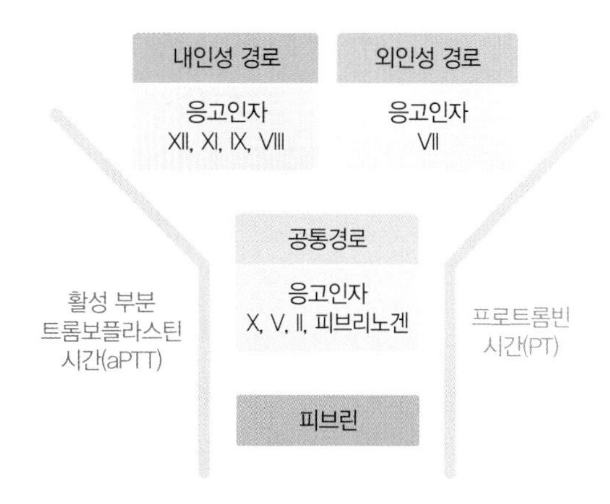

그림 6-39 내인성과 외인성 혈액 응고 기전

- 혈액 응고 억제　프로트롬빈(prothrombin)은 혈장 중에 들어 있는 당단백질로서 혈액 응고 과정에 중요한 역할을 하는 물질이다. 프로트롬빈은 트롬보플라스틴(thromboplastin) 또는 프로트롬비네이스(prothrombinase)에 의해 트롬빈(thrombin)으로 전환되며, 트롬빈은 혈장 내 섬유소원(fibrinogen)을 섬유소(fibrin)로 전환시키는데, 섬유소는 혈액 속의 혈소판과 결합해 혈전(blood clot)을 형성한다. PT는 혈액 응고 과정 중 외인성 경로와 공통경로에 관여하는 응고

인자에 미치는 영향을 평가하는 방법으로 혈장에 트롬보플라스틴, 인지질, 칼슘 이온을 첨가한 후 섬유소 응괴(clumping)가 생길 때까지의 시간을 측정한다. aPTT는 내인성 경로와 공통경로에 관여하는 응고인자에 미치는 영향을 평가하는 방법으로 혈액에 인지질, 내인성 경로 활성제, 칼슘 이온을 첨가한 후 응괴(clumping)가 형성될 때까지의 시간을 측정한다.

- 섬유소(원) 용해 활성 섬유소(원) 용해 활성을 평가하기 위해서는 플라즈미노겐(plasminogn), 플라즈미노겐 활성인자(plasminogen activator inhibitor 1, PAI-1), 조직형 플라즈미노겐 활성인자(tissue plasminogen activator, tPA), 유로키나제형 플라즈미노겐 활성인자(urokinase-type plasminogen activator, uPA) 등을 측정할 수 있다. 플라즈미노겐은 간에서 합성되는 당단백으로 다양한 활성인자에 의해 플라스민(Plasmin)으로 전환된다. 플라스민은 혈액 응고인자 V와 VIII, 섬유소원 전구물질, 섬유소원을 분해한다. 플라즈미노겐 결핍 시 섬유소 용해의 저하로 혈전 및 색전증이 나타날 수 있다. 플라즈미노겐 활성화인자 억제 단백질은 급성기 단백질의 일종으로, 주로 혈관내피 세포에서 생성되며 조직 플라즈미노겐 활성화 효소와 결합해서 혈액 용해를 방해하는데, 이는 원활한 혈액 흐름에 악영향을 주어 뇌심혈관질환 발생 위험성을 높인다. 조직형 플라즈미노겐 활성제는 플라즈미노겐을 플라스민으로 전환시키는 과정을 촉매해 혈전의 분해에 관여하는 단백질로, 혈관의 내피세포에서 발견되는 세린단백질가수분해효소(serine protease)이다. tPA/PAI-1 complex를 측정해 평가하기도 한다. 유로키나제형 플라즈미노겐 활성제는 원래 인간의 소변에서 분리되었으나 혈류나 세포외 기질(extracellular matrix)에도 존재하며 플라즈미노겐을 플라스민으로 전환시키는 과정을 촉매 해 혈전 용해에 관여하는 세린단백질가수분해효소이다.
- 혈관 수축-이완 기능 평가 시험동물의 하행 흉부대동맥(descending thoracic aorta)을 적출해 조사한다. 혈관의 수축은 페닐레프린(phenylephrine)을 사용해 누가적인 용량에 의해 유발되는 수축 정도를 파악하며, 혈관의 이완은 페닐레프린으로 각 처리군의 혈관에 동일한 정도의 수축을 유발한 후, 아세틸콜린(acetylcholine)을 추가적으로 가하여 유발한다. 인체 연구에서는 내피세포 기능 평가 방법인 상완동맥에서 내피세포 의존 혈관 확장(FMD)을 측정하는 방법을 사용할 수 있는데, 이는 비침습적인 측정 방법으로 연결 동맥(conduit

artery)의 내피세포 기능을 평가하는 표준 검사법이며, 그 재현성과 유용성이 연구에 의해 입증된 바 있다. 검사 시작 전 대상자는 누운 자세로 10분간 충분히 안정을 취한 후, 1부와 2부로 나누어 40분가량 검사를 받게 된다.

- 혈관 탄력성　맥파전달속도(Pulse wave velocity)는 혈관을 따라 이동하는 맥파가 전달되는 속도로, 심장에서 혈액 분출에 의해 발생되는 동맥맥박이 한 지점에서 다른 지점까지 전달될 때 걸리는 시간을 측정해 평가하며, 특정 혈관 구간의 혈관 경직도를 나타낸다. 고혈압과 노화 등에 의해 중심 탄성동맥이 경직되면 이완기 혈압은 떨어지고, 맥파전달속도는 증가하는 경향이 있다. 맥파전달속도와 파형증가지수 모두 중심 혈관 경직도를 나타내는 좋은 척도이고 맥파전달속도와 파형증가지수 사이에는 좋은 상관관계가 나타난다.

⑥ 기능성 원료

식품의약품안전처에서 혈행 개선에 도움을 주는 것으로 인정한 고시형 원료로는 감마리놀렌산 함유 유지, 영지버섯 자실체추출물 등이 있고, 개별인정형 기능성 원료로는 나토배양물, 은행잎추출물, 정어리정제어유, 정제오징어유, DHA(docosahexaenoic acid)농축유지, 프랑스해안송껍질추출물, 홍삼농축액 등이 있다.

고시형 기능성 원료인 감마리놀렌산은 체내에서 합성 시 디호모-감마리놀렌산(dihomo-gamma-linolenic acid, DGLA)이 되어 기능성분인 프로스타글란딘의 전구체 역할을 한다. 감마리놀렌산은 여러 콜레스테롤 조절인자 중 혈중 총 콜레스테롤 및 저밀도-콜레스테롤을 저하시키는 작용을 하므로 혈액의 흐름을 건강하게 유지하는 데 도움을 줄 수 있다. 영지버섯 자실체추출물은 혈중 콜레스테롤 및 중성지방을 감소시키고, 혈전형성 및 혈소판 응집 속도를 감소시키는 역할을 해 혈액의 흐름을 건강하게 유지하는 데 도움을 줄 수 있다.

개별인정형 기능성 원료인 나토배양물은 나토키네이스를 기능성분으로 가지며 이는 혈전용해효소로서 비타민 K를 제거하며, 비타민 B군과 다량의 항산화효소를 함유한다. 나토키네이스는 강력한 혈전분해능력이 있으며 프로유로키나제(혈전용해효소의 전단계 물질)를 활성화시켜 혈행 개선에 도움을 준다. 이외에도 은행잎추출물은 기능성분으로 플라보놀 배당체(flavonol glyacoside)를 가지며 TXA2, TXB2 및 PGI2의 대사물질 감소, 혈소판 응집 및 혈액 점성 감소, 혈관 확장의 개선 등의 효과를 나타내 혈류 내 혈전 감소 및 혈관 확장 기전에 관여해 혈행 개선에 도움을 준다. 정어리정제어유, 정제오징어유, DHA농축유지는 오메가-3(DHA와 EPA)를 함유한다. DHA는 간에서 중성지방의 합성을 방해해 혈중 중성지방을 건강한 수준으로 유지하는 데 도움을 줄 수 있다. 또한 여러 조절물질에 의해 혈액의 혈소판과 혈액 응고인자들이 과도한 혈액 응고 반응을 일으키면 혈행에 방해가 될 수 있는데 DHA는 이와 같은 비정상적인 혈액 응고작용을 방해해 건강한 혈액 흐름을 유지하는 데 도움을 줄 수 있다. 프랑스해안송 껍질 추출물인 피크노제놀의 기능성분은 프로시아니딘으로 유리라디칼과 지질과산화물을 감소시키며 항산화와 관련된 효소의 활성을 증가시킨다. 또한, 혈소판 응집이 감소되는 것으로 나타나 혈행 개선에 도움을 줄 수 있는 원료로 인정되었다. 홍삼의 경우 기능성분인 진세노사이드 Rg1과 Rb1을 함유한 경우 혈소판 응집 억제를 통해 혈액 흐름을 돕고 혈관 내부 일산화탄소의 발생을 증가시켜 혈관을 확장시킨다. 또 고밀도콜레스테롤의 증가 및 저밀도콜레스테롤의 감소를 나타내며, 혈소판 응집을 억제함으로써 혈행 개선 및 혈전 생성 억제를 통해 혈관 건강에 도움을 준다.

알아두기 펩타이드

단백질을 이루는 물질로서 단백질의 기본 단위인 아미노산이 두 개 이상 결합되어 있으며, 호르몬이나 우리 몸에 여러 가지를 조절하는 단백질도 펩타이드이다.

7) 체중과 체지방 감소

과체중과 비만은 건강에 악영향을 미칠 수 있는 비정상적인 또는 과도한 지방 축적으로 정의된다. 세계보건기구(WHO)는 세계적으로 과체중과 비만이 증가하는 이유로 지방과 설탕 함량이 높은 데다 비타민, 미네랄 및 기타 미량영양성분 함량이 낮고 에너지밀도가 높은 식품의 섭취빈도가 높아지며, 특히 직업 특성이나 운송수단의 변화에 따른 도시화가 진행되면서 신체운동량이 감소되는 것이 주요 원인이라고 진단하였다. 즉, 과체중이나 비만이 일어나는 근본적인 원인은 섭취하는 칼로리가 소비하는 칼로리보다 많은 에너지 불균형 때문이다.

세계보건기구는 키와 체중을 이용해 비만 정도를 평가하는 방법 중 하나인 체질량지수(BMI)를 기준으로 체질량지수 25 이상을 과체중, 30 이상을 비만으로 정의하고 있다. 각 개인에 대해서는 이와 같은 기준을 적용해 위험 정도를 판단하고 있으나 인구 집단의 만성질환 위험률은 체질량 지수가 21 이상인 경우에 점진적으로 증

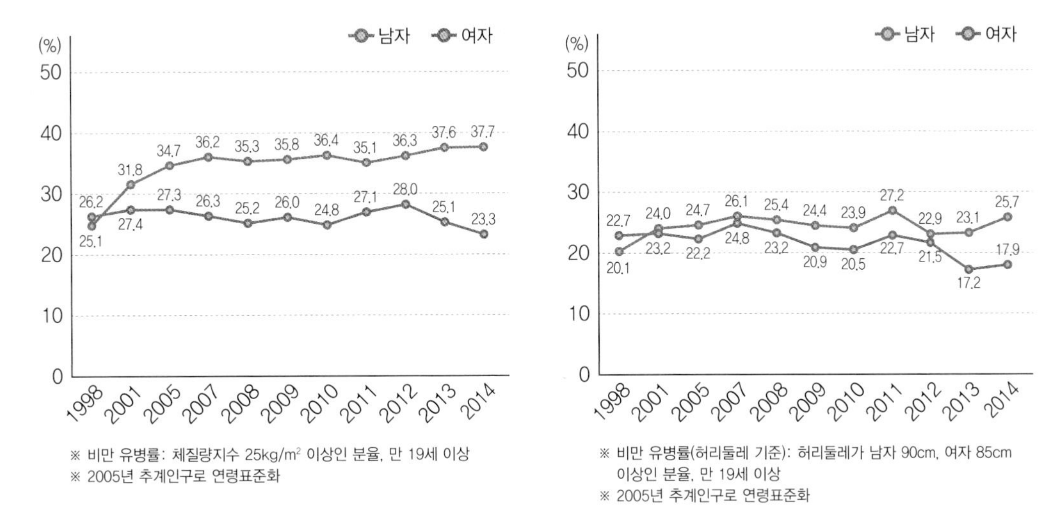

그림 6-40 성인의 비만율 및 관련 요인 변화

자료: 보건복지부(2014). 국민건강통계Ⅰ.

가되는 것으로 보고되고 있다. 또 2005년도를 기준으로 15세 이상 성인 중 16억 명이 과체중이고 최소 4억 명이 비만인 것으로 보고하였으며, 5세 이하 어린이 중 적어도 200만 명이 과체중인 것으로 보고하였다. 또 2015년이 되면 성인 중 약 23억 명

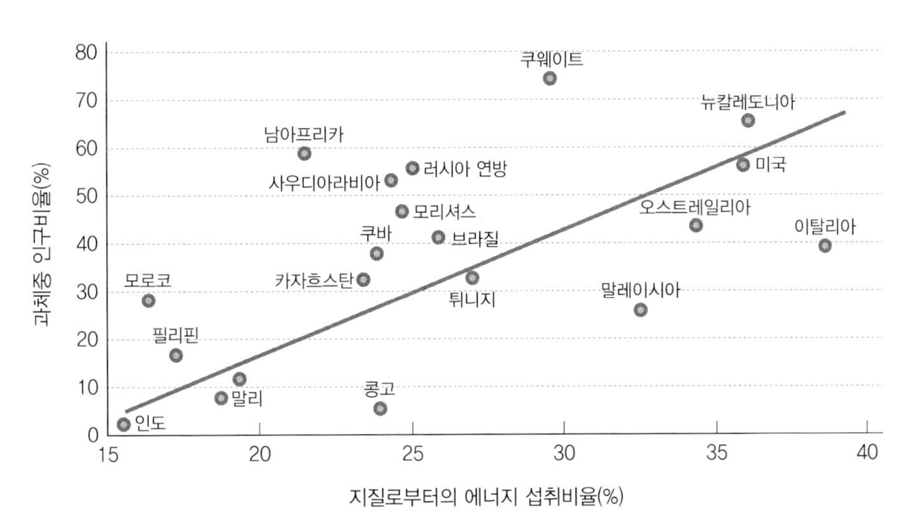

그림 6-41 지질 섭취와 비만 인구

자료: Bray G. A., Paeratakul S., popkin B. M.(2004), Dietary fat and obesity: a review of animal, clinical and epidemiological studies. Physiology & Beha vior, 83: 549–555.

이 과체중이 되고 7억 명 이상이 비만일 것으로 예상하였다. 우리나라의 경우 매년 유병률이 증가하고 있으며, 특히 남성에게서 이러한 현상이 뚜렷이 나타나고 있다.

과체중과 비만은 심혈관질환, 당뇨, 근골격질환과 자궁내막암, 유방암, 결장암 등 일부 암의 원인이 되어 건강에 심각한 영향을 미치는데, 체질량지수가 증가함에 따라 위험도 증가한다. 따라서 에너지 균형을 통한 건강한 체지방 유지가 생활습관질환 예방에 중요한 역할을 하게 된다.

(1) 과도한 체지방 축적의 원인

섭취한 음식이 소화되고 체온 유지, 에너지 공급, 체세포 생성 등에 사용된 후 일부는 간이나 근육에 저장되어 비상에너지로 사용되고 나머지는 체내에 지방의 형태로 축적된다. 비정상적이거나 과도하게 지방이 축적된 것을 과체중 또는 비만으로 정의하는데, 비만의 원인은 근본적으로는 대부분 에너지 균형이 깨져 일어나나 일부 내분비질환 등의 원인이 되기도 한다.

① 과식

가장 단순한 의미에서 비만은 정상 체중을 유지하면서 일상생활을 유지하는 데 필요한 에너지보다 많은 에너지를 섭취하는 경우, 식품으로부터 유래된 에너지가 소비되는 양보다 많아지는 것을 뜻한다. 이때 체내의 지방세포가 에너지를 지방의 형태로 저장하게 된다. 이외에도 비만과 관계 있는 식사 요인으로는 음식물의 종류, 식사 형태 등이 있다. 20개 국가를 대상으로 지질로부터 에너지를 섭취하는 비율과 체질량지수가 25 이상인 성인 비율 간의 상관관계를 조사한 결과, 지질로부터 에너지를 섭취하는 비율과 성인 중 비만인구의 비율은 정비례하는 것으로 나타나 지질의 섭취가 체지방 증가의 주요 원인을 차지함을 직접적으로 보여주었다. 당질도 체지방 증가에 영향을 미치는데, 인슐린 분비를 높이는 당질을 과잉 섭취할 때 주로 비만이 발생하며 지질도 지질 단독보다는 당질과 함께 섭취했을 때 비만을 초래하기 쉽다. 1일 에너지 섭취량이 동일하더라도 하루 한 끼에 섭취하는 경우는 지방생성효소의 활성이 증가되고 인슐린 분비량이 많아져 지방 분해가 억제되고 지방 합성이 증가되어 세 끼에 나누어 분할 섭취하는 경우보다 비만도가 높아진다. 저작 횟수와 식사 시간도 비만과 관련이 있는 것으로 알려져 있다.

알아두기 단순성 비만과 증후성 비만

비만은 단순성 비만과 증후성 비만으로 구분된다.

- 단순성(본태성) 비만: 다른 특별한 원인 없이 섭취에너지에 비해 소비에너지가 적어서 발생되는 비만으로 전체 비만의 95%가 해당된다.
- 증후성 비만: 내분비질환(인슐린 의존성 당뇨병, 쿠싱증후군, 난소기능부전, 갑상선 기능 저하)이나 시상하부장애(뇌의 만복감 중추장해) 등 어떤 원인에 인해 발생되는 비만이다.

② 운동 부족

운동 부족은 우리 몸의 활동 에너지량을 감소시켜 여분의 칼로리를 체내에 저장하게 하며, 인슐린의 활동이 약해지면서 인슐린이 혈당을 내리는 작용이 감소되고, 지방합성작용은 감소되지 않으므로 지방 축적작용을 촉진시키는 대사상태로 변하게 된다. 운동 부족상태에서는 기초대사량도 감소되므로 저장 에너지가 더욱 증가하기 쉽다.

③ 사회적 환경인자

경제가 발달함에 따라 식생활은 윤택해지고 활동량은 줄어드는 데다 식습관이 서구화되면서 섭취 칼로리의 과잉, 운동 부족 등으로 섭취에너지와 소비에너지 간의 불균형이 비만 증가의 원인으로 작용하고 있다.

④ 유전적 영향

유전성 비만 마우스(ob/ob 마우스)는 식욕을 억제하는 렙틴(leptin)이라는 단백질 구조에 변이가 일어나 제대로 작용하지 않게 되면서 식욕을 억제하지 못하고 과식을 하게 된다. 사람의 경우도 일반적으로 비만자가 혈중 렙틴 농도가 상승되고 있음에도 불구하고 식욕이 억제되지 않는 것은 렙틴에 대한 감수성이 낮기 때문이다. 병적인 비만에서는 체내에서 만들어지는 단백질 구조가 유전성 비만 마우스에 나타난 것과 매우 유사한 것으로 나타났다. 지방조직의 아드레날린 수용체, 특히 베타 3-수용체는 지방을 분해하고 에너지로 바꾸는 데 관여하는데, 베타 3-수용체 유전자에 이상이 생기면 소비에너지가 감소해 체중이 증가하게 된다. 비만 부모의 자녀 중 70~80%는 비만이고 부모 중 한쪽이 비만인 경우 40~50%가 비만이라는 연구 보고는 유전적인 요인이 비만에 영향을 미칠 수 있음을 보여주고 있으나 식사 내용이나 운동량 등 생활습관이 부모와 유사하여 비만이 될 가능성도 매우 높다.

⑤ 내분비인자

시상하부에는 섭취중추와 만복감을 조절하는 중추가 있는데 기질적 장애가 발생하는 경우 식욕이 조절되지 않아 음식을 과잉 섭취하게 되어 비만이 발생한다. 갑상선 호르몬의 분비기능이 저하되면 기초대사가 저하되어 열량 소비가 감소되기 때문에 비만이 된다. 부신피질 호르몬의 과잉 분비로 인한 비만은 내분비성 비만의 대표적인 것으로 신장 또는 간질환을 치료하기 위해 다량의 부신피질 스테로이드제를 오랫동안 사용했을 때도 비만이 일어난다. 쿠싱증후군(Cushing's syndrome)은 부신피질 자극 호르몬 분비(ACTH)를 상승시켜 부신피질을 자극함으로써 코티솔이 과잉으로 생성되어 결국 중심부 지방세포 증식을 초래한다. 여성의 경우 여성호르몬인 에스트로겐에 의해 지단백분해효소(lipoprotein lipase)가 조절되는데, 폐경 이후 에스트로겐 분비가 감소되면 피하지방 합성이 촉진되고 인슐린의 과잉 분비로 지방 생성이 촉진되며, 지방 분해가 억제되어 지방이 축적되면서 비만이 유발된다.

알아두기 당질의 인슐린 분비 촉진도

당질마다 인슐린 분비를 촉진하는 정도는 다르다. 예를 들어 포도당에 의한 인슐린 분비를 기준으로 할 때 과당은 포도당의 0.35배, 갈락토스는 1.15배의 인슐린 분비를 촉진한다.

⑥ 정신적 원인

일상생활에서 오는 정신 불안과 욕구 불만을 해소하기 위해 음식 섭취는 증가시키는 반면 신체 활동은 감소시키면 결국 에너지 대사의 균형이 깨져 비만이 된다.

(2) 과도한 체지방으로 인한 질병

적당한 체지방은 에너지를 생산해 체력 유지에 도움을 주지만, 과도한 체지방은 건강한 생활의 위험 요인이 된다. 과도한 체지방은 단순히 체중을 증가시킬 뿐만 아니라, 에너지 생산을 조절하는 호르몬 등의 변화를 일으키고, 다른 장기에 해로운 영향을 미칠 수 있다. 특히 혈관 기능, 혈당 조절, 간 기능 등에 이상을 초래할 수 있다.

과도한 체지방은 질병 위험률을 증가시키고 당뇨병, 뇌졸중, 심장병, 고혈압, 고지혈증, 신장질환, 담낭질환으로 인한 사망 위험성을 높인다. 또 일부 암의 위험률을 증가시키며 골관절염과 수면 무호흡증의 위험 요인으로 작용한다.

① 당뇨병

과체중인 사람의 제2형 당뇨병 발병률은 정상체중인 사람의 발병률보다 13% 정도 더 높으며 주로 인슐린 비의존성 당뇨병으로 발생한다. 혈중 인슐린은 세포막에 존재하는 인슐린 수용체와 결합하는데, 일반적으로 혈중 인슐린 농도가 높은 경우 인슐린 수용체의 수가 적다. 비만자의 세포는 인슐린 수용체의 수가 적고 인슐린과 수용체의 친화력도 낮으며 인슐린과 수용체의 결합 후 포도당 수송자(glucose transporters)가 세포막 가까이 접근하는 단계에서도 어려움을 겪는다. 체지방이 과도하게 축적된 경우, 인슐린 저항성이 있어 정상인에 비해 더 많은 인슐린을 분비하게 되고 이런 현상이 오랜 기간 계속되면 췌장의 인슐린 분비능이 둔해진다.

② 고지혈증

체지방이 과도하게 축적된 사람들 중에는 지단백대사 이상으로 고지혈증을 앓는 이들이 많다. 또한 혈중 중성지방과 LDL-apoB가 높고, HDL-콜레스테롤이 낮아 결국 심혈관질환을 유발하는 위험인자로 작용하게 된다. 포도당 글리세롤과 지방산이 간에 과도하게 유입되거나 과도한 체지방 축적으로 인한 고인슐린 혈증으로 간에서 초저밀도 지단백(VLDL) 생성이 증가되어 혈액 중 중성지방이 증가하게 된다. 인슐린 저항성으로 나타나는 고지혈증은 지방세포에서 인슐린의 작용이 억제되어 발생한다. 지방세포에 축적되어 있는 중성지방의 분해가 증가되면 혈중 유리지방산의 농도가 증가하고 간으로 유입되는 지방산이 증가하여 VLDL의 생성이 증가된다.

③ 고혈압

고혈압은 과도하게 체지방이 축적되었을 때 체액이 증가되고 신장에서의 나트륨(Na) 보유 증가, 교감신경계 및 레닌- 앤지오텐신-알도스테론계(renin-angiotensin-aldosterone system)가 활성화되어 발생하는 것으로 알려져 있다. 관련 인자로는 렙틴, 유리지 방산, 레닌-앤지오텐신계 등이 있다. 지방조직에서 분비되는 렙틴은 뇌의 시상하부에 작용해 식욕을 억제하도록 하고 체열 발산을 촉진해 체중을 조절하는 역할을 하며 혈압을 상승시키는 작용을 한다.

알아두기 **과도한 체지방 축적 및 인슐린 저항성과 관련된 유전자**

과도한 체지방 축적과 당뇨병을 공통적으로 유발하는 유전자는 밝혀져 있지 않으나 인슐린 수용체 이후 신호전달 과정에서 결함이 있거나 지방조직에서 분비되는 렙틴이나 아디포넥틴, 레시스틴과 종양괴사인자(TNF-α), 인터류킨(interleukin)-6과 같은 사이토카인(cytokine) 등이 인슐린 저항성에 관여하는 유전자로 알려져 있다.

과도한 체지방 축적은 인슐린 저항성을 유발하며 이 경우 인슐린의 작용이 원활하지 못해 복부 내장지방조직으로부터 비에스터화된 지방산의 분비가 증가하게 된다. 이렇게 비에스터화된 지방산은 혈관을 수축시켜 혈압을 상승시킨다. 레닌-앤지오텐신계도 지방조직과 관련이 있다. 레닌-앤지오텐신계에 작용하는 앤지오텐시노겐은 주로 간에서 생산되는 것으로 알려져 있으나 지방세포에서도 생산되며 생리적으로 조절된다는 사실이 확인되었다. 앤지오텐신 II는 혈압 상승 호르몬으로 혈장 외에 지방조직에서 생성된다. 그 밖에 레닌-앤지오텐신계의 속도 조절효소인 레닌 및 앤지오텐신 전환효소도 인간의 지방조직에서 발현된다. 이러한 앤지오텐신 II 리셉터도 지방조직에 발현된다.

④ 뇌졸중

일본에서는 체질량지수가 30 이상인 인구 집단의 뇌혈관질환 발병률이나 사망률이 증가하고 있으며 제2형 당뇨병, 고혈압, 고지혈증과 같은 동반질환이 있는 경우에는 체질량지수가 25~29.9 범위에 있더라도 뇌졸중 유병률이 증가하는 것으로 보고되고 있다.

⑤ 담낭질환

체지방이 과도하게 축적된 경우 지방간 발생률이 높으며 체지방이 증가하면 지방조직에 축적된 콜레스테롤 양도 증가하게 된다. 따라서 콜레스테롤 대사율이 증가하고 콜레스테롤의 담즙 분비가 증가되면서 담즙 내의 콜레스테롤 농도가 높아져 담석 형성이 촉진된다.

⑥ 암

체지방이 과도하게 축적된 사람의 상대적인 암 발생 위험도는 남성은 1.33, 여성은 1.55였다. 남성의 경우 대장결장암, 여성의 경우 유방암, 자궁경부암, 자궁내막암, 난소암 등에 의한 초과 암 사망률이 체지방률이 정상인 사람보다 높은 것으로 조사되었다.

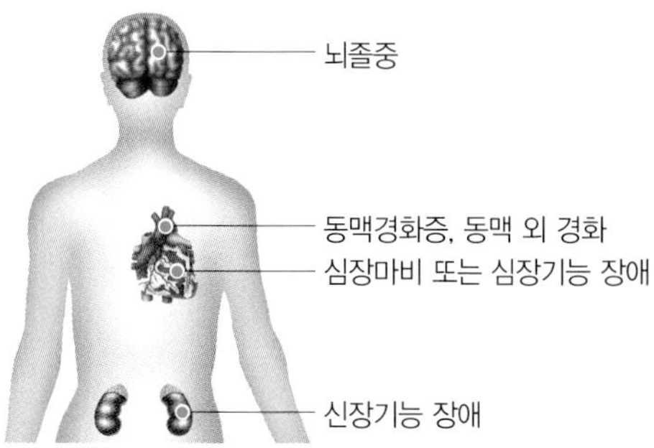

뇌졸중
동맥경화증, 동맥 외 경화
심장마비 또는 심장기능 장애
신장기능 장애

그림 6-42 과도한 체지방 축적으로 인한 대표적인 질병
자료: 미국 국립의학도서관(www.nlm.nih.gov).

⑦ 수면 무호흡증

과도한 체지방 축적은 호흡 기능에 부정적인 영향을 미치고 호흡기계 증상의 위험을 높이는 것으로 알려져 있다. 누운 자세에서는 상기도가 좁아지기 때문에 폐색성 수면 무호흡증은 복부비만 및 목의 두께와 연관되어 있다.

(3) 체지방과 관련된 바이오마커

① 체질량지수

체질량지수(BMI: Body Mass Index)는 키와 체중을 이용해 비만 정도를 평가하는 방법 중 하나로, 체중(kg)을 신장(m)의 제곱으로 나눈 값이며 질병의 이환율 및 사망률의 상대 위험도를 반영한다. BMI가 높을수록 심혈관질환, 암 발생 위험이 높고 조기 사망 가능성이 높아지는 것으로 알려져 있다.

② 허리둘레 측정

허리둘레는 복부지방량을 반영하는 매우 유용한 지표이다. 체질량지수보다 질병 발생 위험과 관련도가 높으며 체질량지수가 25kg/m^{2}인 경우에도 허리둘레가 두꺼우면 제2형 당뇨병, 고지혈증, 고혈압, 관상동맥질환 등의 발생 위험이 높아지는 것으로 밝혀져 있다. 허리둘레는 성별·연령별·인종별로 차이가 크며 세계보건기구에서는 미국의 연구 결과를 근거로 남성 102cm, 여성 88cm 이상을 복부비만의 기준으로 제시하고 있으나 우리나라 사람은 서구 사람들보다 체격이 작으므로 남성 90cm,

여성 85cm 이상을 기준으로 분류하는 것이 타당한 것으로 보고된다.

③ 체지방 측정

체지방은 전체 체중에서 지방 무게가 차지하는 것을 백분율(%)로 나타낸 것이며, 정상치는 성인 남성의 경우 15~18%, 여성의 경우 20~25%이다. 체지방률이 남성의 경우 25% 이상, 여성의 경우 30% 이상일 경우 비만으로 판정한다. 간접적인 체지방 측정법으로는 피부주름두께(skinfold thickness) 측정법과 생체 전기저항분석법(bioelectric impedence analysis)이 있다.

④ 기타

현재 과도한 체지방 축적과 관련된 다양한 지표(biomarker)가 연구되고 있는데 그중 일부를 소개하면 다음과 같다. 지방세포의 ob 유전자와 특이적인 단백질 산물로 에너지 항상성 유지에 관여하는 렙틴은 분비량이 적거나 렙틴 수용체에 이상이 있는 경우 과도한 체지방 축적이 일어나는 것으로 알려져 있다. hs-CRP는 감염 시 조직대사의 비특이적인 반응으로 나타나는 급성반응성 물질로 체지방이 과도하게 축적된 경우 낮은 수준으로 전신의 염증(systemic inflammation)을 유도해 염증지표인 C-반응성 단백질(CRP)을 증가시킨다.

아디포넥틴(adiponectin)은 지방조직에서 발현되고 혈액을 순환하는 단백질로 혈관내피세포에 단핵구 접착을 억제시켜 혈관장애를 예방하는 역할을 한다. 체지방이 과도하게 축적된 경우 아디포넥틴의 발현량이 감소되므로 바이오마커로 사용될 수 있다. 그렐린(ghrelin)은 음식 섭취와 체내 영양상태에 대한 신호를 시상하부에 전달하는 역할을 하며 성장호르몬의 분비를 촉진한다. 체지방이 과도하게 축적되면 혈중 그렐린이 낮아진다. 퍼옥시좀 증식자 활성 수용체(PPARs: Peroxisome Proliferator Activated Receptor)는 퍼옥시좀 증식자를 리간드로 하는 수용체로 지방세포의 분화에 관여하며 비만 환자의 심혈관질환의 한 요소로 작용한다. 언커플링 단백질(UCP: uncoupling protein)은 미토콘드리아 내막에 존재하며 열 생성에 관여하고 UCP 유전자가 변이된 경우 비만이 유발될 수 있다. 레닌-앤지오텐신은 지방조직에서 발현되며 영양상태에 의해 조절되고 지방세포의 분화에 관여한다. 과도한 체지방 축적 시 심혈관질환의 한 요소로 작용한다. 이외에도 베타 3-아드레날린 수용체, 응고(coagulation) 및 보체인자(complement factors), TNF-α 등이 있다.

(4) 건강한 체지방 유지

① 체지방 감소의 효과

과도하게 축적된 체지방을 감소시키면 혈압이 낮아지고 인슐린 저항성이 감소되며 혈중 지질이 개선되고 혈전 생성이 감소된다. 또한 각종 염증 지표들이 낮아지는 등 건강에 도움을 주어 결국 사망률을 낮추는 효과가 있다. 체중을 10kg 줄이면 식전 혈당이 50% 감소되고 최고 혈압은 10mmHg, 최저 혈압은 20mmHg 낮아진다.

② 과도한 체지방 감소

체내에 과도하게 축적된 체지방을 줄이려면 체지방을 에너지로 이용해야 한다. 섭취한 에너지보다 활동 에너지가 부족할 때 몸에 축적된 비상에너지를 쓰게 되는데, 제일 먼저 간이나 근육에 저장된 포도당을 다 소비한 후 체지방을 에너지원으로 이용하게 된다. 따라서 운동 시작 후 20분이 지나야 지방이 분해되기 시작한다.

표 6-10 적절한 체중 감소로 얻을 수 있는 이득

구분	내용
새로 알려진 제2형 당뇨병	공복 시 혈당장애 50% 감소
혈압	• 심실수축기 혈압 10mmHg 감소 • 심실이완기 혈압 20mmHg 감소
지질	• 총 콜레스테롤 10% 감소 • 저밀도 지단백질(LDL) 15% 감소 • 중성지방 30% 감소 • 고밀도 지단백질(HDL) 8% 증가
사망률	• 총 사망률 20% 이상 감소 • 당뇨 관련 사망률 30% 이상 감소 • 비만 관련 암 사망률 40% 이상 감소

자료: Lean M. E. J.(2006), Management of obesity and overweight, Medicine, 34: 515- 520.

(5) 기능성 원료

건강한 체지방 유지와 관련된 건강기능식품은 우리 몸에 여러 가지로 도움을 준다. 우선 당질과 지방의 소화·흡수를 어렵게 하여 체지방 감소에 도움을 줄 수 있다. 우리가 섭취하는 음식은 흡수되기 좋은 형태로 소화되어야 에너지원으로 쓰이는데, 식이섬유 등을 함유한 건강기능식품은 당질과 지방의 소화를 도와주는 효소를 방해하거나, 소장에서의 흡수를 어렵게 하여 섭취에너지를 줄이는 역할을 할 수 있으며 궁극적으로는 체지방으로 합성될 수 있는 여분의 에너지를 줄여 체지방 감소에 도움을 준다. 또한 지방의 합성을 방해해 체지방 감소를 돕는다. 우리가 섭취하는 에너지 중 쓰고 남는 것은 간에서 다시 지방산으로 합성되고 신체 각 부위의 지방세포에 저장되어 체지방이 된다. 공액 리놀레산 등을 함유한 건강기능식품은 남는 에너지를 지방으로 합성하는 과정을 억제해, 체지방 감소에 도움을 주며, 마지막으로 지방의 분해를 촉진해 체지방 감소를 도와준다. 음식으로 섭취하거나 몸에 축적되어 있던 지방은 세포에서 베타산화작용에 의해 에너지원으로 쓰이는데, 이 과정에는 작용하는 카르니틴·지방분해효소 등을 조절해 지방을 에너지로 사용하는 것을 촉진할 수 있다. 현재 식품의약품안전처에서 인정한 기능성 원료로는 히비스커스 등 복합 추출물, 공액 리놀레산, 식이섬유가 있다.

히비스커스는 아시아 및 아프리카 등에서 자라는 식물로 열대지방에서는 이 꽃으로 소스나 음료를 만들기도 하고, 잎은 샐러드나 카레 요리에 이용한다. 히비스커스 꽃은 우리나라에서 식품 원료로 인정되었으며 미국과 유럽 등지에서 차의 형태로 판매되고 있다.

히비스커스 등 복합추출물은 키토산, 키토올리고당, 히비스커스추출물, L-카르니틴(L-carnitine)으로 구성되어 있으며, 모두 지방 대사와 관련된 성분인 기능성 원료이다. 히비스커스추출물은 히비스커스 꽃잎을 건조하여 열수 추출 후 4배로 농축·분무건조로 제조한 원료로 히비스커스 꽃에 존재하는 히비스산(hibiscus acid)이 7.5~30% 정도로 농축된 것이다. 이 원료는 체지방 감소에 도움을 주며 작용기전은 키토산, 키토올리고당, 히비스커스추출물, L-카르니틴의 상호작용으로 인해 지방 흡수를 방해하고 지방의 분해를 원활히 만들어 체지방 감소에 도움을 주는 것으로 추정된다. 즉, 히비스커스 등 복합추출물에 포함된 키토올리고당은 소장에서의 흡수를 어렵게 하여 분변으로 배출되게 돕고, L-카르니틴은 세포에서 지방 분해를 촉진하도록 도와준다. 따라서 체지방으로 합성될 수 있는 여분의 에너지를 줄이고 지방 분해를 도와 체지방을 줄이는 데 도움이 되는 것으로 추정된다. 대개 하루에 히비스커스 등 복합추출물 2,079mg 정도를 식사와 같이 섭취하는 것이 효과적이고 어린이나 임신부, 수유 중의 안전성에 대한 충분한 데이터가 없으므로 섭취 시 주의해야 한다.

8) 간 건강

(1) 간의 구조 및 주요 세포

간(liver)은 체내에서 가장 큰 기관으로 무게는 성인 체중의 1.8~3.1% 정도인 1.2~1.5kg이다. 우엽과 좌엽으로 나누어지며, 아래쪽 중앙부에 간문부(hepatic portal)이라는 움푹 패인 부분을 통해 간동맥, 간문맥, 담관 및 림프관이 간으로 연결된다. 크기도 크지만 체내 총 혈액량의 10~15% 정도를 보유하고 있는 혈액 저장고이기도 하다. 단위 시간당 흐르는 혈액량도 많아 약 1,500mL/sec의 속도로 혈액이 이동된다. 간으로 유입된 혈액은 간세포 사이를 흐른 후 간소엽 중앙에 위치한 중심 정맥을 지나 간정맥에 모여 심장으로 이동한다. 이러한 구조적 특성으로 인해 에너지 및 영양소 대사, 담즙의 합성, 빌리루빈 대사, 혈액 응고, 약물 및 독소의 해독 등 체내 대사의 중추적 역할을 수행할 수 있다.

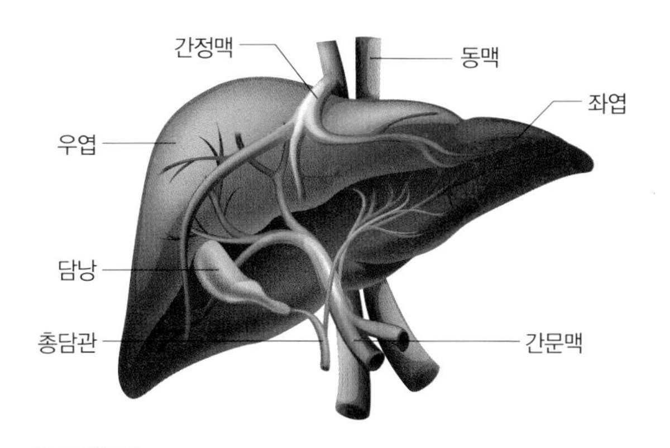

그림 6-43 간의 구조

간에는 약 3,000억 개 이상의 세포가 존재하며 종류로는 간세포(hepatocytes), 굴모양 내피세포(liver sinusoidal endothelial cells), 쿠퍼세포(Kupffer cells), 간성상세포(hepatic stellate cells), 림프구(lymphocytes) 등이 있다. 여러 연구에 따르면 다양한 매개물질을 통해 세포 간 정보 전달이 이루어지며, 이러한 정보 전달을 통해 간 기능이 조절되는 것으로 알려져 있다.

① 간세포

간세포(hepatocytes)는 간 무게의 2/3 정도를 차지하는 주요 세포로 매우 다양하고 복잡한 생리적 기능을 수행한다. 간의 주요 기능인 탄수화물, 지방, 아미노산 대사, 혈액 단백질 합성, 혈액 응고인자, 선천성 면역(innate immunity)에 관여하는 중요한 인자들과 담즙(bile)의 구성 성분을 합성하고 분비를 담당한다. 질소 대사 과정 중 생성되는 암모니아를 무독화하며, 외부로부터 유입된 생체이물(xenobiotics)에 대한 면역 방어가 이루어지는 곳이기도 하다.

② 굴모양 내피세포

굴모양 내피세포(LSECs: Liver Sinusoidal Endothelial Cells)는 다른 조직에 존재하는 내피세포와 구조적으로나 기능적으로 차이가 있다. 주요 기능은 병원성 인자들의 침입을 막는 장벽을 형성하는 것이다. 장에 존재하는 상당수의 미립자와 수용성 물질들, 예를 들어 식품 항원(food antigens)과 박테리아가 간문맥(portal vein)을 통해 지속적으로 간에 유입됨에도 불구하고 간에는 LSECs와 쿠퍼 세포(Kupffer cells)가 존재하여 이러한 외부 물질이 원활히 제거된다.

③ 쿠퍼세포

쿠퍼세포(Kupffer Cells)는 간에 존재하는 대식세포로 면역반응에서 중요한 역할을 담당한다. 장으로부터 유입된 물질, 예를 들어 장에서 유래된 박테리아성 내독소(endotoxin)가 간문맥을 통해 간으로 유입되지 못하도록 장간막 혈액(mesenteric blood)을 깨끗하게 해준다. 건강한 사람의 경우에도 낮은 수준이긴 하지만 장내에 박테리아성 내독소에 지속적으로 노출되기 때문에 쿠퍼세포가 다소 활성화되어 있을 수 있다. 하지만 질병상태에서는 장내 내독소가 장관 장벽(intestinal barrier)에 손상을 주어 간으로 다량 유입되어 쿠퍼세포를 강하게 활성화시킨다. 쿠퍼세포도 굴모양 내피세포처럼 식균작용(phagocytic, endocytic activity)을 하며, 활성화된 쿠퍼세포들은 항체제시세포의 기능을 할 수 있어 간 내 면역반응 조절에 관여할 수 있다.

④ 간성상세포

간성상세포(HSCs: Hepatic Stellate Cells)는 정상상태에서 주로 레티노이드(retinoids)의 저장에 관여한다. 하지만 간 손상이 지속되면 활성화되어 근섬유모세포(myofibroblast)로 분화되는데, 섬유화된 간 조직에서 특징적으로 나타나는 결합조직 인자들(connective tissue clements), 즉 콜라겐(collagen), 엘라스틴(elastin), 구조 당단백질(structural glycoproteins), 프로테오글리칸(proteoglycans), 히알루론산(hyaluronan, hyaluronic acid)을 발현·분비시킨다. 간이 손상되면 쿠퍼세포와 연계하여 간세포의 재생에도 관여한다.

(2) 간의 주요 기능

① 탄수화물 대사

우리가 섭취한 탄수화물은 소장에서 분해·흡수되어 간문맥(hepatic portal vein)을 통해 간으로 유입된다. 간은 혈중 포도당 수준을 일정하게 유지시켜주는 중추적 역할을 한다. 혈당 수준이 높아지면, 인슐린 분비가 증가되어 간에서 글리코젠합성과정(glycogenesis)을 통해 간으로 유입된 과당(fructose), 갈락토스(galactose) 등을 모두 포도당으로 변환시켜 글리코젠 형태로 저장한다. 또 혈당이 감소하면 글루카곤(glucagon)이 분비되어 저장된 글리코젠을 포도당으로 변환시켜 혈중 포도당 농도를 증가시킨다. 혈중 포도당 수준이 낮은 상태에서 간에 저장된 글리코젠이 고갈되면 시상하부에서 이를 인지해 부신피질(adrenal cortex)에서 코티솔(cortisol)의 분비를 촉진한다. 결과적으로 아미노산(amino acids), 글리세롤(glycerol), 젖산(lactic acid) 등을 이용해 포도당이 합성(gluconeogenesis)된다.

② 지질 대사

간은 과잉된 탄수화물의 지방을 전환하고 콜레스테롤을 합성시키며, 체내 지질 이동을 가능하게 하는 지단백질(lipoproteins)을 합성·분해한다.

③ 단백질 대사

간에서는 필요 이상의 아미노산이 분해되는데, 이때 생성되는 유독한 암모니아

(ammonia)가 오르니틴회로(ornithine cyclic reaction)를 통해 최종 분해산물인 요소(urea)로 전환되어 체외로 배설된다. 즉 단백질 분해 시 생성되는 유독물질을 해독하는 역할을 한다. 또 간에서는 알부민(albumin), 글로불린(globulin), 피브리노겐(fibrinogen)과 같은 혈중 단백질이 합성된다. 알부민은 혈관 내 삼투압을 적절히 유지시켜주므로 적정량이 간에서 합성되어 혈중에 존재해야 하며, 칼슘, 담즙산(bile salts), 일부 스테로이드 호르몬을 운반해주는 중요한 역할을 한다. 글로불린은 인슐린이나 티록신(thyroxine)과 같은 호르몬, 콜레스테롤, 지질, 철분, 비타민류 등을 운반하기도 한다. 피브리노겐은 혈액 응고 과정에서 중요한 역할을 한다.

④ 담즙 분비

간에서는 지방 소화를 돕는 담즙(bile)의 구성 성분인 담즙산(bile acids), 콜레스테롤, 인지질(phospholipids), 결합 빌리루빈(conjugated bilirubin)이 합성·분비된다. 분비된 담즙(Secretion of bile)은 담관을 통해 십이지장으로 배출되어 지방의 소화 과정에 관여한다.

⑤ 혈액 응고 기능

간에서는 혈액 응고인자 I(coagulation factor I)인 피브리노겐(fibrinogen)과 혈액 응고인자 II(coagulation factor II)인 프로트롬빈(prothrombin) 외에도 항응고인자 V, VII, IX, X, XI와 함께 단백질 C(protein C), 단백질 S(protein S), 항트롬빈(antithrombin)을 합성함으로써 혈액 응고(coagulatory function) 과정에 크게 기여한다.

⑥ 체내 보호 기능

간의 체내 보호 기능(Protection function)은 다음과 같다.

- 생체이물 제거 간은 장에서 유입된 유해한 생체이물(xenobiotics)을 제거하는 주요 기관이다. 독성 화학물질 대부분은 주로 지용성이기 때문에 물에 녹지 않아 체외로 배설되기 어렵고, 지방조직 및 세포막과의 친화성(affinity)이 높아 주로 지방조직에 수년간 축적되어 있다가 체내상태에 따라 조직에서 분비된다. 생체

이물이 간에서 대사되는 과정은 매우 복잡한 일련의 반응인 phase I, phase II 반응을 거치는데, 결과적으로 지용성 독성물질은 수용성 물질로 변환되어 입자 특성에 따라 소변이나 담즙을 통해 배설된다.

- 면역반응(immune response) 장과 간 사이에는 'gut-liver axis'가 존재하는데, 간 문맥으로 유입되는 혈류의 70%는 장에서 유입되므로 간은 장에서 유래된 내독소(endotoxins)에 지속적으로 노출될 수 있다. 소량의 내독소가 혈류로 유입되더라도 간 내 쿠퍼세포(Kupffer cells)에 존재하는 톨유사수용체(TLR 4: toll-like receptor 4)에 결합되어 빠르게 제거될 수 있다. 선천성 면역(innate immunity)에 관여하는 중요한 인자들을 합성하고 혈액으로 분비하는 역할을 하는 등 면역 방어가 이루어지는 기관이기도 하다.

(3) 간 기능 관련 주요 건강 문제

① 비알코올성 간 손상

- 영양 과잉으로 인한 간 내 지방 축적 증가 정상 간은 지방의 비율이 5% 미만으로 이보다 지방이 많이 축적된 상태(주로 중성지방으로 인지질 및 콜레스테롤 에스터도 축적)를 지방간이라고 한다. 간 내 지방 축적 증가를 유발하는 위험인자로는 알코올과 비만, 당뇨, 고지혈증 등과 같은 체내 대사 이상이다. 비음주자에게 나타나는 간 손상의 경우 알코올로 인한 것과 구분해 '비알코올성'이라는 용어를 사용하며 주로 영양 과잉으로 인한 인슐린 저항성, 비만 등이 주요 위험인자로 알려져 있다. 댈러스 심장 연구(Dallas Heart Study)에서는 과체중이거나 비만인 사람들의 33% 정도가 지방간 증상이 보였는데, 이로써 영양 과잉상태와 지방간의 상관관계를 예측해볼 수 있다. 국내에서도 비알코올성 지방간은 복부비만 및 내장지방의 양과 밀접한 연관이 있는 것으로 보고되었으며, 국내의 대규모 연구에서도 허리둘레와 지방간과 간에 밀접한 상관성이 보고되어 영양 과잉상태가 비알코올성 지방 축적과 관련성이 있는 것으로 제안되고 있다.

  본래 탄수화물과 지방은 혈중 포도당과 인슐린에 의해 대사 과정이 치밀하게 조절된다. 하지만 탄수화물 또는 지방의 과잉 섭취로 영양 과잉상태가 지속되면 고혈당이 동반되며, 혈중 유리 지방산(free fatty acid)의 수준이 증가된다.

과량의 에너지는 지방 축적을 촉진하며, 탄수화물과 지방 대사 이상이 장기화되면서 인슐린 저항성이 유발된다. 인슐린 저항성이 있는 경우 혈중 인슐린 민감성이 감소되어 혈중 인슐린 수준이 높게 유지되며 고혈당상태가 지속된다. 이러한 상태에서는 지방조직에서 호르몬감수성 지방질가수분해효소(hormone-sensitive lipase)의 활성이 증가되어 지방조직 분해가 촉진되면서 결과적으로 혈중 유리 지방산 농도가 더욱 증가한다. 따라서 영양 과잉으로 인한 지방산 섭취와 지방조직에서 분해된 지방산이 배가되면서 간으로 유입되는 유리 지방산 수준도 비례적으로 증가하게 된다. 간으로 유입된 지방산은 베타-산화(β-oxidation) 과정을 통해 산화되어 에너지원으로 이용되거나 중성지방으로 전환되어 간에 축적될 수도 있지만, 고인슐린혈증(hyperinsulinemia)과 고혈당(hyperglycemia)이 지속될 경우에는 지방산 산화가 억제되고, 중성지방 합성이 촉진된다. 즉, 간에서 SREBP-1c(sterol regulatory element binding protein-1c)와 ChREBP(carbohydrate response element binding protein)가 활성화되어 지방산 합성을 촉진하는 유전자 발현이 증가되며, 지방산 합성 증가로 생성되는 말로닐(malonyl)-CoA가 CPT-1(carnitine palmitoyl transferase-1)의 작용을 억제하여 미토콘드리아에서 지방산 베타-산화를 감소시킨다. 따라서 지방산 산화가 억제되면서 중성지방 합성에 필요한 지방산이 지속적으로 공급되어 간 내 지방 축적이 촉진되는 것이다.

- 간 내 산화 스트레스 증가 및 간세포 손상 간 내 지방이 과량 축적되는 것 자체는 심각한 문제가 아닐 수 있으나, 지방의 과잉 축적이 만성적 염증상태를 동반하게 되면 만성간질환으로 진행될 가능성이 크므로 주의해야 한다. 간 내 만성적 염증상태인 경우 간세포 팽창(hepatocyte ballooning), 세포 사멸(cell death)과 같은 간세포 손상과 염증성 침윤(inflammatory infiltrates), 콜라겐 축적(collagen deposition) 등으로 섬유화가 가속될 수 있다. 지질 대사에서 핵심적 역할을 하는 간세포의 미토콘드리아, 과산화소체(peroxisomes), 마이크로솜(microsomes)에서는 지방산의 산화가 일어난다. 특히 미토콘드리아는 지방산 산화에서 아주 주요한 기관이다. 간세포가 더 이상 지방을 축적할 수 없을 정도로 지방 축적량이 높아지면 미토콘드리아 내 유리지방산 수준이 증가되고, 결과적으로 미토콘드리아에서 일어나는 베타-산화가 과도해지면서 과량의 과산화수소(H_2O_2)가 생

성된다. 이로써 세포 내 활성산소 및 지질과산화가 증가되어 미토콘드리아의 기능이 손상될 수 있다. 미토콘드리아의 고유 기능인 호흡연쇄활성(mitochondrial respiratory chain activity)이 손상되면 활성산소 생성량이 더욱 증가된다. 또 세포질 내에 지방산이 축적되면, 과산화소체와 소포체(endoplasmic reticulum)에서도 지방산 산화가 증가되어 과산화수소가 생성된다. 산화 과정에서 생성되는 지질 과산화물은 독성을 띠며, 세포 밖으로 자유롭게 확산되어 멀리 있는 세포까지 영향을 미칠 수 있다. 결과적으로, 활성산소와 지질 과산화로 인한 대사산물이 간 성상세포(hepatic stellate cells)를 활성화시키고, 콜라겐 합성과 염증반응을 촉진시킴으로써 간 섬유화를 유발할 수 있다.

일반적으로 간섬유증은 간경변과 달리 간 손상의 원인이 소실되면 정상 회복이 가능한 가역적인 상태의 얇은 피브릴(fibril)로 구성되며, 결절(nodule)은 형성되어 있지 않다. 하지만 간섬유증 과정이 반복적으로 지속되면 세포외 기질(extracellular matrix) 간의 교차결합(crosslinking)이 증가하고 결절이 형성되는 비가역적인 간경변으로 진행된다.

② 알코올성 간 손상

장에서 흡수된 알코올의 90%는 체내에서 대사되며 나머지 10%는 대사되지 않은 채 소변, 날숨, 땀 등을 통해 체외로 배출된다. 흡수된 알코올의 대부분은 간에서 대사되며 뇌, 췌장, 위에서도 알코올이 대사되나 간에 비하면 매우 소량에 불과하다.

- 간 내 알코올 대사 과정 우리가 섭취한 알코올은 위장관에서 단순 확산(simple diffusion)에 의해 빠르게 흡수되어 주로 체내 수분과 함께 분포된다. 혈액을 통해 간으로 이동된 알코올은 아세트알데하이드(acetaldehyde), 아세테이트(acetate)로 순차적으로 산화된다. 생성된 아세테이트는 혈류로 분비되며 말초조직에서 이산화탄소와 물로 최종 산화된다. 간 기능이 정상적인 사람들의 경우에는 간에서 일어나는 알코올 대사 과정에 주로 세 가지 효소가 관여하는데, 가장 중요한 효소가 바로 세포질에 존재하는 알코올 탈수효소(ADH: Alcohol Dehydrogenase)로 간 기능이 정상인 사람들은 주로 이 효소에 의해 알코올이 대사되며, 알코올 산화로 인해 아세트알데하이드와 케톤(ketones)이 생성된다.

알코올이 대사되는 두 번째 경로는 마이크로솜(microsome)에 존재하는 알코올 산화 시스템(MEOS: Microsomal Ethanol-Oxidizing System)인데, 알코올을 과량 섭취했을 때만 가동된다. 주로 CYP2E1(Cytochrome P450 2E1)이 관여하는데, 알코올을 만성적으로 섭취하는 경우에도 활성이 증가될 수 있다. 세 번째 알코올 산화 경로는 카탈레이스(catalase) 효소에 의해 촉진된다. 이 효소는 대부분의 조직에서 과산화소체(peroxisome)에 존재하는데, 알코올 대사에 대한 기여도는 매우 낮다. 이 세 가지 경로를 통해 생성된 아세트알데하이드는 간 내 미토콘드리아에서 알데하이드탈수효소(ALDH: Aldehyde Dehydrogenase)에 의해 더욱 산화되어 아세테이트로 변환된다.

- 알코올로 인한 간 내 지방 축적 증가 관련 대사 기전을 살펴보면 일반적으로 65세 이하의 남성은 하루 30g, 여성은 하루 20g(알코올 10g은 맥주 250cc, 소주 40cc, 양주 25cc 정도에 해당) 이상의 술을 마실 경우 과도한 지방 축적이 일어난다. 이 양을 흔히 먹는 소주로 환산하면 남성은 일주일에 소주 세 병 이상, 여성은 두 병 이상이다. 알코올 과량 섭취는 간에 지방을 과량 공급하며, 지방조직에서 유리 지방산 분해를 촉진해 간 내 유리지방산 유입을 증가시킨다는 점에서 영양 과잉으로 인한 간 내 지방 축적 과정과 공통적인 부분이 있다. 하지만 가장 큰 차이는 간에서 알코올 산화 과정이 동시에 이루어진다는 점이다. 즉, 알코올 대사 과정에서 NAD(Nicotinamide Adenine Dinucleotide)가 NADH(환원형 NAD)로 환원되는데 NADH/NAD 비율이 증가하면서 탄수화물과 지방 대사에 불균형이 나타나며 당 신생(gluconeogenesis)은 감소되고 지방산 합성이 증가된다. 지방산 합성 증가는 지방산합성효소(FAS: Fatty Acid Synthase), 아세틸조효소A 카르복실레이스(acyl CoA carboxylase, ACC), ATP 구연산염 분해효소(ACL, ATP citrate lyase), SCD(stearoyl CoA desaturase), ME(malic enzymes)와 같이 지방 합성에 관여하는 효소 발현 증가로도 알 수 있다. 이와 동시에 NADH와 NAD 비율 증가로 중성지방 합성에 필요한 글리세롤 3-인산(glycerol-3-phosphate)의 생성도 증가되어 간 내 지방 축적이 촉진된다. 알코올이 산화되는 과정에서 발생하는 활성산소는 간세포의 환원상태(redox state)를 변화시켜 미토콘드리아에서 이루어지는 베타-산화를 직접적으로 억제한다. 결과적으로 지방산의 산화 속도가 감소되고, 베타-산화의 기질은 계속 증가한다. 다수

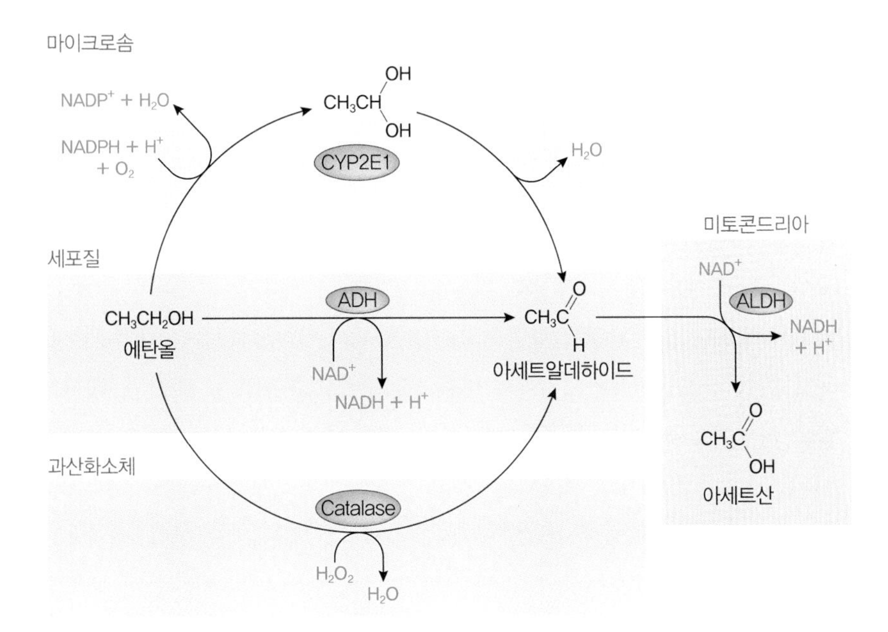

그림 6-44 간에서 이루어지는 알코올 대사

자료: CYP2E1, cytochrome P450 2E1; ADH, alcohol dehydrogenase(알코올탈수효소); NAD, nicotinamide adenine dinucleotide; NADH, reduced NAD; ALDH, aldehyde dehydrogenase(알데하이드탈수효소)

의 연구에서 알코올 섭취가 메싸이오닌(methionine) 대사를 변화시킨다고도 보고되고 있다. 정상상태에서는 메싸이오닌 대사 과정을 통해 하루에 6~8g 정도의 SAM(S-adenosylmethionine)이 합성되는데, SAM은 체내 여러 반응에서 메틸기(methyl group)을 제공해주는 중요한 역할을 한다. 하지만 알코올을 섭취하게 되면 호모시스테인을 메싸이오닌으로 전환시켜주는 효소 중 하나인 메싸이오닌 합성효소(MS: Methionine Synthetase)의 활성이 억제되어 호모시스테인이 메싸이오닌으로 전환되기 어려워진다. 결국 혈중 호모시스테인 농도가 증가하는 고호모시스테인혈증(hyperhomocysteinaemia)이 유발될 수 있다. 결과적으로는 SAM 생성이 감소되어 체내 대사에 불균형이 초래될 수 있다. 또 MS 활성을 보상하기 위해 BHMT(Betaine-Homocysteine Methyltrasferase) 활성이 증가되는데, 이러한 이유로 알코올을 섭취할 때 간 내 베타인 수준이 감소된다. 고호모시스테인혈증은 SREBP-1c 활성화를 통해 지방 합성에 관여하는 유전자 발현을 증가시킴으로써 간 내 지방 축적을 촉진하는 것으로 보고된다. 베타인은 콜린으로부터 합성할 수 있으므로 음주자의 체내에 베타인 또는 콜린이 부족하면 간 내 지방 축적이 촉진될 수 있다.

- 알코올 대사로 인한 산화 스트레스 및 염증반응 증가 알코올 대사 과정에서 활성산소에 의해 생성된 지질과산화물은 혈중 세포와 세포막을 손상시키고 결국 염증반응과 간섬유화를 촉진시키는 반응성 알데하이드 생성을 유발한다. 또한 활성산소 증가로 간 내 항산화 역할을 수행하는 환원형 글루타티온(reduced glutathione)이 고갈되면서 항산화능이 저하된다. 글루타티온은 대부분 세포질에서 합성되지만 미토콘드리아와 마이크로솜에도 분포하여 세포 내 대사가 원활히 이루어질 수 있는 환경을 제공한다. 따라서 환원형 글루타티온의 평형 유지는 세포 기능 면에서 중요한데, 산화 스트레스로 인해 환원형 글루타티온이 고갈될 경우 이러한 세포 평형에 문제가 발생하게 된다. 또 알코올 대사 과정에서 생성된 아세트알데하이드는 반응성이 큰 물질로 단백질이나 DNA와 다양한 부가 생성물(adduct)을 형성함으로써 간 내 글루타티온을 고갈시켜 미토콘드리아에 존재하는 글루타티온을 선택적으로 감소시키며, TNF-α 생성을 촉진하는 것으로 보고되고 있다.

최근에는 과량의 알코올 섭취가, 혈중 내독소(endotoxin) 수준이 증가되는 내독소혈증(endotoxemia)을 유발시킬 수 있다는 기전이 제안되고 있다. 장과 간 사이에는 'gut-liver axis'가 존재하는데, 간문맥으로 유입되는 혈류의 70%

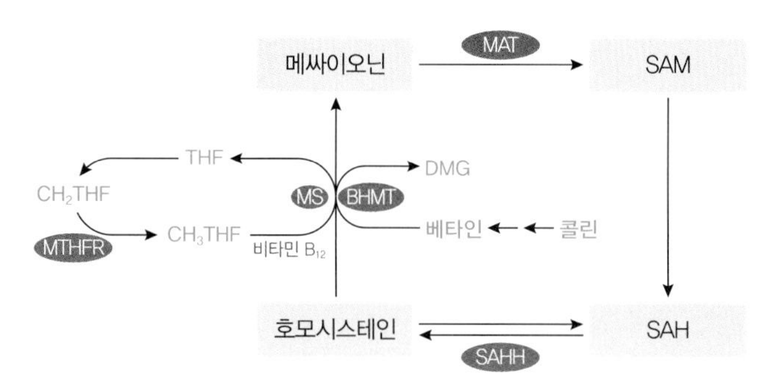

그림 6-45 알코올로 인한 간 내 지방 축적 증가

자료: MAT, methione adenosyltransfrease; SAM, S-adenosylmethionine; SAH, S-adenosylhomocysteine; SAH, S-adenosylhomocysteine hydrolase; BHMT, betaine-homocysteine methyltrasferase; MTHER, methylene tetrahydrofolate reductase; MS, methionine synthetase.

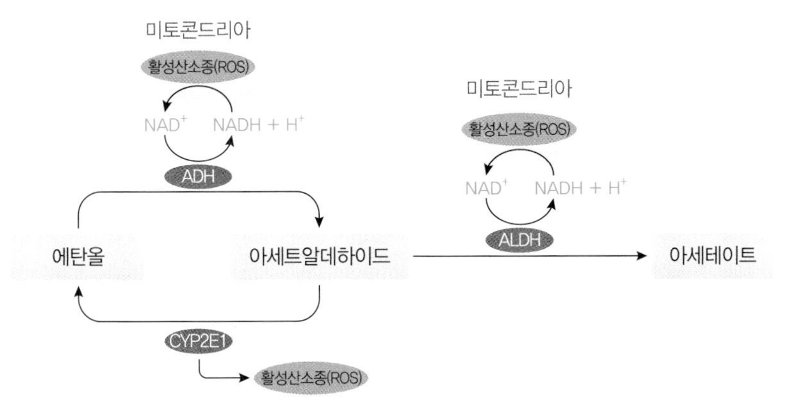

그림 6-46 알코올 대사와 활성산화 생성

자료: ADH, alcohol dehydrogenase; ADH, aldehyde dehycrogerge; CYP2EI, cytochrome P 450 2EI

는 장에서 유입되므로 간은 장에서 유래된 내독소(endotoxins)에 지속적으로 노출될 수 있으며, 내독소 수준이 증가될 경우 간 손상이 유발될 수 있는 것이다. 정상적인 상태에서는 장 점막 장벽(intestinal mucosal barrier)이 장내에 존재하는 내독소가 장에서 흡수되어 혈류로 유입되는 것을 막아준다. 또한 소량의 내독소가 혈류로 유입되더라도 혈중에 존재하는 LPS 결합단백질(LPS-biding protein) 등에 의해 내독소가 빠르게 제거된다. 하지만 과량의 알코올 섭취는 장점막의 투과도(permeability)를 높여 장에서의 내독소(endotoxins) 흡수를 증가시켜 간문맥 내 내독소 농도를 높이기 때문으로 설명할 수 있다.

③ 생체이물에 의한 스트레스

생체이물(xenobiotics)은 외부에서 인체로 유입되는 모든 외래물질을 말하는데, 간은 장에서 유입된 유해한 생체이물을 제거하는 주요 기관이다. 신생물질이 간에서 대사되는 과정은 매우 복잡한 일련의 반응인 phase I, phase II 반응을 거치는데, 결과적으로 지용성 독성물질은 수용성 물질로 변환되어 입자 특성에 따라 소변이나 담즙을 통해 배설된다. Phase I 과정에서는 산화(oxidation), 가수분해(hydrolysis) 등의 반응을 통해 생체이물이 좀 더 수용성으로 변화된다. 이 과정에서 반응성이 매우 크고 불안정한 친전자성 중간 대사산물(reactive electrophilic intermediates)이 생성되는데, 이 물질은 DNA, 단백질과 같은 거대분자를 공격해

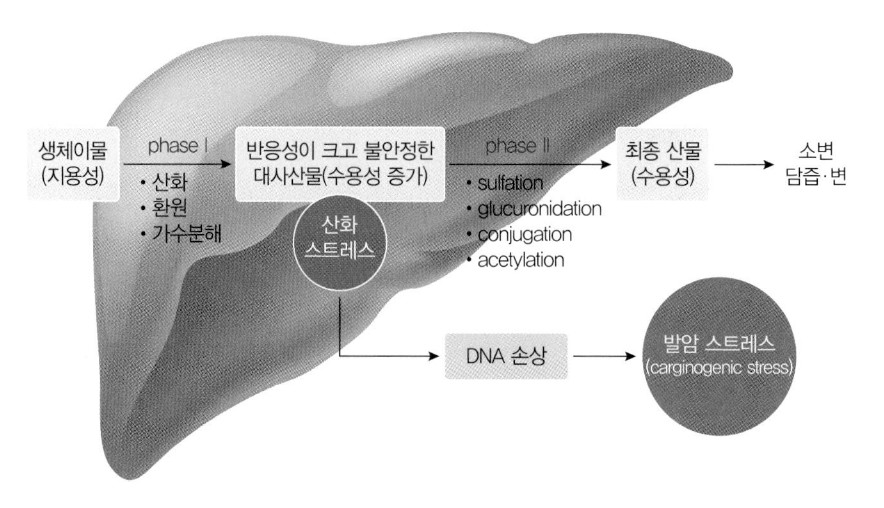

그림 6-47 간 내 생체이물 제거 경로

손상을 일으킬 수 있다. 이 과정에 관여하는 중요한 효소로는 소포체에 존재하는 CYP(cytochrome P450) superfamily가 있다. 사람의 경우 다섯 종의 CYP 유전자가 존재하는데(CYP1, CYP2, CYP3, CYP4, CYP7), 간에서의 생체이물 제거에 중요한 역할을 수행한다. 반면 phase II 과정에서는 포합반응(conjugation) 등의 해독기전(detoxifying mechanism)을 통해 phase I 과정에서 생성된 중간대사산물을 수용성으로 최종 변환시켜 체외로 배설될 수 있도록 한다. 해독 작용에 관여하는 효소로는 글루타티온-S-전달효소(glutathione S-transferases, GST), uridine diphosphate-glucuronosyl transferases(UGTs), xathine oxidase(XO) 등이 있다. 따라서 phase I과 phase II 간에 생리적인 평형을 유지하는 것이 중요하다. 만약 phase II 반응에 의한 보호 기전이 원활하지 않은 상태에서 알코올을 과량 섭취할 경우 phase I에 의해 생성된 반응성 대사산물에 의해 산화 스트레스가 증가되어 DNA 손상 등을 유발할 수 있다. 독성 생체이물로부터 체내를 보호하기 위한 식이 인자를 찾고자 하는 노력이 이루어지고 있는데, 이러한 보호기능이 있는 식이 인자는 크게 두 가지 종류로 나누어진다. 하나는 phase I과 phase II를 동시에 활성화시키는 양방향성 유도인자(bifunctional inducer)이고 하나는 phase II만 선택적으로 활성화시키는 단방향성 유도인자(monofunctional inducers)이다. 몇몇 식이 인자들은 phase I과 phase II 효소들의 활성을 조절하는 것으로 보고되고 있다.

⑷ 기능성 평가 방법

① 간 기능 관련 효소

대표적으로 혈중 ALT(Alanine aminotransferase, 과거에는 GPT로 불림), AST(Aspartate aminotransferase, 과거에는 GOT로 불림), GGT(γ-glutamyl transferase)의 수준을 측정해 간접적으로 간의 손상 정도를 확인할 수 있다. AST의 경우 심장, 근육, 신장 세포 등에도 존재하지만 ALT는 간에만 존재하는 간세포의 특이적 효소이기 때문에 ALT의 상승은 간세포의 독성을 직접적으로 반영한다. 그러나 이들 효소의 혈중 수준은 변화의 기복이 심하기 때문에 한 시점에서 수준이 증가되었다는 것만으로 간 손상 여부를 단정지을 수는 없다. 이는 혈액을 통해 간편하게 측정 가능하며, 간 손상 가능성을 제시해주므로 널리 측정되고 있다. GGT는 γ-GTP(gamma-glutamyl transpeptidase)라 불리기도 한다. 간 외에도 신장, 비장, 췌장, 심장 및 뇌 등 여러 기관에 존재하지만 혈청 GGT의 대부분은 간과 담관 상피세포에서 유래된다. 알코올에 의해 유도되기 쉬워 알코올 과다 섭취 시 많이 증가하는 것으로 알려져 있다. 이외에 알칼리성 인산가수분해효소(ALP: alkaline phosphatase), 젖산탈수효소(LDH: lactate dehydrogenase) 등도 측정 가능하다.

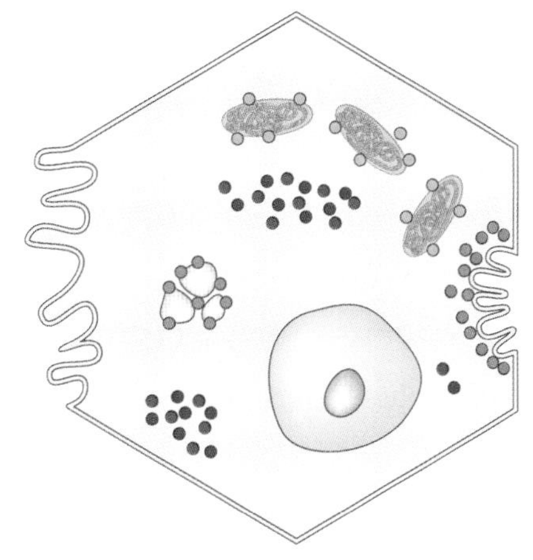

그림 6-48 간 내 효소

② 간 내 지방 수준 측정

인체 연구에서 적용 가능한 영상 진단 방법으로는 간초음파(liver ultrasonography), 컴퓨터단층촬영(CT: computed tomography), 자기공명영상촬영(MRI: magnetic resonance imaging) 등이 있다. 간초음파는 다른 검사법보다 안전하고 방사선 노출이 없는 방법으로 지방간이 있는 사람들을 선별하기 위해 널리 이용된다. 하지만 검사가 주관적이며 간 내 지방이 30% 미만인 경우에는 진단의 민감도가 70% 미만으로 낮고, 간 내 지방 함량을 정확히 정량하기 어렵다는 한계가 있다. CT

는 간 내 지방 함량을 정량하는 데 좋은 방법으로 정확도(accuracy)가 높은 편이다. 하지만 지방간 수준 감별을 위한 민감도(sensitivity)와 특이도(specificity)가 낮은 편이다. 또 방사선에 노출된다는 한계가 있다. MRI는 자기장과 비전리 방사선인 라디오 고주파를 이용하므로 인체에 해가 없고, CT에 비해 정확도가 높다.

실험실적 방법으로는 지방구 염색법(Oil-red O staining)이 있다. 지방구 염색을 통해 붉게 염색된 HepG2 세포 내 지방 용적을 아이소프로판올(isopropanol)로 녹여 용출 정도를 통해 세포 내 지방 축적 정도를 측정하는 것이다. 510nm에서 분광광도계로 측정 시 OD값이 높을수록, 지방이 많이 축적된 것으로 판단한다. 세포 모델에서 HepG2 세포를 CCl_4 또는 에탄올로 지방구를 유도한 후 지방구 염색법으로 중성지방 함량을 측정하기도 한다.

③ 알코올 대사 관련 효소 활성

혈중 알코올 또는 알데하이드의 수준 변화, 제거 속도를 측정하거나 CYP2E1 (Cytochrome P450 2E1), 알코올탈수소효소(ADH: alcohol dehydrogenase), 알데하이드탈수소효소(ALDH: aldehyde dehydrogenase)의 활성을 측정할 수 있다.

④ 생체이물 배설

인체 연구에서는 보통 건강한 성인을 대상으로 phase I, phase II 효소 활성 변화를 측정한다. Phase I 효소로는 CYP1A1(cytochrome P450 1A1)의 활성을 평가한 논문들이 다수이며, CYP1A1와 함께 CYP2A6, 4A6, 3D6, 2C9, 2E1, XO, NAT 2 (N-acetyltransferase 2)의 활성을 측정하기도 한다. Phase II 효소로는 주로 GST의 활성 변화를 평가한다. GST는 조직에 따라 다양한 아형이 분포하는데 간에는 GST-α and GST-μ 등이 존재한다. GST에 단일염기다형성(single nucleotide polymorphism, SNP)이 존재할 경우 GST의 활성이 달라지는 것으로 알려져 있어 일부 연구에서는 유전적 다형성과 GST 활성 간의 상관성을 연구하기도 한다.

⑤ 기타

기전에 따라 비알코올성 간 손상의 경우 체지방, 지질, 혈당 대사를 함께 확인해야 하며 산화 스트레스와 관련된 기전 확인을 위해서는 항산화능을 평가할 수 있는 바이오마커를 추가로 확인하는 것이 좋다.

(5) 기능성 원료

현재까지 식품의약품안전처에서 인정한 기능성 원료로 "간 건강에 도움"의 기능성의 경우 밀크시슬(milk thistle) 추출물, 브로콜리스프라우트(broccoli sprout) 분말, 표고버섯 균사체, 표고버섯균사체 추출물, 복분자추출분말, 발효울금이 있으며, "알코올성 손상으로부터 간보호에 도움" 기능성은 헛개나무과병추출물, 유산균발효다시마추출물이 있다. "간 건강에 도움"이 되는 원료 중 밀크시슬추출물은 만성간질환 등의 질병에서 간을 보호하기 위해 사용되었으며 밀크시슬의 실리마린(silymarin) 성분이 활성산소로부터 간세포를 보호하는 등 항산화 작용을 한다. 국내의 경우 건강기능식품에 사용되는 고시형 기능성 원료로 사용되고 있다. 밀크시슬의 경우 안전성을 고려해 일일섭취량을 실리마린으로서 130mg으로 권장하고 있다.

브로콜리스프라우트분말은 동물시험에서 글루타티온과 GSH reductase 등 Phase II효소의 활성을 증가시키는 것으로 확인되었다. 하지만, 인체적용시험 자료는 확인되지 않아 기타기능 III에 해당하는 개별인정원료이다. 표고버섯균사체와 표고버섯균사체추출물분말은 지표성분으로 β-glucan을 함유하며 작용기전은 명확하지 않지만 시험관시험에서 간세포의 생존율과 단백질 합성이 증가해 간의 섬유화가 억제되는 것으로 확인되었다. 인체적용시험 자료의 수가 충분하지 않으나 일관성을 나타내기에 기타기능 II에 해당하는 개별인정원료로 인정되었으며 안전성과 기능성에 충족되는 하루 섭취량은 표고버섯균사체는 350mg, 표고버섯균사체추출물은 1.8g이다. 이외에도 복분자추출분말, 도라지추출물, 발효울금이 간 건강에 도움이 되는 개별인정형 원료로 사용되고 있다.

"알코올성 손상으로부터 간보호에 도움"이 되는 원료 중 유산균발효다시마추출물의 경우 다시마에 함유된 천연글루탐산이 유산균에 의해 가바(GABA)라는 신물질로 100% 전환된 것이며 이 물질은 알코올 대사를 촉진함으로써 혈중 알코올 농도를 저하시키는 데 도움을 준다. 일일섭취량은 유산균발효다시마추출물 1.5g이 권장되지만, 해조류이기에 아이오딘 함량이 높아 갑상선질환 등을 앓는 사람은 섭취 시 주의가 필요하다.

헛개나무과병추출물은 알코올분해효소를 활성화시켜 음주로 손상된 간 기능 회복에 도움이 되며 일일섭취량은 2,460mg이다. 이외에도 유럽의 경우 콜린(choline)이 정상적인 간 기능 유지에 기여하는 원료로 인정받았다. 콜린 섭취가 부족해지면 간 기능 부전이 발생할 수 있기에 충분한 섭취가 권장되며 일일 권장섭취량은 남성이 550mg, 여성이 425mg이다.

9) 장 건강

우리가 섭취한 음식물은 위, 소장 그리고 대장을 거쳐 항문으로 배설된다. 위에서 소화되고 소장에서 흡수된 후 대장에서 장내 미생물의 작용으로 분해되므로 건강한 장을 유지하기 위해서는 이 기능들이 적절히 유지되어야 한다. 그러나 바람직하지 않은 식생활, 부적절한 배변습관으로 인해 장의 기능이 저하될 수 있다. 깨끗하고 건강한 장을 유지하기 위해서는 무엇보다 배변 활동을 원활히 하여 장내에 존재하는 음식 찌꺼기들이 체외로 잘 배출되어야 한다. 장내 유익한 균의 비율이 높고

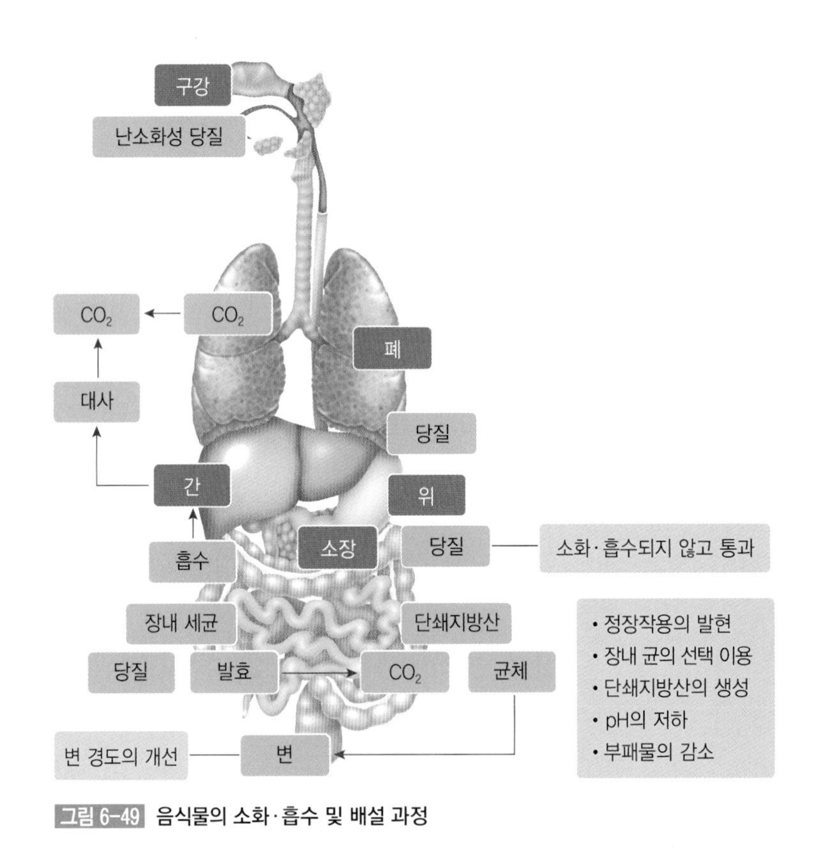

그림 6-49 음식물의 소화·흡수 및 배설 과정

유해균 비율이 낮은 바람직한 장내 균총(intestinal microflora)을 유지하는 것도 중요하다.

(1) 장 기능 조절과 질환

인체의 장 운동 및 배변 활동을 유지·촉진하고 소화·흡수를 개선하며 정장작용을 유지하도록 유용한 효능을 나타내는 작용을 장 기능 조절로 정의할 수 있다. 장 기능이 원활하지 못하면 소장과 대장의 운동성이 저하되고, 장 점막이 손상되며 염증이 발생하고 장내 균총의 균형이 깨지는 등의 현상이 생기며 이로 인해 배변이 곤란해지거나 복통, 설사 증상이 나타난다. 이러한 증상이 심각해지면 질환으로 발전하는데 대표적인 대장질환으로는 변비, 게실염(diverticulitis), 치질, 설사, 장염 등이 있다.

① 변비

결장 안에 대변이 오랜 시간 머물러 있는 경우를 변비(constipation)라고 한다. 대변은 보통 음식을 섭취하고 12~72시간 후에 배설되는데, 음식의 종류와 개인별로 배변 시간에 차이가 있다. 개인차는 있으나 일주일 동안 세 번 이하로 배변할 때, 3일 이상 배변하지 않을 때, 한 번의 배변량이 25g 이하일 때를 변비라고 판정한다. 일반적으로 변비는 크게 기능성 변비와 기질성 변비로 나누어진다. 이완성 변비, 경련성 변비, 배변 장애성 변비는 기능성 변비에 속하고 장관의 협착, 종양이나 장 형태의 이상으로 인한 것은 기질성 변비에 속한다.

변비를 일으키는 위해 요인으로는 식이요인, 스트레스, 약물 복용 등이 있는데, 식이요인으로는 저섬유질 식사, 수분 섭취 부족, 고타닌산 음식 과다 섭취 등이 있고, 스트레스로 인한 정신적인 긴장상태는 자율신경을 교란시켜 소화·흡수와 같은 위장의 작용에 영향을 미쳐 변비, 설사 등을 일으킨다. 또 진통제, 제산제, 이뇨제 등의 약물 복용이 변비를 일으키는 원인이 될 수 있으며 임신도 변비의 유발 요인이 될 수 있다.

② 설사

설사란 배변 횟수의 증가, 대변의 수분 포화도 증가, 장 운동의 증가를 말한다. 가장 객관적인 평가 방법은 대변 무게를 측정하는 것으로 정상인의 대변량은 하루 100~200g 정도인 반면, 설사를 하는 경우 하루 대변량이 약 250g 이상으로 증가한다. 설사를 유발하는 인자로는 장 점막의 염증과 궤양, 세균과 바이러스의 감염, 스트레스, 사하제, 항생제 등 약물 섭취를 들 수 있다. 원인에 따라 감염성 설사와 비감염성 설사로 구분된다.

- 감염성 설사(급성 설사) 오염된 식수나 음식을 섭취하여 발생하며 로타바이러스(Rotavirus) 등에 의한 바이러스성 설사, 시겔라(*Shigella*), 살모넬라(*Salmonella*), 비브리오(*Vibrio*), 캠피로박터 제주니(*Campylobacter jejuni*), 대장균(*E. coli* O157: H7), 예르시니아(*Yersinia*) 등에 의한 세균성 설사와 기생충에 의한 설사가 이에 속한다. 심한 설사와 함께 복통, 구토 등의 증상이 나타나며 발열, 경련 등의 전신 증상이 동반되기도 한다.
- 비감염성 설사 비감염성 설사의 원인은 흡수가 잘 안 되고 삼투압이 높은 물질의 장내 과다 존재, 장 점막 투과성 이상, 이온흡수기전 억제, 장 운동 이상의 네 가지로 분류할 수 있다. 가장 일반적인 예로는 과민성 대장증후군이 있다. 장기의 조직학적 이상이 없고 장의 자극 증상이 계속되거나 간헐적으로 3개월 이상 지속될 때를 과민성 대장증후군이라고 하며, 주된 증상은 복통과 설사이다.

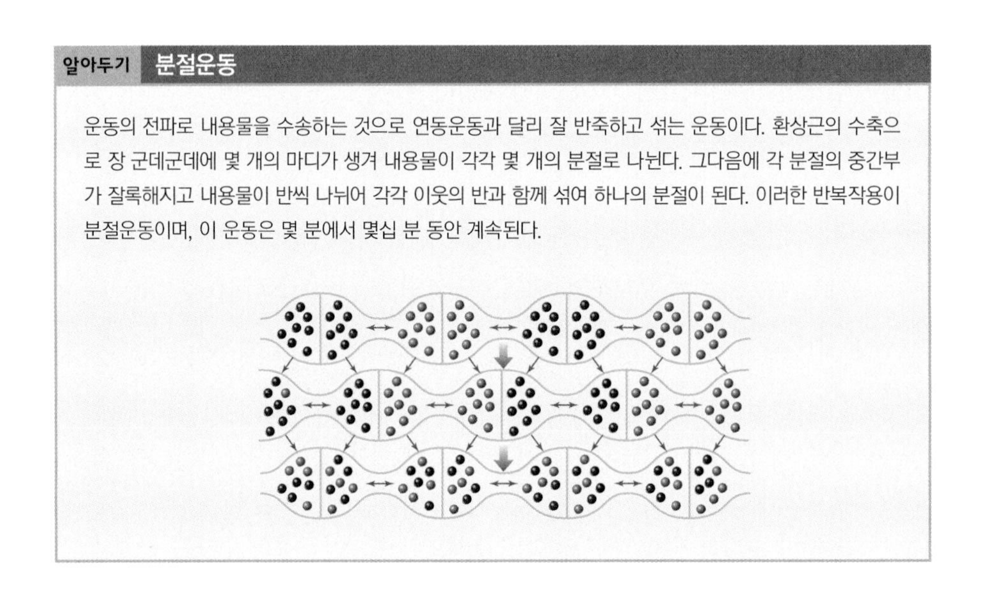

알아두기 분절운동

운동의 전파로 내용물을 수송하는 것으로 연동운동과 달리 잘 반죽하고 섞는 운동이다. 환상근의 수축으로 장 군데군데에 몇 개의 마디가 생겨 내용물이 각각 몇 개의 분절로 나뉜다. 그다음에 각 분절의 중간부가 잘록해지고 내용물이 반씩 나뉘어 각각 이웃의 반과 함께 섞여 하나의 분절이 된다. 이러한 반복작용이 분절운동이며, 이 운동은 몇 분에서 몇십 분 동안 계속된다.

- 게실염　식이섬유를 지속적으로 하루 4g 이하로 섭취하는 경우에 발생한다. 오랜 기간 섬유소 섭취량이 부족하면 장내 변의 양이 감소되고 장관의 지름이 짧아져 장내 압력이 증가하게 된다. 증가된 장내 압력에 의해 장의 분절운동(segmentation movement)이 항진되고 작은 외형 점막 주머니인 게실이 형성된다. 게실 내에 변이 축적되면 장염을 일으키기도 하고 때로는 궤양과 천공이 나타나는 경우도 있는데, 이를 게실염(diverticulitis)이라고 한다.
- 궤양성 대장염　궤양성 대장염(ulcerative colitis)은 대장 점막에 궤양이나 염증이 생기는 만성질환으로 일반적인 원인으로는 유전적인 요인, 세균성 감염, 영양소 결핍, 심리적 요인, 환경적 요인 등이 있다. 대개 직장 출혈, 설사, 열, 식욕 감퇴, 탈수 등의 증상이 나타난다.

(2) 장내 균총의 역할

인간과 동물의 장관 내에는 수많은 세균들이 서로 공생 또는 길항관계를 유지하며 장내 균총을 구성하고 있다. 장내 균총이 장관 내에서 생성하는 여러 가지 대사산물들은 숙주의 영양, 생리작용, 발암, 노화, 면역 등에 크게 영향을 미친다. 이러한 장내균총은 건강할 때는 다소 안정적으로 균형을 유지하지만 식이, 약물, 생균제품, 기후, 스트레스 등의 외부 요인과 세균 상호 간 관계에 의해 발생되는 내부 요인에 의해 그 조성이 변경될 수 있다. 따라서 이러한 영향인자들을 조절함으로써 장내 균총 조성을 바람직하게 변화시키려는 노력이 활발하게 이루어지고 있다.

인간의 위에는 10^3 이하의 매우 적은 미생물이 존재하는데, 이와 달리 대장에는 혐기성 미생물과 세균이 대장 내용물 1g당 약 10^{12}CFU 정도로 존재한다. 대장에서 음식물의 통과 속도가 느리고 서식하고 있는 미생물 절대량이 많기 때문에 음식물을 분해·발효시키며 증식할 수 있는 기회가 늘어난다. 성인의 장내에 서식하고 있는 미생물은 대략 300~500종으로 알려져 있으며 이 중 30~40종이 전체 균총의 99%를 차지한다. 우점하고 있는 균은 주로 박테로이데스(*Bacteroides*), 비피도박테리움(*Bifidobacterium*), 유박테리움(*Eubacterium*), 클로스트리듐(*Clostridium*), 락토바실러스(*Lactobacillus*), 푸소박테리움(*Fusobacterium*) 및 여러 혐기성 그램 양성균이며 개인마다 가지고 있는 우점균총과 준우점균총이 다르다. 장내 서식균 중 일부는 병원성을 지니거나 장내 점막 장벽이 교란될 경우 잠재적으로 병원성을 나타내기도 하나, 장내 미생물과 숙주의 관계는 일반적으로는 상호 도움을 주는 공생관계이다. 주요 장내 서식균과 체내 유해 정도는 그림 6-50과 같다.

장내 미생물은 체내에서 몇 가지 역할을 하는데, 그중 가장 중요한 것이 대사기능이다. 장내 미생물에 의해 인간은 난소화성 식이섬유와 내인성 점질물을 분해할 수 있게 된다. 이들 물질을 발효하는 과정에서 여러 유기산과 단쇄지방산이 생성되는데, 이 과정을 통해 인체는 난소화성 식이섬유 등 배출 직전의 폐기물로부터 단쇄지방산과 같은 에너지원을 생산·재활용할 수 있게 된다. 단쇄지방산은 섬유소와 같은 탄수화물 기질의 발효 과정에서 생성되는데 이와 동시에 암모니아, 아민류, 페놀류,

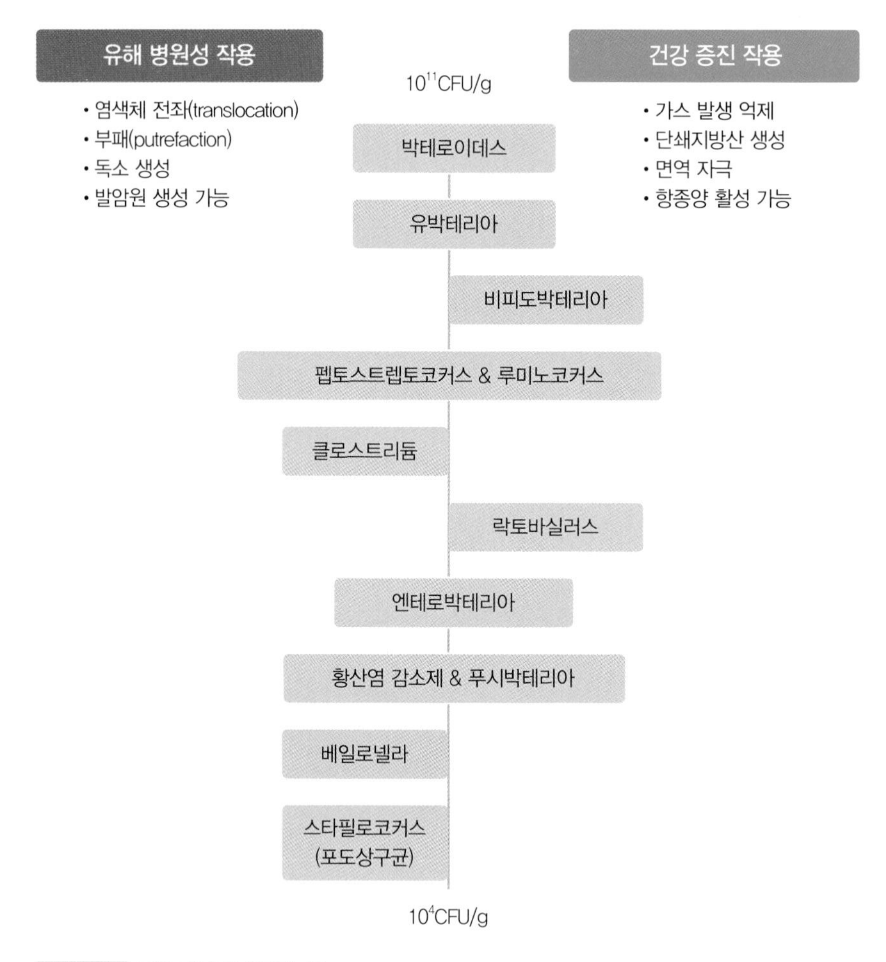

그림 6-50 주요 장내 서식균과 기능

티올류(thiols), 인돌류(indols) 등 일련의 독성물질도 생성된다. 장내 미생물은 암모니아와 요소(urea)로부터 아미노산을 합성하며 비타민 K, 바이오틴, 엽산, 판토텐산 등의 비타민도 생성한다. 아울러 장내 미생물은 칼슘, 마그네슘, 철 이온의 흡수를 증가시키는 등 인체에 여러 가지 장점을 제공한다. 두 번째 역할은 병원성 미생물에 대한 보호작용이다. 장내 미생물은 박테리오신과 같은 항균물질을 분비하여 다른 미생물의 성장을 억제할 수 있으며 경쟁적으로 영양분을 소비해 병원성 미생물의 과다 증식을 막아준다. 세 번째 기능은 숙주의 면역 기능 조절과 관련이 있다. 장내 미생물은 숙주의 상피세포 증식과 분화를 조절하며 면역계를 발달시키고 항상성을 유지하는 데 도움을 준다. 또 숙주의 면역계에 신호를 전달해 면역반응을 조절해준다. 예를 들어 병원성 미생물은 장내 상피세포를 통해 TNF-α, IL-8과 같은 감염형 면역반응을 항진시키며, 무해한 미생물은 TGF-β, IL-10 등과 같은 조절면역반응을 항진시킨다(그림 6-51). 이와 같은 작용을 통해 락토바실러스

알아두기 CFU

Colony Forming Unit의 약자로 단위 부피당 형성된 콜로니 수를 말한다.

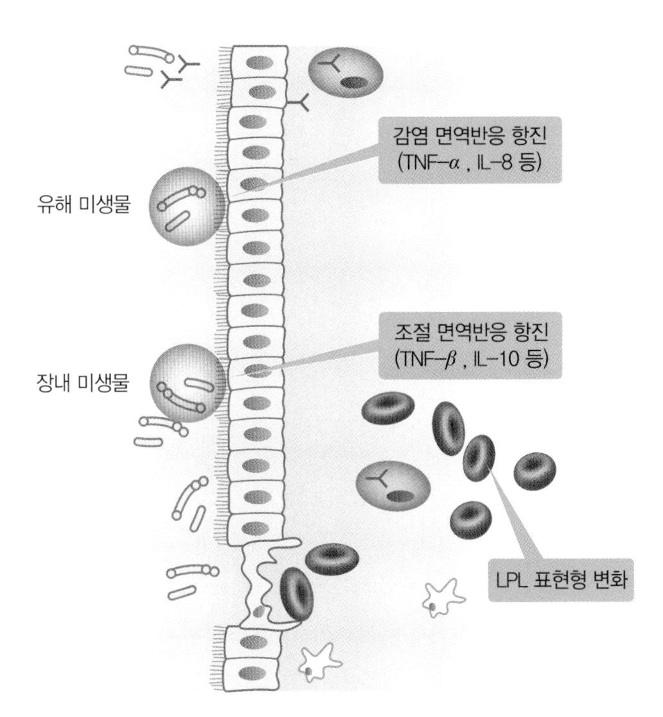

그림 6-51 장내 미생물에 의한 숙주의 면역 기능 조절

(*Lactobacillus*)종은 염증반응 부위에서 분비되는 TNF-α를 하향 조절하며 *E. coli*에 의해 유발된 염증반응도 억제한다.

(3) 식이섬유 및 난소화성 당류의 역할

식이섬유는 인체의 소화효소에 의해 분해되지 않는 난분해성 복합 다당류로 분변량을 증가시키고 통변을 원활하게 하며, 장내 미생물의 활성화나 영양소의 흡수 조절 등을 통해 상피세포의 기능을 조절하는 등 여러 가지 효과가 있어 대장암 발현 위험을 감소시킨다고 알려져 있다. 식이섬유의 섭취는 물이나 각종 이온의 흡수 및 대사, 담즙산염 대사, 지방대사, 암모니아 흡수 등에도 영향을 주어 최종적으로는 체중 조절, 혈중 콜레스테롤 함량 저하, 혈당 조절과 같은 효과를 기대하게 만든다. 장 건강과 관련된 식이섬유의 가장 큰 특징은 소장에서 소화·흡수되지 않고 대장 내 미생물의 영양원으로 사용된다는 것이다. 식이섬유가 발효되어 생성된 단쇄지방산은 장내 pH를 낮추고 장내 미생물이 사용할 수 있는 손쉬운 에너지원을 제공함으로써 산성에 약한 유해균을 감소시키고 유용한 비피더스균을 증가시켜 결국 바람직한 장내 균총을 형성하는 데 도움을 준다. 2005년 한국인 영양섭취기준이 새로 책정되면서 식이섬유에 대한 충분섭취량이 모든 연령에 대해 1,000kcal당 12g으로 설정된 바 있다. 그러나 최근 우리나라 사람들의 식생활은 영양 섭취 과다와 함께 정제된 곡류를 이용한 가공식품과 육류 섭취량은 증가하고 곡류와 채소의 섭취량은 지속적으로 감소하고 있다. 그 결과, 49세 이하 연령군의 식이섬유 섭취량은 한국인 영양섭취 기준의 식이섬유 충분섭취량에 미치지 못하며 연령이 낮을수록 식이섬유 섭취량이 낮은 것으로 보고되고 있다.

인간은 일부 단당류의 β 결합을 분해할 수 있는 효소가 없어 여러 가지 난소화성 당류를 소화시킬 수 없다. 난소화성 당류는 체내 소화효소에 의해 분해되지 않아 소화되지 않은 상태로 대장으로 이동한 후 대장 내에 존재하는 혐기성 미생물에 의해 발효되어 H_2, CO_2, CH_4 등의 가스, L-젖산, 아세트산, 프로피온산, 부티르산 등의 유기산 및 단쇄지방산을 생산한다. 생성된 단쇄지방산과 유기산은 장내 pH를 더 낮추어 일부 유해 미생물의 생육은 억제하고 비피도박테리아 및 다른 유산균의 성장을 촉진한다. 비피도박테리아는 그램 양성 및 음성 세균의 증식을 억제하므로 난소화성 당류의 섭취는 간접적으로 설사를 억제하는 작용을 하게 된다. 또 장내 균

수를 증가시켜 변의 중량이 증가되며 장내 연동운동에 도움을 주어 배변을 용이하게 한다. 감염 초기 단계인 세균의 상피세포 표면 흡착을 억제함으로써 위장관, 소화기관 등의 감염을 예방하는 효과도 있다. 이외에도 난소화성 당류의 섭취가 비피도박테리아와 락토바실러스가 증가하고 박테로이데스 균총이 감소하며 결과적으로 결장암의 위험인자인 변의 pH와 암모니아, 크레졸(p-cresol) 및 인돌 농도가 낮아지는 것으로 알려져 있다. 이와 같은 변화를 통해 난소화성 당류의 섭취가 대장암 발생 위험률을 낮추는 데 도움을 준다. 특정 올리고당은 장내 특정 균총의 성장을 도와 부패균 및 병원성 미생물의 성장을 억제한다. 예를 들어 모유 중 갈락토스를 포함하는 올리고당(3~10개의 단당류로 이루어진 탄수화물)은 모유 섭취 유아의 장내 비피더스 균총 정착에 도움을 준다.

(4) 평가 방법

장 기능 조절은 크게 장내 균총 개선, 장 손상 개선, 배변 활동 개선으로 나누어 평가할 수 있다. 장 기능 조절 효과를 평가하기 위한 대표적인 바이오마커로는 MPO(Myeloperoxidase) 활성과 변의 중량 및 수분량이 있다. MPO는 호중구(neutrophil)에 다량 존재하는 효소로 호중구가 활성화되면 분비가 증가되므로 조직의 염증 정도를 나타내는 정량적 지표로 사용될 수 있다. 따라서 장 손상 동물 모델에서 바이오마커로 유용하게 사용되고 있으며, 대조군에 비해 MPO 수치가 유의적으로 낮을 때 효과가 있다고 판정한다. 변에 비정상적으로 습기가 없으면 전체 질량이 작고, 수분량도 작아지며 대개 변비 증상이 나타난다. 반면 수분이 너무 많으면 설사라고 표현하고, 전체 질량과 수분량이 매우 증가하므로 변의 중량과 수분량을 측정해 기능성식품의 배변 활동 개선 기능을 평가할 수 있다.

① 장내 균총 개선 시험법

장내 균총 개선과 관련된 시험법 중 시험관 내(*in vitro*) 시험법으로는 장내 세균 동정과 세균 수 측정이 가장 주된 시험 항목이며 선택배지와 PCR, ELISA를 이용한다. 건강한 대상자 세 명 이상의 분변을 혼합하고 희석한 후 선택배지를 이용해 세균 수를 측정하는 것이다. 총 혐기성 균 검출배지로는 EG배지와 BL배지를 사용하고 비피도박테리아는 BS한천배지로 배양해 현미경으로 콜로니를 확인한다. 락토바실러스는 LBS한천배지로, 클로스트리듐 퍼프린젠스(*Cl. perfringens*)는 NN한천배지로, *E. coli*는 DHL한천배지를 사용해 선택적으로 측정한다. 그 외 보조적인 시험 항목으로 분변의 pH와 β-글루큐로네이스(glucuronidase), 트립토파네이스(tryptophanase) 활성을 측정하기도 한다.

장내 균총 개선에 대한 인체적용시험의 가장 보편적인 방법도 장내 세균 동정과 세균 수를 측정하는 것이다. 장내 균총의 개선을 알아보기 위해 표준균주들의 단독 배양 방법을 사용할 수도 있으나 이 방법은 수많은 균이 혼합·서식하고 있는 장내의 상황을 설명하는 데 한계가 있으므로 장내의 균총 변화에 대한 현상을 해석하기 위한 시험관 내(*in vitro*) 시험법에 있어서도 엄격한 혐기상태의 유지, 장내 균들의 혼합배양, 생체 내(*in vivo*) 상태와 유사한 배지 조성 등 여러 조건을 충족시켜야 의미 있는 결과를 얻을 수 있다.

알아두기 PCR

Polymerase Chain Reaction의 약자로, 하나의 원본을 여러 부 복사하듯 특정 DNA를 증폭시키는 기술이다.

② 장 손상의 개선

장 손상 개선능은 동물시험과 인체적용시험으로 평가한다. 감염에 의한 장 손상은 바이러스, 세균, 기생충 등을 공격·접종한 후 분변을 채취해 감염원의 농도를 측정한 다음 개선작용을 평가한다. 일반적으로 장 손상 개선능은 접촉성 감각 알레르겐인 트리니트로벤젠 슬폰산(TNBS: Trinitrobenzene Sulfonic acid) 또는 덱스트란 황산염(DSS: Dextran Sulfate Sodium)을 투여해 대장염을 유발시킨 후 육안으로 관찰하거나 현미경을 이용해 조직병리학적으로 손상 정도를 평가하거나 MPO 활성을 측정해 평가한다. 인체적용시험은 장 운동 장애에 의한 장 기능 장애를 보이는 대상자들과 염증으로 인한 장 기능 장애를 보이는 대상자들을 각각 대조군과 실험군으로 나누고 일정 기간 실험군에서만 기능성 시료를 투여한 후 설문조사를 통해 효과를 판정한다.

③ 배변 활동의 개선

동물시험의 경우 변의 중량과 수분량을 측정하거나, 황산바륨을 이용해 소화관 운동능을 측정해 평가할 수 있다. 인체적용시험의 경우 변의 중량과 수분량을 측정하거나 장관 통과 시간 측정 또는 문진과 설문조사 등의 방법으로 배변 활동 개선 여부를 평가하게 된다.

(5) 기능성 원료

식품의약품안전처가 장 건강 유지에 도움을 주는 것으로 인정한 원료로는 프로바이오틱스, 프럭토올리고당, 목이버섯, 알로에가 있다.

① 프로바이오틱스

살아 있는 상태로 체내에 들어가 건강에 도움을 주는 세균이다. 현재까지 알려진 대부분의 프로바이오틱스는 유산균이다. 러시아의 과학자 메치니코프(Elie Mechinikoff)가 불가리아 사람들의 장수 비결이 락토바실러스(*Lactobacillus*)로 발효된 발효유의 섭취 때문이라는 것을 밝혀내면서 프로바이오틱스의 기능성이 오랫동안 연구되고 있다. 전통적으로 프로바이오틱스 제품들은 락토바실러스 등의 유산균을 이용해 만들어진 발효유제품으로 섭취되어 왔으나 최근에는 비피도박테리움(*Bifidobacterium*) 등을 포함한 과립, 분말 등의 형태로도 판매되고 있다. 프로바이오틱스에는 위산과 담즙산에서 살아 남아 소장까지 도달하는 유익한 균인 락토바실러스 애시도필러스(*L. acidophilus*), 락토바실러스 카제이(*L. casei*), 락토바실러스 가세리(*L. gasseri*), 락토바실러스 불가리쿠스(*L. delbrueckii* ssp *bulgaricus*), 락토바실러스 헬베티쿠스(*L. helveticus*), 락토바실러스 퍼멘텀(*L. fermentum*), 락토바실러스 파라카제이(*L. paracasei*), 락토바실러스 프란타룸(*L. plantarum*), 락토바실러스 로테리(*L. reuteri*), 락토바실러스 람노수스(*L. rhamnosus*), 락토바실러스 살리바리우스(*L. salivarius*), 락토바실러스 락티스(*L. lactis*), 비피도박테리움 비피둠(*B. bifidum*), 비피도박테리움 인판티스(*B. infantis*), 비피도박테리움 브레비(*B. breve*), 비피도박테리움 롱굼(*B. longum*), 비피도박테리움 락티스(*B. lactis*), 유박테리움 파시움(*E. faecium*), 유박테리움 파칼리스(*E. faecalis*), 스트렙토코커스 서모필러스(*S. thermophilus*) 등이 1g당 10^8CFU 이상 포함되어 있다.

프로바이오틱스의 작용기전은 살아 있는 상태로 장내에 섭취되어 장내 유익균의 증식을 돕고 유해균의 증식을 저해함으로써 장내 환경을 건강한 상태로 만들어 결과적으로 건강한 배변 활동에 도움을 주는 것이다. 프로바이오틱스는 유기산을 만들어 장을 산성화시키기 때문에 산성에 약한 유해균의 성장을 저해하여 바람직한 장내 균총이 자리 잡도록 도와준다. 또 유해균이 생성하는 유독물질의 생성을 감소시키고 건강한 배변 활동에 도움을 줄 수 있다. 식품의약품안전처에서 제안하는 일일섭취량은 프로바이오틱스로 10^8~10^{10}CFU 정도이다. 제안된 섭취량 이상 섭취하더라도 기능성이 더 좋아지지는 않으며 과량으로 섭취하면 설사 등을 유발할 수 있으므로 섭취 시 주의해야 한다.

② 프럭토올리고당

프럭토올리고당은 바나나, 양파, 아스파라거스, 우엉, 마늘 등과 같은 채소나 벌꿀, 버섯, 과일류 등 다양한 식품에 포함되어 있는 천연물질이다. 설탕의 30~60% 정도의 단맛을 내고, 우리 몸에서 소화·흡수하기 어려워 오래전부터 저칼로리식품으로 사용해왔다. 일본에서는 장 건강과 미네랄 흡수를 돕는 특정보건용식품으로 이용되고 있다. 기능성 원료로 주로 사용되는 프럭토올리고당은 자당(sucrose)을 녹여 당액을 만든 후 효소나 미생물로 분해해 분말로 가공된 것을 주로 사용한다. 프럭토올리고당은 자당분자에 1~3개의 프럭토스가 결합한 올리고당으로, 인간의 소화효소에 의해 잘 분해되지 않는 특징이 있다.

프럭토올리고당의 기능성으로는 유해균 생육 억제와 배변 활동 촉진, 그리고 칼슘 흡수 촉진이 있다. 프럭토올리고당은 대장까지 도달해 대장에 있는 비피도박테리움과 같은 유익한 균에게 영양소를 공급해 증식을 촉진하고 유해균의 성장을 어렵게 하며 배변 활동에 도움을 준다. 프럭토올리고당은 극히 소량이 위산에 의해 가수분해되어 프럭토스와 포도당으로 흡수되지만, 대부분 소화·효소에 의해 분해되지 않고 대장에서 발효된다. 발효 결과 생성된 단쇄지방산은 앞에서 설명한 바와 같이 대장 내 환경을 산성화하며, 장내 미생물이 사용할 수 있는 손쉬운 에너지원을 제공한다. 따라서 산성에 약한 유해균은 감소되고 유용한 비피도박테리움 등이 증가되어 바람직한 장내 균총을 형성하는 데 도움을 준다. 또 유익한 균의 활동으로 간접적으로 장의 연동운동을 도와 원활한 배변 활동을 돕는다. 아울러 프럭토올리고당의 섭취로 대장 환경이 산성화되면 칼슘이 장에서 더 잘 녹는 상태가 되고 칼슘 흡수를 돕는 운반체가 증가하여 칼슘 흡수가 용이해진다.

건강기능식품으로 프럭토올리고당은 하루 3~8g 정도 섭취하는 것이 권장되며 과량 섭취 시 무기질 흡수 방해, 복부 팽만감, 설사 등을 유발할 수 있다. 임신 및 수유 중의 안전성에 대한 충분한 데이터가 없기 때문에 임산부의 경우에는 사용을 피하는 것이 좋다.

③ 목이버섯

주로 활엽수의 고목에 붙어 자라며, 젖어 있을 때는 물렁하지만 건조되면 수축되어 단단해지고, 물을 먹으면 다시 원형으로 돌아간다. 다른 버섯 및 식품에 비해 월등히 많은 식이섬유를 함유하고 있는데, 용해성과 비용해성 식이섬유를 모두 함유하고 있어 수분과 접할 때 10~20배로 팽창된다. 또 식품으로서 다양한 요리의 재료로 널리 쓰인다. 이 버섯을 건조해 분말로 가공한 제품에는 식이섬유가 45% 이상 함유되어 있어 기능성 원료로 사용된다. 목이버섯에 다량 함유된 식이섬유는 소화기관에서 소화되지 않고 대장까지 도달한다. 장에 도달한 식이섬유는 무게의 15배까지 수분을 흡수해, 변의 부피를 늘리고 변을 부드럽게 하여 배변 활동에 도움을 줄 수 있다. 기능성 원료로 목이버섯 분말의 섭취량은 하루 4g 정도가 적절한 것으로 알려져 있으며 권장된 섭취량 이상으로 과량 섭취하더라도 기능이 증가되지는 않는다.

④ 알로에

아프리카의 온난 건조한 기후 지역이 원산지로 일반적으로 환경에 잘 적응하며 수천 년간 세계 여러 지역에서 민간·전통 의약품으로 사용되며 인류가 그 유용성을 경험적으로 인정해 여러 용도로 사용해온 식물 소재이다. 알로인(aloin), 알로에 에모딘(aloe emodin), 알로에 울신(aloe ulcin), 알로이노사이드 A·B(aloinoside A·B), 이소발바로인(isobarbaloin), 호모나타로인(homonataloin), 알로에신(aloesin), 알로미신(alomicin), 나탈로 에모딘(nataloe emodin), 기타 미네랄, 비타민 등이 포함되어 여러 가지 생리활성 기능을 하는 것으로 알려져 있다. 기능성 원료로 사용되는 알로에는 식용알로에 품종인 베라, 아보레센스(키타치), 사포나리아의 잎을 겔, 분말, 착즙액 형태로 제조·가공한 것으로 배변 활동의 기능성분으로 알로인(aloin)이 함유되어 있다. 알로인은 대장점막효소(Na-K-ATPase)의 활성을 어렵게 하여 장의 전체 수분 흡수량을 감소시켜 대변의 수분의 양을 증가시킴으로써 배변 활동에 도움을 줄 수 있다. 알로에 겔은 카르복시펩티데이스(carboxypeptidase)를 함유하여 염증 관련 물질인 브래디키닌(bradykinin)의 생성을 어렵게 하고, 마그네슘 락테이트(magnesium lactate)는 염증유발물질인 히스타민(histamine)의 생성을 감소시켜 위 건강에 도움을 줄 수 있는 것으로 추정된다.

알로에는 배변 활동 및 염증으로 위 건강이 염려되는 사람에게 적합한 건강기능식품원료로 배변 활동에 도움을 주기 위해서는 하루에 알로인을 20~30mg 섭취해야 하며 위 건강에 도움을 주기 위해서는 하루에 알로에 겔을 200mL 섭취하는 것이 적절한 것으로 알려져 있다. 과량 섭취할 경우 복통, 오심, 구토, 전해질 균형장애(칼륨 부족, 단백뇨, 혈뇨 등) 등이 나타날 수 있으므로 위장장애, 급성염증성 장질환(크론병), 궤양성 대장염(ulcerative colitis), 맹장염, 원인불명의 복통을 앓는 경우에는 섭취하지 않도록 한다. 또한 임산부 및 수유부, 12세 이하의 어린이는 섭취하지 않는 것이 바람직하다.

10) 골관절 건강

골대사장애는 기전적으로 골다공증과 같이 여러 원인으로 인한 골밀도(BMD) 감소와 골조직의 미세구조 변화로 인한 골격대사장애와 골절로 구분된다.

(1) 골 건강

① 뼈 건강

뼈의 성장과 건강은 유전적 요인, 세포적 요소, 호르몬적 요인 및 식이, 운동과 같은 환경적 요인에 의해 유지된다. 뼈 건강(bone health)은 비록 적정 수준(optimal)의 개념이 명확히 정해지지 않았으나 적정 크기(optimal size), 뼈의 구성 요소(bone composition)와 기능(function)에 대한 관계 개념의 설정이 필요하다. 어떤 수준에서 뼈 이상, 뼈질환의 초래는 대부분이 유전적 이상, 호르몬 불균형, 암과 같은 질병의 진행 과정에 영향을 주며 건강한 사람에게도 영향을 미친다.

② 골다공증, 골절과 골밀도

골다공증(Osteoporosis, fracture and bone mineral density)은 골조직의 낮은 골량(bone mass)과 미세구조의 파괴로 특정지어지는 골격질환으로, 뼈가 부러지기 쉽고 골절 가능성이 높은 질환을 말한다. 이 질환은 골절과 관련된(주요 세 곳의 골절 부위인 엉덩이, 허리, 척추) 주요 건강상의 문제를 가진다. 50세 이상의 북미 여성 중 세 곳의 뼈 부위 골절 위험률은 다른 백인 중의 상대 위험률이 3%인 것에 비해 약 40%이다. 50세 이상의 여성 중 엉덩이, 척추, 말단 상완팔뚝보다 다른 부위의 골절 위험률이 70%이다. 엉덩이 골절은 15%의 생존율 감소를 초래하며 주로 6개월 이내에 사망하게 만든다. 골절은 주요 질병률과 연관이 있다.

골절 위험의 정의를 나타내는 지표로는 뼈강도(bone strength)와 외상(trauma)이 있다. 뼈의 강도는 뼈의 양, 뼈의 미세구조와 관련이 있다. 이러한 요소들은 생체내(*in vivo*) 실험으로는 쉽게 평가할 수 없다. 노인의 경우 골절 위험은 골밀도(dual energy x-ray absorptiometry로 측정 시)와 밀접한 관련이 있다. 세계보건기구에서는 상대적으로 젊은 성인의 상대적 골밀도를 골다공증의 정의로 규정하며 노인의 골밀도 판정은 개인에 따라 여러 가지 진단상의 범위를 형성한다.

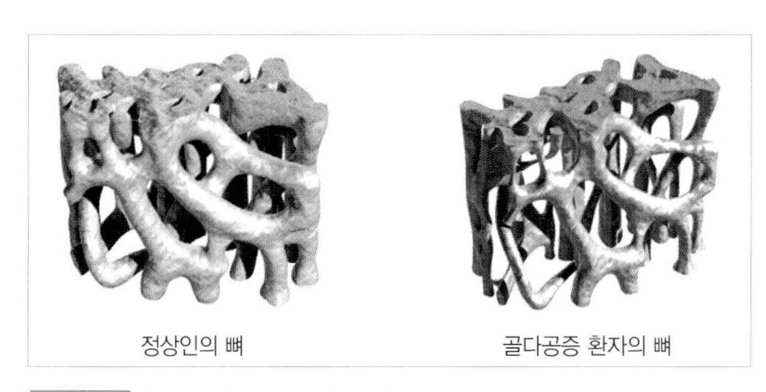

그림 6-52 정상인의 뼈와 골다공증 환자의 뼈

표 6-11 세계보건기구 자료에 기초한 골다공증의 진단 범위

범위	골밀도에 의한 정의
정상	평균 BMD가 젊은 성인의 평균값보다 낮고 1SD 이상을 넘지 않을 것
골증	평균 BMD가 젊은 성인의 평균값보다 낮고 1과 2.5SD 사이
골다공증	평균 BMD가 젊은 성인의 평균값보다 낮고 2.5SD 이상
심각한 골다공증	1회 혹은 그 이상의 골절 가능성이 있으며 평균 BMD가 젊은 성인의 평균값보다 낮고 2.5SD 이상

③ 연골 건강

골절이 발생하면 혈관의 손상으로 부분적 출혈과 혈병이 형성되며 골절된 인접 부위에 있는 뼈기질은 파괴되고 뼈세포도 죽게 된다. 치유 과정 동안 혈병, 손상받은 뼈세포 및 뼈기질은 큰 포식세포에 의해 제거되며 골절 부위 주위에 있는 골막과 골내 막의 뼈선조세포(osteoprogenitor cell)는 활발하게 증식해 골절 주변 부위에 세포성 조직을 형성하고 이들은 골절된 부위로 들어간다. 골절된 부위의 결합조직에서는 작은 연골조각으로부터 연골내골화 과정이 일어나거나 막성뼈 발생(intramembranous ossification)을 통해 미성숙뼈가 형성된다. 골절 부위에서는 연골조직, 막성뼈 발생 과정, 연골내골화 과정이 동시에 관찰된다.

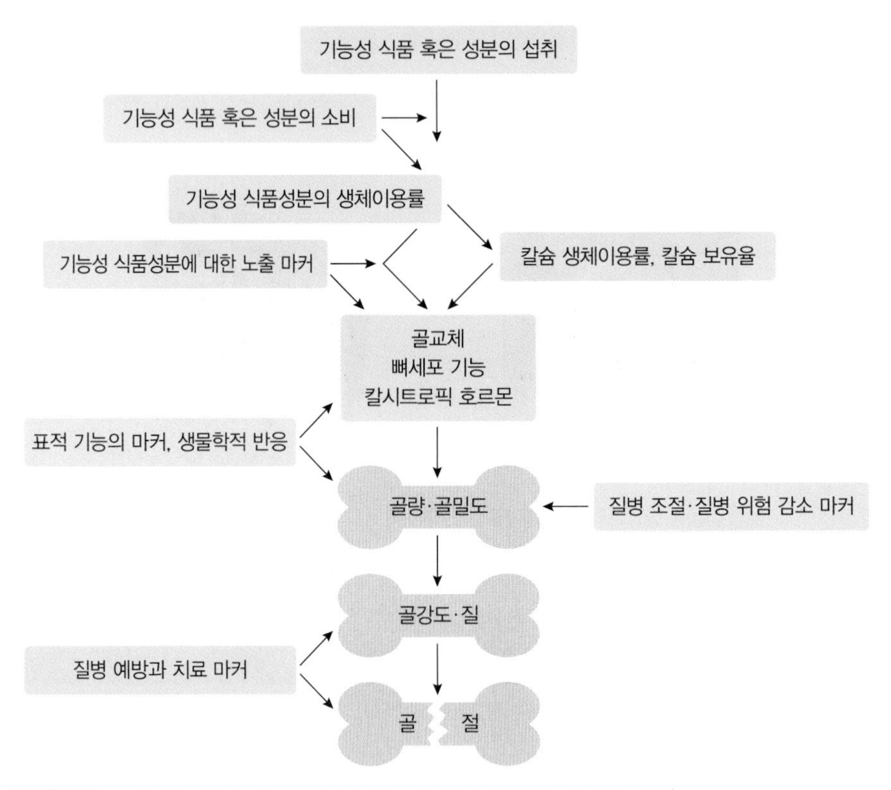

그림 6-53 뼈 건강과 기능성식품 혹은 식품성분 섭취와의 관계에 대한 기전 요약

(2) 바이오마커

① 생화학적 조절 지표

- 히알루론산(Hyaluronic acid) 연골 조직의 구성 성분이다.
- 골형성 지표 조골세포가 생산하는 효소나 단백질을 측정하거나 골형성 중에 유리되는 성분을 측정한다.
  - 혈청 오스테오칼신(BGP: Bone Gla Protein): 골흡수의 증가로 골밀도 감소 시 2차적으로 조골세포(osteoblast)의 활동이 증가되면서 조골세포에서 오스테오칼신(osteocalcin) 합성이 증가되고 상당 부분이 골기질에 침착, 혈액 내로 유리된다. 조골세포의 활동성 평가, 골형성 정도 조사에 특이적으로 인정되어 많이 인용된다.
  - 혈청 골 알칼리포스파타제(Bone ALP: Bone alkaline phosphatase): 조골세포에서 발견되는 당단백질의 일종으로 뼈의 석회화에 관여한다.
- 골흡수 지표 골흡수 과정 중 유리되는 골기질성분이나 파골세포에서 만들어 내는 효소를 측정한다.
  - 피리디놀린(pyridinoline), 데옥시피리디놀린 가교(deoxypyridinoline cross-link): 파골세포(osteoclast)에 의해 콜라겐이 파괴될 때 골기질로부터 유리되어 나오고 체내에서 대사되지 않은 상태로 신장을 통해 배설된다. 소변 중에 포함된 가교제(crosslinker)의 양은 식이의 영향을 받지 않는다(골흡수의 특이적 지표로 인정, 거의 정확). 데옥시피리디놀린은 뼈와 상아질에만 존재하는데 비해 피리디놀린은 뼈 외에 인대, 근육, 장 등에도 존재하므로 데옥시피리디놀린이 골대사를 더 특이적으로 반영한다.
  - 혈청 주석산염저항산성인산분해효소(tartrate-resistant acid phosphatase): 활성화된 파골세포는 각종 효소를 분비해 골흡수를 일으키는데, 이 중 산성 포스파타아제도 분비한다. 산성 포스파타아제는 파골세포 외에도 전립선, 혈소판, 적혈구, 비장 등에 존재하는 리보솜 효소로 파골세포에서 유래된 포스파타아제는 주석산염(L-tartrate)에 의해 억제되지 않으므로 TRACP라고 한다.

② 임상적 증상

임상적 증상(WOMAC, VAS 등)은 골관절염 진단 시 가장 먼저 환자에게 얻을 수 있는 정보로 관절통, 관절 강직, 관절 부종 등의 증상을 나타낸다. 다만, 항상 검증된 시험 방법을 사용해야 한다.

(3) 기능성 원료

① 글루코사민, N- 아세틸글루코사민

글루코사민은 아미노산과 당의 결합물인 아미노당의 하나로 연골을 구성하는 필수 성분이다. 분자식은 $C_6H_{13}NO_6$로 갈락토사민과 함께 헥소아민의 대표적인 물질이다. 새우나 게 등 갑각류의 껍질을 구성하는 성분인 키틴을 비롯해 세균의 세포벽, 동물의 연골이나 피부를 구성하는 뮤코다당 등 다당류의 성분으로 널리 분포되어 있다. 글루코사민은 GAG(glycosaminoglycan)라 불리는 뮤코다당의 전구체로 관절 및 연골 생성을 촉진해 관절과 연골의 건강에 도움이 되는 것으로 추측된다. 여러 동물시험과 몇 편의 인체 적용 연구 결과에서 하루 1.5~2g의 글루코사민을 섭취시킨 결과 관절 건강에 도움이 되었다고 보고된 바 있다.

N-아세틸글루코사민은 키틴을 가수분해해 얻어지는 성분으로 글루코사민에 아세틸기가 붙어 있는 구조이다. N-아세틸글루코사민은 체내에서 글루코사민과 동일한 기능을 할 것으로 예측되며, 실제 인체 적용 연구 결과에서 하루 1.5g 섭취 시 관절 건강이 개선되었음이 보고된 바 있다.

② 대두아이소플라본

대두아이소플라본은 대두(Glycine max) 배아를 추출하여 만들며 지표성분은 다이진(daidzin), 제니스틴(Genistin), 글리시틴(Glycitin)이다. 동물시험에서 대두아이소플라본이 뼈의 분해를 나타내는 지표인 데옥시피리디놀린의 배설을 감소시키며, ALP 활성이 감소하는 것이 시험관시험에서 확인되었다. 실제로 중·장년층 여성을 대상으로 대두아이소플라본의 보충 효과를 비교한 인체 적용 연구에서도, 대두아이소플라본이 뼈의 분해를 나타내는 지표인 데옥시피리디놀린의 배설을 감소시켜 뼈 건강에 도움이 될 수 있음이 확인되었다. 안전성과 기능성을 확보할 수 있는 하루 섭취량은 이소플라본 비배당체로 25~27mg이며, 이 원료의 섭취 대상은 폐경기 여성이다.

③ MSM

디메틸설폰(MSM: Dimethylsulfone)은 펄프를 만들 때 생기는 디메틸설폰사이드를 분리해 만든다. 관절에 염증이 유도된 동물에서 디메틸설폰을 섭취시켰을 때 TNF-alpha 등의 염증과 관련한 지표가 개선되는 것이 관찰되었으며, 실제로 노화로 관절 건강이 나빠진 성인을 대상으로 디메틸설폰의 보충 효과를 비교한 연구에서 디메틸설폰이 통증 등 관절 건강과 관련한 불편함을 개선하는 데 도움이 되는 것으로 보고되었다. 안전성과 기능성을 확보할 수 있는 디메틸설폰의 하루 섭취량은 1.5~2.0g이다.

11) 갱년기 여성 건강

폐경 이행기, 폐경, 폐경 이후의 시기를 모두 갱년기라고 한다. 이 시기에는 여성 호르몬이 변화하는데 특히 에스트로겐의 수준이 감소하게 된다. 또 이러한 호르몬 변화와 함께 다양한 갱년기 증상을 경험할 수 있으며, 개인에 따라 경험하는 증상의 종류, 중증도, 기간에 차이가 있다.

가장 대표적인 갱년기 증상으로는 안면홍조(hot flush)와 질 건조증(vaginal dryness)이 있으며, 이 중 안면홍조는 갱년기 여성이 병원을 찾는 주요한 원인으로 알려져 있다. 또 수면장애, 우울, 불안 등의 심리적인 증상이 나타날 뿐만 아니라, 심혈관질환 및 골다공증 등의 만성질환의 위험성이 폐경이 진행됨에 따라 증가하는 것으로 보고되고 있다.

알아두기 폐경

폐경은 난소 기능이 점차적으로 저하되어 월경이 끝나는 것으로, 무월경이 12개월간 지속되었을 때를 폐경이라고 한다. 난소의 기능 저하로 인해 난포가 고갈되어 나타나는 폐경은 갑자기 나타나는 것이 아니라, 폐경이 되기 전 폐경 주변기(perimenopause) 또는 폐경 이행기(menopausal transition)를 거치게 되는데 이 시기에는 난소 기능이 감소하면서 월경주기가 불규칙해지고 에스트로겐(estrogen)이 감소하고 난포자극호르몬(follicle stimulating hormone)이 증가하는 등의 호르몬 변화가 주요한 신호로 나타난다.

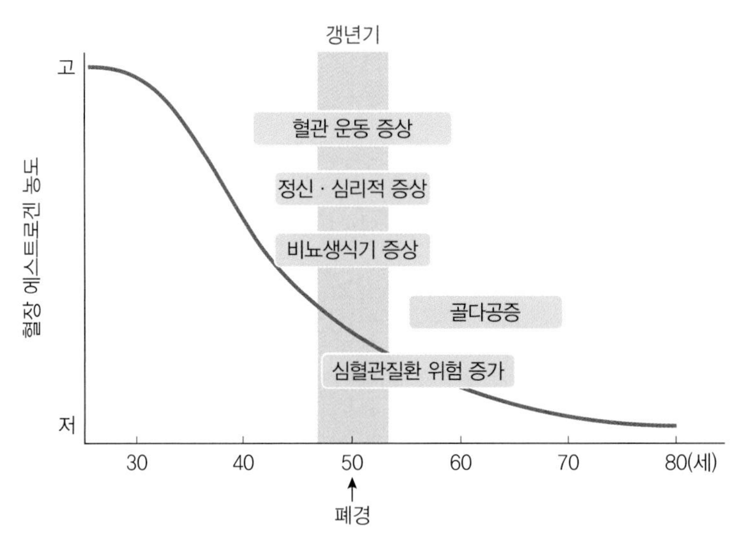

그림 6-54 연령에 따른 폐경기 증상

(1) 갱년기 여성의 건강 문제 및 조절 기전

갱년기 이전의 여성은 난포자극호르몬(follicle stimulating hormone)과 황체형성호르몬(luteinizing hormone)에 의해 에스트로겐 분비가 조절된다. 시상하부(hypothalamus)에서 생식샘자극호르몬분비호르몬(gonadotropin-releasing hormone)이 분비되면, 뇌하수체 전엽에서는 생식샘자극호르몬(gonadotropins)인 난포자극호르몬(follicle stimulating hormone)과 황체형성호르몬(luteinizing hormone)이 합성·분비되도록 자극된다. 여성의 난소에서 황체형성호르몬(luteinizing hormone)은 난포막세포(theca cell)에 작용해 안드로겐을 분비시키며, 안드로겐은 과립막세포(granulosa cell)로 확산된다. 난포자극호르몬(follicle stimulating hormone)은 난포

표 6-12 에스트로겐 수용체의 종류 및 분포

종류	조직 내 분포
에스트로겐 수용체-α	자궁, 부고환, 뼈, 유방, 간, 신장, 백색지방조직(white adipose tissue), 전립선, 난포막세포(theca cell), 난소 간질세포(interstitial cell), 고환 라이디히세포(Leydig cell), 뇌
에스트로겐 수용체-β	장, 고환, 골수, 혈관 내피, 폐, 방광, 전립선 상피, 난소 과립막세포(granulosa cell), 뇌

(follicle)를 성장시키는 주요한 작용을 하며, 과립막세포(granulosa cell)에 작용해 안드로겐을 에스트로겐(에스트라디올, 에스트론)으로 전환시켜 분비하도록 한다.

갱년기에는 난소에서 난포의 고갈로 인해 에스트로겐 분비가 감소하고, 말초조직에서 안드로겐으로부터 에스트론으로의 변환이 증가하게 된다. 또 에스트로겐 수준이 감소하면서 시상하부-뇌하수체 축의 음성 피드백(negative feedback) 기전에 의해 난포자극호르몬(follicle stimulating hormone)과 황체형성호르몬(luteinizing hormone)의 분비가 증가하는 것이 특징이다.

에스트로겐 신호전달은 에스트로겐 수용체를 매개해 일어나는데, 에스트로겐 수용체에는 핵에 위치하고 있는 에스트로겐 수용체-α(estrogen receptor-α)와 에스트로겐 수용체-β(estrogen receptor-β), 세포막에 위치한 GPR30(G protein-coupled receptor 30)이 있다. 에스트로겐 수용체의 분포는 조직에 따라 다르며 다양한 조직에 분포되어 있다. 따라서 갱년기에 에스트로겐이 감소하면서 에스트로겐 수용체가 분포되어 있는 다양한 조직에서 증상들이 나타나게 된다.

여성의 갱년기 증상을 개선시키는 기능성 원료에는 대부분 식물성 에스트로겐

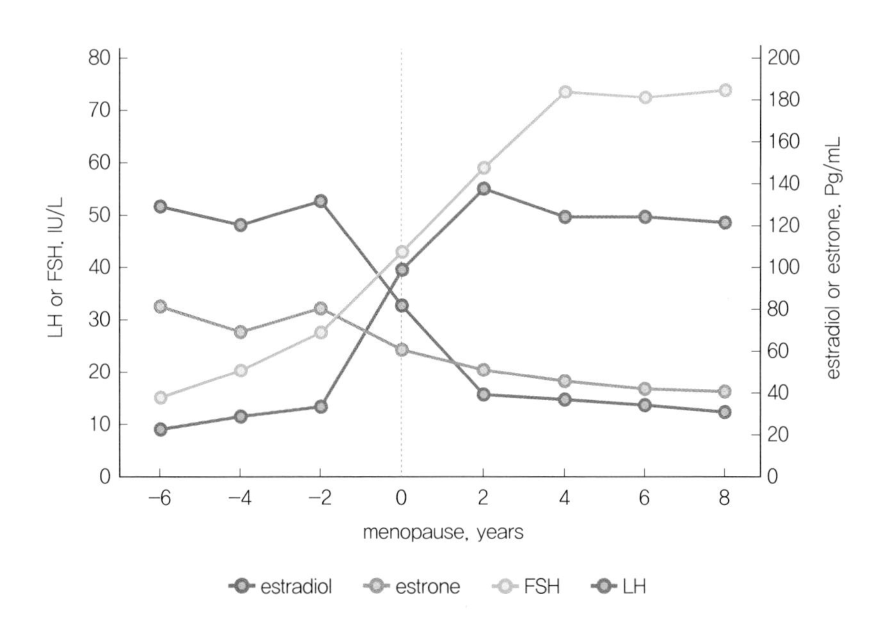

그림 6-55 갱년기의 주요 호르몬 변화

자료: FSH, follicle stimulating hormone; LH, luteinizing hormone.

(phytoestrogen) 성분이 함유되어 있는데, 식물성 에스트로겐은 에스트로겐과 유사한 구조를 가지고 있어 에스트로겐 수용체(estrogen receptor)와 결합해 에스트로겐 활성을 나타낸다.

① 비뇨생식기 위축

비뇨생식기(질, 요도) 전반에는 에스트로겐과 프로게스테론 수용체가 분포되어 있으며, 갱년기의 호르몬 변화에 민감하게 반응한다. 갱년기의 비뇨생식기에서 나타나는 특징적인 변화들은 상피 두께가 얇아지고, 혈관 분포가 감소하고, 근육 부피가 감소하는 것이다. 따라서 질 건조증, 가려움증, 성교통, 배뇨통, 야뇨증, 급뇨, 방광염 재발, 요실금 등의 증상이 나타나게 된다. 비뇨생식기 관련 증상들은 갱년기에 나타나는 일반적인 것으로, 갱년기 여성의 50% 이상이 경험한다. 이러한 비뇨생식기 증상은 삶의 질에 영향을 미치는 다양한 증상들을 동반할 수 있다.

② 혈관 운동 증상

혈관 운동 증상(Vasomotor symptom)은 주로 폐경 이행기 또는 폐경 초기에 나타나며 폐경기 여성의 75%가 경험한다고 알려져 있다. 대부분의 여성이 1~2년 내외로 경험하나 10년 이상 증상이 지속되기도 한다. 혈관 운동 증상의 대표적인 증상인 안면홍조(hot flush)는 얼굴, 목, 가슴 부위의 피부가 갑자기 붉게 변하면서 전신의 불쾌한 열감과 발한이 동반되는 증상이다. 안면홍조의 발생 빈도, 지속 시간, 중증도는 사람에 따라 다양하며 예측이 불가능하다. 수면 중에 땀을 과도하게 흘리는 야간발한(night sweat)도 나타날 수 있다.

갱년기에 나타나는 혈관 운동 증상의 원인은 명확히 밝혀져 있지 않지만, 갱년기의 호르몬 변화에 의해 시상하부에서 체온 조절의 기준 범위(thermoneutral zone)가 좁아짐으로써 심부체온이 조금만 상승해도 혈관 운동 증상이 나타난다는 가설이 가장 널리 알려져 있다. 이외에도 에스트로겐 수준의 감소로 인해 혈관의 탄력성이 떨어져 내부 체온 변화에 대한 피부 혈관 반응이 지연되어 나타나거나, 갱년기의 성호르몬의 변화가 뇌의 신경전달물질(neurotransmitter)에 영향을 주어 열 조절 시스템을 변화시킨다는 가설도 있다.

③ 골다공증

골량이 감소하고 골의 미세구조적인 변화가 나타나 작은 충격에도 쉽게 골절이 되는 대사성 질환이다. 폐경기의 에스트로겐 결핍은 골 손실을 가속화시킨다고 알려져 있다. 이는 에스트로겐이 골흡수(bone resorption)를 억제하는 기능을 수행하기 때문으로 골수에서 파골세포 전구체의 양을 증가시켜 골 흡수를 증가시키는 염증성 사이토카인(IL-1, IL-6, TNF-α 등), 프로스타글란딘(prostaglandin) E2를 감소시킨다. 또한 TGF-β(transforming growth factor-β)를 증가시켜 파골세포의 활성을 낮추고 세포 사멸(apoptosis)를 유도하며, 조골세포에서 오스테오프로테그린(osteoprotegerin) 분비를 증가시켜 RANKL(receptor activator of nuclear factor kappa-B ligand)을 무력화시킨다.

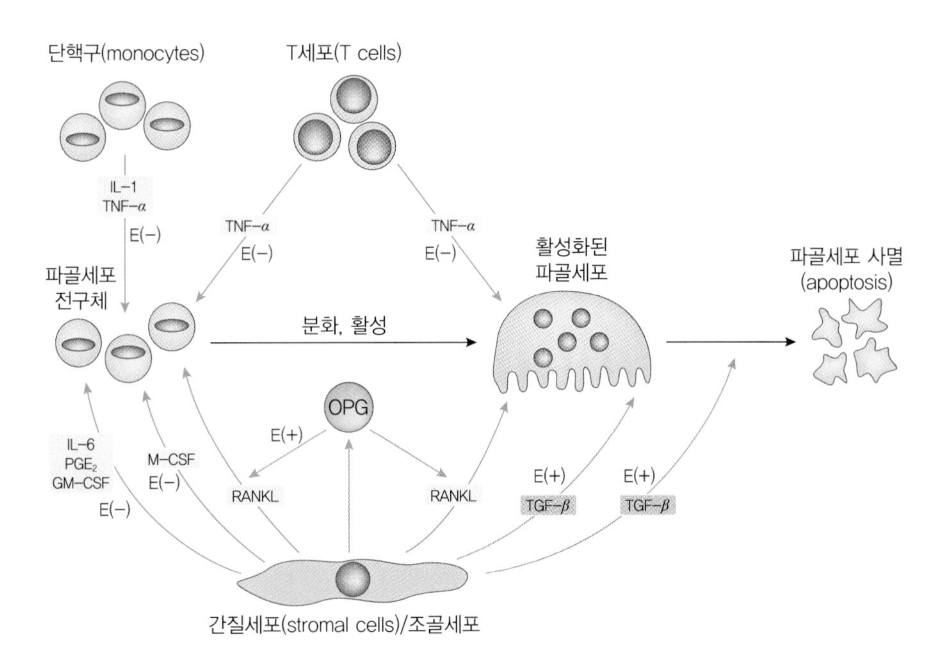

그림 6-56 에스트로겐의 골 흡수 억제 기전

자료: E(−), reduced by estrogen; E(+), increased by estrogen; IL-1, interleukin-1; IL-6, interleukin-6; TNF-α, tumor necrosis factor-α; PGE2, prostaglandin-E2; GM-GSF, granulocyte macrophage colony-stimulating factor; M-CSF, macrophage colony-stimulating factor; RANKL, receptor activator of nuclear factor kappa-B ligand; OPG, osteoprotegerin

④ 심혈관계질환

여성의 심혈관계질환 유병률은 폐경 이전에는 남성보다 낮으나, 폐경 이후로 점점 증가해 남성의 심혈관계질환 유병률에 근접한다고 알려져 있다. 여러 관찰 연구에서 여성호르몬인 에스트로겐의 심혈관계질환 예방 효과를 확인할 수 있었으며, 갱년기의 에스트로겐 감소는 심혈관질환의 주요 위험요인으로 여겨진다.

에스트로겐은 혈관내피세포(vascular endothelial cell)에 존재하는 에스트로겐 수용체를 통해 내피 산화질소 합성효소(endothelial nitric oxide synthase)를 활성화시킴으로써 일산화질소(nitric oxide)를 생성시켜 혈관평활근세포를 이완시키고 혈소판의 활성을 억제한다. 또한 여러 연구에서 에스트로겐은 혈중 HDL 콜레스테롤 수준을 증가시키고, LDL 콜레스테롤 및 중성지질을 감소시킨다는 것이 보고되었고, 혈중 지질 수준을 조절함으로써 심혈관질환의 위험을 낮춘다. 에스트로겐은 혈액응고와 섬유소 용해(fibrinolysis)를 조절하며, 항산화제처럼 작용해 LDL 콜레스테롤의 산화를 억제하는 작용을 한다.

⑤ 심리적 증상

갱년기에는 우울증, 기억력 상실, 과민반응(irritability), 집중력 저하, 피로, 자신감 상실 등의 다양한 심리적 증상이 나타난다고 알려져 있으나, 이러한 증상들과 에스트로겐 결핍과의 연관성을 뒷받침할 수 있는 연구 결과는 아직 부족하다. 그러나 뇌에는 에스트로겐, 프로게스테론 수용체들이 있어 폐경기의 호르몬 변화가 심리적인 증상에 영향을 줄 수 있다는 가능성을 배제할 수 없다.

에스트로겐은 세로토닌(serotonin)을 포함하는 신경전달물질(neurotrans-mitter)들에 영향을 준다고 알려져 있다. 폐경에 따른 에스트로겐 감소는 세로토닌의 분비를 감소시키는데, 뇌의 세로토닌 수준 감소는 우울증의 원인으로 알려져 있다. 세로토닌은 신경조절물질(neuromodulator)의 역할도 하는데, 흥분성 신경전달물질인 글루타메이트(glutamate)의 효과를 증대시키고, 카테콜라민(catecholamine)에 대한 민감성을 증가시키며, 글루타메이트 탈탄산효소(glutamate decarboxylase)를 억제함으로써 감마아미노부티르산(GABA: γ-aminobutyric acid)의 생성을 감소시키는 작용을 한다. 감마아미노부티르산은 글루타메이트로부터 글루타메이트 탈탄산효소의 촉매작용에 의해 합성되며, 중추신경계의 억제성 신경전달물질로 뇌와 척수에 존재하며 불안, 불면, 우울 증상을 완화하는 작용을 한다고 알려져 있다.

여성에게 폐경은 생식 능력이 없어졌다는 생리학적인 현상을 의미할 뿐만 아니라 젊음과 여성성을 상실하는 심리학적인 현상을 의미하기도 한다. 이 중 심리적인 증상은 에스트로겐의 결핍으로만으로는 설명할 수 없다.

(2) 평가 방법

① 에스트로겐 활성

시험 물질의 에스트로겐 활성(estrogenic activity)을 평가할 때는 에스트로겐 수용체의 활성화나 단백질 발현을 측정한다. 에스트로겐 수용체는 척추동물의 핵 속에 존재하는데, 두 가지 주요 아형(subtype)인 ERα와 ERβ가 있다. 에스트로겐과 이들 에스트로겐 수용체 간의 상호작용은 에스트로겐-반응(estrogen-responsive) 유전자의 전사에 영향을 준다. 세포실험(MCF-7 cell, Ishikawa cell, SaOS-2 cell)에서 시험 물질의 처리가 이들 수용체를 활성화시키는지 알아볼 수 있고, 이를 통해 유전자 전사활성을 평가할 수 있다. 또 세포실험이나 동물시험에서 웨스턴블로트법(Western blotting)으로 ERα, ERβ의 단백질 발현을 측정하거나 RT-PCR(reverse transcription polymerase chain reaction) 방법으로 mRNA 수준을 측정할 수 있다.

② 피부 표면 온도

인체적용시험에서 피부온도계(skin thermometer) 등의 기기를 이용해 피부 표면 온도를 측정할 수 있으며, 적외선 감지 센서를 얼굴 미간 정중앙 부위 피부에 접촉시켰을 때의 온도를 섭씨 단위(℃)로 표시한다. 동물실험에서는 래트 꼬리의 피부 표면 온도를 적외선 온도계로 측정하기도 한다.

③ 행동학적 지표(실험적 방법)

- 강제수영 시험(Forced swim test) 항우울 효과를 평가하기 위한 동물시험 방법이다. 직경 25cm, 높이 50cm의 투명 아크릴 원통에 23℃의 물을 30cm 높이로 채운 후, 시험동물을 15분간 빠뜨린다. 24시간 후, 다시 5분간 빠뜨리는 본실험을 진행하여, 본실험 동안 시험동물의 자세를 분석한다. 세 가지 자세(부동자세, 수

영자세, 등반자세) 중 각 자세가 차지하는 시간을 측정하는데, 시험원료에 항우울 효과가 있다면 부동자세의 감소가 나타나게 된다.

- 불안장애 검사(EPM: Elevated Plus Maze test) 십자 모양 아크릴로 제작한 미로 중앙에 시험동물을 놓고, 5분간 관찰해 개방 및 폐쇄구역에 있는 시간을 기록해 % 폐쇄구역 진입횟수를 계산한다. % 폐쇄구역 진입횟수 감소는 항불안 효과를 나타낸다.
- 수동회피 시험(Passive avoidance test) 설치류의 작업 기억 능력(working memory ability)을 측정하는 방법이다. 시험동물을 어두운 방에 넣고 전기 자극을 줌으로써 어두운 방에 대한 통증을 인식시킨 후, 어두운 방에 시험동물을 넣고 통증에 대한 기억에 의해 시험동물이 문을 통해 밖으로 나오는 데 걸리는 시간을 측정한다. 어두운 방에서 나오는 데 걸리는 시간이 짧을수록 수동회피가 잘 학습되고 기억력이 향상되었음을 의미한다.

④ 주관적 평가 지표

대표적인 갱년기 증상을 점수화하여 갱년기 장애의 정도 및 특징을 파악하는 설문도구로 안면홍조, 감각 이상(손발 저림), 불면증, 신경과민, 우울증, 현기증, 피로감, 관절통이나 근육통, 두통, 가슴 두근거림, 의주감(피부에 개미가 기어가는 느낌, 근질근질함)의 열한 가지 갱년기 증상을 평가한다. 각 증상은 0점(증상 없음)에서 3점(몹시 괴롭다)의 4점 척도로 점수화하고, 안면홍조는 4점의 가중치, 감각이상(손발 저림), 불면증, 신경과민은 2점의 가중치, 나머지는 1점의 가중치를 두어 총 51점으로 구성한다. 단, 질 건조감(vaginal dryness), 성욕 감소 등의 갱년기 증상을 묻는 문항이 빠져 있다는 제한점이 있어 질 건조감 관련 문항을 추가하여 사용하는 경우도 있다.

(3) 기능성 원료

갱년기 여성 건강을 위한 기능성 원료로 국외에서 인정된 사례는 없으며, 국내에서는 식품의약품안전처 개별인정형원료로 홍삼, 석류추출·농축물·농축액, 백수오 등 복합추출물, 회화나무열매추출물이 인정되어 있다. 홍삼, 석류추출·농축물·농축액, 백수오 등 복합추출물, 회화나무열매추출물은 모두 식물성 에스트로겐

(phytoestrogen)을 함유하고 있어 에스트로겐 수용체를 활성화시켜 갱년기에 에스트로겐의 변화로 인해 나타나는 다양한 임상적 증상들을 완화시켜준다.

석류의 씨와 과실에는 다이제인(daidzein), 카테킨(catechin), 퀘르세틴(quercetin) 등의 식물성 에스트로겐이 함유되어 있다. 인정받은 제품들의 일일섭취량은 석류농축액 40mL, 석류농축물 10mL, 석류추출물 6g이다. 회화나무열매추출물에는 소포리코사이드(sophoricoside)라는 성분이 다량 함유되어 있으며, 이는 아이소플라본의 일종으로 생리적 활성이 강한 것으로 알려져 있다. 회화나무추출물의 경우 일일 350mg 섭취 시 기능성을 나타낸다. 홍삼에 함유되어 있는 진세노사이드 Rg1도 식물성 에스트로겐으로, 체내에서 에스트로겐 수용체의 활성화를 통해 갱년기 증상 완화에 기여하는 것으로 보고되어 있다. 현재 인정받은 제품의 경우 홍삼 진세노사이드 Rg1, Rb1 및 Rg3의 합으로 일일 25~80mg의 섭취 시 기능성 효과가 있다. 백수오 등 복합추출물은 백수오, 속단, 당귀의 열수추출물로 일일섭취량은 514mg로 인정되어 있다.

12) 면역 기능 유지

자기 자신과 외부로부터 침입해 오는 각종 물질을 구별하여 외부 물질을 배제하는 복잡한 생물학적 현상을 면역반응이라고 한다. 우리는 면역반응을 통해 감염성 질병으로부터 우리 몸을 보호할 수 있으며 병원체는 물론 화학물질에 대해서도 방어작용을 나타낸다. 면역은 크게 태어날 때부터 선천적으로 지니는 자연면역과 후천적으로 지니게 되는 획득면역으로 구분된다. 획득면역은 항원이 침입하면 그 항원에 의해 유도되어 얻는 면역이며 스스로 병원체를 이겨내어 갖게 된 경우를 자연적 획득면역이라 하고, 백신 등의 주사에 의해 얻어진 경우를 인위적 획득면역이라 한다.

면역반응은 골수에 있는 전구체로부터 유래된 백혈구(leukocyte)에 의해 유지되며 백혈구로부터 자연면역계의 다형핵 백혈구(polymorpholeukocyte)와 대식세포(macrophage), 획득면역계의 림프구가 유래된다. 림프구에는 B-림프구(lymphocyte)와 T-림프구가 있는데, B-림프구는 골수에서 성숙하고 T-림프구는 흉선에서 성숙하므로 이들을 중앙림프기관이라고 한다. 성숙한 대식세포와 비만세포는 체내 조직으로 이동하나 그 외 모든 면역계의 세포는 혈액을 통해 순환된다. 림프구는 혈관에서

알아두기 류코사이트

류코사이트(leukocyte)는 백혈구를 일반적으로 지칭하는 말로 임파구(lymphocyte), 다형핵 백혈구(polymor-pholeukocyte), 단구(monocytes)가 이에 속한다.

나와 말초 림프기관을 지나 림프혈관을 통해 다시 혈관으로 돌아오는데, 획득면역은 말초 림프조직에서 시작된다. 혈액으로부터 항원을 모으는 비장, 조직 중 감염이 일어난 부위로부터 항원을 모으는 림프절, 소화관으로부터 항원을 모으는 소화기관 관련 림프조직이 말초 림프기관에 속한다. 이외에도 기관지 관련 림프조직, 점막 관련 림프조직 등이 면역반응에 관여한다.

(1) 면역반응의 구분

면역반응은 크게 특이적 면역(specific immunity)과 비특이적 면역(nonspecific immunity)으로 나눌 수 있다.

① 특이적 면역

특이적 면역에는 림프구가 관여하며 특이성(specificity)과 기억능력(memory)이 특징이다. 특정 항원에 대해 특정 림프구가 작용하고 이 작용이 기억되며 이후 동일한 항원이 체내에 들어왔을 때 반응이 증폭됨으로써 같은 항원에 의해 반복적으로 감염되었을 때 저항력이 증가한다. 즉, 어떤 병원체에 한 번 노출되면 그 이후에는 그 병원체에 대해서만 선별적인 방어기능을 갖게 되며 이 점이 비특이적 면역과의 가장 큰 차이점이다. 특이적 면역은 다시 B-림프구가 관여하는 체액성 면역반응과 T-림프구가 관여하는 세포성 면역반응으로 나눌 수 있다.

- 체액성 면역반응　체액성 면역(humoral immunity)은 항원에 대한 항체를 생산해 항원을 비활성화시키는 반응으로 B-림프구와 관련된다. B-림프구는 혈액, 골수 및 비장, 림프절 등의 림프조직에 분포하며, 항원의 자극과 T-림프구의 도움으로 분화되어 성숙한 B-림프구를 거쳐 항체를 분비할 수 있는 형질세포(plasma call)로 분화한다. 형질세포에서 생산된 항체는 세포 표면에 있는 면역글로불린(immunoglobulin)의 종류에 따라 IgM, IgG, IgA, IgD, IgE 등 다섯 가지로 구분된다(그림 6-57). IgG는 혈액 중 가장 많으며, 세균과 바이러스가 침입하면 보체와 함께 결합해 항원에 결합된 세포막을 용해한다. IgG는 다른 항체와 달리

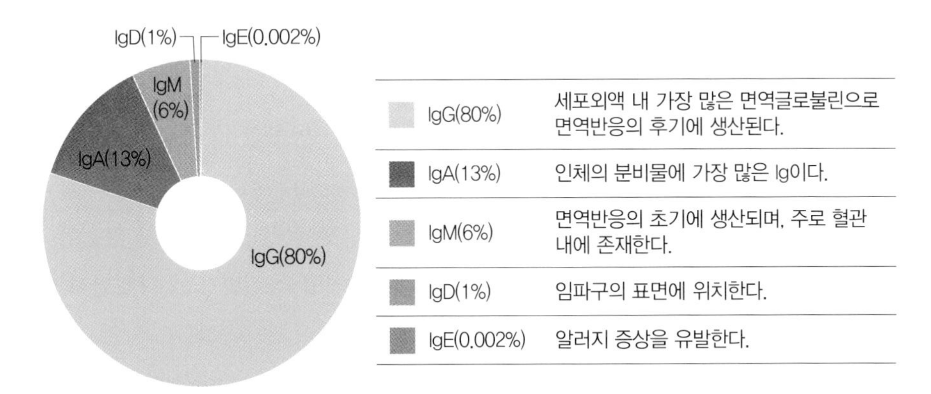

그림 6-57 면역글로불린의 특성

태반을 통과하므로 태아의 면역 기능에 중요한 역할을 한다. IgM도 IgG와 같이 면역반응에 보체를 필요로 하며 IgG의 역할을 돕는다. IgD는 주로 림프구에 존재하며, 항원수용체로 작용해 B-림프구로부터 형질세포의 생성을 촉진한다. IgA는 땀, 눈물, 콧물, 타액이나 호흡기, 장, 비뇨기 분비물에 존재하며 표면으로부터 조직 내로 들어오는 것을 차단한다. 특히 모유에 존재하는 분비형 IgA는 세균과 바이러스로부터 유아의 장을 보호한다. IgE는 피부를 감각하는 항체로 알러지 증상에 관여한다.

> **알아두기 면역반응에서의 항원 및 항체**
>
> 미생물이나 이종 단백질 등이 생체에 침입하면 이를 제거하고 무독화하려는 면역반응이 일어나게 되는데, 이러한 면역반응을 일으키는 물질을 항원(antigen)이라 하며, 혈청 중에 생성되어 항원에 특이적으로 저항하는 저항물질을 항체(antibody)라고 한다.

- 세포성 면역반응 T-림프구 단독 또는 T-림프구와 대식세포에 의해 나타나는 것이 세포성 면역반응(cell-mediated immunity)이다. 항원이 T-림프구를 자극하면 T-림프구는 다른 면역세포의 활성을 조절하거나 직접 표적세포를 손상시킬 수 있는 림포카인(lymphokine), 사이토카인을 생성하여 항원을 파괴한다. T-림프구는 혈액 중 림프구의 60~70%를 차지하며 바이러스, 세균, 진균 및 기타 이물질의 파괴에 관여한다. T-림프구에는 주요 세포 네 가지가 있는데, 독성물질을 방출해 직접적으로 항원을 파괴시키는 자연살해(natural killer)세포 또는 세포독성(cytotoxic) T-림프구, 동일한 항원이 체내에 다시 들어오게 되는 경우 즉시 반응성이 있는 다른 세포로 전환되어 인체를 방어하는 기억(memory) T-림프구, 특

정한 B-림프구에 작용하여 B-림프구가 항원과 반응하도록 함으로써 체액성 면역반응을 촉진시키는 헬퍼(helper) 또는 보조 T-림프구, 체액성 면역반응과 세포성 면역반응이 일어난 후 적절한 시기에 이 면역반응들을 종식시키는 작용을 하는 억제(suppressor) T-림프구가 있다. 세포성 면역반응으로 감작된 림프구(sensitized lymphocyte)가 생산되고, 이 림프구 표면에 있는 수용체와 항원이 상호작용함으로써 장기 이식 시 거부 반응이나 지연형 과민반응이 나타난다. 또 세포 내에서 증식하는 세균, 바이러스, 기생충 등은 항체가 인식할 수 없으므로 T-림프구가 세포성 면역반응을 통해 제거한다. 보체(complement)계는 혈장 단백질의 복합체로 병원체(항원) 또는 항원-항체 결합체에 의해 활성화된다. 보체계는 항원을 둘러싸서 식세포(phagocytes)에 의한 병원체 제거를 촉진시킨다.

② 비특이적 면역

몸의 표면을 보호하는 생화학적·물리적 장벽(피부, 기도의 섬모, 위액 등), 체액성 인자인 보체, 인터페론(interferon), 리소좀(lysosome), 락토페린(lactoferrin) 등과 세포성 인자인 대식세포(macrophage), 자연살해세포(natural killer cell) 등이 포함된다. 비특이적 면역(nonspecific immunity)의 주역인 대식세포는 물론 탐식작용으로 이물처리를 하는 호중구(neutrophil)와 기생충 표면에 부착해 활성인자를 매개로 기생충을 상해하는 호산구(acidophil), 암세포나 바이러스 감염세포를 상해하는 자연살해세포 등 비특이적 면역기구에 의해 생체는 일차적인 방어체계를 구축하게 된다. 비특이적 면역에 관여하는 각 면역세포의 특징은 다음과 같다.

- 대식세포　세포 표면에 면역글로불린 항원을 가지고 있어 이물질을 배제하는 기능을 할 뿐 아니라 면역의 성립과 발현에 중요한 역할을 하고 있다. 대식세포(macrophage)는 면역반응에서 항원을 포착하고 이것을 처리한 후 T-림프구에 제시하는 항원제시세포(APC: Antigen Presenting Cell)의 역할을 하고, 세포성 면역반응에서 T- 세포의 생성물인 림포카인(IL: Lymphokine)에 의해 강하게 활성화되며, 림프구의 성장과 기능에 영향을 미치는 수용성 인자(monokine)를 분비하는 특징이 있다. 또 비특이적 식작용과 세포 흡수작용을 하며 라이소자임(lysozyme), 콜라겐분해효소(collagenase), 엘라스틴가수분해효소(elastase),

산 성가수분해효소(acid hydrolase) 등의 효소와 일부 보체성분과 응고인자 등을 분비한다.

- 인터페론　백혈구나 섬유아세포(fibroblast) 등의 세포에서 생성되는 폴리펩타이드로 바이러스의 복제·재조립 기능을 억제하여 세포의 바이러스 감염으로부터 숙주를 보호한다. 바이러스 감염에 반응해 T-림프구는 인터페론(interferon)을 생성·분비하며, 이 인터페론은 직접적으로는 암세포를 파괴하고, 간접적으로는 T-림프구와 자연살해세포를 활성화시켜 암에 대한 면역학적 감시 역할을 한다고 알려져 있다.
- 자연살해세포　자연살해세포(NK cell: natural killer cell)는 표적항원세포에 의해 자극을 받지 않아도 비특이적으로 종양세포, 바이러스에 감염된 세포들을 인지하고 용해시킬 수 있어 종양에 대한 자연저항성에 중요한 역할을 한다. 활성화되면 여러 종류의 사이토카인(cytokines)을 분비한다.
- 과립구　과립구(granulocyte) 중 호중구(neutrophil)는 말초혈액 중 과립구의 90% 이상을 차지하며, 활발한 탐식작용을 한다. 라이소자임(lysozyme)이 들어 있는 과립과 라이소자임 외에 락토페린(lactoferrin)을 포함한 과립을 가지고 있다. 호산구(eosinophil)는 알러지를 나타내지 않는 건강한 사람의 경우 말초혈액 중 과립구의 약 2~5%를 차지하며, 탐식작용을 하나 주 기능은 아니며 탐식할 수 없는 기생충과 같은 큰 표적에 대해 독성 단백질을 분비하여 그 표적을 공격한다. 기생충에 감염되었거나 알러지 반응이 있을 때 증가하고 부신피질호르몬이나 스트레스에 의해 감소한다. 호염구(basophil)는 말초혈액 중 과립구의 0.2%를 차지할 정도로 아주 소량만 존재하며 과립에 함유된 히스타민, 헤파린 등이 분비되어 알러지 같은 해로운 증상을 나타내기도 하나, 기생충에 대한 방어작용도 한다.

알아두기　고름

호중구는 염증 부위에서 옵소닌(opsonin), 아글루티닌(agglutinin)의 작용으로 세균 또는 이물질을 세포 내부로 이동시키고, 마이엘로퍼옥시데이스(myeloperoxidase)라는 효소로 분해해 소화하는 식균작용(phagocytosis)을 통해 세균 또는 이물질을 제거한다. 그 결과 나타나는 것을 우리는 흔히 고름이라고 부른다.

(2) 면역 이상

면역학적 항상성은 건강한 면역 기능을 유지하는 데 필요한 림프구, 과립구, 체액

표 6-13 항원에 대한 다양한 신체 내 면역반응

항원	항원에 대한 반응	
	정상 반응	부족한 반응
감염인자	생체 보호 반응	감염 재발
무해한 인자	알러지	무반응
이식한 장기	거부	수용
자기 장기	자가면역질환	자기 관용
종양	종양에 대한 면역	암

성분 등 여러 세포 및 인자들 간의 균형이 유지되고 있는 상태를 말하며, 면역학적 항상성이 파괴되어 면역반응이 과잉 또는 결핍되는 경우 면역질환(immune disease)이 발생한다. 일반적으로 면역반응은 체내에 침입한 감염원에 대한 작용으로 일어나나 무해한 외래물질이 항원으로 작용할 때 일어나는 알러지 반응이나 자기 물질을 항원으로 인식해 반응하는 자가면역질환, 외래 세포에 의해 생성되는 항원에 대한 이식 거부반응에서는 감염 상태가 아닌 경우에도 정상적인 면역반응이 일어난다. 이와 같이 면역반응은 항원의 특성에 따라 인체에 도움이 되거나 해가 된다. 표 6-13의 주황색 박스는 도움이 되는 반응을, 연두색 박스는 해가 되는 반응을 나타낸다. 도움이 되는 반응이 일어나지 않으며 인체에는 해가 된다. 대표적인 면역질환은 표 6-13과 같다.

① 면역 억제 또는 면역 결핍

면역 결핍질환은 면역반응이 감소된 병적인 상태로 유전적·선천적 또는 후천적으로 면역반응의 특이적 또는 비특이적인 요소에 의해 나타난다. 면역학적 항상성이 붕괴되어 T-림프구 및 B-림프구의 기능이 저하되면 면역결핍증후군이 나타난다. 벤젠, TCDD, PCBs 중금속 등의 화학물질에 의해 면역 억제작용이 나타나며, 영양실조, 알코올 과다 섭취, 종양, 질병, 노화 등에 의해서도 면역 결핍이 초래된다.

② 과민성과 알러지

정상적으로는 항원이 되지 않는 음식, 꽃가루, 먼지 등의 이물질에도 면역체계가 반응해 항체가 생겨 과잉의 항원·항체 반응의 결과로 나타나는 증상을 알러지(allergy) 또는 과민성(hypersensitivity)이라고 한다. 식품의 단백질이나 다당류, 핵산, 핵단백질 또는 당지질의 큰 분자가 완전히 소화·분해되지 않은 채 위·장관에 흡수되면 이들이 항원으로 작용해 항체(IgE)를 생성하여 식품알러지가 나타난다. 영유아의 소장관은 IgA가 결핍되어 항원의 장내 흡수가 용이하며 이 경우에도 알러지가 나타날 수 있다. 이외에 유전적인 소인도 알러지에 관여한다. 알러지 반응은 대체로 제1형, 제2형, 제3형, 제4형 등 네 종류로 나누어진다.

③ 자가면역반응

개체 자신의 조직, 세포 또는 그 분비물의 성분들이 개체 자신에 대해서 항원성을 나타내는 자가항원(auto-antigen)이 되며, 그 수용체에 대해 자가항체(auto-antibody)가 생성되어 자가항체와 자가항원의 상호작용으로 조직 손상이 일어나는 경우를 자가면역반응(autoimmune reaction)이라 한다. 자기면역질환은 이런 손상에서 야기되는 질환으로 전신홍반성 낭창, 류마티스성 관절염, 용혈성 빈혈 등이 이에 속한다.

(3) 면역 기능 조절의 분류

생체의 정상적인 면역 기능은 환경오염물질, 의약품 부작용, 질병 및 노화로 인해 변화될 수 있으며, 면역 기능의 변화를 조정해 정상으로 회복시키거나 변화의 폭을 줄여주는 일련의 작용을 면역 기능 조절이라고 한다. 면역 기능 조절은 크게 면역 억제(immunosuppression)와 면역 증강(immunostimulation)으로 구분할 수 있다.

① 면역 억제

동종 장기 이식 후 숙주의 거부 반응, 외부 물질에 불리하게 반응하여 초래되는 알러지 반응, 자기항원(self-antigen) 또는 변형된 자기항원에 대한 반응 등 바람직하지 않게 증가된 면역반응을 억제시키는 조절작용이다.

② 면역 증강

면역결핍질환, 바이러스 감염, 영양실조, 종양, 신장질환, 노화 등으로 감소된 면역반응을 증가시키는 조절작용이다. 최근에는 지금까지 인류가 섭취해온 천연물질에서 생체 방어 능력을 증강시키는 물질을 발굴하려는 연구가 활발히 진행되고 있다.

(4) 면역 기능 조절 관련 기능성 평가 방법

면역계에서 중추적 역할을 담당하는 B-림프구, T-림프구, 대식세포 등은 이종 단백질, 미생물, 종양세포, 바이러스 감염세포 등과 같은 항원에 대해 특이적 또는 비특이적으로 복잡하게 상호작용을 함으로써 면역반응이 시작된다. 그러므로 건강기능식품에 의한 면역 기능 조절 작용을 평가하기 위해서는 기본적으로 면역 관련 장기 및 세포, 세포성 면역 기능, 체액성 면역 기능, 대식세포 기능, 숙주저항성 등에 대한 평가가 이루어져야 한다.

면역 기능 조절과 관련된 기능성 평가에 적용될 수 있는 바이오마커(biomarker)로는 ① 면역세포 증식능, ② 면역세포 활성능, ③ 항체·보체·세포활성물질 등의 합성·생성능, ④ 면역계 발달능, ⑤ 세포독성능, ⑥ 산화질소 생성능, ⑦ 면역반응 조절능, ⑧ LAK 세포 생성능, ⑨ 탐식능, ⑩ 면역성분 조절능, ⑪ 바이러스, 세포, 진균, 특정 항원에 대한 면역능, ⑫ 흉선·비장·간 등 장기 중량 조절능, ⑬ 용혈반 형성 세포 수 조절능, ⑭ 종양세포 억제능, ⑮ 강제수영부하시험, ⑯ 면역세포의 이동능, ⑰ 항원 인식능, ⑱ 면역원성 증진능 등이 있을 수 있다.

이처럼 면역 기능 조절과 관련한 기능성 평가 방법은 매우 다양하며 이를 기본적인 개념 중심으로 소개하면 다음과 같다.

① 면역 관련 장기 무게 및 세포 수 측정

어떤 요인에 노출된 후 면역 장기 무게와 면역 관련 세포 수가 과소 또는 과다하게 증식하는 경우, 이러한 증상을 정상으로 회복할 수 있는 효능이 있는지 평가하기 위해 면역 관련 기관(비장, 흉선, 림프절)의 무게를 측정하고 체중에 대한 비율로 나타낸다. 또 면역 관련 세포인 비장세포, 흉선세포, 복강세포의 수를 계수하거나 비장세포 중 T-세포와 B-세포의 비율을 측정한다.

② 세포성 면역반응의 평가

• T-림프구 증식능 측정　T-림프구의 활성화 정도를 평가하는 비교적 간단하고 재

현성이 있는 방법이다. 비장 또는 말초혈관 림프구를 유사분열을 유도하는 물질인 파이토헤마글루틴(PHA: Phytohemaglutin)이나 콘카나발린 A(ConA: Concanavaline A)와 혼합해 배양한 후 T-림프구의 증식능력을 평가한다. T-림프구의 증식 정도는 MTT 시험이나 [^{3}H]- 타이미딘 포함 정도 시험법(thymidine incorporation assay)을 이용해 측정할 수 있다.

- 비장세포의 사이토카인 생성능 측정 사이토카인은 면역·염증·알러지와 깊은 관련이 있으며, 생체 내의 면역 또는 질병상태를 이해하는 데 중요한 지표이다. 실험동물의 비장세포를 이용하는 경우 비장세포를 분리하고 콘카나발린 A를 가해 배양 후 배양액 중 IFN-γ, IL-2, IL-4 등의 사이토카인 생성량을 측정하여 T-림프구의 활성화를 평가한다.
- 혼합림프구 반응에 의한 증식능 측정 혼합림프구 반응(MLR: Mixed Lymphocyte Reaction)은 유전 정보가 서로 다른 비장 또는 말초혈관 림프구를 서로 섞어 배양했을 때 그중 T-림프구가 상대방을 인식하여 급격히 세포분열을 일으키는 반응으로 세포성 면역능 측정에 사용된다.

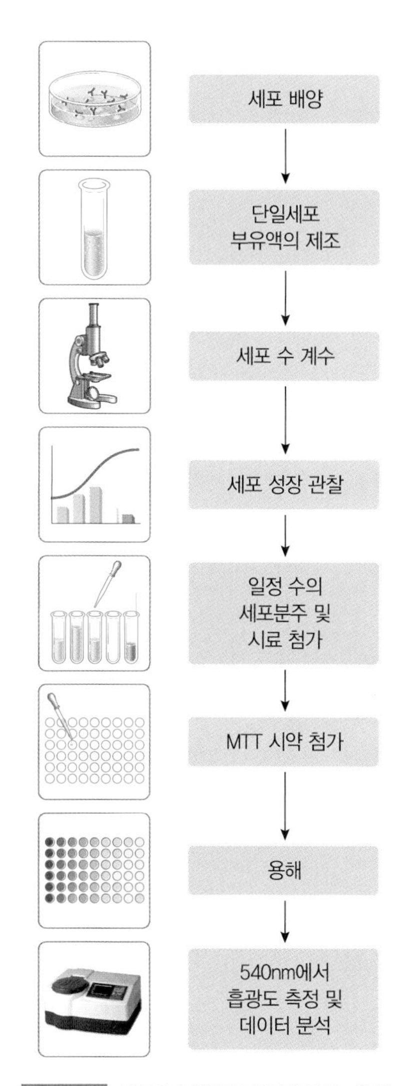

그림6-58 세포의 증식 정도를 평가하는 방법 (MTT 시험법)

③ 체액성 면역반응의 평가

- B-림프구 증식능 측정 비장세포 또는 말초혈관 임파구를 B-림프구의 유사분열을 유도하는 물질인 리포다당체(LPS: lipopolysaccharide) 등과 혼합하여 배양한 다음 MTT 시험과 [^{3}H]-타이미딘 포함 정도 시험법을 이용해 B-임파구의 증식능력을 평가한다.
- 항체 용혈반 생성 세포 수 측정 실험동물에 외래항원으로 면양 적혈구(SRBC)를 주사한 후 비장을 적출해 분리한 비장세포에 SRBC 항원 및 보체를 혼합해 배양한다. 항체를 생성할 수 있는 세포가 항체를 방출

하고 항원 및 보체와 결합해 용혈현상을 일으켜 생성되는 용혈반 수를 세어 비장세포 수당 항체를 분비하는 B-세포 수를 산출한다.

- 혈청 내의 항원 특이항체 측정 실험동물에 난백 알부민(ovalbumin) 등 외래항원을 주사한 후 혈액을 채취해 혈청을 얻은 다음 ELISA 방법으로 IgM, IgG, IgA, IgD 또는 IgE 등을 정량해 혈청 내 특정 항원에 대한 항체 생성량을 측정한다. 항원의 항체 생산 기능을 조사함으로써 해당 항원의 알러겐성 정도를 추정할 수 있어 식품 단백질의 면역원성을 조사할 때 유용하다.

④ 대식세포의 활성화 평가

- 복강대식세포의 NO와 TNF-α 생성능 측정 실험동물에서 채취한 복강대식세포에 LPS를 첨가해 배양 후 상등액 중에 생성된 NO(Nitric Oxide)를 Griess 시약을 이용해 측정하고, 또 ELISA 방법으로 TNF-α 생성 정도를 측정해 대식세포의 활성 정도를 평가한다. 이 방법은 대식세포가 방출하는 다른 작동자(effector) 인자나 사이토카인(interleukin-1)에도 응용할 수 있다. 동물의 복강 대식세포 대신 세포주를 이용할 수도 있으나 세포주는 기본 수치가 이미 높아 활성을 검출하기 어려운 경우가 있다.

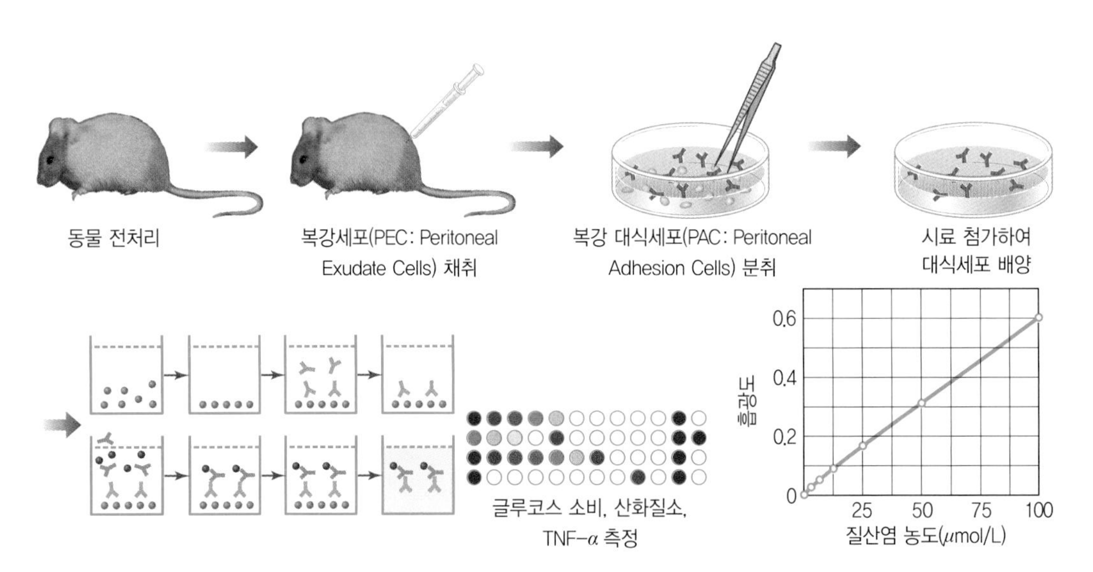

그림 6-59 시험관 내(*in vitro*) 사이토카인 유도능 평가 절차

• 혈중 대식세포의 탐식능 측정　탄소입자 현탁액을 실험동물의 꼬리정맥에 주사한 후 시간별로 혈액을 채취해 대식세포에 의해 탐식되고 남아 있는 혈중 탄소입자의 흡광도를 측정해 탄소 제거율(반감기)을 산출한다.

⑤ 자연살해세포의 활성능 측정

실험동물의 비장세포와 ^{51}Cr으로 표지된 Yac-1 림프종 세포주를 배양한 후 암세포의 상해로 유리된 ^{51}Cr을 γ-계수기(counter)로 측정해 자연살해세포의 활성을 평가한다.

(5) 기능성 원료

식품의약품안전처에서 면역 기능 유지에 도움을 주는 것으로 인정한 원료로는 인삼, 홍삼, 알콕시글리세롤이 있다. 인삼은 재배산지에 따라 고려인삼(한반도), 미국삼(미국 및 캐나다), 전칠삼(중국), 죽절삼(일본) 등으로 불리며, 인삼의 원형을 유지시키는 1차 가공 방법에 따라 수삼, 홍삼, 백삼, 당삼 및 봉밀삼 등으로 구분할 수 있다. 6년 동안 재배한 수삼을 증기로 쪄서 익혀 수분 함량이 약 12.5~13.5%가 되도록 건조시킨 것을 홍삼이라고 하며, 홍삼은 제조 과정 중 갈색화 반응이 촉진되어 농다갈색의 색상을 띤다. 고려인삼(Panax ginseng C. A. Meyer)은 수천 년 전부터 우리나라를 비롯해 중국, 일본 등에서 건강 증진을 위한 목적으로 널리 사용되었으며 인삼의 유효성분들은 인삼의 종류, 뿌리 부위, 수확년생, 수확 시기에 따라 현저한 차이가 나는 것으로 알려져 있다. 식품의약품안전처는 인삼 및 홍삼에 대해 면역력 증진에 도움을 주며, 작용기전으로 인삼·홍삼이 면역세포의 활성을 증가시켜 건강한 면역 기능 유지에 도움을 줄 수 있다고 명시하고 있다. 이에 대한 상세 내용으로 건강한 면역능력을 유지하려면 적절한 면역세포가 제 역할을 원활히 수행해야 하며 인삼·홍삼이 필요한 면역세포를 증가시키거나, 그 기능을 조절해 면역능력에 도움을 줄 수 있는 것으로 표시하고 있다.

앞서 설명한 바와 같이 인체의 면역체계는 매우 복잡하다. 이 복잡한 면역체계를 적절한 방법으로 분석하기 위해서는 각각의 요소로 분리한 세부적인 요소와 전체 면역체계에 대한 연구가 동시에 이루어져야 할 것이다. 이를테면 많은 면역세포들과 이 세포들이 분비하는 수많은 가용성 분자들의 매우 복잡한 상호 과정 중에서 일부의 긍정적 면역 기능 증진 효과 지표만으로 이루어진 단순한 기능성 인정평가는 위험할 수 있다. 필요 이상의 면역 증진의 폐해 등에 대해서도 충분한 검토가 이루어져야 할 것이다. 건강인의 면역 증진 효능 역시 아직까지는 불분명하기 때문이다.

13) 인지능력 개선

인지능력이란 사물을 분별해 인지할 수 있는 능력을 말한다. 인지능력을 유지한다는 것은 기억력이나 집중력을 저하시킬 수 있는 여러 요인을 조절하여 정상적인 뇌의 기능을 유지하는 것을 의미한다. 사람의 뇌는 감각을 받아들여 반응하거나, 운동을 명령하거나, 언어능력을 조절하거나, 지적 능력을 조절하는 등 대부분의 정신 활동을 담당하며 생존에 중요한 역할을 한다. 사람의 뇌세포는 나이가 들수록 손상되고 기능이 감퇴하기 시작하므로 기억력과 집중력의 감퇴는 노화 현상으로 받아들일 수 있으나 정상적인 두뇌 활동에 필요한 산소와 영양소를 원활하게 공급해주고, 뇌세포의 손상을 일으키는 요인을 줄이면 인지능력 감퇴 속도를 늦출 수 있다고 알려져 있다. 이외에도 인지능력을 유지하는 데 해로운 요인으로 작용하는 스트레스, 과도한 알코올 섭취, 약물 및 정신자극제 복용 등을 피함으로써 인지능력의 감퇴를 예방하거나 지연시킬 수 있다.

(1) 뇌와 신경전달

① 뇌의 구조

인간의 뇌는 좌우의 반구와 간뇌로 대뇌, 중뇌, 연수, 뇌간, 소뇌 등의 부분으로 이루어져 있다. 대뇌피질 부분에는 운동, 지각, 청각, 미각과 관계가 있는 신경이 모여 있다. 대뇌의 겉부분에는 깊은 주름이 잡혀 있는데, 여기에는 많은 신경세포가 존재한다. 신경세포는 연락망을 만들어 서로 신호를 보내, 순식간에 여러 가지를 판단하고 느낄 수 있도록 하며 두뇌 활동에 필요한 에너지를 만들어내기도 한다. 신경세포가 손상되면 정상적인 뇌 기능을 수행할 수 없게 되고 특히 뇌세포는 다른 세

알아두기 대뇌의 역할

사람의 뇌는 대뇌, 소뇌, 중뇌, 간뇌, 연수로 구분되며 각 뇌는 사람이 생존하는 데 중요한 역할을 한다. 그중 대뇌는 시각, 청각, 후각, 미각, 촉각 등 감각을 받아들여 반응하거나, 운동을 명령하거나, 언어능력을 조절하거나, 지적 능력을 조절하는 등 대부분의 정신 활동을 담당하고 있다.

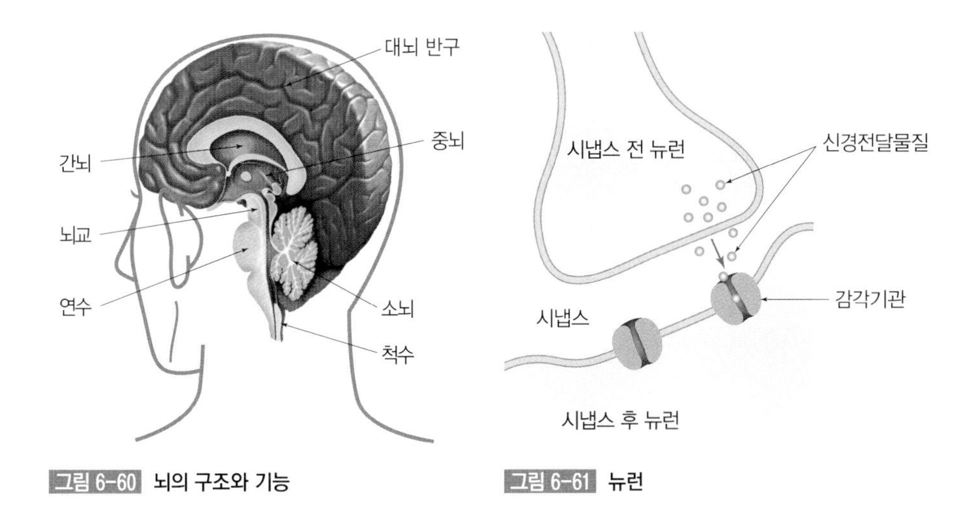

그림 6-60 뇌의 구조와 기능

그림 6-61 뉴런

포와는 달리 일단 손상되면 다시 재생되지 않는 것으로 알려져 있으므로 건강한 뇌세포를 유지하는 것이 중요하다. 아라키돈산(arachidonic acid)과 DHA는 뇌세포막의 구성 성분으로 이들 양에 따라 세포막의 상태가 변화된다. 해마(hippocampus)는 대뇌 반구의 외측면에 위치하며 대뇌에서 기억을 저장하는 공간의 역할을 한다. 사람은 필요한 정보를 뇌에 저장해두었다가 필요할 때 꺼내어 사용하는 데, 학습에 의해 저장된 정보를 기억이라고 한다. 혈액 흐름이 차단되는 등의 이유로 해마의 신경세포가 사멸되면 기억능력을 상실하는데, 기억력이 감소되는 노인의 경우 일반적으로 해마 신경세포의 손상 정도가 높은 것으로 알려져 있다.

② 뉴런

뇌는 뉴런(neuron)이라는 신경세포와 글리아(glia)라는 지지세포를 포함한 140억 개의 세포로 이루어져 있다. 뉴런은 보통 세포와 달리 신경세포에서 나오는 돌기를 지니며, 이 돌기가 한 뉴런과 다른 뉴런을 연결해 망상조직을 이루고 있다.

신경세포의 돌기 끝에는 인접한 다른 뉴런에 신경전달물질을 전달하는 역할을 하는 시냅스(synaps)가 있는데, 뉴런의 흥분 또는 억제에 의해 정보가 전달된다.

③ 신경전달물질

일종의 화학적 매개체로 뉴런 간의 신호를 전달해준다. 뇌의 신경세포가 기능을 유지하기 위해서는 신경전달물질(neurotransmitter)이 반드시 필요한데, 이것이 부족하거나 세포가 잘 받아들이지 못할 경우 세포 사이에 신호 전달이 이루어지지 않거나 엉뚱한 신호를 보내게 된다. 현재 알려져 있는 신경전달물질로는 아민계 물질{아세틸콜린(acetylcholine), 카테콜아민(catecholamine), 세로토닌(serotonine)}, 아미노산계 물질{글루타민산(glutamic acid), 글리신(glycine), 감마아미노뷰틸산(γ-aminobutyric acid)}, 펩타이드계 물질인 엔케팔린(enkephalin), 퓨린계 물질인 아데노신 트리포스페이트(adenosine triphosphate) 등이 있다.

아세틸콜린은 대표적인 신경전달물질로 콜린성 수용체(cholinergic receptor)에 의해 인식되며 뇌에 분포되는 양은 적으나 혈류량 조절, 운동기능, 학습과 같은 고도의 정신기능에서 중요한 역할을 한다. 콜린성 수용체에는 니코틴 수용체(nicotinic receptor)와 무스카린 수용체(muscarinic receptor)의 두 종류가 있으며 이들 수용체에 아세틸콜린이 결합하면 세포 내로 신호가 전달된다.

카테콜아민류의 신경전달물질로는 운동 발작과 관련이 있는 도파민(dopamine)과 기쁨·불안·학습·수면 등과 관련된 노에피네프린(norepinephrine), 에피네프린(epinephrine) 등이 있다. 이들 카테콜아민류는 뇌에서 차지하는 부분이 적으나 영향력은 매우 크다.

아미노산계 신경전달물질인 글루타메이트는 흥분 시냅스에서 대표적으로 발견되고, 흔히 GABA로 불리는 감마-아미노뷰틸산은 억제 시냅스에서 대표적으로 발견된다. 이들 아미노산계 신경전달물질은 몸 전체에서 중추신경계에 고농도로 분포한다. 생성은 간에서 조절되고 혈액에는 약 3~4.5mM 농도로 존재하는 반면, 뇌에는 이보다 10배 가량 높은 30mM 수준으로 존재한다. 억제성 아미노산인 GABA는 뇌세포 대사기능을 활발하게 하여 중풍·치매 예방, 정신집중력 강화, 기억력 증진, 불면 개선 등에 효과가 있는 것으로 알려져 있다. 뇌의 GABA 농도가 매우 낮아지면 간질

알아두기 **뇌 건강과 GABA**

뇌에서 GABA 농도를 높이기 위한 노력으로 GABA의 분해효소인 GABA 트랜스아미네이스(transaminase), 숙시닉 세미알데하이드 환원효소(succinic semialdehyde reductase), 숙시닉 세미알데하이드 탈수소효소(succinic semialdehyde dehydrogenase)들의 저해제가 개발되고 있다. GABA 자체를 섭취하기 위해 벼나 케일과 같은 식품 중 GABA 함량을 증가시키기 위한 연구도 활발히 이루어지고 있다.

병, 경련, 발작의 원인으로 작용하므로 GABA의 농도를 높이기 위해 노력해야 한다.

엔케팔린으로 대표되는 펩타이드계 신경전달물질은 신경호르몬 역할을 하는데, 전 시냅스 말단에서 칼륨의 투과도를 증가시켜 시냅스 말단에서의 칼슘 이동성을 낮추고 결국 시냅스에서의 신경전달물질 유리를 감소시켜 신경전달을 억제한다.

(2) 기억의 분류

기억은 저장의 특징에 따라 감각기억, 단기기억, 장기기억으로 나눌 수 있다. 감각기억은 정보가 감각기관을 통해 저장되는 수동적인 과정으로 주의를 기울인 정보만이 단기기억으로 넘어간다. 단기기억은 비교적 짧은 기간의 기억으로 기억 대상에 따라 언어성 기억과 공간성 기억으로 구분되며 현재 의식하고 있는 정보들을 처리하는 동안의 작업대와 같은 역할을 한다. 모든 기억이 장기기억으로 안정되기 위해서는 반드시 단기적 기억 상태를 거쳐야 한다. 장기기억은 나중에 재생할 수 있도록 비교적 영구히 저장되는 강화된 기억으로 삽화적 기억, 의미적 기억, 절차적 기억으

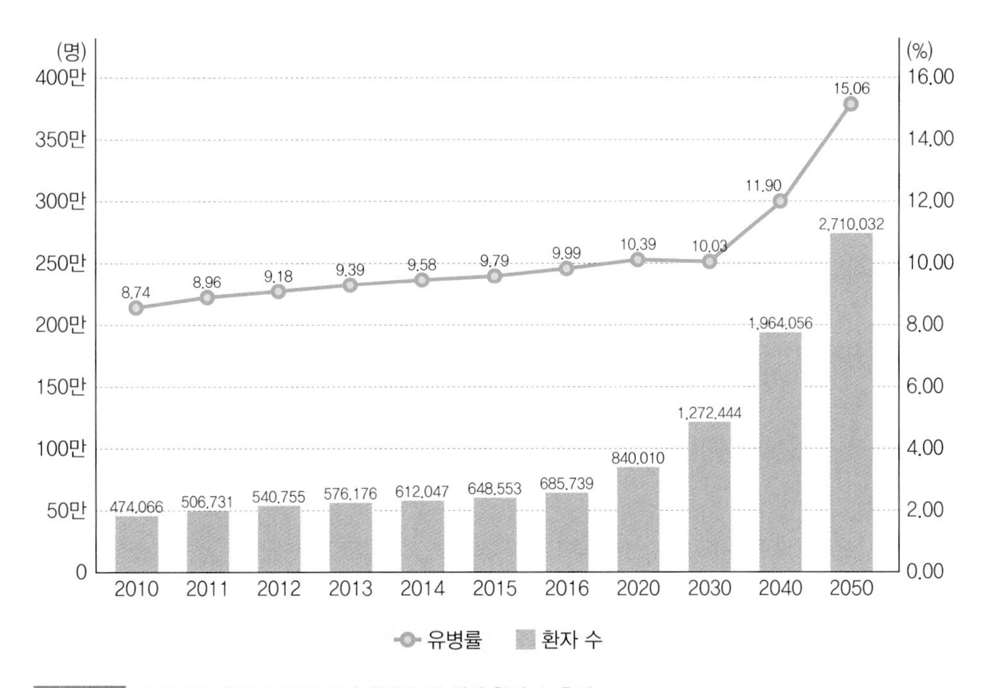

그림 6-62 65세 이상 한국 노인의 치매 유병률 및 치매 환자 수 추이

자료: 보건복지부(2012). 전국치매역학조사.

로 분류된다. 장기기억은 단기기억에 비해 기억 용량에 한계가 없는 것처럼 보이며, 무의식 상태에서도 살아남을 정도로 견고하고, 적절한 자극으로 언제든 인출할 수 있다는 특징이 있다.

(3) 치매

지능·의지·기억 등 정신적인 능력이 대뇌의 질환으로 인해 현저히 저하된 것을 치매(dementia)라고 한다. 가장 전형적인 치매는 기질(器質)치매로 대뇌신경세포의 광범위한 손상에 의해 발생된다. 그 밖에도 노인치매, 매독에 의한 진행마비 또는 간질 대발작의 반복으로 일어나는 간질치매 등이 있다. 알츠하이머병(Alzheimer's disease)은 노인치매(痴)의 원인 중 가장 흔한 형태이다. 우리나라 노인치매 환자는 2050년에 유병률이 15.06%까지 증가할 것으로 예측된다.

치매의 발생 원인은 뇌혈관형과 알츠하이머(Alzheimer's)형으로 나눌 수 있는데, 뇌혈관형 치매는 뇌의 혈관이 막히거나 출혈이 일어난 경우 그 부분의 신경세포가 사멸되어 생긴다. 뇌혈관형 치매의 예방과 치료는 동맥경화증과 혈전증 등의 혈관질환의 예방·치료법과 거의 일치한다. 알츠하이머형 치매는 뇌의 신경세포가 변성·사멸되어 일어나는 것으로 정상적인 경우 베타아밀로이드 42의 생성빈도가 10% 미만인 것과는 달리, 비정상적인 아밀로이드 전구체 대사로 베타아밀로이드 42가 50~100% 생성되어 플라크 형태로 뇌세포에 침착되어 발생하는 것으로 알려져 있다.

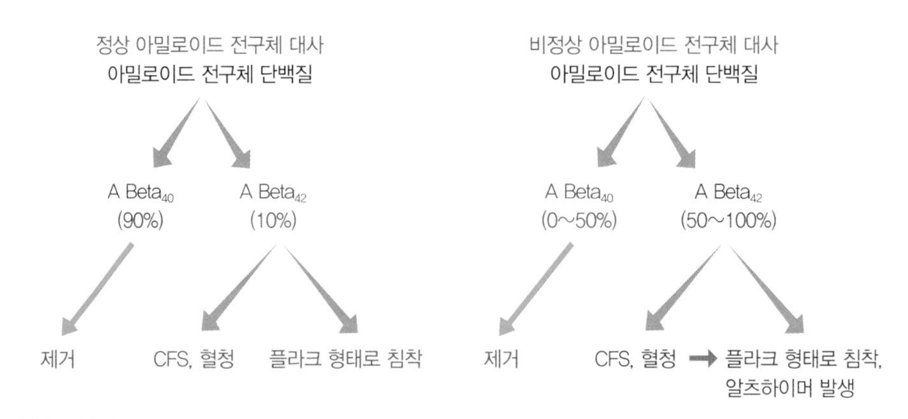

그림 6-63 아밀로이드 전구체의 대사

(4) 기능성 평가

동맥경화 등에 의한 산소 공급 부족, 만성염증, 뇌조직 산화, 아세틸콜린(acetylcholine) 등 신경전달물질 부족, 호르몬 감소 등의 원인이 단독 혹은 복합적으로 작용해 인지능력의 저하를 초래한다. 인지능력을 강화시키는 기능성을 평가하기 위해서는 여러 가지 시험계를 적용할 수 있다. 우선 시험관 내(*in vitro*) 시험법을 살펴보면 신경세포 수 관찰, 아세틸콜린성 신경세포 관찰, 아세틸콜린 함량 및 활성 관찰 등의 방법이 있다. 신경세포 수를 관찰하는 방법은 주로 기억이나 학습과 관련해 가장 중요한 역할을 담당하는 해마세포를 이용하며 세포의 손상 정도 및 손상에 대한 보호 효과를 평가하는데, 이는 인지능력 강화 활성을 간접적으로 반영한다. 해마세포를 이용한 다른 측정 방법으로는 뇌조직의 해마 부위를 크리스털 바이올렛(crystal violet)으로 염색하여 신경세포 수를 계수함으로써 신경세포의 손상 및 이에 대한 보호능력을 측정하는 방법이 있다. 대표적인 신경전달물질인 아세틸콜린 합성에 관여하는 콜린 아세틸전이효소(choline aceyltransferase)의 활성 증가 여부는 해마 부위 뇌조직을 대상으로 콜린 아세틸전이효소에 대한 면역화학조직염색으로 평가할 수 있다. 아세틸콜린 함량 및 활성 역시 해마에서 아세틸콜린에스테라아제(acetylcholinesterase)에 대해 조직을 염색함으로써 평가한다. 이외에도 유해산소 또는 베타아밀로이드에 대한 뇌세포 보호활성을 평가함으로써 인지능력과 관련된 기능성을 평가하기도 한다. 이 경우 뇌세포를 배양할 때 인위적으로 산화 스트레스 또는 베타아밀로이드를 처리하고 시험하고자 하는 시료를 첨가하고 함께 배양하여 세포의 생존능력을 측정해 뇌세포 보호활성을 평가할 수 있다.

인지능력과 관련된 동물시험으로는 수중 미로를 이용한 공간학습능력 검사(morris water maze test), 동물의 회피본능과 전기충격을 이용해 기억능력을 검사하는 명시적 기억능력검사(passive avoidance test), 미로를 이용한 단기기억검사(radial armmaze test) 등이 있다. 수중 미로를 이용한 공간학습능력검사는 기억력 증진에

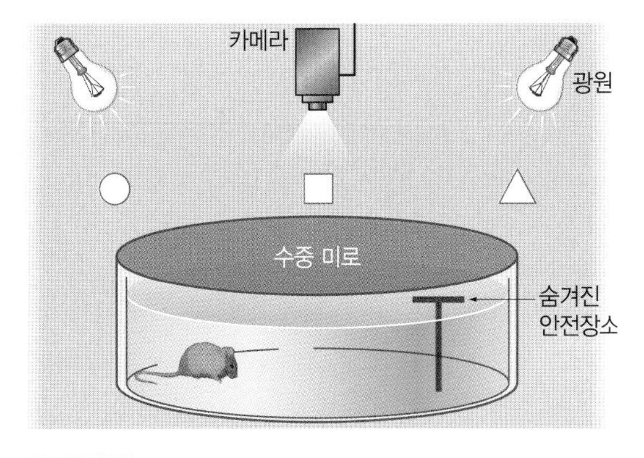

그림 6-64 수중 미로를 이용한 공간학습능력 검사

대한 효능실험의 대표적인 공인 실험 방법으로 그림과 같이 물속에서 네모, 원, 세모로 표시된 장소에 쥐를 놓고 안전한 장소인 플랫폼까지 찾아가는 시간을 반복하는 실험이다(그림 6-64).

⑸ 기능성 원료

인지능력과 관련된 건강기능식품은 여러 가지 방법으로 우리 몸에 도움을 준다. 우선 유해물질을 조절해 인지능력의 유지에 도움을 줄 수 있다. 에너지 대사 과정 중 생성된 활성산소나 베타아밀로이드와 같은 독성물질은 뇌세포에 손상을 일으키며 건강기능식품은 여러 유해물질을 조절해 뇌세포가 손상받지 않도록 보호하는 데 도움을 줄 수 있다. 기억력은 대뇌의 피질 특히 해마와 관련이 있고 해마에서 신경전달물질이 필요한 양만큼 존재해야 뇌세포 간에 신호가 원활히 이루어질 수 있으므로 뇌의 신경전달물질을 조절해 저하된 인지능력을 개선하는 데 도움을 줄 수도 있다. 인지능력이 저하된 상태에서는 신경전달물질의 활동이 줄어드는데, 이때 신경전달물질을 조절해 저하된 인지능력을 개선하는 데 도움을 줄 수 있다. 마지막으로 뇌의 신경세포나 뇌 기능에 필요한 물질의 구성 성분으로 뇌 기능을 유지하는 데 도움을 줄 수 있다. 뇌세포는 다른 세포에 비해 특히 인지질, 즉 포스파티딜 콜린(phosphatidylcholine), 포스파티딜 세린(phosphatidyl serine) 등이 많이 들어 있다. 인지질은 세포를 보호하는 막을 구성해 뇌세포가 그 기능을 원활히 수행하도록 도와준다. 따라서 뇌세포의 구성 성분을 공급해주고, 뇌 기능에 필요한 효소나 신경전달물질 등의 원료를 공급함으로써 뇌 기능 유지를 도울 수 있다.

식품의약품안전처에서 인지능력과 관련해 기능성을 인정한 원료로는 참당귀뿌리주정추출분말이 있다. 참당귀는 미나리과로 우리나라의 산, 계곡, 습기가 있는 토양에서 자생하는 다년초이다. 참당귀뿌리주정추출분말은 국내산 참당귀의 뿌리를 주정으로 추출해 분말로 제조한 기능성 원료로 주요 성분은 디커시놀(decursinol 0.1% 이상)과 디커신(decursin 15% 이상)이다. 참당귀뿌리주정추출분말은 유해한 물질로부터 뇌세포를 보호하거나 신경전달물질을 증가시켜 노인의 인지능력 저하 개선에 도움이 되는 것으로 추정된다. 식품의약품안전처에서는 하루 2회 섭취를 기준으로 한 번에 400mg 정도를 섭취할 것을 권하고 있고, 인지능력이 저하된 노인에게 적합한 건강기능식품의 원료임을 제시하고 있다. 그러나 어린이나 임신 또는 수유 중의 안전성에 대한 데이터가 충분하지 않으므로 섭취 시 주의해야 하며 소화불량, 속쓰림 등이 나타날 수 있어 과량 섭취하지 않아야 한다. 혈액 응고방지제 또는 혈당강하제를 복용할 경우 상호작용이 일어날 수 있으므로 섭취 전 의사와 상담해야 한다. 이는 무색·무취·무미의 알코올성분으로 식품에 널리 쓰이는 액체이다.

14) 운동수행능력 향상

운동수행능력이란 일상생활이나 스포츠에서 수행되는 신체동작을 빠르게, 강하게, 오래, 능숙하게 할 수 있는 능력을 의미한다. 이러한 능력에 영향을 미치는 요인은 운동 및 신체동작의 종류에 따라 다르다. 운동수행능력은 크게 ① 근력, 순발력 및 근피로, ② 지구력, 에너지 공급과 회복, ③ 수화(hydration) 및 재수화(rehydration), ④ 유연성, ⑤ 신체 조성의 변화, ⑥ 근신경계 활성화 등으로 구분된다. 운동수행능력 향상 기능성을 입증하기 위해서는 수행된 운동 또는 신체 활동의 종류가 명시되어야 한다.

(1) 운동수행능력의 구분

① 근력, 순발력 및 근피로

근력이란 근육이 자발적으로 단기간에 최대의 힘을 발휘할 수 있는 최대 회전력(torque) 또는 힘을 의미한다. 순발력이란 단기간 근수축력으로 수행할 수 있는 단위시간당 최대 힘의 양으로 무산소성 파워라고도 일컫는다. 근지구력은 근육이 일정 시간 동안 지속할 수 있는 힘 또는 운동능력을 말하며, 심장과 폐에 의해 주로 결정되는 운동지속능력을 뜻하는 심폐지구력과는 구별된다. 근력과 순발력은 역도, 던지기, 점프, 단거리 달리기와 같이 근육에서 단기간에 강한 힘 생성이 요구되는 운동을 수행함에 있어 주요한 요소이다. 근피로란 강도가 강한 운동 후 또는 장기간의 운동으로 인해 신체 활동 수행능력이 일시적으로 감소된 상태를 의미하며 근력의 감소, 근전도의 변화, 근수축력의 저하 등이 수반된다. 인체에 있어서는 근육의 동작을 쉴 새 없이 되풀이되어 결국에는 동작을 계속할 수 없게 되는 것을 일컫는다.

• 근육의 구조, 종류 및 특성　우리 인체에는 약 600여 개의 근육이 있으며 각 근육

은 수백에서 수천 개의 근섬유로 구성된다. 개개의 근섬유는 근막으로 덮여 있고, 근섬유 전체는 다발로 이루어져 있다. 이 다발 역시 근막에 덮여 있으며 끝부분은 건으로 되어 있다. 근육의 양쪽 끝은 뼈와 연결되어 있는데 양쪽 끝이 건에 의해 뼈와 결합되기도 하지만, 한쪽만 건으로 연결되고 나머지 한쪽은 직접 뼈에 결합되는 경우도 있다.

인체의 근육섬유는 특성에 따라 TypeⅠ, Type Ⅱa, Type Ⅱb의 세 종류로 구분된다. TypeⅠ 섬유는 지근섬유로 미토콘드리아의 수와 둘러싸고 있는 모세혈관의 수가 많으며 마이오글로빈의 농도가 높다. 이러한 조건들로 인해 유산소성 대사능력이 높고, 피로에 대한 높은 저항능력을 가진다. Type Ⅱa와 Type Ⅱb 섬유는 속근섬유에 속하며, 그중 Type Ⅱb는 미토콘드리아의 수가 적고 피로에 대한 저항능력이 낮아 유산소성 대사능력은 낮지만 에너지원인 글리코젠 함량과 해당 과정 효소가 풍부해 무산소성 대사능력이 높다. Type Ⅱa 섬유는 피로에 대한 저항능력이 다른 두 근섬유의 중간 정도이다. 따라서 운동이나 식사 섭취 등의 외부 조건에 따른 이들 근섬유 조성 비율의 변화를 통해 유산소성 또는 무산소성 운동능력의 변화를 평가할 수 있다.

근육의 수축은 근육의 근원섬유를 이루는 마이오신 단백질의 결합체인 '굵은 필라멘트'와 액틴, 트로포마이오신, 트로포닌 단백질로 구성된 '가는 필라

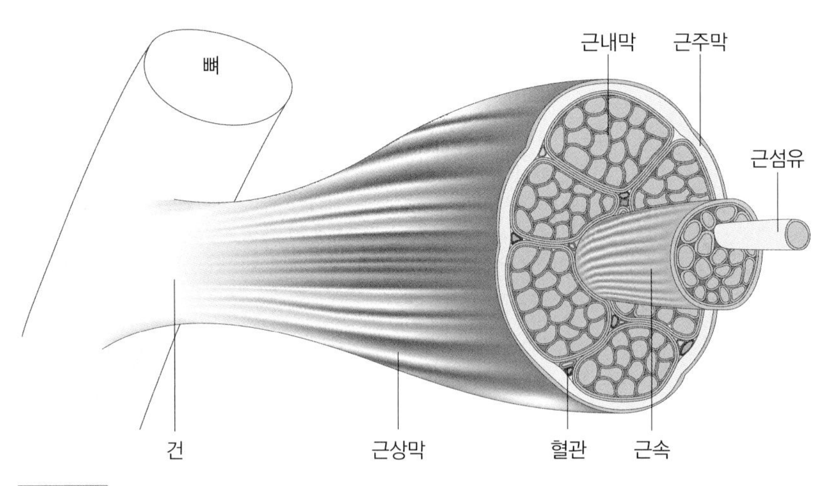

그림 6-65 근육의 구조

표 6-14 근섬유 종류에 따른 특징

특성	Type I(지근)	Type IIa(속근)	Type IIb(속근)
단면적	작음	중간	큼
글리코젠 함량	낮음	중간	높음
피로에 대한 저항력	높음	중간	낮음
모세혈관 분포	많음	많음	적음
마이오글로빈 함량	높음	높음	낮음
호흡	호기성	호기성	혐기성
산화력	높음	높음	낮음
해당능력	낮음	높음	높음
연축속도(twitch rate)[1]	느림	빠름	빠름
마이오신 ATPase 활성	낮음	높음	높음

1) 근섬유가 자극을 받아 수축되었다가 원래 상태로 돌아오는 속도

멘트' 간 교차결합으로 이루어진다. 이때 마이오신이나 액틴 섬유 자체가 수축되는 것이 아니라 액틴과 마이오신 분자들 간의 순차적 결합에 의한 미끄러짐이 일어난다. 마이오신 머리는 근육 수축 시 가는 필라멘트의 특정 활성 부위와 결합하며, 가는 필라멘트는 마이오신 머리와 결합할 수 있는 활성 부위를 갖고 있다. 근육의 수축은 아데노신삼인산(ATP: adenosine triphosphate)을 소모하는 과정으로 마이오신 머리는 ATP 결합 부위를 갖고 있으며, ATPase는 마이오신-ATP 결합체에 작용해 마이오신-ADP를 만들고, 이때 에너지를 방출한다. ATP에 의한 교차결합 주기가 반복되면서 굵은 필라멘트는 가는 필라멘트를 안으로 끌어당기는 과정을 통해 수축이 진행된다.

근육의 수축 방식으로는 근육의 길이가 일정한 상태에서 수축하는 등척성(isometric) 수축, 근육의 길이가 변하면서 수축하는 등장성(isotonic) 수축, 관절가동범위(ROM: range of motion) 내에서 최대 근력을 발휘할 수 있는 등속성(isokinetic) 수축이 있다. 특히 등장성 수축의 경우 일정한 저항에 대해 근력을 발생할 때 근육 전체의 길이가 짧아지는 단축성(concentric) 수축과 늘어나는 신장성(eccentric) 수축으로 구분된다.

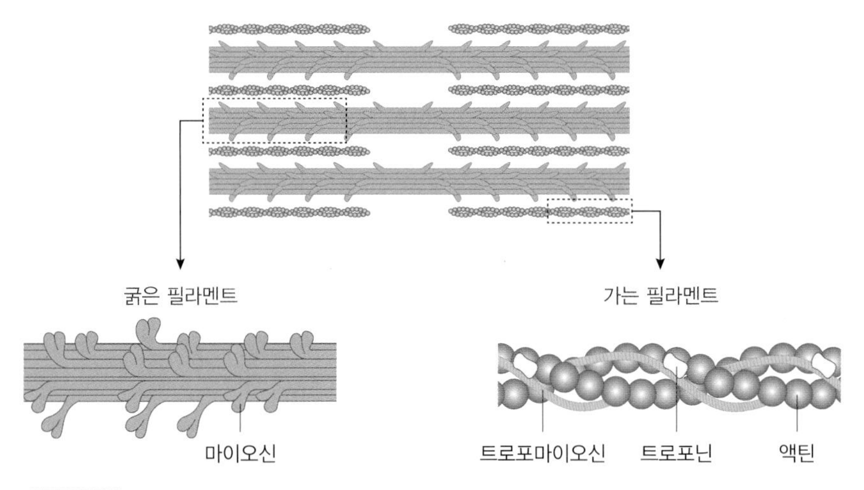

그림 6-66 근원섬유의 구조

근력은 근육의 수축 방식과는 별도로 근육량, 근육 횡단면적 및 근섬유 조성과 매우 밀접히 연관된다. 근육량은 신체 내 근육의 양을 뜻하며 근육량이 증가하면 근력이 증가한다. 근육 횡단면적은 근섬유 방향에 직각인 면적을 의미한다. 근육 횡단면적은 단백질합성과 단백질분해 간의 균형에 의해 조절된다. 또한 주어진 횡단면적에서의 최대 근력 생성은 사용 가능한 근육계를 활성화시키는 중추 신경계와 말초 운동신경계의 능력에 의존한다. 일반적으로 근력의 크기는 근육 횡단면적, 운동신경의 특성(수초화 및 직경), 활동전위의 빈도, 운동 단위의 크기 등에 비례한다.

- ATP 생성 단시간에 최대의 힘을 발휘해야 하는 운동에서 ATP를 제공해주는 주요 경로는 다음과 같다.
  - 인원질 시스템: 크레아틴키네이스에 의해 포스포크레아틴이 크레아틴으로 분해되는 과정으로 포스포크레아틴의 인산기를 ADP에 주어 ATP를 재생산한다. 5~10초 이내 다량의 ATP 생성에 주로 기여한다.
  - 해당 과정 시스템: 글리코젠분해(glycogenolysis) 또는 해당 과정(glycolysis)에서 글리코젠이 젖산으로 분해되는 과정이다. 약 2분 이내의 빠른 ATP 생성에 주로 기여한다. 운동 시간이 짧을수록 포스포크레아틴의 ATP 생성에 대한 상대적 기여도는 더 높아진다.

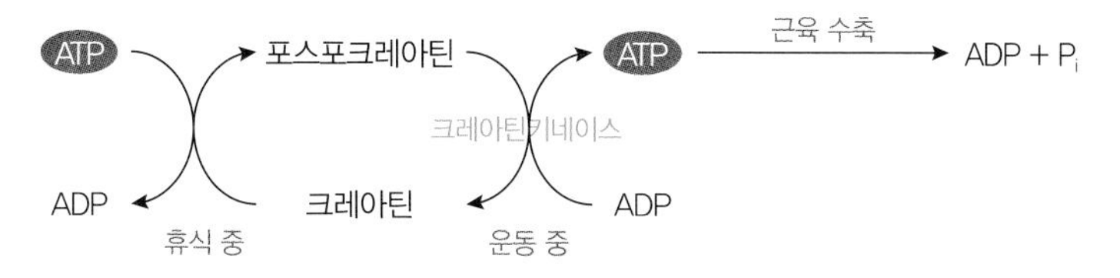

그림 6-67 인원질 시스템을 통한 ATP 생성

– ATP 분해: 단거리 질주를 하는 동안에는 포스포크레아틴이 고갈되고 글리코젠분해 과정은 활성화되며 ATP 분해속도는 종종 ATP 합성속도를 앞지른다. 이는 결국 과도하게 ATP를 분해하며 세포 내 아데닌 뉴클레오타이드 분해의 최종 산물(inorganic phosphate, ADP, AMP, IMP, 암모니아)의 함량을 증가시킨다. 생성된 이노신일인산(IMP: Inosine Monophosphate) 중 소량은 이노신(inosine)으로 전환되고 나아가 하이포잔틴(hypoxanthine)으로 바뀌며, 근육의 정맥혈로 유출된다. 아데닌 뉴클레오타이드의 분해에 의해 생성되는 ADP와 Pi가 세포 내에 축적됨과 함께 해당 과정 및 글리코젠분해로부터 과도하게 생산된 젖산에서 유리되는 H^+가 체내 완충작용으로 처리할 수 있는 수준을 넘어서면 pH가 저하되고, 이는 단기간 최대 운동 동안의 피로와 연관된다.

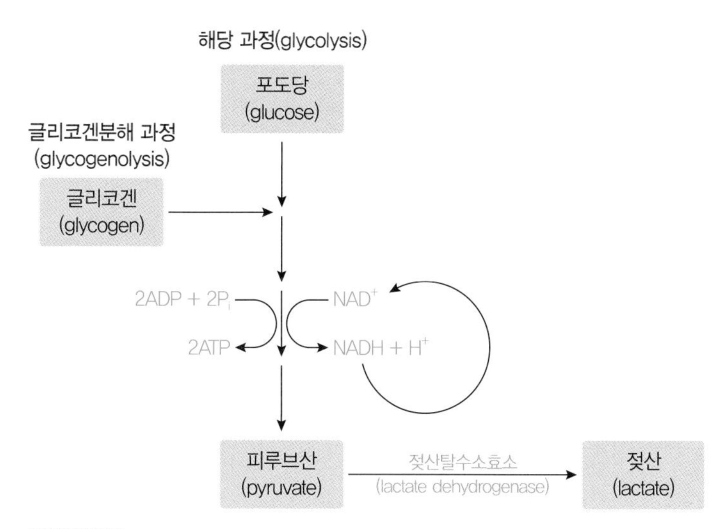

그림 6-68 해당 과정 시스템을 통한 ATP 생성

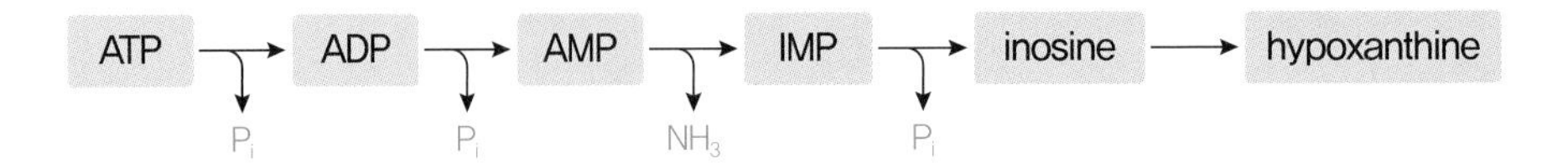

그림 6-69 ATP 분해 과정

② 지구력, 에너지 공급과 회복

지구력은 '피로에 대한 저항력'으로 정의된다. 이는 최대하(최대로 힘을 들이기 전)로 지속되는 운동 또는 강렬하게 운동하는 동안 발생하는 피로에 대한 저항을 의미한다. 보통 지구력 운동은 30분 또는 그 이상 지속된다.

- 근육 글리코젠 저장량 지구력 운동을 하는 동안 피로를 유발하는 요인은 근육에 에너지를 공급하기 위한 기질이 고갈되는 것으로, 피로는 근육과 간에 저장된 글리코젠 고갈과 동시에 일어난다. 장기간의 운동훈련과 식사 조절을 통해 근육 글리코젠 저장량이 증가한 운동선수는 글리코젠 저장량이 적은 운동선수보다 주어진 운동 강도에서 더 오랫동안 운동할 수 있다.
- 에너지 공급과 회복 장시간 계속되는 운동으로 근육 내 저장된 글리코젠이 고갈되면 피로가 발생한다. 피로를 발생시키지 않고 계속 운동하기 위해서는 지방 산화를 통해 지방이 에너지원으로 쓰이게 하면, 글리코젠 고갈을 지연시키거나 방지할 수 있다. 또한 근육 글리코젠 분해를 낮추거나 방지하기 위해서는 탄수화물을 섭취함으로써 운동하는 동안 혈당 수준을 유지할 수 있고, 탄수화물 산화가 빠르게 진행되는 것을 유지할 수 있으며, 이로써 탈진에 이르는 시간을 연장시킬 수 있다. 일반적으로 탄수화물을 빠르게 공급하면 간, 근육, 혈액에 저장된 내재성 탄수화물이 고갈되는 것을 저해함으로써 운동수행능력을 증진시킬 수 있는 것으로 간주된다. 특히 장기간 지속되는 운동에서는 에너지 회복이 중요한 요인으로 에너지 균형을 유지하는 것 또한 매우 중요하다.
- 젖산 생성 세포에 산소가 충분히 공급되는 상황에서는 TCA회로(tricarboxylic acid cycle)가 원활히 진행되므로 혈중 젖산 농도가 0.56~2.00mmol/L의 범위로 유지되고, 그 이상은 축적되지 않는다. 그러나 해당작용과 TCA회로의 연계에 필요한 산소가 당량비만큼 공급되지 못하고 해당작용이 상대적으로 활발

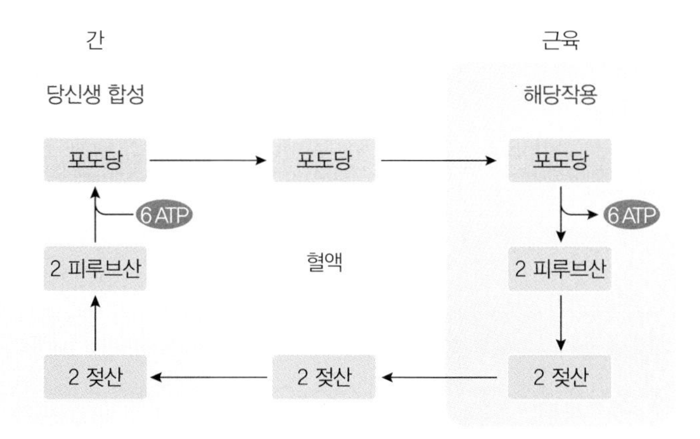

그림 6-70 코리회로

한 상황에서는 근육 내에 젖산이 생성된다. 고강도 운동 시 산소공급량이 근육의 산소소모량에 미치지 못하면 근육조직의 젖산 농도가 증가하고 이때 생성된 젖산은 혈액으로 확산되어 간에서 처리된다. 이러한 과정이 간에서 당신생합성(gluconeogenesis)이 일어나는 코리회로(Cori cycle)이다. 운동으로 인해 젖산이 과도하게 축적되면 체내 산성화가 초래되어 운동 중 당질대사에 관여하는 가인산분해효소(phosphorylase) 활성이 저해되고 결과적으로 무산소 상태에서 운동 에너지의 급원이 되는 당신생 합성이 억제된다.

- 최대 산소섭취량　최대 산소섭취량($VO_{2\,max}$)은 심폐지구력 운동능력을 평가하는 대표적 지표로 여러 가지 체력 요인 가운데 개인의 심폐지구력과 유산소 운동능력을 판단할 수 있는 가장 훌륭한 지표로 간주된다. 인종, 성별, 연령, 건강 상태, 운동능력, 체구에 따라 신체의 에너지 요구량이 달라 산소섭취량도 차이가 나기 때문에 최대 산소섭취량은 mL/min/Kg로 나타내며 이는 신체에서 체중 1kg당 1분 동안 사용할 수 있는 산소의 최대량이다. 최대 산소섭취량이 늘어날수록 피로를 느끼지 않고 많은 에너지를 생산함으로써 힘든 운동을 오래 지속할 수 있으며, 전신 지구력과 유산소 운동능력이 우수하다는 것을 의미한다. 폐활량, 혈중 헤모글로빈(혈색소)의 양, 심박출량, 조직의 산소 이용률이 증가할수록 최대 산소섭취량은 늘어난다. 트레드밀이나 에르고미터를 활용해 얼굴에 호흡밸브를 장치한 후 완전히 지칠 때까지 점차 운동 부하를 올리면서 내쉬는 공기를 모아 산소섭취량을 측정하며 최대 운동 시 얻어진 산소섭취량이 최

대 산소섭취량으로 MET(metabolic equivalent)로도 표시할 수 있다. 성인이 쉬고 있을 때 사용하는 산소섭취량은 3.5mL/kg/min이며 이를 1MET라 한다.

③ 수화 및 재수화

우리 몸이 수분을 적절하게 저장하고 있는 상태를 수화(hydration)가 적정한 상태라고 한다. 운동을 하는 동안은 수분 손실이 크고 이를 보상하기 위한 시간이 짧을 때 빠르고 효율적인 재수화는 운동수행능력 유지를 돕는다. 신체의 과도한 수분 손실은 탈수상태에 이르게 할 수 있으나 이는 수분을 섭취함으로써 회복할 수 있다. 신체의 수분상태가 개선되는 것, 운동을 하는 동안 신체가 더 빠르게 재수화(rehydration)되는 것, 운동 후 최대한 재수화가 되는 것, 심혈관 기능과 체온 조절 기능 등에 대한 측정 및 주관적 인자로 측정되는 생리학적 항상성의 유지는 이러한 과정에서 모두 중요한 인자들로 간주된다. 이러한 능력을 평가할 때의 종말점은 운동수행능력이 개선되는 것이어야 한다. 수분이 손실되면 체질량이 감소하고, 체액 삼투압이 증가하며, 혈장 삼투압과 나트륨 농도가 증가하게 된다. 우리 몸은 탈수되면 수분을 보존하기 위해 소변량이 감소하고 삼투질 농도가 높은 소변을 배설하게 된다. 이러한 변화를 통해 수화상태를 평가할 수 있다.

④ 유연성

유연성은 한 개 이상의 관절에서 가능한 관절 가동 범위로 정의된다. 이는 관절의 유동성과 근육의 탄성에 의해 결정된다. 관절의 유연성이 좋지 않으면 구부릴 때 스트레스가 증가하여 근골격계 문제를 유발할 수 있다. 한 번의 테스트로는 유연성을 측정할 수 없으므로 반복 측정이 필요하며, 대부분의 테스트는 유연성을 측정하는 부위에만 한정적으로 해석이 가능하다. 유연성은 관절을 구성하는 뼈의 구조, 관절을 감싸고 있는 조직의 양, 관절을 둘러싸고 있는 인대, 힘줄 및 근육조직의 신장성 등 세 가지 주요 인자에 영향을 받는다. 신체의 유연성은 적절한 스트레칭 운동을 통해 증가될 수 있다. 몸을 옆으로 굽히기, 무릎신전 관절 가동 범위, 어깨와 목의 움직임 등으로 측정 가능하다.

⑤ 신체 조성의 변화

신체는 상피조직, 결합조직, 근육조직, 신경조직이 조합되어 기관을 형성하고 이들이 모인 기관계로 구성된다. 분자 수준에서는 지방, 수분, 단백질, 글리코젠 및 무기질로 구분된다. 신체 조성을 평가하는 대부분의 바이오마커는 분자 수준에서 측정한다. 신체 조성 중 지방을 제외한 근육, 뼈와 같은 제지방은 절대적인 힘이 필요한 운동에 중요한 요소로, 이를 증가시키는 것이 운동수행능력 향상에 도움이 된다. 최대 힘의 경우 근육 횡단면적, 신경과 근육의 상호작용 등에 의해 결정된다. 체중이 적게 나가거나 지방량이 적은 경우, 또는 지방 비율이 적은 경우는 중력에 대항해 신체를 상승시키는 운동(높이뛰기, 멀리뛰기, 점프 등)이나 신체를 이용해 아름다움을 표현하는 운동(발레, 체조)에서 유리하게 평가될 수 있다.

⑥ 근신경계 활성화

근신경계 활성화는 운동 관련 대뇌피질의 활동 및 척수를 포함하는 감각 및 운동 관련 신경계의 활동을 지칭하며 평형성, 협응성, 반응 시간 등 기본적인 운동능력과 연관된다.

평형성은 몸이 한쪽으로 기울지 않는 능력, 서 있거나 움직이는 상태에서 인체의 무게중심으로부터 벗어나지 않으려는 성격으로 정의된다. 평형성을 유지하기 위해서는 다리와 같은 특정 신체 부위의 근육뿐만 아니라 전신의 다양한 근육과 관절의 조화로운 움직임이 필요하며 외부 자극에 대한 감각-지각-운동 체계의 협력적 반응은 평형성 유지를 위해 반드시 필요하다.

협응성이란 신체 분절, 관절, 근육 및 신경계 등의 상호조정 능력으로 머리·어깨·입·팔·손가락·다리 등을 시각, 운동감각 등의 다양한 감각적 단서와 관련지어 제어하는 움직임 조절능력이다. 운동 협응능력은 지각 및 인지 시스템, 운동중추, 전신의 감각 및 운동시스템 간의 지속적인 상호작용을 통해 나타난다.

반응 시간이란 자극 부여 시점으로부터 감각 수용 및 지각, 운동명령 생성 등의 단계를 거쳐 운동명령이 근육에 도달해 반응할 때까지의 소요 시간을 말한다. 평형성은 정적 자세 조절을 위한 근육의 활동 패턴, 동적 자세 조절을 위한 예비 자세 조절 및 반응 자세 조절, 그리고 자세 흔들림 정도의 측정 등을 통해 평가할 수 있으며 운동협응 능력은 반응 속도, 예측반응 정확성, 운동 타이밍 일관성, 운동 적응성, 힘 조절 능력, 눈-손 협응 능력 등을 통해 평가할 수 있다.

(2) 기능성 평가 방법

① 근력, 순발력 및 근피로

근력은 최대근력, 등속성 최대 회전력, 악력, 배근력 등으로 측정한다. 최대근력(1RM: 1 repetition maximum)은 레그 프레스(leg press)와 벤치 프레스(bench press) 기기를 이용해 하체와 상체의 최대근력을 측정하며 무게를 점차적으로 증가시키면서 반복하는데, 1회 반복 운동만 가능한 때(1RM)를 최대근력으로 한다. 등속성 최대 회전력 검사는 등속성 근기능 측정 장비를 이용해 측정한다.

악력은 손으로 물건을 쥐는 힘을 뜻하며 측정이 용이하면서도 전신 근력과의 상관성이 높은 것으로 알려져 있고 자주 사용하는 손을 악력계를 이용해 측정하게 된다. 배근력은 배근력계를 이용해 최대 등척성 근력을 측정한다. 근지구력은 근력운동을 수행할 때 특정 무게를 반복적으로 들어올릴 수 있는 최대 반복횟수(multiple RM)를 통해 측정할 수 있다. 순발력은 단시간의 고강도 무산소 운동 시 측정하며 자전거 에르고미터 등을 사용해 측정한다. 근육량은 근력의 요소가 되며 사람에서는 생체임피던스법 체 성분분석기나 DEXA를 이용해 측정할 수 있다. 근섬유 횡단면적은 실험동물의 골격근 조직이나 사람의 근육생검을 통한 근육 검체에 대해서 디지털 이미지 분석기를 이용해 근섬유 횡단면적을 측정한다.

근육 손상과 근육 피로는 크레아틴인산화효소, 젖산탈수소효소, 피로율, 운동자각도 등을 측정해 평가한다. 크레아틴인산화효소와 젖산탈수소효소는 근육 손상이나 근육 피로 시 증가하는 것으로 알려져 있다. 무산소성 최대운동 과정 중 최대파워와 가장 낮은 파워 요인들로 피로율을 산출할 수 있으며 피로율이 낮을수록 근지구력이 우수하다고 평가할 수 있다.

운동자각도는 운동부하 테스트에서 주관적으로 느끼는 운동 강도(힘든 정도, 피로도)를 측정하는 방법으로서 심박수와 관련 있으며 단계가 증가할수록 운동 강도가 강해지고 피로도가 증가함을 의미한다.

② 지구력, 에너지 공급과 회복

지구력을 측정할 때는 탈진까지 걸리는 시간을 측정하는데 실험동물에서 강제수영시험, 강제 달리기시험을 통해 측정하며 사람의 경우 탈진 시까지 달리기시험 등을 통해서 측정한다. 운동 시 근육과 간의 글리코젠 고갈은 피로의 주요 원인으로 알려져 있으며, 근육과 간 내 글리코젠 저장량을 유지하고 늘리는 것은 피로를 지연시키는 효과를 통해 지구력 향상에 도움이 되므로 실험동물의 간과 근육조직, 사람의 근육생검을 통한 골격근 내 글리코젠 함량을 측정한다. 식이급원으로부터 체내로의 탄수화물 운송을 증가시키는 것은 체내 글리코젠이 고갈되는 것을 저해함으로써 지구력 증진에 도움이 될 수 있다. 동물실험이나 사람을 대상으로 한 실험에서 방사성 또는 안정 탄소 동위원소를 이용해 측정한다.

호흡교환율은 동일한 시간 동안 산소섭취량에 대한 이산화탄소 배출량의 비율로 안정 시나 운동 시에 사용된 탄수화물과 지방의 영양소 비중을 나타낸다. 운동이 시작되면 처음에는 해당 과정에 의해 탄수화물이 주된 에너지원이 되지만 운동이 지속되면서 지방이 주요 에너지원으로 이용되면서 호흡교환율이 감소한다. 에너지 생성 및 공급효율은 크레아틴과 크레아틴인산, 해당 과정과 TCA회로 관련 지표 측정 등을 통해서 측정한다. 인체 내에서 크레아틴은 유리 크레아틴 또는 크레아틴인산의 형태로 골격근에 저장되어 근수축시 ATP-크레아틴인산 시스템을 통해서 근섬유의 에너지원인 ATP를 생성한다. 세포 내 크레아틴 함량 변화를 측정할 수 있고, 동물실험에서 혈장 크레아틴이나 근육 내 크레아틴 함량을 측정할 수 있으며, 사람의 경우 혈장 크레아틴 농도나 근육생검을 통한 근육 내 크레아틴 함량을 측정할 수 있다. 세포실험, 동물의 골격근, 근육생검을 통한 사람의 골격근에서 해당 과정을 조절하는 효소들로서 포스포프룩토키네이스, 헥소키네이스, 피루브산키네이스 등의 mRNA 발현을 qRT-PCR 방법을 이용해 분석할 수 있다. 운동에 의해 세포 내의 ATP가 고갈되어 AMP/ATP 비율이 증가하면 AMPK가 활성화되어 영양소 대사와 관련된 단백질을 인산화하고 조절하는 역할을 한다. ATP를 소비하는 동화작용을 억제하고, ATP를 생산하는 이화작용(포도당 흡수, 해당 과정, 글리코젠 분해, 지방산 산화)을 촉진하는 작용을 하므로 간이나 골격근 등의 조직에서 AMPK가 활성화되면 지방산 산화와 포도당 흡수가 증가된다. 세포, 동물의 간, 근육 조직, 근육 생검을 통한 사람의 근육에서 AMPK 인산화 정도를 웨스턴블로트법(western blotting) 또는 ELISA 방법으로 측정할 수 있다.

젖산 축적은 혈중 젖산역치나 근육 내 젖산 수준 등으로 평가한다. 점증부하 운동 시 혈중 젖산 농도가 급격히 증가하는 지점을 젖산역치라고 하며, 보다 높은 강도에서 젖산역치가 발생하는 것이 운동을 지속하는 데 도움이 될 수 있다. 인체에서는 트레드밀을 이용해 점증적 최대 운동을 할 때, 안정 시, 운동 중, 운동 직후, 회복 시 채취한 혈액을 혈중 젖산 분석기에 주입해 혈중 젖산 농도를 측정한다. 젖산역치는 혈중 젖산 농도가 안정 시 준비운동 수준을 넘어 급격히 증가하는 시점으로 한다. 근육 내 젖산 수준은 실험동물의 골격근 조직이나 사람에서 근육생검을 통해 측정한다. 심폐기능은 최대산소섭취량(VO_2 max), 심박수 등으로 측정한다. 최대산소섭취량은 인체가 운동하는 중에 섭취할 수 있는 단위 시간당 최대한의 산소섭취량으로서 최대산소섭취량이 증가할수록 유산소성 운동능력과 심폐기능이 증진된 것으로 평가한다. 인체에서는 트레드밀을 이용한 점증부하운동을 수행하고 가스분석기를 이용해 산소섭취량을 측정한다. 최대산소섭취량은 운동 부하가 증가됨에도 산소섭취량이 더 이상 증가하지 않을 때의 산소섭취량으로 한다. 1분 동안의 심장박동 수는 운동 시 점차적으로 증가하는데, 심혈관계 기능을 나타내는 지표로 운동 훈련 경험이 많을수록 동일한 최대하 강도의 운동에서의 심박수가 감소된다.

③ 수화 및 재수화

수화는 체질량, 요색깔, 요비중, 소변과 혈장의 삼투압, 헤모글로빈 농도, 헤마토크릿 등으로 측정한다. 운동 중 체내 수분 손실에 따라 체중이 감소하므로 체중 변화를 통해 몸의 수화상태를 측정할 수 있다. 요색깔은 요색깔 차트 등을 이용해 측정할 수 있으며 수분의 양이 많아지면 그 속에 용질이 희석되어 엷은 색으로 나타난다. 요비중은 물의 밀도에 대한 소변의 밀도를 나타내는 값으로 소변의 농축 정도를 알 수 있으며, 정상수분 상태에서 운동에 의한 탈수 상태가 되면 요비중이 증가한다. 운동에 따른 탈수에 의해서 소변이나 혈장의 삼투압이 증가하므로 소변이나 혈장 삼투압을 적정 수준으로 유지하는 것이 체내 수분 유지에 도움이 된다. 운동에 따른 탈수에 의해서 헤모글로빈, 헤마토크릿이 증가한다.

재수화는 위 배출 속도와 소장의 액체 흡수 등으로 측정한다. 운동 중 체액 손실이 클 때, 빠르고 효과적으로 재수화되는 것은 수행 중인 운동을 계속 유지하는 데 도움이 되며, 섭취한 물이나 영양성분의 대부분이 흡수되는 장소가 소장이므로 빠른 재수화를 위해서는 위를 통과하는 속도가 빠를수록 좋다. 위 배출 속도는 액체류 섭취 후의 위 용적 측정을 통해 평가한다. 소장에서의 액체 흡수는 장의 특정 부위에서 액체 중 물과 용질의 순수한 유입 정도를 측정함으로써 수분 손실을 보상하는 효과를 측정한다.

④ 유연성

유연성은 몸 옆으로 굽히기에서 구부릴 수 있는 최대 거리 측정, 측정기기를 사용해 무릎신전 관절가동범위 측정, 어깨와 목 움직임의 시각적 아날로그 척도 측정 등을 통해 평가한다.

⑤ 신체 조성의 변화

단백질 합성, 단백질량, 근육량, 제지방량, 지방량과 체지방률 등을 측정할 수 있다. 단백질 합성은 동물시험을 통해 동위원소(isotope)로 단백질 분획 합성률을 측정할 수 있으며, 사람의 경우 근육생검을 통해 미토콘드리아 또는 근원섬유 단백질 합성을 측정할 수 있다. 근육 내 총 단백질량 증가를 통해 근육량을 증가시킬 수 있으며 최대근력은 근육의 횡단면적과 신경과 근육 간 상호작용에 의해 결정되므로, 힘과 순발력이 중요시되는 운동을 수행할 때 근육의 양을 증가시키면 도움이 된다. 제지방량은 체질량에서 지방량을 제외한 무게로 골격근 조직이 제지방량을 구성하는 주요 성분이 되며 지구력 운동 중 체지방량이나 체지방률의 감소는 운동 중 지방 사용이 증가했음을 의미한다. 인체의 근육량, 제지방량, 체지방률 등은 생체임피던스법이나 DEXA 등을 이용해 측정할 수 있다.

⑥ 근신경계 활성화

근전도, 한 발 서기 시간, 보행 시간, 전정기능검사, 감각비, 반응 시간 등을 측정할 수 있다. 근전도는 측정하고자 하는 부위에 근전도 전극을 부착한 후 근전도 신호를 분석함으로서 근육의 반응을 측정한다. 한 발 서기 시간은 정적 평형성을 검사하기 위한 것으로 양손으로 허리를 잡고 다리를 한쪽씩 들고 자세를 유지하게 하고, 양쪽 발을 번갈아 검사해 기립 시간을 측정한다. 보행 시간은 평형성을 검사하기 위한 것으로 정상적인 보행으로 측정 거리(60m 등)를 걸어갔다 돌아오는 데 걸리는 시간을 측정한다. 전정기능검사는 평형성을 검사하기 위해 전정기관에 회전자극을 부여한 후 출현한 안구 운동을 기록한다. 감각비는 평형감각기관의 개별 기능을 보기 위한 과정으로 여섯 가지 조건의 평형점수를 바탕으로 체성감각비, 시각비 및 전정비 등을 산출한다. 반응 시간은 감각기관을 통해 제시된 자극에 대해 반응이 나타날 때까지의 소요 시간으로 운동 수행을 위한 정보처리의 효율성을 평가할 수 있다.

(3) 기능성 원료

식품의약품안전처가 인정한 기능성 원료로는 옥타코사놀, 크레아틴, 헛개나무과병추출분말, 마카젤라틴화분말, 동충하초발효추출물이 있다.

① 옥타코사놀

옥타코사놀은 지구력 운동 시 지방대사를 촉진시킴으로써 글리코겐 절약(glycogen sparing) 효과가 있음이 보고되었고, 동물실험에서도 옥타코사놀을 투여했을 때 근육에서의 산화능력이 증가하고 글리코겐 저장능력이 증가됨이 확인되었다. 또한 운동선수나 건강한 남자 대학생 등을 대상으로 한 국내 연구에서 옥타코사놀을 1일 이상 6주까지 섭취하도록 했을 때 최대산소섭취량, 운동 시간, 산소맥 등의 심폐지구력 지표들이 유의적으로 증가하고 혈중 암모니아, 무기인산, 젖산 등 근육 피로와 관련된 지표들이 유의적으로 감소됨을 확인했다. 일일섭취량은 옥타코사놀로 7~40mg이다.

② 크레아틴

크레아틴은 주로 육류 및 어류에 존재하는 물질로서, 인체 내 크레아틴은 아르기닌, 글리신, 메싸이오닌의 세 개 아미노산으로부터 신장과 간에서 합성되며, 합성된 크레아틴의 95% 이상이 유리 크레아틴이나 크레아틴인산의 형태로 골격근에 존재하면서 근수축 시 ATP-CP 시스템을 통해 근섬유의 에너지원인 ATP를 생성한다. 크레아틴 섭취는 근육 내 총 크레아틴과 크레아틴인산의 함량을 증가시키고 이를 통해 단기간의 고강도 무산소 운동에서 빠르게 공급되는 에너지원으로 작용함으로써 운동수행력을 향상시킨다. 동물실험 및 인체 적용 연구에서 크레아틴 섭취 후 혈액과 근육에서 인산크레아틴이 증가되는 것이 확인되었으며, 실제로 운동선수를 대상으로 크레아틴의 보충 효과를 비교한 연구에서, 크레아틴이 어깨운동(숄더프레스), 가슴운동(인클라인프레스) 등의 근력운동 수행능력을 향상시키는 것이 확인되었다. 일일섭취량은 크레아틴으로 3g이다.

③ 헛개나무과병추출분말

헛개나무과병추출분말은 운동 시 중성지방의 지방산으로의 전환을 촉진해 에너지 보충을 원활하게 하고, 유산소성 ATP 생성 경로를 활발하게 하여 운동 시간을 증가시킨다. 또한 혈중 코티솔, 부신피질자극호르몬 등의 스트레스 호르몬과 과산화지질 등의 산화적 손상지표를 감소시킴으로써 항피로 효과를 나타내며 혈중 크레아틴인산화효소, 젖산탈수소효소, 젖산 등 근육 손상이나 피로 지표물질 수준을 감소시킨다. 일일섭취량은 헛개나무과병추출분말로 2,460mg이다.

④ 마카젤라틴화분말

마카젤라틴화분말은 섭취 시 운동 시간을 증가시키면서도 혈중 총콜레스테롤, 총단백질 등의 에너지원 수준을 회복시킨다. 또한 혈중 크레아틴인산화효소, 젖산탈수소효소, 혈액요소질소 등 근육 피로 지표 수준과 근육 내 지질과산화 수준을 감소시키고, 간과 근육 내 글루타티온 수준을 증가시킴으로써 운동수행능력 향상에 도움을 준다. 마카젤라틴화분말의 경우 이러한 항산화 효과 및 항피로 효과를 통한 운동수행능력 향상이 동물실험을 통해 확인되었고, 인체시험을 통해 섭취 시 40km 마라톤 기록이 단축됨을 확인했다. 일일섭취량은 마카젤라틴화분말로 1.5~3.0g이다.

⑤ 동충하초발효추출물

동충하초발효추출물은 동물시험에서 운동 시 지방 이용을 증가시키고, 혈중 젖산 및 암모니아 수준을 감소시킴으로써 운동시간을 증가시킴을 확인했다. 또한 간 및 골격근 조직에서 과산화지질 수준을 감소시키고 항산화효소인 슈퍼옥사이드 디스뮤타제, 카탈레이스 등의 활성을 증가시킴으로써 항산화 효과를 나타내며, 골격근 내 AMPK, PGC-1α 등의 대사조절물질과 젖산 수송체, GLUT4 등의 발현을 증가시킴으로써 지구력 운동 수행에 도움이 됨을 확인했다. 인체 연구의 경우, 운동 시 지방연소량, 지방연소 기여율을 증가시키며, 호흡교환율을 감소시키고, 혈중 젖산 수준 감소, 무산소성 역치 및 환기 역치 증가를 확인했다. 일일섭취량은 동충하초발효추출물로 2.1~3.0g이다.

15) 과민피부상태 개선

피부는 압력·충격·마찰·세균과 미생물 침입·광선 등으로부터 신체를 보호하는 기능, 신체 내에서 만들어진 노폐물을 피지나 땀을 통해서 배설하는 기능, 외부 기온에 반응해 체온을 유지하는 기능, 피부 신진대사 결과 나오는 탄산가스를 배출하거나 산소를 흡수하는 기능, 압각·촉각·통각·온각·냉각 등에 반응하는 기능, 지질과 수분의 저장고이자 비타민 D를 합성하는 기능, 지방이나 수분에 용해된 물질을 흡수하는 기능 등을 갖고 있다. 피부의 정상적인 기능 유지를 위해서는 피부의 면역 기능이 균형을 이루고 피부 장벽이 제 기능을 유지하는 것이 매우 중요하다. 면역 기능이 균형을 잃고 피부 장벽이 정상적인 기능을 유지하지 못하는 경우 아토피 피부염이 발생할 수 있다. 따라서 피부의 면역 과민반응상태를 개선시킬 수 있는 건강기능식품이 피부의 정상적인 기능 유지에 도움을 줄 수 있으며 나아가 아토피 피부염의 발병 위험을 감소시킬 수 있어 보건학적으로 중요한 의미가 있다.

(1) 피부의 구조

피부는 표피, 진피, 피하지방으로 구성되어 있으며 그 안에 신경과 혈관, 한선, 피지선, 아포크린한선, 모발이 존재한다.

표피는 피부의 가장 바깥층으로 신체의 표면을 덮는 방수 및 보호 기능을 한다. 표피는 지속적으로 재생성되며 각질형성세포가 80%, 수지상세포가 20%를 차지한다. 수지상세포에는 멜라닌세포, 랑게르한스세포, 메르켈세포가 있다. 표피의 주된 구성 성분인 각질형성세포는 분화 정도에 따라 형태가 변해 다섯 개의 층으로 나뉘며 내측으로부터 기저층, 유극층, 과립층, 각질층으로 구분된다. 유극층에는 많은 돌기로 세포들이 결합되어 있고, 과립층에서는 세포가 점차 편평해진다. 표층으로 이동하면 세포는 점점 편평해지고 동시에 각화를 일으켜 핵이 소실되고 결국 표면에서 떨어져나간다. 표피의 심층은 알칼리성(pH 7.0~7.4)인데, 표층은 피지선에서의 분비물 등으로 인해 산성(pH 4.0~5.0)이 되어 미생물의 번식을 저지한다. 각질층은 우리 몸에서 외부로의 수분과 전해질의 손실을 막고, 외부의 물리적·화학적 손상으로부터 우리 몸을 보호해준다. 각질층은 단백질로 이루어진 각질세포와 각질세포를 둘러싸고 있는 지질로 구성되어 있다. 건강한 피부상태를 유지하기 위해서는 각질층이 약 30% 정도의 수분을 함유해야 하며, ① 피지, ② 아미노산·요소·유기산 등의 자연보습인자, ③ 각질세포 간 지질이 관여한다. 각질층 내의 지질은 각질 세포 사이에 다층의 라멜라 구조로 존재하며, 건조 각질층 무게의 14% 정도를 차지하며 세라마이드(40~50%), 유리지방산(15~25%), 콜레스테롤(20~25%) 및 콜레스테롤 설페이트(5~10%)로 구성되어 있다. 건조피부는 이러한 요소들의 균형이 깨지거나 결핍될 때 유발될 수 있다.

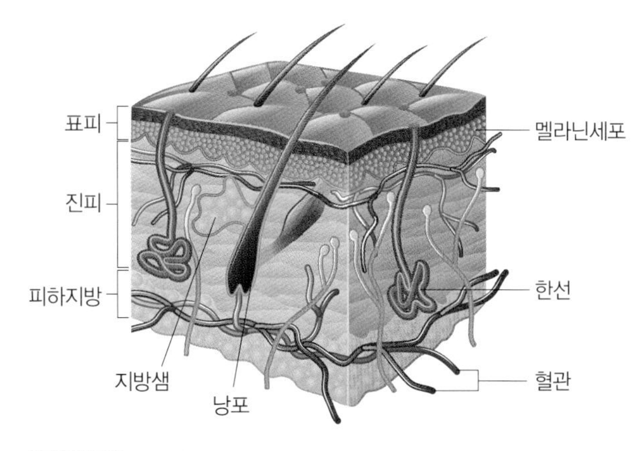

그림 6-71 피부의 구조

진피는 결합조직으로 이루어진 표피 밑의 피부층으로 완충작용을 하여 신체를 압력과 장력으로부터 보호한다. 진피는 기저막을 통해 표피와 단단히 연결되어 있다. 진피에는 접촉과 열을 감지하는 많은 수의 신경 말단이 있고 모낭, 땀샘, 피지선, 아포크린샘, 림프관, 혈관 등이 있다. 진피 안의 혈관은 세포에 영양분을 공급해주고 노폐물을 제거해준다. 진피는 구조적으로 표피에 인접한 위쪽 영역인 유두층과 깊고 굵은 아래쪽 영역인 망상층으로 구분된다. 표피에 접하는 결합조직층은 교원섬유가 촘촘한 그물 모양으로 되어 있다. 표피 심층부의 세포는 멜라닌 색소를 갖고 있는데, 진피 중에서 여기에 접하는 부분의 세포에도 멜라닌 색소를 함유하는 것이 있다.

피하조직은 진피 밑에 자리 잡고 있는 조직으로 지방이 축적되는 층이다. 열의 발산을 막아주고, 수분을 조절하며, 탄력성을 유지해 외부의 충격으로부터 몸을 보호해준다.

(2) 과민피부상태

과민반응이란 특정 항원에 대해 과도한 면역반응이 일어나 조직 손상 등의 부적절한 피해를 주는 면역반응을 지칭한다. 과민반응은 제1형부터 제4형까지 분류되며, 제1형 과민반응은 알레르기로 잘 알려져 있다. 알레르기(allergy)란 그리스어 'allos'에서 유래된 단어로 변형된 것을 의미한다. 1906년에 프랑스 학자 피르케(Pirquet)가 처음 이 용어를 사용했다. 그는 알레르기를 "이물질에 대한 신체의 잘못 변화된 능력"으로 정의했는데, 이는 면역학적 반응을 포함하는 극히 광범위한 정의로 간주된다. 현재 알레르기는 "다양한 항원에 대한 면역계의 반응으로 발생하는 질병"으로 보다 제한된 의미로 정의된다. 알레르기는 과민반응으로 면역반응의 여러 유해 반응 중 하나이며, 이런 유해반응은 조직을 손상시켜 심각한 질병을 일으킬 수 있다.

피부는 대다수 알레르겐의 출입구에 대한 효과적인 방어벽을 형성하지만 소량의 알레르겐이 국소적으로 주입되면 방어벽이 무너질 수 있다. 표피나 진피로의 알레르겐 침입은 국소적인 알레르기 반응을 유발한다. 피부에서의 국소적으로 비만 세포가 활성화되면 즉시 혈관투과성을 국소적으로 증가시켜 수분(혈장 단백질과 혈장액)을 혈관 외로 이동시키며 부종을 일으킨다. 알레르겐에 의해 활성화된 비만세포가 분비한 히스타민은 피부에 가려움을 동반하는 붉은 팽창을 일으킨다. 때로는 보다 오래 지속되는 염증반응이 피부에서 나타나는데, 이것은 주로 알레르기 소인이 있는 어린이들에게 발생하며 습진 혹은 아토피 피부염이라 불리는 지속적인 피부 발적이 생기는 만성염증을 유발한다. 이는 산업이 발달하고 서구화된 나라에서 흔히 나타나는 질환으로 소아는 10~20%, 성인은 1~3% 정도의 유병률을 보이며 우리나라도 이와 유사한 유병률을 나타내고 있다. 70~80% 정도에서 가족력이 있을 만큼 유전적인 소인이 매우 중요하게 작용하지만, 환경적인 요인도 강력한 영향을 미치는 것으로 알려져 있다. 대표 증상은 건조하고 가려운 피부, 얼굴과 팔꿈치 안쪽과 무릎 뒤 및 손발의 발진 등이다. 원인은 크게 두 가지로 나누어지는데, 비정상적인 면역반응이 1차적으로 발생해 시작된다는 인사이드아웃 모델(inside-out model)과 피부 장벽 이상이 1차적으로 작용한다는 아웃사이드인 모델(outside-in model)이며 이 두 기전이 상호복합적으로 작용한다는 아웃사이드-인사이드 모델(outside-inside-outside model)로 통합적으로 설명된다.

① 면역 조절 기능의 이상

피부의 면역 과민반응 시에는 혈청(immunoglobulin E, IgE) 및 알레르겐 감작 증가, 급성상태에서 type 2 helper(Th2) 사이토카인 증가, 피부 림프구 관련 항원이 발현된 T세포의 증가, 랑게르한스세포와 염증성 수지상 표피세포에서 FcεRI 발현 증가 등이 나타난다. 피부 장벽이 손상되면 외부 항원 및 균의 침투를 막기 위해 각질형성세포와 항원전달세포들을 통해 즉각적인 선천면역반응이 일어나고 후천면역반응도 이어지는데, 피부 면역 과민반응 상태에서는 이들 선천면역계와 후천면역계가 비정상적으로 반응해 알레르기 염증반응이 발생하는 것으로 알려져 있다.

- 혈청 IgE 및 알레르겐 감작 증가 피부의 면역 과민반응과 IgE의 연관성은 혈청 IgE 증가가 습진의 증상 정도와 비례하며, 천식 및 알레르기 비염에서도 혈청 IgE가 증가하며, 항원 노출 후 호염구(basophil)에서 IgE 분비가 증가하고, 비만세포와 호염구에서 IgE 수용체가 발견되는 것 등으로 설명되었다. 하지만 면역억제제를 사용해 증상을 개선시켜도 혈청 IgE 수치는 비례해 감소하지 않고 자가 IgE 항체가 발견되어 IgE 외에 다른 요소도 주목받기 시작했다.
- 선천면역계 이상 반응 피부의 각질형성세포와 항원전달세포는 많은 수의 패턴인식단백질(pattern recognition receptors)이라고 불리는 선천면역수용체를 발현하는데, 이 중 TLRs(toll like receptors)가 가장 널리 알려져 있다. 피부 장벽의 손상이나 외부 균에 의해 TLRs가 자극을 받으면 항균 펩타이드, 사이토카인, 케모카인 등을 분비하고, 더 이상의 외부 균 침투를 막기 위해 밀착연접(tight junction)을 강화하도록 유도한다. 피부가 면역 과민반응상태에서는 이런 TLRs의 기능이 저하되어 있는 것이 발견되었다. 즉, 이러한 상태의 사람들에게 나타나는 대표적인 선천면역계 이상은 TLR2 유전자의 과오돌연변이(missense mutation)로서 TLR2 변이를 가진 자는 임상적 중증도가 심하고 혈청 IgE가 높다. 또한 Th2 사이토카인에 의해 표피 항균 펩타이드 발현이 감소하는데 이것은 피부 면역 과민반응상태에 놓인 사람이 세균과 바이러스 노출에 취약하게 하는 데 관여한다.
- 후천면역계 이상 반응 피부가 면역 과민반응 상태인 자에서 후천면역반응은 급성기 동안에 일어나는 Th2 사이토카인(IL-4, 13, 31)과 Th22 사이토카인(IL-22)

의 증가와 연관된다. 관련 부위에는 피부 림프구 관련 항원이 발현된 T세포가 증가되어 있다. 손상된 피부 장벽을 통해 외부 항원이 침투하면 수지상세포가 항원을 인식해 Th2세포를 활성화시킨다. 활성화된 Th2세포에서 IL-4, 5, 10, 13, 17, 31 등의 사이토카인이 분비되며, IL-4, 13에 의해 B세포가 활성화되어 IgE가 분비된다. IL-5에 의해 호산구가 모여들며, 분비된 IgE가 비만세포와 호염구의 IgE 수용체에 결합한 후 히스타민, 중성 단백질분해효소, 프로스타글란딘 D2, 류코트리엔 C4·D4·E4 등의 다양한 염증매개물질을 분비시켜 피부 면역 과민반응상태를 만든다. Th2 사이토카인인 IL-4, 5, 13 등은 표피분화 단백질인 필라그린(filaggrin) 등의 발현을 억제하고 항균 펩타이드 생성을 감소시킨다. Th22세포는 IL-22를 생산하며 만성적인 피부 면역 과민반응과 관련된 피부 부위에 증가되어 있다. 또한 IL-22 수용체가 각질형성세포에서 높게 발현되며, IL-22의 증가는 표피에서 각질형성세포의 최종 분화 결함과 표피의 과도한 증식 등을 일으키는 요인이 된다.

유전 및 여러 환경 요인에 의해 피부 장벽이 손상되면 외부로부터 침투한 각종 알레르겐에 쉽게 노출되고, 각질형성세포에서는 IL-7과 유사한 사이토카인인 TSLP(thymic stromal lymphopoietin)를 분비한다. TSLP는 알레르기 염증반응

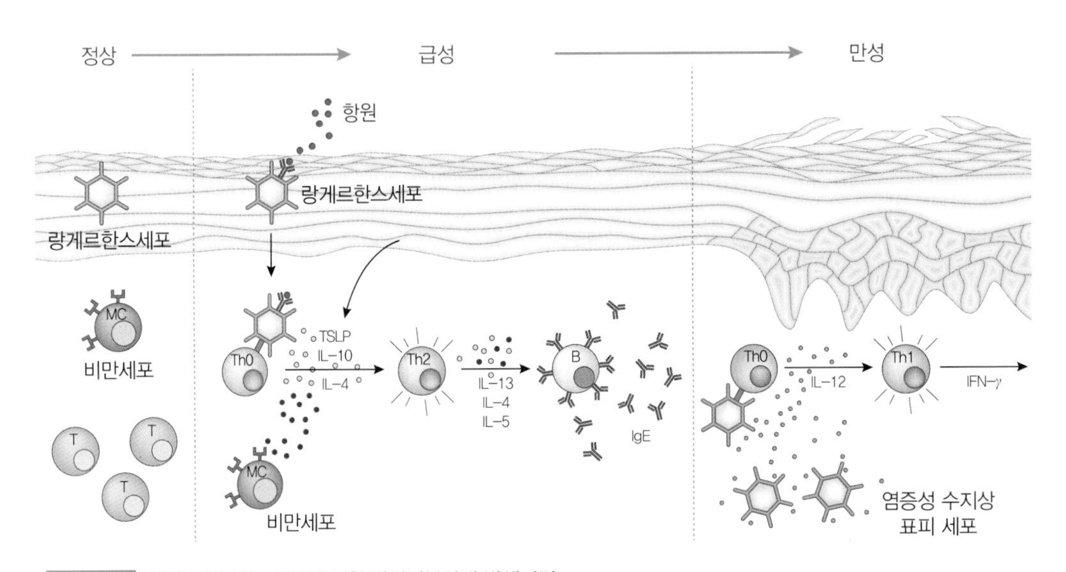

그림 6-72 **면역 조절 기능 이상에 의한 과민피부상태 발생기전**

의 마스터 스위치(master switch)라고도 불리는데 비만세포, 호염구, 호산구 등 피부염증을 일으키는 주요 세포에 영향을 주고, 선천면역 및 후천면역반응 모두에 영향을 주며, Th2 면역반응을 유도해 피부를 면역 과민반응상태로 이르게 하는 데 매우 중요한 요소로 인식되고 있다. 또 피부 면역 과민반응의 원인에 대한 환경적인 요소로서 거론되는 위생가설은 과도한 깨끗함이 영유아와 어린이들에게 면역계를 자극할만한 자극원을 없애 감염 자극의 노출이 줄어들게 되며, 이로 인해 면역계에서 감염반응과 알레르기 반응의 불균형을 초래한다는 것이다. 이것은 Th1·Th2 면역 상태의 균형이 Th2 위주로 유지됨으로써 피부의 면역 과민반응이 발생한다는 면역학적 기전에 근거를 제공하는 것으로, 출생 전후의 위생조건이 이물질에 대한 면역반응 결정에 큰 영향을 미친다는 가능성을 설명하고 있다. 즉 세균에서 나오는 내독소 또는 장내 세균의 분포에 의해 알레르기질환이 영향을 받는다는 것으로 장내 세균의 분포와 관련된 피부 면역 과민반응의 원인을 설명하는 근거가 되고 있다.

② 피부 장벽 기능의 이상

피부의 면역 과민반응상태에 대한 원인으로, 위와 같이 비정상적인 면역 기능 이외에 피부 장벽 기능 이상 또한 매우 중요하게 다루어지고 있다. 물과 전해질의 투과를 조절하는 표피투과장벽 기능은 피부의 가장 중요한 기능으로 간주되며 표피의 가장 바깥층인 각질층이 이러한 기능을 담당한다. 각질세포는 각질형성세포의 최종 분화 단계 세포로 핵과 세포 내 기관이 소실되고 케라틴피버(keratin fiber)로 응축되어 납작해져 '벽돌'의 역할을 담당한다. 각질세포 간 지질은 과립세포에서 층판 과립의 형태로 세포 외로 분비되어 형성되며, 각질세포를 둘러싸는 회반죽의 역할을 한다. 각질교소체는 각질세포를 견고히 연결시켜 각질층의 구조를 유지하는 데 중요한 작용을 하며, 벽의 장력을 유지하기 위한 역할을 한다. 손상된 피부 장벽이 피부를 통해 항원이 쉽게 침투하도록 해 항원과 진피 내 항원제시세포 및 면역세포와의 상호작용을 증가시켜 피부의 면역 과민반응 발생에 중요한 초기 반응으로 작용한다는 아웃사이드-인사이드(outside-inside)가설은 피부의 면역 과민반응에서 피부 장벽 손상이 자극원과 알레르겐에 대한 염증반응의 결과라는 기존의 인사이드-아웃사이드(inside-outside)가설과 반대되지만 어느 한 가설로는 모두 설명할 수 없고 피부의 면역 과민반응에 대한 발생 단계와 중증도, 내인성 또는 외인성 여부에 따라 두 가지 가설이 각기 다르게 작용할 가능성이 크다. 피부 장벽 기능 이상과 관련된 요인 중 대표적인 것으로는 필라그린 유전자(filaggrin gene, FLG) 돌연변이, 각질층 세라마이드 감소, 항균 펩타이드 감소, 세린계단백질분해효소 억제제(serine proteases inhibitor) 감소, 밀착연접(tight junction) 이상 등이 있다.

- 필라그린 유전자(FLG) 돌연변이　필라그린은 표피 과립층에서 케라토히알린 과립(keratohyalin granule)을 형성하는 단백질인 프로필라그린(profilaggrin) 형태로 존재하다가, 각질형성세포의 최종 분화 과정에서 필라그린으로 분해된 후에 각질세포막을 형성할 때 케라틴 필라멘트를 응집해 각질세포의 단단하고 편평한 구조를 만들어 피부 장벽에서 벽돌의 역할을 수행하게 된다. 이후 필라그린은 각질층 상부로 올라가면서 아미노산으로 분해되어 자유아미노산, PCA(pyrrolidone carboxylic acid), UCA(urocanic acid), 다양한 유기산 등으로 변화한다. 자연보습인자 중에서 자유아미노산이 40%, PCA가 12%를 차지하며, 이들 필라그린 분해산물은 각질층의 수화뿐 아니라 각질층 pH의 정상화, 투과 장벽, 각질층의 견고함, 항균 및 항염작용 등에서 다양한 역할을 수행한다. FLG 변이가 발생하면 필라그린 단백질 생성이 감소되어 각질세포막 형성을 약화시키고 각질세포 사이의 접착력을 감소시키며 경표피 수분손실(transepidermal

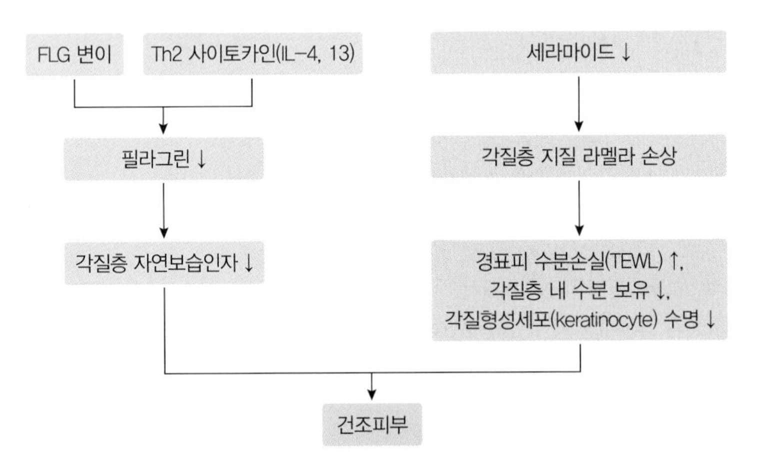

그림 6-73　피부 장벽 기능 이상으로 인한 건조피부 발생기전

water loss)이 증가되어 전반적인 피부 장벽 기능이 감소되어 외부 알레르겐의 체내 침투 증가에 의한 감작 및 이로 인한 알레르기 반응이 쉽게 일어난다. 또한 세포 골격이 위축되기 때문에 층판소체의 내용물이 부실해지고 각질층 pH가 증가하며 분해산물인 아미노산과 PCA가 감소하기 때문에 건조피부가 유발되어 아토피 피부염이 발병하게 된다.

- 각질층의 세라마이드 및 항균 펩타이드의 감소 피부가 면역 과민반응상태인 자의 병변뿐만 아니라 건조피부만을 보이는 비병변 피부에서도 각질세포 간 지질막을 형성하는 주성분인 세라마이드(ceramide)가 뚜렷하게 감소하고, 특히 가장 긴 사슬구조인 세라마이드 1이 가장 많이 감소되어 세라마이드의 감소를 필라그린 분해산물인 자연보습인자의 감소와 함께 거의 모든 피부 면역 과민반응상태인 자에서 관찰되는 건조피부의 중요한 원인으로 간주되었다. 건조피부는 항균 펩타이드(antimicrobial peptide)가 감소되어 있고 특히 각질층에서 세라마이드 분해산물이며 가장 강력한 항균작용을 하는 스핑고신(sphingosine)의 생성이 감소되어 있어 세균, 바이러스, 진균 등의 노출에 취약하다.
- 세린계단백질분해효소 억제제의 감소 피부가 면역 과민반응 상태인 자의 피부 표면 pH는 정상인보다 높은데, 각질층 pH가 증가하면 각질세포의 탈락을 유도하는 세린계단백질분해효소(serine protease)의 활성이 촉진되고 PAR-2(protease-activated receptor-2)의 활성이 증가되어 Th2 면역반응이 우선하는 알레르기 염증반응이 일어나게 된다.
- 밀착연접 이상 밀착연접(tight junction)은 상피세포에 존재하며 이웃한 세포막 측면을 서로 고정시키고 세포 측면 공간을 통한 수분과 체액의 흐름을 방지하는 장벽이다. 각질층이 손상되면서 각질층과 과립층 사이에 존재하는 체액의 경표피 수분 손실과 함께 칼슘이온 농도가 감소하면 바로 아래의 과립층 상부의 밀착연접이 열리고, 밀착연접 바로 아래까지 위치하고 있던 랑게르한스세포의 수지(dendrite)가 밀착연접 위로 올라오게 된다. 이때 손상된 각질층을 통과해 들어온 분자량이 큰 단백질 항원들은 랑게르한스세포의 수지에 의해 포집되고 인식되어 국소 림프절로 이동하고, 이들 단백질 항원의 세린계단백분해효소성분이 각질형성세포막에 존재하는 PAR-2를 활성화시킨다. 한편 각질층을 침투한 균들은 TLR(toll-like receptor)를 활성화하게 된다. 이후 각질형성세포에서 여러

케모카인과 TNF-α, IL-1, TSLP(thymic stromal lymphopoietin) 등의 사이토카인이 분비되어 아토피 피부염을 촉진하고 악화시킨다. 또 밀착연접 단백질의 발현이 피부가 면역 과민반응상태인 자의 피부에서 정상인에 비해 현저하게 감소해 있음이 보고되었다.

(3) 기능성 평가 방법

피부의 면역조절기능 이상을 평가할 때는 IgE, Th1 및 Th2 사이토카인, CD4+Tcell/CD8+Tcell, 총호산구 수, 호산구 내 Fcε 수용체 등을 측정한다. 피부의 면역 과민반응상태가 IgE 매개성인 경우 혈청 총 IgE가 증가하며 Th1 세포반응보다 Th2 세포반응이 우세하게 관찰되고 CD4+/CD8+Tcell이 감소하는 것으로 알려져 있으므로 이러한 변화를 측정하여 개선 여부를 알아본다. 호산구는 말초혈액 백혈구의 1~3%를 차지하고 있는 과립구의 일종으로 피부의 면역 과민반응상태에서 혈청 총 호산구 수의 증가는 임상적 중증도와 상관관계가 있는 것으로 보고된다. 특히 과민피부상태가 IgE 매개성인 경우 총 호산구 수 증가가 더욱 현저하게 나타난다고 보고되고 있다. 또한 IgE는 비만 세포와 호염기구 표면에 있는 Fc 수용체에 결합해 IgE 매개 알레르기 반응을 개시하므로 이의 발현 정도를 측정한다.

동물시험에서는 육안 관찰로 일정 시간 동안 긁는 횟수를 측정하거나 피부염 증상을 측정하기도 하고, 실험동물의 피부조직을 취해 염색해 피부 두께(각질 상태), 피부 염증세포의 침윤 등을 평가할 수 있다. 실험동물의 표피조직이나 인체에서 펀치생검 등으로 얻은 피부조직에서 필라그린, 세린팔미토일트랜스퍼레이스(serine palmitoyltransferase), 세라미데이스(ceramidase), 스핑고미엘린탈아실화효소(sphingomyelin deacylase), 세라마이드 등을 측정하기도 한다. 피부 표면의 pH는 산성이며 이는 피부 장벽의 항상성 유지에 매우 중요하므로 피부 pH를 측정하여 피부상태를 평가할 수 있다. 피부의 면역 과민반응상태에서는 경표피 수분 손실량이 증가하고 각질층 수분 함량이 저하되므로 이의 측정을 통해 피부상태를 평가한다. 인체를 대상으로 평가하는 SCORAD 스코어(scoring of Atopic Dermatitis)는 아토피 피부염의 임상적인 경과를 평가하기 위해 현재까지 개발된 등급 체계 중에서 가장 객관적이고 널리 사용되는 방법이다. 병변의 범위(A), 임상적 강도(B), 소양감과 수면 박탈의 두 가지 주관적 증상(C)의 세 가지 항목으로 나누어 점수화한다.

병변의 범위는 0~100%로 구하고, 임상적 강도는 홍반, 찰상, 부종 및 구진, 삼출물·가피, 건조함, 태선화의 여섯 가지를 각각 0~3등급으로 나누며, 주관적 증상은 가려움증과 수면 박탈을 각각 0~10등급으로 나누어 평가한다. 세 가지 항목의 점수를 사용해 SCORAD 스코어를 계산한다.

(4) 기능성 원료

과민피부상태에 도움이 된다고 식품의약품안전처에서 인정한 기능성 원료로는 다래추출물, 과채유래유산균, L.sakei Probio65, 감마리놀렌산 함유유지, 소엽추출물, 프로바이오틱스ATP가 있다.

다래추출물은 기반 연구에서 혈액 및 피부조직 등에서 피부의 면역 과민반응 상태와 연관된 증상 및 면역 관련 지표가 유의적으로 개선되었고, 혈청 IgE 수준이 높은 성인을 대상으로 다래추출물 섭취 후 IgE를 비롯한 피부 면역 관련 지표가 개선됨을 확인했다. 일일섭취량은 다래추출물 2~2.5g이다.

과채유래유산균은 기반 연구에서 혈중 및 피부조직 등에서 피부의 면역 과민반응상태와 연관된 증상 및 면역 관련 지표가 유의적으로 개선되었고, 아토피 피부염 어린이를 대상으로 증상 관련 설문조사와 혈중 면역 관련 지표를 측정한 결과 대조군 대비 시험군에서 유의적으로 증상이 개선됨을 확인했다. 일일섭취량은 과채유래유산균(*L. plantarum* CJLP133) 1.0×10^{10}~1.0×10^{12} CFU/일이다.

L. sakei Probio65는 기반 연구에서 혈액 및 피부조직 등에서 피부의 면역 과민반응 상태와 연관된 증상 및 면역 관련 지표가 유의적으로 개선됨을 확인했다. 일일섭취량은 *L. sakei* Probio65 1.0×10^{10}~1.0×10^{12}CFU/일이다.

감마리놀렌산 함유유지는 피부 지방산 대사에 영향을 주고 경표피수분손실량을 개선시키며, 이를 통해 경증의 아토피 피부염 증상을 가진 성인 및 아동에서 관련 증상을 개선시킨다는 것을 확인했다. 일일섭취량은 감마리놀렌산으로 160~300mg/일이다.

16) 치아 건강

치아란 칼슘과 인이 딱딱하게 석회화된 것으로 섭취한 음식을 씹어 소화하기 쉽게 만들고, 침을 분비시켜 음식의 맛을 느끼게 해주는 중요한 기관이다. 치아와 관련된 질환은 삶의 질에 큰 영향을 미치며 치아에 이상이 생길 경우 치료에 비용이 많이 든다. 우리나라 국민이 가장 많이 앓는 만성질환은 치아우식증(충치)으로 1995년과 2003년 보건복지부에서 주관한 국민구강건강실태 조사 결과를 보면 12세 아동 중 영구치에 치아우식증을 경험한 비율은 1995년과 2003년도에 각각 76.1%, 75.9%로 매우 높았다. 또한 12세 아동 한 명이 보유하고 있는 치아우식증을 경험한 영구치의 개수는 1995년에는 평균 3개였으나 2003년에는 평균 3.25개로 증가하였다. 치아우식증을 비롯한 대부분의 치아 관련 질환은 장기간에 걸쳐 서서히 진행되는 만성질환으로 무엇보다 예방이 중요하다.

(1) 치아의 구조

치아와 잇몸의 구조는 상당히 복잡하다. 우리가 겉에서 보는 치아는 전체 치아의 약 1/3에 해당되는 부분으로 나머지는 잇몸 속에 있다. 잇몸 밖으로 나와 있는 부분은 치관(crown)으로 법랑질(사기질, enamel)로 이루어져 있다.

치관 잇몸 속에 있는 뿌리 부분은 치근(root)이라고 하며 섬유질이 풍부한 백악질(cementum)로 둘러싸여 있다. 치근 부분은 치아를 치조골에 고정시켜주며 뼈보다 단단하고 법랑질이나 상아질보다는 덜 단단한 특성이 있다.

법랑질은 치관의 가장 외부를 덮고 있으며 무색 반투명하다. 신체조직 중 가장 단단하며 외부의 모든 자극으로부터 치아를 보호하는 기능을 한다. 무기질 96%, 수분

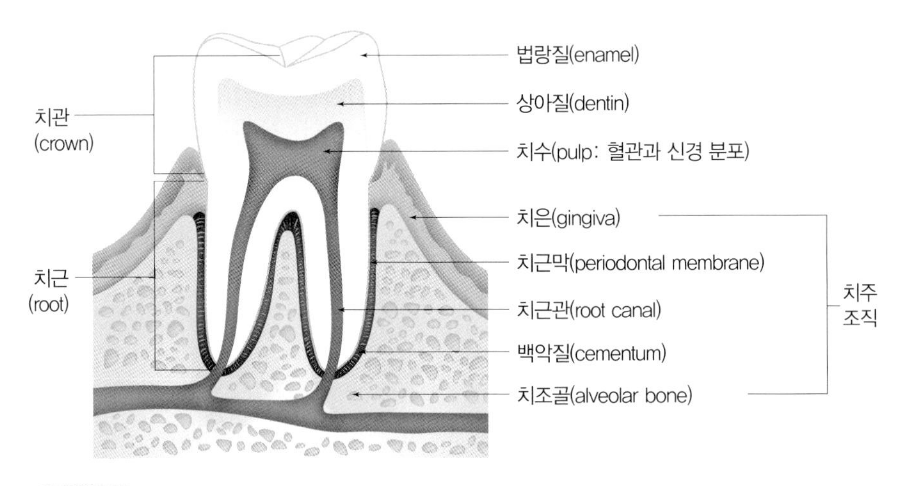

그림 6-74 **치아의 구조**

3%와 유기물 1%로 구성되어 있고 주요 성분은 수산화인회석{$Ca_{10}(PO_4)_6(OH)_2$}이다.

치관부는 상부가 가장 두껍고 하부로 내려가면서 얇아진다. 치아의 대부분을 구성하고 있는 조직을 법랑질이라고 하며 칼슘과 인이 주성분인 무기질이 70%를 차지하고, 유기질 20% 및 수분 10%로 구성되어 있다. 불투명한 황색을 띠는 상아질에는 신경섬유가 분포하여 노출되면 통증이 느껴진다.

(2) 치아우식증

치아우식증(dental caries)이란 치아 표면의 무기질이 탈회(demineralization)되고 치질의 유기성분이 용해되어 치아 조직이 손상되는 질환이다. 일단 치아우식증이 발생되면 완전하게 치유되지 않고 후유증을 남기므로 예방이 중요하다.

① 관련 미생물

치아우식증에 영향을 미치는 요인으로는 인종, 성별, 경제적·사회적 요인 등 여러 가지가 있으나 기본적으로 뮤탄스균(*Mutans streptococci*)이라고 총칭되는 구강연쇄구균에 의해 발생한다. 사람의 구강에서는 스트렙토콕커스 뮤탄스(*Streptococcu smutans*)와 스트렙토콕커스 소브리누스(*Streptococcus sobrinus*)의 두 종이 분리된다.

이 중 뮤탄스균(*S. mutans*)은 글루코실트랜스퍼라아제(glucosyltransferase)를 생산하고 이 효소의 작용으로 설탕으로부터 불용성이며 점해 생성된 불용성 글루칸은 접착제 역할을 하여 뮤탄스균을 치아 표면에 부착시킨다. 치아 표면에서 성장·증식한 뮤탄스균은 여러 종류의 구강 내 세균과 함께 균 덩어리(colony)를 생성하며, 육안으로 관찰할 수 있도록 성장한 균 덩어리를 치면세균막(dental plaque)이라고 한다. 치면세균막을 구성하는 뮤탄스균이 당질을 대사해 생성하는 젖산(lactic acid) 등의 유기산이 치면세균막 내부에 축적되어 pH가 낮아지면 법랑질의 탈회를 유발하여 치아우식증을 일으킨다.

② 식습관의 영향

일반적으로 치아우식 발생과 관련된 식습관의 영향 요인으로는 당질 형태, 치아에 대한 점착성, 음식 섭취 횟수, 음식 섭취 순서, 음식에 함유된 무기질의 양 등이 있다. 특히 식이 중 당분의 섭취는 법랑질의 부식(erosion)과 치아우식증에 심각한 영향을 미친다. 즉, 설탕 등의 당분을 많이 함유한 식품을 빈번하게 섭취하면 치면세균막의 형성을 촉진하게 되고 구강 내 우식 원인 세균에 의해 생성된 산에 치아가 접촉하는 시간이 증가하여 결과적으로 치아 표면의 탈회가 가속화되고 장기적으로 치아우식증 발생률이 증가하게 된다. 또 접착성이 강한 캔디, 말린 과일 등은 치아 표면에 달라붙어 세균에 의한 산의 생성을 일으킨다. 많은 역학 조사, 동물시험 등의 연구 결과 유리당 형태의 당분 섭취가 치아 건강에 가장 중요한 위해인자로 알려져 있으며 연간 유리당의 섭취가 15~20kg(에너지 섭취량의 6~10%에 해당)인 경우 치아우식증 발생률이 낮은 것으로 조사되어 유리당의 섭취량이 총 에너지 섭취량의 10%를 넘지 않도록 권고하고 있다.

청량음료의 주성분인 유기산은 치아 표면의 pH를 5.5 이하로 떨어뜨려 치아의 가장 바깥쪽에 위치한 법랑질을 손상시키고 부식을 일으킨다. 이를 완화시키기 위해서는 청량음료 중 당분 함량을 줄이고 여분의 물로 희석시키거나 칼슘 또는 인 보충제의 첨가 및 불소를 첨가하는 방법을 사용하며 유리당을 당알코올로 대체하는

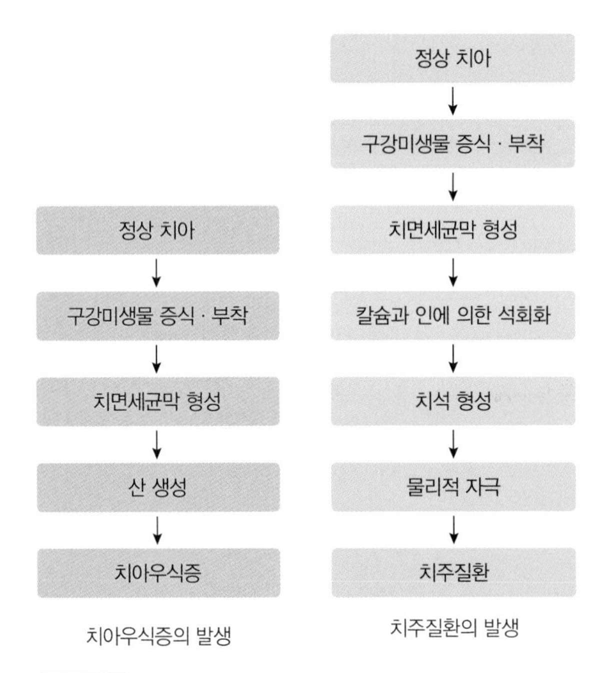

그림 6-75 **치아우식증과 치주질환의 발생 과정**

방법도 고려할 필요가 있다. 반면 타액의 분비를 촉진하는 음식은 타액의 완충작용을 통해 세균에 의한 pH의 저하를 억제하여 치아의 탈회를 막는다. 적당한 양의 지질은 치아에 일종의 보호막으로 작용해 우식증으로 진행되는 것을 지연시킨다. 따라서 치아우식증을 일으키는 여러 가지 요인 중에서 영양, 음식성분 등과 관련된 부분은 매우 중요하며 건강기능식품이 치아우식을 억제할 수 있음을 보여준다.

(3) 치주질환

치주 조직에 발생하는 일체의 질병을 말하며 비교적 자주 발생하는 치주질환(periodontal disease)으로는 만성치은염과 만성치주염 등이 있다. 치주질환은 장년기 이후 치아 상실을 일으키는 주요 원인으로 고령화 사회에 접어들면서 주목받고 있는 질병이다.

① 구강미생물의 영향

치주질환도 구강미생물의 영향을 받긴 하지만 관련된 미생물의 종류는 다르다. 치주질환 발생과 관련이 있는 세균은 주로 혐기성 세균으로 프로피로모나스 깅기발리스(*Prophyromonas gingivalis*), 프레보텔라 인터미디아(*Prevotella intermedia*) 액티 노바실러스 액티노마이세템코미탄스(*Actinobacillus actinomycetemcomita ns*), 이케넬라 코로덴츠(*Eikenella corrodents*), 푸소박테리움 누클레아툼(*Fusoba cterium nucleatum*), 박테로이데스 포시티우스(*Bacteroides forsythius*), 켐피박테렉투스(*Campybacterrectus*), 트레포네마(*Treponema*) 등이 있다. 치아에 세균이 부착해 치면세균막을 형성하고 이들 세균이 생성하는 효소나 대사산물이 일으키는 화학적 자극이 잇몸(치은)에 가해진다. 이 과정이 반복되면서 타액 중 칼슘과 인이 치면세균막에 흡수되고 석회화(mineralization)가 진행되어 치석(dental calculus)이 만들어진다. 이렇게 만들어진 치석은 화학적 자극보다는 물리적 자극으로 치은 및 치주염 발생을 촉진시킨다.

② 식습관의 영향

치아우식증 발생에서 당 섭취가 가장 중요한 요인으로 작용하는 것과 달리, 치주질환 발생과 관련된 식습관의 영향은 보다 복잡하다. 대표적인 치주질환인 치은염

치아 건강에 해가 되는 원인

- 충치 유발 세균의 증식
- 설탕 등 점착성이 높은 음식
- 칼슘 부족
- 잘못된 양치질 습관
- 건조한 구강환경

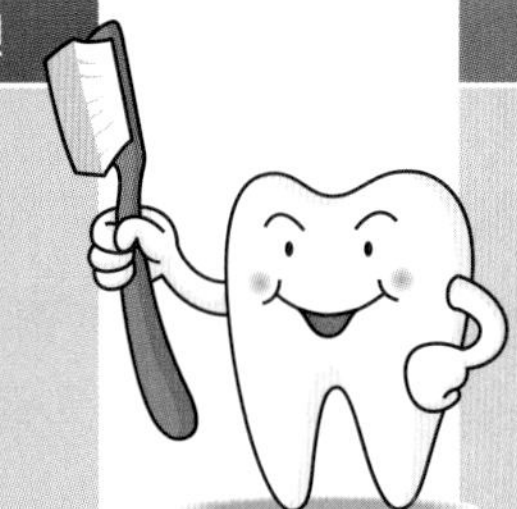

치아 건강 유지 방법

- 설탕과 인스턴트 음식 섭취 감소
- 칼슘 섭취 증가
- 섬유질 섭취 증가
- 빠른 양치질로 치아 플라크 제거

그림 6-76 치아 건강에 해가 되는 원인과 치아 건강을 유지하는 방법

은 초기에 발적, 출혈, 부종, 발열, 통증 등 감염과 관련된 증상들이 나타난다. 따라서 감염을 예방하고 상처의 치유를 촉진하는 데 도움을 주는 적절한 영양소를 섭취하는 것은 치주질환의 예방과 치료에 도움을 줄 수 있다.

반면 영양상태가 양호하지 않을 때는 생체 저항력이 떨어지고 타액 분비가 감소되어 구강 내 세균이 증식하기 좋은 조건이 만들어진다. 섬유질 섭취는 타액 분비를 촉진시켜 치주 조직을 건강하게 유지하는 데 도움을 주는 것으로 알려져 있다. 또 생체의 기능을 유지하는 데 필수적인 비타민을 섭취하는 것도 권장되는데, 특히 비타민 C가 체내에서 부족할 경우 치주질환의 치료가 지연되고 미세혈관벽이 손상되어 치주질환이 악화되며 콜라겐 합성에 관여할 뿐만 아니라 항산화활성도 높으므로 치주질환 예방에 중요한 역할을 하는 것으로 알려져 있다. 이외에도 점도, 경도, 온도와 같은 식품의 물리적인 성상도 치주질환과 관련이 있다. 단단한 식품은 씹는 과정을 통해 구강이 청결한 상태를 유지하는 데 도움을 주며 치주 조직에 적당한 자극을 줌으로써 혈액 순환을 촉진해 치주 조직을 건강하게 유지하도록 해준다.

(4) 치아 건강 조절 관련 기능성 평가 방법

우선 시험관 내(*in vitro*) 시험법으로는 뮤탄스균 및 인체 플라크에 대한 발효능, 뮤탄스균의 성장에 미치는 영향, 불용성 글루칸 합성 유무에 대한 효과를 측정이 있다. 세부적인 평가 방법으로는 항균활성, 산 생성량, 균체 부착 억제 정도가 있다. 동물시험에서는 치면세균막의 유기산 함량 및 미세 경도를 측정하여 치아 건강 조절 기능을 평가한다. 인체적용시험으로는 우식 경험을 측정하는 것이 가장 직접적인 방법이지만 측정에 매우 오랜 시간이 소요되므로 전극법으로 치면세균막의 pH

변화를 측정하거나 치면세균막 형성에 대한 억제 효과, 또는 뮤탄스균 수에 미치는 영향을 측정하여 치아 건강 조절 기능을 간접적으로 평가할 수 있다.

(5) 기능성 원료

치아우식 예방 소재 연구는 주로 치아우식증의 발생 기작을 바탕으로 이루어진다. 뮤탄스균에 대한 성장 억제, 글루코실트랜스퍼레이스(glucosyl-transferase)의 활성 억제, 치면세균막의 형성 차단, 산 생성 억제 등에 효능이 있는 물질에 대한 연구를 통해 치아우식을 예방할 수 있을 것으로 기대된다. 식품의약품안전처에서 면역 기능 유지에 도움을 주는 것으로 인정한 원료로는 자일리톨이 있다. 자일리톨은 자작나무, 떡갈나무, 옥수수, 벚나무, 채소, 과일 등 식물에 주로 들어 있는 천연 소재의 감미료로 뛰어난 청량감을 준다.

그림 6-77 자작나무

이는 당알코올 중의 하나이며 자일로스라는 당성분에 수소가 붙어 있는 구조로 설탕과 비슷한 단맛을 내면서 칼로리는 낮아 과자, 음료수, 초콜릿 등의 제조에 사용되기도 한다. 세계 여러 나라에서 식품으로 사용되며 일본과 미국에서는 충치 발생 위험 감소 기능을 인정하고 있다.

자작나무과 등을 비롯해 아몬드의 외피, 귀리, 면실의 외피, 짚, 사탕수수를 가수분해하면 다당체인 자일란이 자일로스(당)로 바뀌며, 자일리톨은 자일로스에 수소를 첨가해 제조하는 기능성 원료이다. 자일리톨은 입안의 충치균이 분해하지 못하

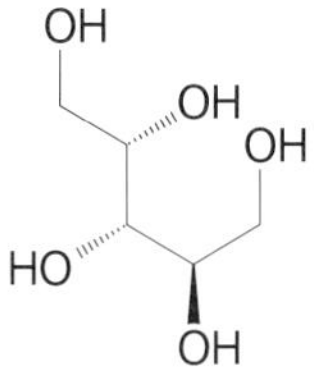

그림 6-78 자일리톨의 구조

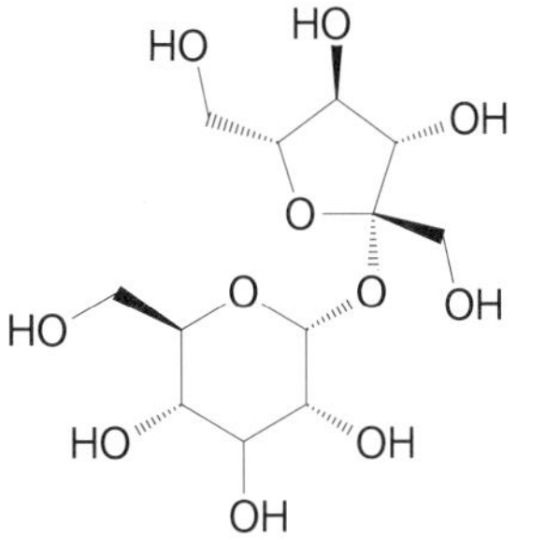

그림 6-79 설탕의 구조

는 독특한 5탄당 구조로 충치 발생을 줄인다.

충치균인 뮤탄스균은 설탕과 비슷한 자일리톨을 설탕으로 착각하고 탄소원으로 설탕 대신 자일리톨을 섭취한다. 자일리톨은 뮤탄스균에 의해 소화되지 않아, 치아 손상의 원인인 산을 생성하지 않는다. 뮤탄스균은 계속 자일리톨을 섭취하고 이 과정을 반복하면서 에너지를 다 소비하여 활동이 약해지게 된다. 따라서 자일리톨은 뮤탄스균에 의해 생성되는 플라크를 감소시키고 산 생성을 방해해, 충치 발생 위험률을 감소시킬 수 있다. 뮤탄스균이 설탕 대신 자일리톨을 이용하도록 하려면 입속에 충분히 머무를 수 있는 방법으로 섭취해야 한다. 자일리톨은 하루에 10~25g 정도를 세 번에 나누어 섭취하는 것이 권장되며 한 번에 40g 이상 과량 섭취할 경우 복부팽만감 등의 불쾌감을 느낄 수 있으므로 주의해야 한다.

CHAPTER 7

인체적용시험의 실제

CHAPTER 7

인체적용시험의 실제

'건강기능식품법률' 제15조 제2항에 따라 《건강기능식품공전》에 등재되지 않은 원료 또는 성분에 대해서는 안전성 및 기능성에 대한 과학적 자료 제출을 통해 '개별 인정형 기능성 원료 또는 성분'으로 인정될 수 있다. 이를 위해서는 '건강기능식품 기능성 원료 및 기준규격 인정에 관한 규정(식품의약품안전처 고시 제2014-26호)'에 따라 인체를 대상으로 한 기능성 자료로서 중재시험(Intervention Study) 또는 관찰시험(Observational Study) 등의 인체적용시험 자료를 제출해야 한다. 시험식품의 안전성과 기능성을 입증하기 위해 사람을 대상으로 실시하는 시험 또는 연구를 인체적용시험(Human study)이라 일컫는다. 인체적용시험은 '생명윤리 및 안전에 관한 법률'을 준수해야 하며 식품의약품안전처에 인체적용시험 자료를 제출하고자 할 경우에는 국제임상시험 관리기준(ICH GCP: Guideline for Good Clinical Practice by International Conference on Harmonization)에 따라 기관생명윤리위원회 승인을 받은 인체적용시험계획에 의해 수행된 인체적용시험의 최종 보고서를 제출해야 한다.

1. 시험의 기본 원칙

'생명윤리 및 안전에 관한 법률' 제1장 제3조에 따라 인체적용시험은 다음의 기본 원칙을 준수해야 한다.

- 인체적용시험은 인간의 존엄과 가치를 침해하는 방식으로 해서는 안 되며, 연구 대상자 등의 인권과 복지를 우선적으로 고려해야 한다.
- 연구 대상자의 자율성은 존중되어야 하며, 연구 대상자의 자발적인 동의는 충분한 정보에 근거해야 한다.
- 연구 대상자의 사생활은 보호되어야 하며, 사생활을 침해할 수 있는 개인정보는 당사자가 동의하거나 법률에 특별한 규정이 있는 경우를 제외하고는 비밀로서 보호되어야 한다.
- 연구 대상자의 안전은 충분히 고려되어야 하며, 위험은 최소화되어야 한다.
- 취약한 환경에 있는 개인이나 집단은 특별히 보호받아야 한다.
- 생명윤리와 안전을 확보하기 위해 필요한 국제 협력을 모색해야 하고, 보편적인 국제 기준을 수용하기 위해 노력해야 한다.

2. 시험의 수행

1) 시험 관련 용어 정의

- 인체적용시험(Human Study) 시험식품의 안전성과 기능성을 입증하기 위해 사람을 대상으로 실시하는 시험
- 중재 연구(Intervention Study) 일정한 특성을 갖는 인구 집단의 대상자들에게 중재(예: 시험식품 섭취)를 한 후, 시험 기간 종료 시점에서 중재로 인한 결과를 비교하는 연구
- 관찰 연구(Observational Study) 역학연구에서 특정 요인(예: 식습관)이 특정 인구 집단의 대상자들에게 미치는 효과를 평가하기 위해 일정 기간 대상자들을 관찰하는 연구
- 연구자 자료집(Investigator's Brochure) 인체적용시험에 사용되는 식품에 관련된 정보(원료정보, 안전성 및 기능성 정보 등)를 정리해 연구자에게 제공하는 자료집
- 인체적용시험계획서(Protocol) 인체적용시험의 배경이나 근거를 제공하기 위해 인체적용시험의 목적, 연구 방법론, 통계 방법, 관련 조직 등을 기술한 문서
- 증례기록서(CRF: Case Report Form) 연구 계획서에서 요구한 정보에 대해 각각

의 연구 대상자별로 기록해 의뢰자에게 전달할 목적으로 인쇄하거나 전자화한 문서

- 시험식품 인체적용시험에서 평가할 식품
- 대조식품(Placebo) 시험식품과 비교할 목적으로 사용하는 식품
- 인체적용시험윤리위원회(IRB: Institutional Review Board, 기관생명윤리심의위원회) 계획서 또는 변경계획서, 연구 대상자로부터 서면 동의를 얻기 위해 사용하는 방법이나 제공되는 정보를 검토하고 지속적으로 이를 확인함으로써 인체적용시험에 참여하는 연구 대상자의 권리·안전·복지를 보호하기 위해 설치된 독립적 상설위원회
- 연구자(Investigator) 연구 책임자, 공동연구자, 연구 담당자 등
- 인체적용시험기관(Institution) 실제로 인체적용시험이 실시되는 기관
- 의뢰자(Sponsor) 인체적용시험의 계획, 관리, 재정 등에 관련된 책임이 있는 자로서 원료 제조 또는 수입업자 등
- 인체적용시험 수탁기관(CRO: Contract Research Organization) 계약에 의해 인체적용시험과 관련된 의뢰자의 임무나 역할의 일부 또는 전부를 위임받아 대행하는 개인이나 기관
- 모니터 요원(Monitor) 인체적용시험의 모니터링을 담당하기 위해 의뢰자가 지정한 자
- 연구 대상자(Subject) 인체적용시험에 참여해 연구의 대상이 되는 자
- 취약한 환경에 있는 연구 대상자(Vulnerable Subject) 인체적용시험 참여와 관련한 이익에 대한 기대 또는 참여를 거부하는 경우 상급자로부터 불이익을 우려해 자발적 참여 결정에 영향을 받을 가능성이 있는 연구 대상자(예: 연구자 소속과의 학생, 해당 의료기관 또는 연구소 근무자, 의뢰사 직원, 군인, 수감자)나 불치병에 걸린 사람, 집단시설 수용 중인 자, 실업자, 빈곤자, 응급상황에 처한 환자, 미성년자 등 자유의지에 의해 동의를 할 수 없는 연구 대상자
- 연구 대상자의 대리인(Legally Acceptable Representative) 연구 대상자의 친권자·배우자 또는 후견인으로서, 대상자를 대신해 대상자의 인체적용시험 참여 유무에 대한 결정을 내릴 수 있는 사람
- 연구 대상자 동의(Informed Consent) 연구 대상자가 인체적용시험 참여 유무를

결정하기 전에 연구 대상자를 위한 설명서를 통해 해당 인체적용시험과 관련된 모든 정보를 제공받고 성명, 서명, 날짜가 포함된 문서를 통해 본인이 자발적으로 인체적용시험에 참여함을 확인하는 절차

- 연구 대상자 동의설명문　연구 책임자가 인체적용시험 참여에 대한 연구 대상자의 동의를 받기 위해 대상자에게 해당 시험과 관련된 모든 정보를 담아 제공하는 문서
- 연구 대상자 식별코드(Subject Identification Code)　연구 대상자 식별코드는 연구 대상자의 신원을 보호하기 위해 연구 책임자가 각각의 연구 대상자에게 부여한 고유 식별기호로, 인체적용시험 관련 자료를 보고할 경우 성명 대신 사용하는 것
- 개인식별정보(Personally Identifiable Information)　연구 대상자의 성명·주민등록번호 등 개인을 식별할 수 있는 정보
- 개인정보(Personal Information)　개인식별정보, 유전정보 또는 건강에 관한 정보 등 개인에 관한 정보
- 순응도(Compliance)　인체적용시험계획서에 따라 인체적용시험을 실시하는 것
- 모니터링(Monitoring)　인체적용시험 진행 과정을 감독하고, 해당 인체적용시험이 계획서, 표준작업지침서, 인체적용시험 관리 기준, 관련 규정에 따라 실시·기록되었는지 확인하는 활동
- 근거 자료(Source Data)　인체적용시험을 재현 또는 평가하는 데 필요한 관련 임상 소견·관찰·기타 행위 등이 기록된 원본 또는 원본의 공식 사본에 담겨 있는 모든 정보
- 근거문서(Source Document)　인체적용시험 계획서에 따라 수집되는 검사 결과 자료, 대상자 일지, 시험식품/대조식품 불출 기록 등과 같이 근거 자료를 담고 있는 모든 문서(전자문서 포함)·자료 및 기록
- 이상 반응(AE: Adverse Event)　인체적용시험에 사용되는 식품을 섭취하는 연구 대상자에게 발생한 모든 유해하고 의도하지 않은 증후(실험실 실험 결과의 이상 등을 포함) 및 증상 등을 말하며, 해당 식품과 반드시 인과관계가 있어야 하는 것은 아님
- 중대한 이상 반응(SAE: Serious AE)　인체적용시험에 사용되는 식품의 임의 용량에서 발생한 이상 반응 중 다음의 어느 하나에 해당되는 경우

- 사망하거나 생명에 대한 위험이 발생한 경우
- 입원할 필요가 있거나 입원 기간을 연장할 필요가 있는 경우
- 영구적이거나 중대한 장애 및 기능 저하를 가져온 경우
- 태아에게 기형 또는 이상이 발생한 경우

• 인체적용시험 결과 보고서 인체적용시험에서 얻은 결과를 기술한 문서

2) 시험 진행 절차

인체적용시험은 계획 수립, 계획서를 비롯한 연구 관련 문서 IRB 제출 및 승인, 시험 수행, 통계 분석 및 결과 보고서 작성, 결과 보고서 IRB 제출 및 승인으로 진행된다.

(1) 시험 계획 수립 및 관련 서류 작성

• 연구자 자료집 평가하고자 하는 시험식품에 관련된 모든 정보(원료 제조 등에 대한 자료, 안전성 자료, 기능성 자료 등)를 포함하는 연구자 자료집을 작성한다.

• 연구 계획서 인체적용시험에서 고려해야 할 주요 사항(연구 목적, 가설, 연구 대상자 선정 및 제외 기준, 연구 대상자 수, 연구 디자인, 섭취 기간 및 섭취 방법, 방문 횟수, 식이 제한 및 식이 조사, 기능성 평가지표, 안전성 평가지표, 통계 분석 방법 등)을 기술한 연구 계획서를 작성한다.

• 동의설명문 및 동의서 연구 대상자 동의에 필요한 동의설명문 및 동의서를 작성한다. '생명윤리 및 안전에 관한 법률' 제3장 제16조에 따라 연구 대상자들에게 다음 내용이 포함된 서면 동의를 받아야 한다.

- 연구의 목적
- 연구 대상자의 참여 기간, 절차 및 방법
- 연구 대상자에게 예상되는 위험 및 이득
- 개인정보 보호에 관한 사항
- 연구 참여에 따른 손실에 대한 보상
- 개인정보 제공에 관한 사항
- 동의의 철회에 관한 사항
- 그 밖에 기관생명윤리위원회가 필요하다고 인정하는 사항

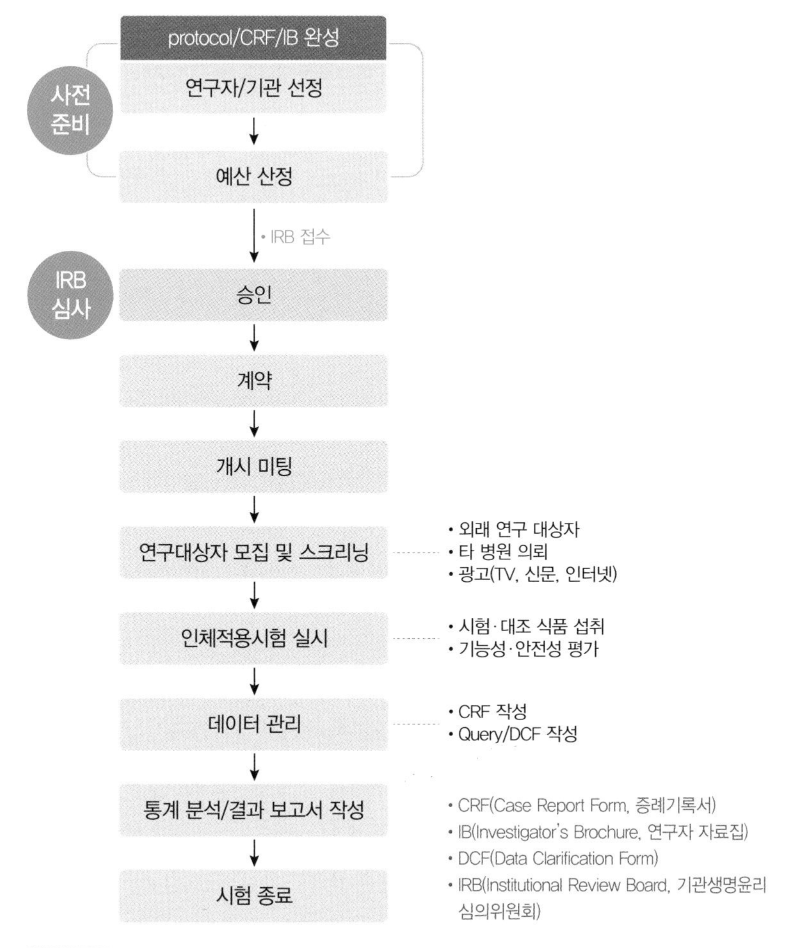

그림 7-1 인체적용시험의 진행 절차

- 증례기록서　해당 연구로부터 수집되는 정보(인구학적 정보, 기능성 및 안전성 평가 결과 등)를 기재할 증례기록서 양식을 작성한다. 증례기록서는 연구 대상자들이 방문 순서대로 기입하도록 작성한다.
- 기타 서류　연구에 사용되는 기타 자료(연구 대상자 모집 공고문, 연구 대상자 설문지 등)를 준비한다.

(2) IRB 제출 및 승인

인체적용시험을 실시하기 위해서는 반드시 IRB의 승인을 받아야 한다. 연구자 자료집, 연구 계획서, 증례기록서, 연구 대상자 동의설명문 및 동의서 등 연구 진행 관련 주요 문서를 IRB에 제출한다. IRB에 서류 제출 후 IRB는 심사 의견 통지서를 의뢰자와 연구자에게 보낸다. 심의 결과에 따라 연구를 바로 진행할 수도 있고, 다시 보완 서류를 제출해야 할 수도 있다. 제출 서류에 대한 IRB 승인을 받은 후에는 연구 개시(연구 대상자 모집 시작)가 가능하다. 제출 서류에 대한 IRB의 최초 승인 후 변경 사항이 발생할 경우(예: 연구 계획서 내용 변경, 연구 대상자 동의설명문 내용 변경 등)에는 해당 사항을 IRB로부터 제출해 승인받아야 변경된 내용으로 진행할 수 있다.

(3) 연구 대상자 모집 및 진행

IRB 승인 후에는 연구 계획서에 따라 연구 대상자 모집을 시작한다. 연구 대상자 모집에 사용되는 광고는 반드시 사전에 IRB 승인을 받아야 한다. 계획서에 명시된 연구 대상자를 빠른 시간 안에 모집하는 것은 시간이나 비용적인 면에서 인체적용시험 수행의 중요한 요소이다.

연구 계획서에 명시된 방법에 따라 연구 대상자를 모집할 때는 연구 대상자들의 동의를 획득한다. 동의 획득은 연구 책임자 혹은 연구 책임자가 지명한 연구자가 연구 대상자(또는 필요한 경우 연구 대상자의 법적 대리인)에게 충분히 정보를 제공한 후 받아야 하며, 모든 인체적용시험 관련 절차가 시행되기 전에 이루어져야 한다. 연구 대상자는 계획서에서 요구되는 시험식품 섭취, 시험기관 방문, 각종 검사 및 진행 절차, 기타 준수해야 할 사항들을 불편하게 느낄 수 있기 때문에 이러한 내용을 사전에 자세히 설명해야 한다. IRB로부터 승인받은 동의설명문 내용을 대상자에게 상세히 설명한 다음 대상자와 연구자 각각이 동의서에 성명, 서명, 날짜를 기입한다. 서명된 동의서 원본은 반드시 연구자가 보관해야 하며, 복사본을 연구 대상자에게 제공해야 한다.

동의한 대상자에게는 연구 계획서에 기술된 절차와 방법에 따라 연구에 참여하게 된다. 즉, 선정된 대상자를 시험군(시험식품 섭취군) 또는 대조군(대조식품 섭취군)으로 무작위 배정한 다음 계획된 기간 동안 해당 식품을 섭취하고 필요한 검사와 조사를 받는다. 연구 계획서에 준해 연구를 수행하고, 연구 진행 과정 중에 획득되는 자료는 증례기록서에 기록해야 한다. 연구 수행 전반에 걸쳐 의뢰사 또는 의뢰사가 지정한 CRO는 연구 계획서에 따라 연구가 잘 수행되고 있는지 모니터링한다.

(4) 통계 분석 및 결과 보고서 작성

마지막 연구 대상자의 최종 방문이 완료되고 계획된 모든 자료가 수집된 다음 계획서에 따라 통계 분석을 수행한다. 관련 데이터를 연구 목적에 맞게 해석하고 결과 보고서를 작성한다.

(5) 결과 보고서 IRB 제출 및 승인

완성된 결과 보고서를 IRB에 제출해 승인을 획득한다.

3. 시험 계획 시 고려 사항

인체적용시험계획서에는 다음의 내용이 포함되어야 한다.

1) 연구 목적과 가설

인체적용시험의 목적과 가설을 설정한다. 예를 들어 수행하고자 하는 연구의 목적을 '혈중 콜레스테롤 개선에 대한 기능성 원료의 효과를 평가함', 연구의 가설은 '해당 기능성 원료의 혈중 콜레스테롤 개선 효과가 대조식품의 효과와 차이가 있음'으로 설정할 수 있다.

2) 연구 디자인

연구 결과의 신뢰성은 디자인에 크게 좌우된다. 결과의 신뢰성을 높이기 위해서는 비뚤림(bias)을 최소화하는 것이 중요하다. 비뚤림이란 인체적용시험의 계획, 시행, 분석 및 결과 해석 등의 과정에서 효과의 추정치를 참값에서 벗어나게 만드는 요소들의 계통적인 경향성을 말한다. 인체적용시험에서 비뚤림을 피하기 위한 가장 중요한 설계 방법은 눈가림과 무작위 배정이다.

(1) 눈가림

눈가림(blind) 방법에는 연구 대상자 자신은 어느 그룹에 배정되었는지 모르지만 연구자는 대상자가 배정된 그룹을 알고 시험을 진행하는 단일눈가림과, 연구자와 연구 대상자 모두 어느 시험그룹에 배정되었는지 모르는 이중눈가림이 있다. 이중눈가림이 가장 좋은 방법으로 간주된다. 응급 상황에서 임의의 연구 대상자에 대해 눈가림을 해제해야 할 수 있는데, 인체적용시험 계획서에 해제 절차, 필요한 문서, 연구 대상자에 대한 평가 기준 등 모든 사항을 명시해두어야 한다.

(2) 무작위 배정

무작위 배정(randomization)이란 연구 대상자를 각 군에 무작위로 배정하는 것으로 단순 무작위 배정과 블록 무작위 배정 등이 있다. 단순 무작위 배정이란, 주사위나 난수표를 이용해 뽑힌 숫자에 의해 연구 대상자를 배정하는 방법으로 확률 이론에 의해 연구 대상자의 수가 늘면서 비교 대상군에 배정되는 연구 대상자 수가 비슷해질 것을 기대할 수 있는 방법이다. 블록 무작위 배정이란 군당 연구 대상자 수를 거의 같게 해 군 간의 비교성을 증가시키는 방법으로 블록의 크기는 불균형을 최소화하도록 충분히 작아야 하지만 블록 내에서 연구 대상자가 어느 군에 속했는지 예측하지 못할 만큼의 충분한 크기를 갖추어야 한다.

(3) 평행설계 및 교차설계

인체적용시험의 설계에는 평행설계와 교차설계라는 두 가지 유형의 기본적인 디자인이 있으며 연구의 특성 및 시험제품의 특성에 따라 시험 디자인을 결정하게 된다. 평행설계(parallel design)는 연구 대상자가 하나의 군(시험군 또는 대조군)에만 배정되어 시험에 참여하는 것이다. 평행설계는 결과를 빨리 얻을 수 있다는 장점이 있으나, 교차설계와 같은 통계적 검증력을 얻기 위해서는 더 많은 대상자를 필요로 하는 단점이 있다.

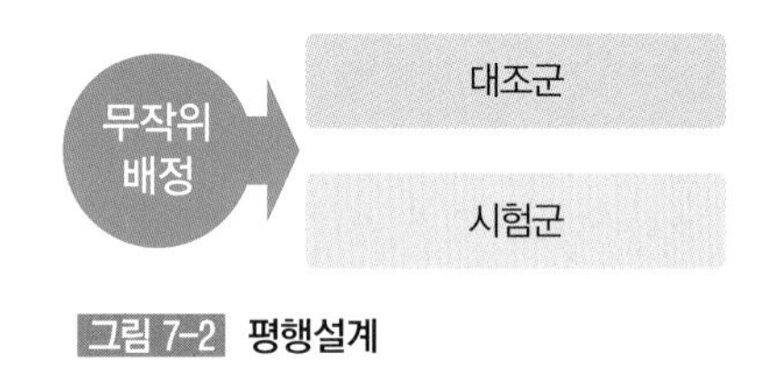

그림 7-2 평행설계

교차설계(cross-over design)는 연구 대상자가 두 가지 이상의 군에 순차적으로 배정되어 시험에 참여하는 것으로 연구 대상자 각자가 대조군이 된다. 연구 대상자가 한 그룹의 시험제품 섭취가 끝나면, 다음 그룹의 시험제품을 섭취하기 전에 일정 기간 섭취를 중단하는 워시아웃 기간(wash-out period)을 가지는데 이는 이전 시험제품의 섭취가 다른 그룹의 결과에 영향을 줄 수 있는 가능성을 최소화하기 위

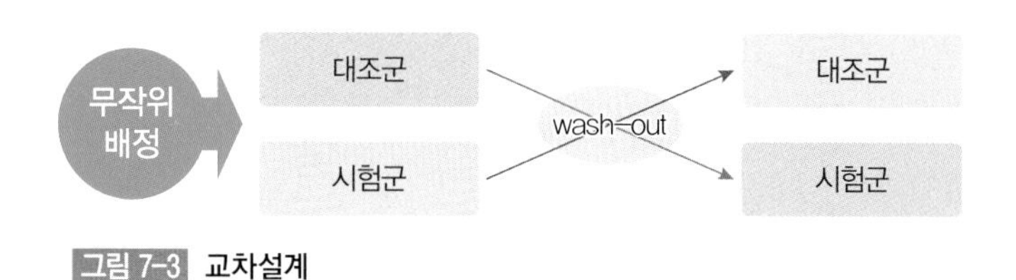

그림 7-3 교차설계

해 필요하다. 이 설계의 장점은 한 연구 대상자가 대조군과 시험군에 배정되어 동일한 바이오마커를 반복해 측정함으로써 통계적 검정력이 높아진다는 것이다. 이 경우 개인 간 편차가 감소하며 전체 연구 대상자 수도 줄일 수 있다. 연구 대상자 선정기준이 엄격해서 모집이 어려울 경우, 적은 수의 연구 대상자로도 연구가 가능하기 때문에 교차설계가 유리하다. 반면, 시험군의 수가 많은 경우 시간이 많이 소요된다는 단점이 있다. 또한 시험 기간이 길어짐에 따라 계절에 따른 혼동요인이 있을 수도 있고 연구가 길어지면서 중도탈락률이 높아질 수 있다. 결과를 분석하기 위해서는 연구 대상자가 모든 군의 시험이 완료될 때까지 기다려야 한다.

3) 연구 대상자 선정 및 제외 기준

인체적용시험에서 연구 대상자를 정확하고 타당하게 선정하는 것은 인체적용시험의 계획에서 매우 중요한 단계로, 연구 대상자를 시험에 포함시키는 선정 기준(inclusion criteria)과 시험에서 제외시키는 제외 기준(exclusion criteria)에 의해 연구 대상자의 시험 참여 여부가 평가된다.

연구 대상자는 시험 목적에 따라 시험식품의 효과를 입증하고자 하는 대상자 그룹을 대표해야 한다. 이를 위해 대상자 그룹의 연령, 성별, 인종, 체중·체질량지수(BMI), 혈중 지질과 같은 혈액학적 특성, 질병력, 약물 복용 여부, 건강기능식품 섭취 여부, 신체 활동 수준, 흡연 여부, 음주 여부, 카페인 섭취 여부 등을 고려해 선정·제외 기준을 설정한다.

일반적으로 건강기능식품의 연구 대상자는 특정 질병을 가진 환자가 아니라 질병에 걸릴 위험이 높은 사람으로 설정한다. 이때 정상인과 질병의 위험성이 높은 사람을 구분하는 것이 중요하다. 예를 들어, 당뇨병에 걸릴 위험이 높은 사람과 정상인을 구분하기 위해서는 공복혈당의 수준 및 범위의 타당한 기준을 준수해야 한다. 또한 건강인을 연구 대상자로 선정하는 경우도 있는데, 정상적인 기능에 일시적인 변화를 준 다음 시험을 진행하는 것이다. 예를 들어 건강인에게 고지방 식사를 섭취하게 하여 산화 스트레스를 증가시킨 후 시험식품의 항산화 효과를 측정하기도 한다.

연구 대상자 선정 및 제외 기준은 객관적이고 구체적으로 설정되어야 한다. 또한 기준을 완화하면 연구 대상자 모집이 보다 쉽고, 연구 결과를 일반화하는 데 유리할 수 있지만, 다양한 특성의 연구 대상자가 포함되어 연구 결과를 의미 있게 해석하는 것이 어려울 수 있고, 경우에 따라 연구 목적이 불분명해질 수 있다. 반면, 선정·제외 기준이 엄격하면 결과 해석에는 유리하지만 충분한 수의 연구 대상자 모집이 어려워질 수 있다.

4) 연구 대상자 수 산정

(1) 용어의 정의

- 가설 검정　알려지지 않은 모수에 대한 주장이나 진술이 옳고 그름을 판단하는 과정
- 대립가설(Alternative hypothesis)　연구자가 입증하고자 하는 가설. 즉 기존의 이론이나 다른 사람들의 주장과 반대되는 가설, H_1
- 귀무가설(Null hypothesis)　연구자가 입증하고자 하는 주장이나 생각에 반대되는 가설, '차이가 없다' 등으로 표현되는 가설, H_0
- 단측검정(One-side test)　대립가설이 '더 크다' 또는 '더 작다'와 같이 하나의 방향에 대한 검정
- 양측검정(Two-side test)　대립가설이 '다르다' 또는 '차이가 있다'와 같이 양쪽 방향에 대한 검정
- 제1종 오류(Type I error)　귀무가설이 참인데도 불구하고 귀무가설을 기각하는 것
- 제2종 오류(Type II error)　대립가설이 참인데도 불구하고 귀무가설을 기각하지 않는 것
- 유의수준(Significant level)　제1종 오류의 최대허용한계(통상 5%)
- 검정력(power)　귀무가설이 올바르게 기각될 확률. 즉, 실제로 효과가 있거나 연관이 있을 때 효과가 없다는 귀무가설을 기각하는 것을 의미. 보통 80% 또는

90%로 설정

검정력(power) = 1 − 제2종 오류

- 연구 대상자 수 인체적용시험에서 요구되는 연구 대상자의 수
- 계획서순응(Per-protocol, PP) 분석 대상군 오직 인체적용시험 계획서에 충분히 순응한 연구 대상자들만이 분석에 고려되는 것으로 여기서 순응이란 시험제품의 섭취율, 측정치의 활용 가능성, 주요한 인체적용시험계획서 위반 사항이 없다는 것을 뜻함. 주요한 인체적용시험계획서 위반에는 연구 결과를 혼동시킬 수 있는 의약품의 복용이나 눈가림 해제 전에 시험자 또는 의뢰자가 제기하는 비순응 문제, 연구 대상자 선정·제외 기준, 인체적용시험의 수행, 연구 대상자 관리 또는 연구 대상자 평가와 관련된 모든 주요한 인체적용시험 계획서 위반이 포함되며 이는 인체적용시험 계획서에 기술되어야 함
- 배정된대로(Intention-to-treat, ITT) 분석 대상군 인체적용시험 계획서의 단순한 위반, 연구 대상자의 순응 또는 중도 탈락과 상관없이 군이 배정된 대로 모든 연구 대상자들을 분석 대상군으로 정의하는 것

(2) 연구 대상자 수 산정 시 고려 사항

인체적용시험의 연구 대상자 수 설정을 위해서는 다음의 사항을 고려해야 하며 그에 대한 근거 자료와 참고문헌이 자세하게 제시되어야 한다.

① 연구설계의 종류

연구설계(평행설계, 교차설계 등)에 따라 연구 대상자 수가 다르게 산출된다.

② 기능성 평가변수의 종류

기능성 평가변수는 인체적용시험에서 건강기능식품의 기능성으로 인한 시험군과 대조군의 차이를 확인하기 위한 변수로 크게 연속형 변수와 범주형 변수로 나눌 수 있다. 연속형 변수는 혈압, 혈당량, 체중 등의 실수값을 갖는 변수를 말하며 범주형 변수는 생사 여부, 질병 발생 여부, 흡연 여부 등 몇 가지 범주 중 하나의 값을 갖는

변수를 말한다. 기능성 평가변수의 형태에 따라 연구 대상자 수를 산정하는 공식과 인체적용시험이 끝난 후 통계 분석 방법이 달라지게 된다. 그러므로 인체적용시험을 계획하는 연구자는 기능성 평가변수가 연속형 변수인지 범주형 변수인지를 확인해 그에 따른 연구 대상자 산정 공식을 이용해야 한다.

③ 시험집단의 수

몇 개의 시험군을 대조군과 비교할 것인지도 또한 연구 대상자 수 산정에서 고려해야 할 사항이다. 이는 연구설계에서의 귀무·대립가설과도 관계가 있으며 이를 검정하기 위한 검정통계량과도 관계가 있다.

④ 시험군·대조군의 할당비

시험군과 대조군에 연구 대상자를 어떻게 할당할 것인지를 의미하며 대부분 1:1 할당으로 시험군과 대조군의 수를 동일하게 한다.

⑤ 귀무가설과 대립가설

귀무가설은 검정의 대상이 되는 가설로 기존의 주장을 반영하게 된다. 이에 반해 대립가설은 연구 목적에 해당하는 것으로 인체적용시험을 통해 주장하고자 하는 내용을 반영하게 된다. 건강기능식품의 인체적용시험에서 귀무가설과 대립가설을 어떻게 세우느냐에 따라 다른 형태의 검정이 된다. 그리고 각 검정에 대해 연구 대상자 수를 산출하는 공식이 달라지게 된다. 예를 들면 차이검정이란, 시험군과 대조군에서 건강기능식품의 효과가 차이가 있는지를 보기 위한 검정으로 μ_t를 시험군에서의 기능성 평가변수의 평균값, μ_c를 대조군에서의 기능성 평가변수의 평균값이라 할 때 차이검정에 대한 귀무가설 H_0과 대립가설 H_1은 다음과 같다.

$$H_0 : \mu_t = \mu_c \quad \text{vs.} \quad H_1 : \mu_t \neq \mu_c$$

⑥ 오류의 크기(유의수준 및 검정력)

가설검정 시 가능한 상황은 다음의 네 가지 상황이다. 네 가지 상황 중 가장 문제가 되는 오류는 H_0가 참일 때 H_0를 기각하게 되는 경우이다. 이때의 오류를 제1종 오류로 정의한다. 또 한 가지의 오류는 H_0가 거짓임에도 불구하고 H_0를 기각하지 못하는 경우이다. 이를 제2종 오류라고 한다. 이는 우리가 밝히고 싶은 새로운 가설인 H_1을 밝히지 못하게 하는 오류로 이에 반대되는 상황, 즉 H_0가 거짓일 때 H_0를 기각하는 것을 가설검정의 검정력(power)으로 정의한다. 이는 잘못된 귀무가설을 기각하는 능력으로 올바른 가설검정을 할 수 있는 것을 의미한다. 연구 대상자 수 산정을 위해서는 제1종 오류를 미리 정해놓은 오류의 한계보다 커지지 않도록 결정한다. 이때의 오류의 한계를 유의수준이라고 한다. 가설 검정력 또한 일정 수준 이상이 되도록 한다. 대체로 제1종 오류는 5%이하가 되도록, 검정력은 80% 이상이 되도록 설정한다.

⑦ 중도탈락률

인체적용시험을 진행하다 보면 중도탈락자가 발생하게 된다. 특히 인체적용시험 기간이 길어질수록 탈락자가 많아지게 된다. 이는 인체적용시험 결과 분석에서 검정력을 낮추는 결과를 가져오므로 미리 중도탈락률을 예상해 이를 반영한 연구 대상자 수를 인체적용시험에 참여시켜야 한다.

표 7-1 가설검정 시 가능한 네 가지 상황

표본을 이용한 가설 검정 결과	모집단의 진실	
	H_0가 참	H_0가 거짓(H_1가 참)
H_0를 채택	옳은 판단	제2종 오류(β)
H_0를 기각	제1종 오류(α)	옳은 판단

(3) 연구 대상자 수 산정 방법

상기의 요소에 따라 연구 대상자 수 계산 방법이 달라지며, 대표적인 예시로 두군을 비교하는 평행설계 연구이면서 기능성 평가변수가 연속형 변수일 때 차이검정 및 이에 따른 연구 대상자 수 산정 방법은 다음과 같다.

μ_t를 시험군에서의 기능성 평가변수의 평균값, μ_c를 대조군에서의 기능성 평가변수의 평균값이라 할 때 차이검정은 시험군과 대조군에서 건강기능식품의 효과가 차이가 있는지를 보기 위한 검정으로 이때의 대조군의 연구 대상자 수인 n_c와 시험군

의 연구 대상자 수인 n_t의 산출 공식은 다음과 같다.

$$n_c = kn_t, \quad n_t = \frac{(z_{\alpha/2} + z_\beta)^2 \sigma^2 (1+1/k)}{(\mu_t - \mu_c)^2}$$

여기서 k는 시험군/대조군의 할당비로 대부분 1을 설정하게 된다. α는 유의수준으로 제1종 오류를 α 이하로 유지시키는 연구 대상자 수를 산출하게 된다. 대부분의 경우 α=0.05로 설정한다. β는 검정력을 나타내는 것으로 제2종 오류를 $1-\beta$ 이하로 유지하게 된다. 제2종 오류는 제1종 오류에 비해 심각한 오류가 아니므로 대부분의 경우 β=0.8로 설정한다. 이 공식을 이용할 때의 가정은 시험군과 대조군에서 기능성 평가변수의 분산이 같다는 것이다. 이를 σ^2으로 나타내며 이 값을 알아야 연구 대상자 수를 산출할 수 있다. 또한 시험군에서의 기능성 평가변수의 평균값인 μ_t와 대조군에서의 기능성 평가변수의 평균값인 μ_c값도 알고 있어야 한다. 대개 μ_t, μ_c, σ^2는 선행 연구논문의 결과를 사용한다.

5) 섭취 기간 및 측정 주기

섭취 기간(시험 기간) 및 측정 주기를 설정하기 위해서는 해당 기능성 원료와 확인하고자 하는 기능성의 특성을 파악해야 한다. 즉, 기능성 원료가 작용할 수 있도록 기능성 원료에 노출되는 기간이 충분해야 하며, 기능성에 따라 기대하는 효과가 나타나는 시점이 다르므로 관찰하는 기간도 충분히 고려해야 한다. 예를 들어 식후혈당 개선효과를 확인하기 위해서 섭취 기간을 단회로 설정할 수 있다. 반면 공복혈당 개선효과를 확인하는 연구는 수주 간의 섭취 기간을 설정한다. 또한 연구에 따라 섭취 기간을 수개월 혹은 수년으로 설정할 수도 있는데, 칼슘에 의한 골밀도의 변화를 연구하는 경우이다. 확인하고자 하는 기능성에 따라 측정 주기가 달라질 수 있는데 식후혈당 개선 효과는 단회 섭취 후 시간대별로 측정할 수 있으며, 공복혈당 개선 효과는 수 주마다 측정하며 골밀도 변화는 수개월마다 측정할 수 있다.

6) 섭취량 및 섭취 방법

섭취량 설정을 위해서는 기능성 원료의 기능성과 안전성을 고려해야 하고, 효과를 보이는 최소한의 섭취량이 일상적인 섭취 패턴에서 섭취 가능한 용량인지도 검토해야 한다. 섭취량 설정을 위해 참고할 수 있는 자료는 아래와 같다.

- 용량 반응관계를 연구한 기존의 인체적용시험 결과
- 기존에 판매되는 제품이라면, 판매되고 있는 섭취 수준을 참고할 수 있음
- 동물시험이나 관찰 연구 결과에서 외삽법(extrapolation)을 활용할 수 있음

만약 섭취량을 설정하기 위한 참고 자료가 부족하다면 선행연구(pilot study)를 통해 적절한 용량을 선정한 후 본 시험을 수행하는 것이 바람직하다.

7) 식습관 조사

시험 기간에 연구 대상자의 식사를 제한할 필요가 있다면 식사 지침 및 식사 교육 방법을 정한다. 인체적용시험의 경우 통제가 어려운 사람을 대상으로 하기 때문에 유의적인 결과를 얻기가 매우 어려울 뿐 아니라 신중한 시험 설계를 통해 비뚤림이 최대한 나타나지 않도록 해야 한다. 따라서 식이섭취조사를 통해 시험 기간 동안 대상자들의 식품 섭취 내용을 파악하거나, 식사 제한을 통해 기능성 물질과 유사한 다른 식품 등을 섭취하지 않도록 제한하는 것이 정확한 연구 결과를 얻는 데 매우 중요하다. 식습관 조사 방법으로는 24시간 회상법, 3일 식사일지 기록법 등을 사용할 수 있다.

8) 기능성 평가

기능성 평가변수의 종류, 측정 방법 및 평가 시기 등을 계획서에 기술해야 한다. 기능성 바이오마커에 대한 내용은 6장에 자세히 기술되어 있다.

9) 안전성 평가

안전성 평가변수의 종류, 측정 방법 및 평가 시기 등을 계획서에 기술해야 한다. 안전성 평가에는 활력 징후(혈압, 체온, 맥박), 혈액 및 뇨에서의 임상병리검사, 이상반응조사 등이 활용된다.

10) 통계 분석

분석 대상군과 이에 대한 통계 분석 방법을 명확히 기술해야 한다.

4. 시험 진행 중 고려 사항

1) 연구 대상자 관리

연구 대상자가 등록되면 가능한 모든 사람이 완료될 때까지 연구에 참여하도록 해야 한다. 연구 담당자는 연구 대상자가 중도에 탈락하지 않도록 노력해야 하며, 배부된 식품을 계획대로 잘 섭취하여 순응도를 유지하게 한다. 연구자는 성공적인 인체적용시험을 위해 연구 대상자가 연구에 잘 참여할 수 있도록 관리해야 하며, 연구자와 연구 대상자 간의 존중과 예의, 정직한 의사소통으로 연구가 성공적으로 완료되게 해야 한다.

2) 문서 관리

인체적용시험에서 문서 기록은 연구가 계획서대로 진행되었음을 입증하는 것이므로 매우 중요하다. 인체적용시험에서 다루어지는 주요 문서는 근거문서(source document)와 증례기록서(CRF)이다. 이들 문서는 모든 내용을 확인할 수 있도록 완전하고 정확하게 기록되어야 한다. 증례기록서는 인체적용시험 기간 동안 수집된 연구 대상자의 자료를 기록하기 위해 사용되는 양식이다. 정확한 증례기록서 작성은 연구의 질을 결정하는 중요한 요소이다. 근거문서는 인체적용시험 계획서에 따라 수집되는 검사결과 자료, 대상자 일지, 시험식품·대조식품 불출 기록 등과 같이 근거 자료를 담고 있는 모든 문서(전자문서 포함)·자료 및 기록을 말한다. 이러한 근거문서의 기록 목적은 연구 대상자가 연구에 참여하고 있음을 증명하고 근거문서의 정보가 증례기록서의 자료와 일관성을 갖는지 증명하는 것이다. 모니터링 시 증례기록서와 근거문서 내용 사이에 불일치가 발견될 경우 수정해야 한다. 만약 근거문서가 수정되면 수정된 이유와 함께 수정한 자의 서명과 수정일자를 기록해야 한다. 근거문서와 증례기록서의 수정은 연구 책임자가 지정한 자(연구 담당자 등)가 해야 한다.

3) 모니터링

모니터링(monitoring)은 인체적용시험 진행 과정을 감독하고, 해당 인체적용시험이 계획서, 표준작업지침서, 인체적용시험 관리 기준 및 관련 규정에 따라 실시되고 기록되었는지를 확인하는 활동으로 의뢰자가 지정한 사람이 시행한다. 모니터링의 책임은 의뢰자에게 있으며, 의뢰자는 자격이 있는 모니터링 요원을 지정해야 한다. 모니터 요원은 해당 인체적용시험을 모니터링하기에 적합한 과학적 또는 임상적인 지식을 소유한 자로 적절한 훈련을 받은 자여야 한다. 모니터 요원의 역할은 다음과 같다.

- 연구 대상자의 권리와 복지 보호(예: 연구 대상자가 인체적용시험에 참여하기 전에 동의서에 서명했는지 확인)
- 의뢰자와 연구자의 주요 의사소통자로서의 역할
- 연구자가 인체적용시험의 제반 사항을 충분히 숙지하고 있는지 확인하고 교육을 시행
- 연구자가 승인된 연구 계획서 또는 변경된 연구 계획서를 준수하고 있는지 확인
- 근거문서 및 그 밖의 인체적용시험 관련 기록이 정확하고 완전하며 최신 사항이 반영되도록 유지되고 있는지를 확인
- 인체적용시험계획서에서 요구한 자료가 증례기록서에 정확히 기재되고 있으며, 근거문서와 일치하는지를 확인
- 연구 대상자 모집 현황 파악
- IRB 관련 업무 수행(예: 중대한 이상 반응 보고 등)

4) 이상 반응과 중대한 이상 반응의 보고 및 관리

이상 반응과 중대한 이상 반응의 보고 및 관리는 건강기능식품의 안전성 평가와 인체적용시험에 참여하는 연구 대상자의 보호를 위해 매우 중요하며 연구자의 중요한 의무이다. 연구자는 연구 기간 중 발생하는 이상 반응과 중대한 이상 반응을 면밀히 검토해야 하며, 필요시 연구 대상자에게 적절한 조치를 취해야 한다. 또한 인체적용시험계획서, 표준작업지침서, 인체적용시험 관리 기준 및 관련 규정에 따라 IRB와 의뢰자에게 보고하도록 한다.

5) 자료 관리

인체적용시험에서의 자료 관리는 모니터링을 통한 증례기록서 입력 자료의 검증을 비롯해 연구 종료 후 증례기록서에 입력된 자료의 데이터베이스 입력 및 검증을 포함한다. 연구가 종료되면 증례기록서는 의뢰사 또는 의뢰사가 지정한 CRO로 전달되어 통계 분석을 위한 데이터베이스를 생성하게 된다. 자료 밸리데이션 과정을 거쳐 최종 데이터베이스 생성이 완료되면 데이터베이스를 마감(locking)한 후 통계 분석을 수행한다.

6) 문서 보관

인체적용시험이 끝나면 연구와 관련된 문서를 안전한 곳에 일정 기간 보관한다. 이때 계획서 번호, 의뢰자, 연구 제목, 연구자 성명, 연구 종료일 등을 기재해야 하며 보관 장소에 관한 기록도 남겨 필요시 문서를 찾을 수 있도록 한다.

5. 통계 분석 및 결과 보고 시 고려 사항

1) 통계 분석

자료에 대한 통계 분석 방법은 계획서에 기술되어야 하며 기술된 통계 분석 방법에 따라 자료를 분석해야 한다.

(1) 분석 대상군

분석 대상군(Analysis set)은 분석에 포함될 연구 대상자 집단은 인체적용시험계획서의 통계 분석 부분에서 정의되어야 한다. 모든 연구 대상자가 무작위로 배정되어 탈락 없이 완료하는 것이 이상적이지만 실제로는 그렇지 않다. 비뚤림(bias)을 최소화하고 제1종 오류가 커지는 것을 억제하는 원칙에 따라 분석 대상군을 결정한다. 분석 대상군으로는 무작위 배정된 연구 대상자군(ITT)과 계획서 순응 연구 대상자군(PP)이 있다.

- ITT(Intention-To-Treat) 인체적용시험 대상자로 선정되어 무작위 배정을 받은

모든 대상자를 분석에 포함

- PP(Per-Protocol) 인체적용시험계획서에 기술된 절차를 모두 마치고 순응한 대상자만 분석에 포함

(2) 변수의 종류

변수는 크게 연속형 변수(Continuous variable)와 범주형 변수(Categorical variable)로 나눌 수 있다. 연속형 변수는 혈압, 혈당, 체중 등의 실수값을 갖는 변수이고 범주형 변수는 성별, 음주 여부, 흡연 여부, 증상 개선 여부 등 특정 범주 중 하나의 범주에 해당하는 변수이다. 또 변수가 통계 분석에서 가지는 의미에 따라 독립변수와 종속변수로도 나눌 수 있다. 독립변수는 연구자가 결과의 변화를 관찰하기 위해 이용하며 설명변수, 예측변수라고도 부른다. 종속변수는 인체적용시험의 결과를 나타내는 관심 대상이 되는 변수로 반응변수라고도 부른다. 통계 분석 방법은 독립변수와 종속변수의 종류와 형태에 따라 달라지게 된다.

(3) 자료의 분포

자료의 분포는 통계 분석 시 주요하게 고려해야 한다. 자료가 연속형 변수인 경우, 정규분포를 이룬다는 것은 자료의 형태가 단봉 형태의 종 모양(Bell-shape)이며 평균을 중심으로 좌우대칭인 경우를 말한다. 자료가 정규분포를 이루는 경우 모수분석(Parametirc analysis)를 하며, 자료가 정규분포를 이루지 않는 경우 로그(log)나 제곱근(square root) 등의 방법으로 적절하게 자료를 변환한 다음 모수적 방법으로 분석을 하거나, 비모수적 방법(Non-parametric analysis)으로 분석한다.

표 7-2 변수의 종류에 따른 통계 분석 방법

구분	연속형 변수		범주형 변수
	정규분포	비정규분포	
군 내에서 중재 전후의 비교	Paired t-test	Wilcoxon's signed rank test	McNemar's test
두 군 간 비교	Student's t-test	Wilcoxon's rank sum test	Chi-square test 또는 Fisher's exact test
세 군 이상의 비교	ANOVA(Analysis of variance)	Kruscal-Wallis test	

(4) 변수의 종류에 따른 통계 분석 방법

변수의 종류에 따라 표 7-2의 통계 분석 방법을 사용할 수 있다.

2) 결과 보고 시 고려 사항

인체적용시험 결과 보고 시에는 다음의 내용이 포함되어야 한다.

(1) 요약문

연구 디자인, 방법, 결과, 결론에 대한 체계적인 요약

(2) 연구의 배경 및 목적

- 연구의 과학적 배경 및 근거
- 연구의 목표 및 가설

(3) 연구 방법

- 연구 디자인 대상자 배정 비율 등을 포함한 디자인(평행설계, 교차설계 등)
- 연구 대상자 연구 대상자 선정·제외 기준
- 중재 각 군에 시행된 중재 방법 및 시기
- 결과 결과 변수 측정 시기 및 방법
- 대상자 수 산출 대상자 수 산출 방법
- 무작위 배정
  - 무작위 배정번호 생성 방법
  - 무작위 배정의 종류(예: 블록 배정, 블록 사이즈 등)
  - 무작위 배정 기밀 유지 방법(예: 일련번호가 적힌 봉투 활용 등)
  - 무작위 배정번호 생성 주체, 대상자 등록 주체, 군 배정 주체
- 맹검 맹검이 이루어진 경우, 배정된 군에 대해 비밀이 유지된 대상(예: 연구 대상자, 연구 담당자, 결과 분석자 등) 및 비밀 유지 방법
- 통계 방법
  - 결과에 대한 군 간 비교 방법
  - 층화 분석 또는 보정 분석 등의 추가 분석 방법

(4) 연구 결과

- 연구 대상자 진행 현황 각 군에 무작위로 배정된 참여 대상자 수, 계획된 중재를 받은 대상자 수, 결과 변수를 분석한 대상자 수, 각 군에 대해 무작위 배정 후 탈락된 대상자 수 및 사유
- 연구 대상자 모집
  - 참가자 모집 기간 및 추적 관찰 기간
  - 연구 종료 또는 중단 사유
- 기저시점 정보 기저시점에서의 각 군 대상자의 인구학적 특성, 임상적 특성을 표로 제시
- 분석 수 각 군의 통계 분석에 포함된 대상자 수를 명시하고 분석이 원래 배정된 군에 따라 수행되었는지 기술
- 분석 결과 및 추정 각 변수에 대해 각 군의 결과를 기술하고 추정되는 효과 크기 및 정확도 기술(예: 95% 신뢰구간)
- 부차적 분석 층화 분석, 보정 분석 등의 추가 분석 결과 기술

(5) 고찰

- 제한점 연구의 한계점, 결과 해석에 주의할 만한 사항 등을 기술
- 일반화 연구 결과의 일반화 가능성(외적 타당도, 적용 가능성 등)
- 해석 결과와 일치하고 이익과 위해 간의 균형을 유지하며 다른 관련 근거를 고려해 연구 결과를 해석

(6) 기타

- 연구 등록번호 및 등록 데이터베이스명(예: 국립보건원 임상연구 정보서비스 등)
- 연구비 지원처 및 기타 지원 사항(예: 시험제품 지원 등)

참고문헌

국내문헌

건강기능식품 개발자를 위한 기능성 원료 표준화 지침서, 식품의약품안전처(2008)

건강기능식품 기능/지표성분 시험법 지침서, 식품의약품안전처(2008)

건강기능식품 기능성 원료 및 기준·규격 인정에 관한 규정, 식품의약품안전처 고시 제2014-26호(제2014. 2. 12, 개정)

건강기능식품 질의응답집, 식품의약품안전처 2008

농림수산식품교육문화정보원: 건강기능식품특허분석보고서(2014)

산업통상자원부 한국바이오협회: 2013년 기준 국내 바이오산업 실태조사 보고서(2015)

생명공학정책연구센터: 천연물유망산업동향 BioINpro 15호(2015)

식약처 영양안전정책과: 2013년 건강기능식품 생산실적(2014)

식품의약품안전처: 식품의약품통계연보(2011~2014)

식품의약품안전처·한국건강기능식품협회: 2015 건강기능식품 제·외국 수출가이드(2015)

식품의약품안전처·한국건강기능식품협회: 미국 건강기능식품관련규정집(2015)

영업자를 위한 건강기능식품 인정 안내서, 식품의약품안전처 2013

FTA발효·체결(예정)국가에대한기준·규격비교조사, 식약처·중앙대(2013)

우수건강기능식품 제조기준, 식품의약품안전처 고시 제2014-34호(2014. 2. 12, 개정)

일본 건강식품의 시장 실태와 전망, 야노경제연구소(2015)

일본 소비자청 식품표시기획과: 기능성식품표시제도 팸플릿(2015)

일본식품표시기준(2015)

중국 건강식품시장의 현상과 전망, 일본야노경제연구소(2012)

한국건강기능식품협회: 2014 건강기능식품시장현황 및 소비자 실태조사(2014)

한국보건산업진흥원, 웰니스 항노화 식품산업 비즈니스 모델 개발 및 제도화(2014)

국외문헌

Global and Regional Mega–Trends: Understanding Consumer Attitudes and Behavior in Health and Wellness, Canadean(2015)

Global Supplements & Nutritional Industry Report, Nutrition Business Journal(2014)

Vernon, R.: International investment and international trade in the product cycle, Quarterly Journal of Economics, 80: 190–207(1966)

Vernon, R.: The product cycle hypothesis in a new international environment, Oxford Bulletin of Economics and Statistics, 41: 255–267(1979)

홈페이지

(재)일본건강·영양식품협회 http://www.jhnfa.org

일본 소비자청 http://www.caa.go.jp/foods/index.htm

일본 후생노동성 http://www.mhlw.go.jp

주중 대한민국 대사관 법률정보 http://chn.mofa.go.kr

찾아보기

저자 소개

김미경 ㈜바이오푸드씨알오 대표
이화여자대학교 명예교수

권오란 이화여자대학교 식품영양학과 교수
前 식품의약품안전처 보건연구관(건강기능식품기준과 과장)

김지연 서울과학기술대학교 식품공학과 부교수
前 식품의약품안전처 보건연구사(건강기능식품기준과 연구원)

전향숙 중앙대학교 식품공학과 교수
前 한국식품연구원 책임연구원

김우선 한국보건산업진흥원 건강노화산업단 수석연구원

김주희 ㈜바이오푸드씨알오 책임연구원
前 이화여자대학교 식품영양학과 연구교수

정세원 ㈜바이오푸드씨알오 책임연구원
前 이화여자대학교 식품영양학과 연구교수

백주은 ㈜바이오푸드씨알오 책임연구원

곽진숙 ㈜바이오푸드씨알오 책임연구원

새로 쓰는
건강기능식품 길잡이

2016년 8월 19일 초판 인쇄 | 2016년 8월 25일 초판 발행

지은이 김미경 외 | **펴낸이** 류제동 | **펴낸곳** **교문사**

편집부장 모은영 | **책임진행** 이정화 | **본문디자인** 김재은 | **표지디자인** 김경아 | **본문편집** 북큐브
제작 김선형 | **홍보** 김미선 | **영업** 이진석·정용섭·진경민 | **출력·인쇄** 삼신문화사 | **제본** 한진제본

주소 (10881)경기도 파주시 문발로 116 | **전화** 031-955-6111 | **팩스** 031-955-0955
홈페이지 www.gyomoon.com | **E-mail** genie@gyomoon.com
등록 1960. 10. 28. 제406-2006-000035호
ISBN 978-89-363-1544-3(93590) | **값** 25,000원